广播影视类“十四五”规划应用型教材

总主编　高晓虹

VISUAL EDITING

影视编辑与合成

戴仁俊　著

中国传媒大学出版社

·北京·

图书在版编目(CIP)数据

影视编辑与合成 / 戴仁俊著. -- 北京：中国传媒大学出版社，2021. 9（2023.2重印）
ISBN 978-7-5657-2935-5

Ⅰ. ①影… Ⅱ. ①戴… Ⅲ. ①视频编辑软件—高等学校—教材 Ⅳ. ①TN94

中国版本图书馆 CIP 数据核字（2021）第 079646 号

影视编辑与合成

YINGSHI BIANJI YU HECHENG

著　　者	戴仁俊		
策划编辑	蒋　倩		
责任编辑	蒋　倩		
责任印制	李志鹏		
出版发行	中国传媒大学出版社		
社　　址	北京市朝阳区定福庄东街 1 号	邮　　编	100024
电　　话	86-10-65450528　65450532	传　　真	65779405
网　　址	http://cucp.cuc.edu.cn		
经　　销	全国新华书店		
印　　刷	三河市东方印刷有限公司		
开　　本	787mm × 1092mm　1 / 16		
印　　张	21.25		
字　　数	452 千字		
版　　次	2021 年 9 月第 1 版		
印　　次	2023 年 2 月第 2 次印刷		
书　　号	ISBN 978-7-5657-2935-5/TN · 2935	定　　价	65.00元

本社法律顾问：北京嘉润律师事务所　郭建平

广播影视类“十四五”规划应用型教材

专家委员会

（以姓氏笔画为序）

广播影视类“十四五”规划应用型教材
编辑委员会

（以姓氏笔画为序）

序　一

应用型高等教育作为高等教育发展中的一个重要类型，肩负着培养面向生产、建设、服务和管理第一线需要的高素质应用型人才的使命，在加快推进社会主义现代化建设进程中具有不可替代的作用。

近年来，随着我国新型工业化、建设社会主义新农村和创新型国家对高技能人才要求的不断提高，应用型高等教育既面临着极好的发展机遇，也面临着严峻的挑战。现实形势要求应用型高等教育必须体现时代精神和社会发展要求的人才观、质量观和教育观，改革与构建适应经济与社会发展需要的专业方向、专业结构、课程体系、教学内容、教学环节、教学方法以及教学手段，全面提高教学水平，在教学中充分体现“应用”二字，强化学生职业素质与职业能力的培养。

在应用型高等教育中，课程建设与改革是提高教学质量的核心，也是教学改革的重点和难点。根据技术领域和职业岗位（群）的任职要求，参照相关的职业资格标准，改革课程体系和教学内容，建立突出职业能力培养的课程标准，规范课程教学的基本要求，提高课程教学质量，是应用型高等教育深化内涵建设的必然要求。

基于上述应用型高等教育的发展要求，我们组织编写了本套丛书，把工学结合作为应用型高等教育人才培养模式改革的重要切入点，带动专业调整与建设，引导课程设置、教学内容和教学方法改革，并积极推动高等院校与行业、企业合作开发课程，抓好知识目标、能力目标和职业目标三个关键环节的落实，探索任务驱动、项目导向、理实一体、岗位实践等有利于增强学生职业能力的教学模式。并从适合应用型高等教育需求这个角度，做了以下尝试：

首先，在课程设置上，针对专业所在的职业领域，邀请企业的技术骨干、人力资源管理者及行业专家和院校的骨干教师，通过访谈、问卷和研讨，确定职业岗位对技能型人才在知识、技能和职业素质等方面的具体要求，结合目前专业教学的现状，共同分析讨论课程的设置，通过科学合理的课程布局，对课程进行了合理的调整，确立了课程门类及教学内容。

其次，在编写思路上，依照电视节目制作的认知规律和行业岗位的要求，构建由浅入深、循序渐进、基于工作过程的写作框架；按照学习的循序渐进性，梳理出相关课程的知识点；在每个学习单元的写作上，由任务驱动导入知识和技能点，再用工作任务、项目实践巩固知识技能，使用精准的知识点和针对性强的项目实践训练，有效地将知识转化为技能；并始终贯彻符合电视节目制作工学结合的教材编写理念；注重知识点、单项技能训练和以项目为实现目标的综合技巧训练相结合，突出它们之间的内在联系，让这些知识和技能在项目实践中有效融会贯通。

再次，在编写人员构成上，充分发挥跨地区与跨院校教师之间、院校与企业之间的团队协作，校企合作，校际联合共同开发教材。丛书的作者大都是长期从事专业教学、研究和实践，积累了一定的教学和实践经验的院校教学人员、企业、专业机构资深的工作人员。他们在对教材编写现状、学生岗位能力要求进行充分调研的基础上，吸收第三方社会调查机构的相关评价，制定职业能力培养的课程标准，规范课程教学的基本要求，并根据课程标准和要求进行教材编写，充分体现了应用型高等教育的专业性、职业性与岗位性等特点。

最后，在教学的积累上，丛书教材以讲义、校本教材或者培训教材等形式已经试用了数年，教学效果良好。同时，教材配有电子教案、课件、课程教学网站、实验素材等，方便随时、随地进行网络化学习的需求。

现在，我们将这套丛书呈现给广大读者，衷心希望教材能在相关课程的教学中发挥积极作用，并得到读者的青睐。我们也真诚希望同行专家和读者予以批评指正，使这套教材在教学实践的检验下，不断得到改进、完善和提高，为中国特色应用型高等教育的课程建设做出微薄贡献。

教育部高等学校新闻传播学类专业教学指导委员会主任委员
中国传媒大学新闻传播学部学部长、教授
高晓虹

序　二

在担任2006—2010年教育部高等学校高职高专广播影视类专业教学指导委员会主任委员期间，我结识了一批热爱高等教育、献身高等教育的仁人志士，并一起努力推动相关专业建设与改革以及教材建设。

教材是保证高职教学质量的重要载体，一直是教指委的重要工作。我先后组织专门的师资力量编写出版了“影视动画专业”“影视广告专业”“主持与播音专业”“新闻采编与制作专业”系列教材。本计划为广播影视类所有专业都编写一套系列教材，由于时间等方面的原因未能实现，深感遗憾。

今天，收到中国传媒大学出版社寄来“电视节目制作专业”主干课程教材编写印刷清样让我指导。我非常兴奋，兴奋的不是因为我水平高，而是感到当初未完成的事业有人继续。详细阅读了出版社送来的所有印刷清样，我认为这套教材有下列几个特点：

一是编写理念新：以校企合作、工学结合、教学做合一等职业教育理念指导教材建设，保障了人才培养的应用性、技能型。

二是编写体例新：以学习目标、任务导入、基本知识、专业技能、实训项目、考核评价为模块进行每一章节的编写，保障了学生学习的系统性和渐进性。

三是风格新：将理论和实践、理性和感性、简明和生动有机融合，保障了学生学习的积极性和高效性。

“电视节目制作专业”主干课程教材的编写，是深化该专业人才培养模式改革的重要途径和成果，也必将为高等院校相关专业人才培养提供有益的参考。

全国广播影视职业教育教学指导委员会副主任委员
山西传媒学院原院长、教授
王建国

前　言

随着数字技术、互联网技术的发展，影视技术已经从专业化走向民众化，影视已经成为人们记录生活、表达思想和传播知识的重要手段。

从影视制作的全流程角度看，影视制作包括前期策划、中期拍摄和后期编辑三个主要阶段。前期策划是根据创作主题设计人物、场景、矛盾和情节等，形成的是稿本；中期拍摄是根据前期策划的稿本进行场景拍摄，形成一个个镜头；后期编辑则是在稿本和镜头的基础上，通过相关平台和工具将镜头一个个组接成最终作品。影视制作的三个阶段相互影响、相互补充，每个阶段不孤立存在，是创作影视作品的三个不可分割的部分；三个阶段的创作人员都必须掌握影视的基本规范和制作技术，都要理解影视作为一种文化和艺术形式的表现手法。

本书立足后期编辑阶段，是作者在20多年影视制作实践的基础上，以编辑和合成技术为主线，精选典型理论和案例编著而成的。本书聚焦影视后期制作过程中的技术、方法和原理，内容设计以“能用”“可用”为原则，主要涉及影视作品编辑的相关理论和基本规范、非线性编辑和特效合成的基本知识以及相关软件的具体操作方法等，具有理论和实践相结合、原理与案例相结合的特点。

本书采用了线上线下混合式编著的方式，书中的所有案例和有关配图可以由读者通过微信扫描其中的二维码进行在线浏览。本书同时是江苏省一流课程《影视编辑与合成》的配套用书，您可以在使用本书的同时，注册爱课程中国大学 MOOC，并选择该课程（https://www. icourse163.org/course/JSTU-1449487163）进行同步学习，MOOC 中包含了本书的所有案例及演示过程。您可以在中国大学 MOOC 中完成线上测验、线上作业，遇到问题时还可以进行线上讨论。

鉴于水平有限，本书部分内容的叙述可能不够严谨，不免存在一些疏漏，恳请各位专家、学者及广大读者斧正。

本书得到了中国传媒大学出版社的鼎力相助，在编写过程中，部分内容借鉴了网络资源和其他书籍的相关内容，在此一并表示感谢！

戴仁俊

2021年9月28日

爱课程中国大学 MOOC《影视编辑与合成》二维码

目　录

1 数字视频的基本概念

学习目标

1. 基本内容：视频数字化过程，扫描，采样，量化，编码，视频接口，视频分辨率，H.263、MPEG-1、MPEG-2、MPEG-4 等视频编码标准，常见视频文件格式，电视制式等。
2. 重点：视频数字化的基本参数和视频格式。
3. 难点：视频编码标准。
4. 知识目标：了解视频数字化的过程，掌握扫描、采样、量化、编码、视频接口、视频分辨率的基本概念，基本掌握 H.263、MPEG-1、MPEG-2、MPEG-4 等视频编码标准的异同，掌握常见视频文件格式、电视制式等概念及其应用。
5. 能力目标：能在影视项目实践中针对具体情况选择和设置相关参数。

本章导读

要完成数字影视作品的后期编辑与特效制作，首先必须厘清数字视频的基本常识，在了解了基本常识后，再辅以相应的编辑方法和理论，确保影视作品在编辑和制作过程中的基本参数设置正确，使影视作品既符合主题需要和编辑要点，又符合作品的基本规范。

1.1 数字视频的基础概念

影视后期编辑是一个技术与艺术相结合的过程。艺术离不开技术，技术是艺术创作的基础。从来源和本质来看，视频是电视系统中的一个概念，是相对于音频而言的，视频是指全电视信号中的图像信号部分（见图 1.1–1、1.1–2）。

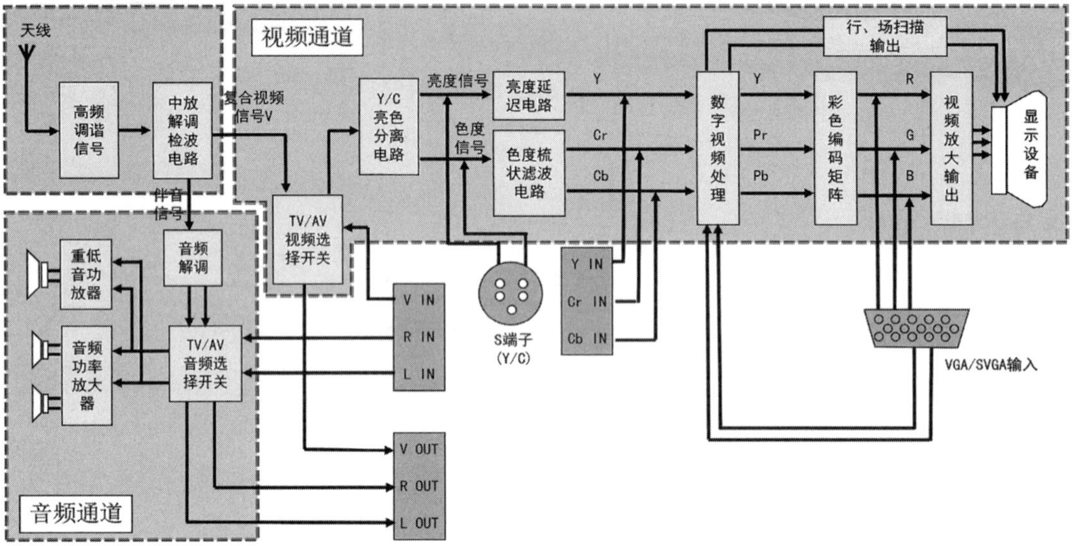

图 1.1–1 彩色电视基本原理示意图

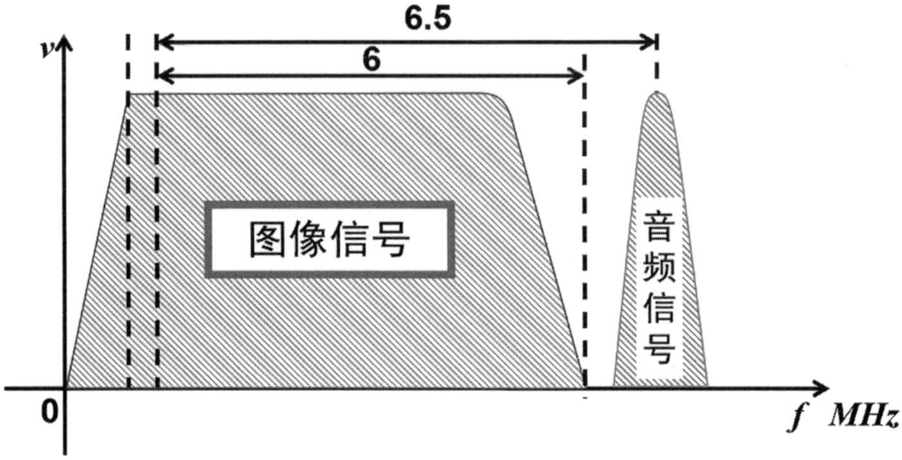

图 1.1–2 彩色全电视信号频谱分布图

在整个电视系统中，视频技术指的是电视信号从拍摄摄取、信号调整、传输、记录、编辑，到再次显示的一整套技术（见图 1.1–3）。

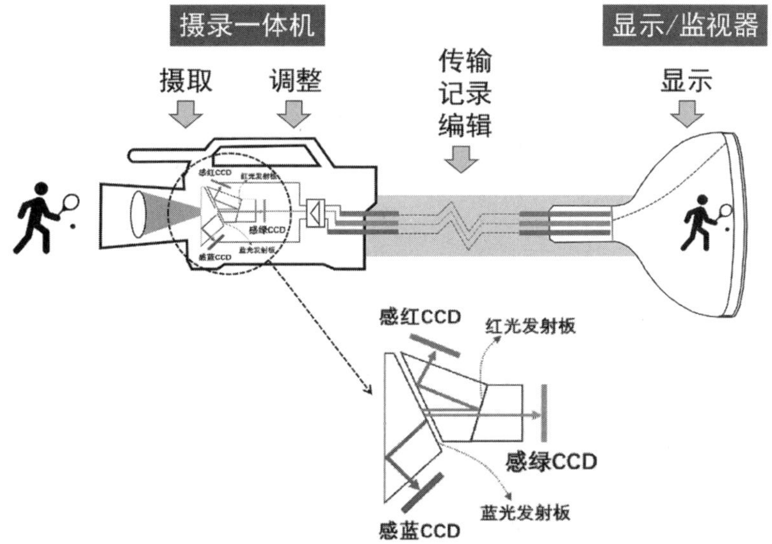

图 1.1–3 电视信号传输全过程

那么，什么是视频呢？视频有哪些主要参数呢？

1.1.1 视频

1. 对视频的认识

视频就是按照时间顺序逐一展示和播放的连续图像，这里强调的是“连续”，也就是说，视频应该是若干相关联的图像连续播放的结果。

如果一些没有任何关系的图像（见图 1.1–4）连续播放，虽然在形成原理上属于视频文件，但这样的视频不是我们希望得到的视频，更不是我们所说的影视作品。

图 1.1–4 相互没有关系的图片形成的序列

2. 帧频

人眼能看到连续的图像的基本原理是视觉暂留（Persistence of Vision）原理。当物体在快速运动时，人眼所看到的影像消失后，仍能继续保留其影像 0.1—0.4 秒左右的图像，这种现象被称为视觉暂留现象。视觉暂留现象是人眼具有的一种性质。人眼观看物体时，物体会在视网膜上成像，并由视神经输入人脑，使人感觉到物体的像，当物体移去时，视神经对物体的印象不会立即消失，而要延续 0.1—0.4 秒的时间，人眼的这种性质被称为"视觉暂留"。视觉暂留现象的典型应用是电影和电视的拍摄和放映。按照视觉暂留原理，若要产生连续运动的图像，每秒钟至少需要 10 幅画面。为了增加连续性，早期的动画每秒钟播放 12 幅画面，而为进一步增加画面的连续性和流畅性，电影将每秒钟播放的画面数增加到 16 幅、24 幅；发展稍晚的电视，为了适应电源 50Hz 的干扰，则每秒钟播放 25 幅画面。

视频中的每一幅图像称为一帧（frame）。每一秒钟播放的画面帧数称为帧频，记为 fps，即 frame per second。不同场合需要的帧频不相同。例如，动画一般使用 12fps，电影使用 24fps，而电视则使用 25fps 或 30fps。需要提醒读者注意的是，对于 NTSC 制式的电视信号，不同情况下其帧频略有差异。

对于 NTSC 制式的视频而言，在数字领域内，如果视频最终仅仅在计算机显示屏上显示，则可以选择 30fps；如果需要输出到磁带或其他的视频设备上，则可能需要选择 29.97fps，使其适应这些设备播放的时候产生的 0.03fps 的差异。

阅读与思考

29.97fps 的由来

29.97fps 是传统模拟 NTSC 制式的电视系统遗留下来的。在 1954 年之前，黑白电视受到当时美国 60Hz 标准交流电频率的干扰影响，29.97Hz 的帧扫描速率使电视在引入彩色时向后兼容黑白电视，从而产生 0.03Hz 的频率偏移，为彩色子载波腾出时间位置。因为干扰跳动频率出现在颜色副载波（3.5795MHz）和声音载波（4.5MHz）之间，以及颜色副载波和视频亮度信号的高频之间。通过选择等于 4.5MHz 的水平频率（Fh=15734.25Hz）286 次谐波和等于水平频率的 227.5 倍的颜色副载波频率可将它们最小化。垂直频率从而变成了 Fh/525=29.97Hz。

3. 图像序列

图像序列是一种特殊的视频格式。从文件形式来看，图像序列是一些独立的图片序列，但当它们连续播放后就可以形成视频文件，因此图像序列文件可以看成是一种特殊的视频文件。

将连续活动的每一帧画面单独保存为图片文件，这些连续的图片文件就组成了图像序列（见图 1.1–5）。

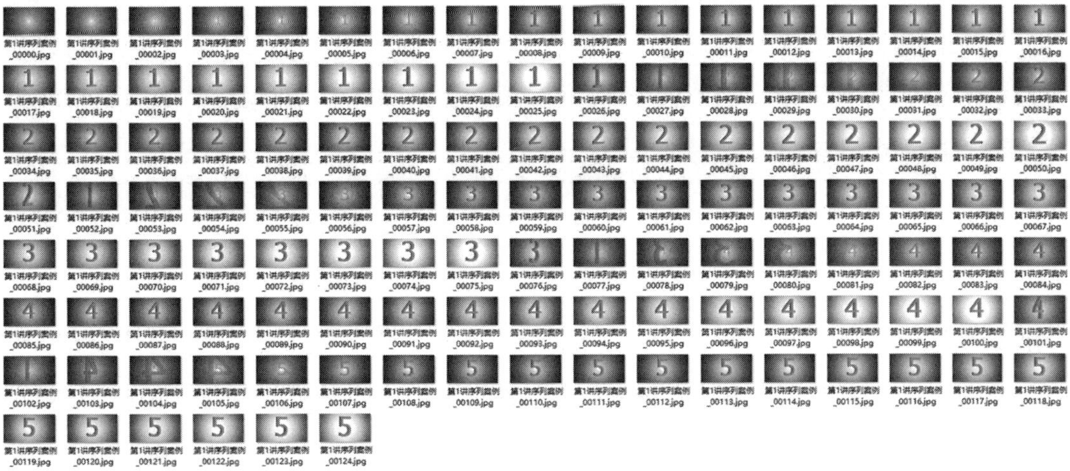

图 1.1–5 图像序列文件

从原理来看，图像序列中，每一幅画面均以单个文件进行保存，每个文件均能完整地显示画面内容，从而可以保证视频作品的画面质量，但每一幅画面均被完整记录，则会带来存储空间占用大的缺点。

对于图像序列文件而言，每一个单独的文件必须是连续编号的图像文件（见图 1.1–6），实际在应用图像序列文件时，特别是在非编软件中读取序列文件时，通常先选择序列文件的第一个图片文件，并勾选对话窗口中的“序列”选项（见图 1.1–7），系统会自动将这些连续编号的图形文件作为序列文件进行读取，并且将它们合并成视频文件。

图 1.1–6 图像序列中各文件名连续编号

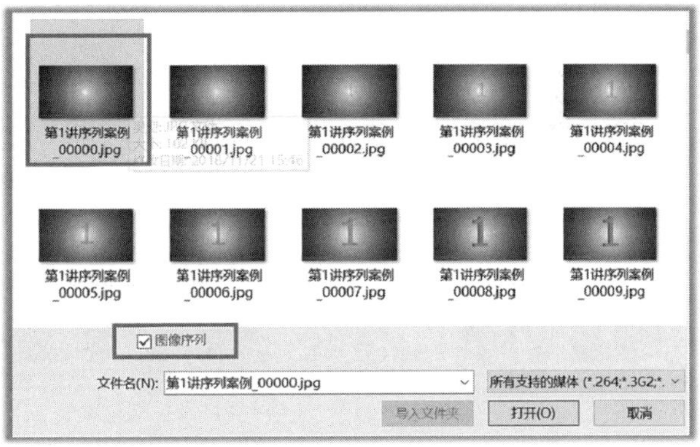

图 1.1–7 导入素材对话窗，勾选“图像序列”

需要注意的是：如果本来没有关系的图像文件，由于被连续编号（见图 1.1–8），那么在导入或读取素材时，如果也勾选了序列选项，系统则会将它们看成序列文件；但实际上，这些文件没有任何关联，即使连续播放，也不可能产生连续活动的视频，这是我们在实际应用中要避免的问题。如果遇到这种情况，则在导入文件时，取消

“图像序列”选项即可。

图 1.1-8　杂乱无章的图片被连续编号

思考

1. 如果从连续编号的序列文件中选取一个文件再按照序列文件进行读取，结果会怎样?

2. 如何理解序列文件的帧频。

问题解析

第一个问题，如果从图像序列文件中选择一个文件作为初始文件，系统首先会判断该文件所在的文件夹下有没有与这个文件编号连续且不断增大的文件，如果有，则系统会连续读取。系统并不读取序号连续变小的文件，也就是说，如果从图像序列文件的中间选择一个图像文件，则最终形成的视频是从这幅图片开始的视频文件（见图 1.1–9），并不是完整的原始视频文件。

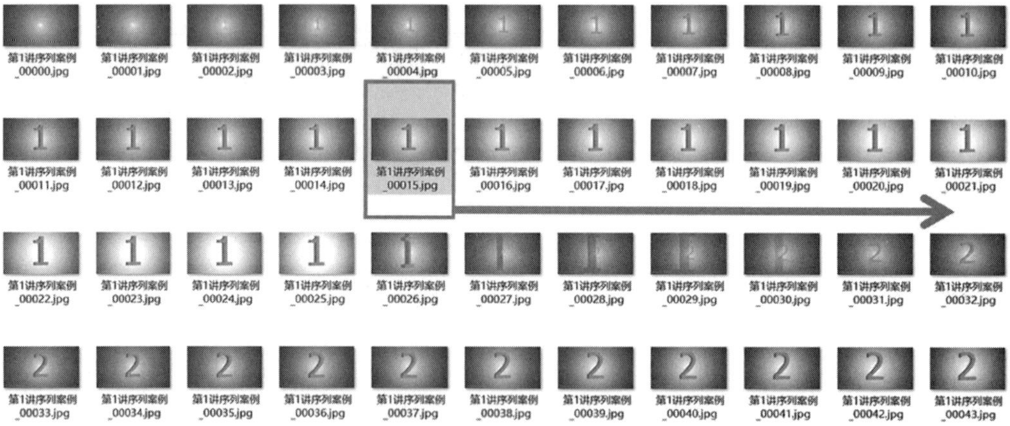

图 1.1–9　图像序列文件读取方式

第二个问题，序列文件是独立存储的各个文件的集合，如果文件不被读取，不存在帧频的问题；只有在编辑软件或播放软件（主要是后期编辑处理软件）读取文件后，连续播放才形成了帧频的概念。因此，序列文件形成的视频的帧频的数值应该由后期编辑处理软件中的项目设置决定。可以将其设置为 25fps，也可以设置为 30fps，甚至可设置为 60fps，等等。

从原理上来说，图像序列文件在生成时，其帧频由原始视频导出序列的帧频决定，而被编辑软件读取时，其帧频则是由项目设置的帧频决定的（见图 1.1–10）。如果按照 25fps 生成、50fps 读取，则读取后的视频会产生快放的效果，反之则会产生慢放的效果。

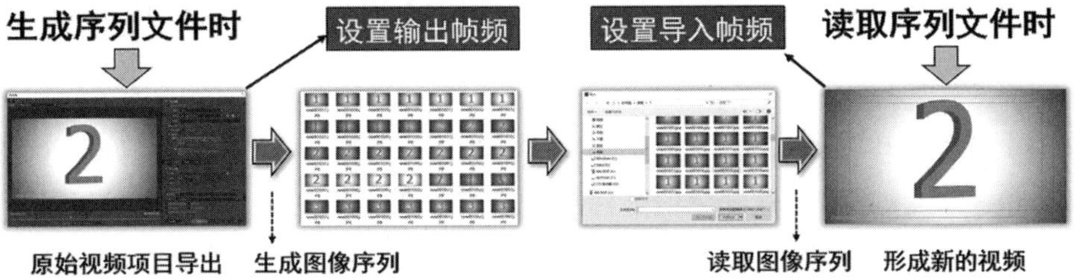

图 1.1–10　图像序列文件的生产与读取比较

在实际应用中，图像序列的最佳使用方式是让序列生成和序列读取时的帧频保持一致。

1.1.2 视频分辨率与像素宽高比

1. 视频分辨率

在计算机中有很多与分辨率相关的概念。

视频分辨率通常用视频画幅的水平像素和垂直像素来标记，如 1920×1080 等。电视原理中，摄像与显像的过程均是将图像分解成很多像素点，然后按照一个一个、一行一行的方式来传输或接收像素点，这就是扫描的概念。在电视领域，电视分辨率通常用纵向扫描行数来评价。在模拟电视中，电视分辨率表示为电视画面在垂直方向的有效扫描线数，也称线分辨率；在数字电视中，电视分辨率表示为电视画面纵向像素数。扫描行数越多，电视的分辨率越高。电视扫描行数有 1080、720、576、288 等数值，它们各自对应不同质量的视频（见图 1.1–11），其中扫描行数为 1080 的视频分辨率最高，图像质量最好。

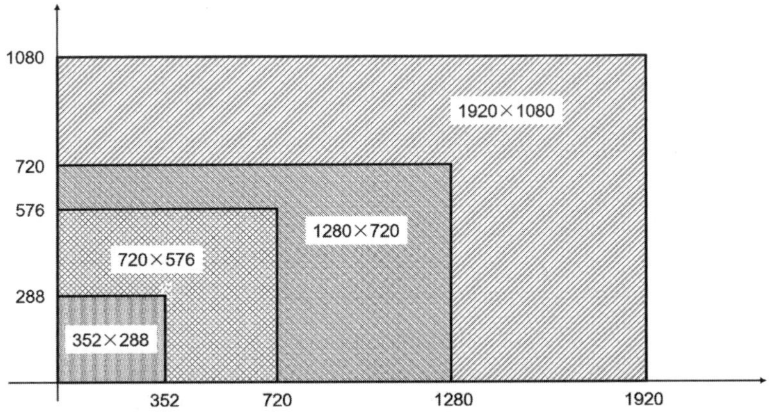

图 1.1–11　不同规则的视频分辨率

通常，根据分辨率的不同，电视可分为低清晰度电视（LDTV：Low Density TV）、标准清晰度电视（SDTV：Standard Density TV）、高清晰度电视（HDTV：Hight Density TV）三种类型。其中，标准清晰度电视，简称标清，定义为有效扫描线为 480 或 576 的视频，画面宽高比为 4:3，标清电视的标准分辨率有 720×480 或 720×576；高清晰度电视，也称高清，定义为有效扫描线为 720 或 1080 的视频，画面宽高比一般为 16:9，高清电视的标准分辨率有 1280×720 或 1920×1080。

2. 像素宽高比[①]

在应用过程中，还会遇到一些其他高清 HDTV 分辨率格式，如：960×720、1440×1080、1280×1080，这些数值与标准的 HDTV 明显存在不同，这种差异是什么呢？

仔细比较我们可以发现，这些变化的 HDTV 分辨率的纵向像素数（即垂直像素数、高度）都是 720 或 1080，不同的是横向像素数（即水平像素数、宽度），也就是分辨率中的第一个数值。这些变化的水平像素数与标准分辨率水平像素数之间的关系就体现在像素的宽高比上（见图 1.1–12）。

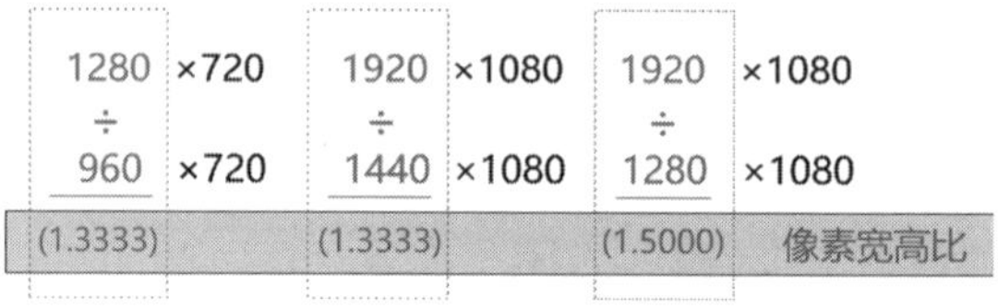

图 1.1–12 像素宽高比示例

如 960×720 与 1280×720 相比，像素宽高比就是 1280÷960，等于 1.3333。以此类推，1440×1080 的像素宽高比也是 1.3333，1280×1080 的像素宽高比为 1.5，为了能标记某个视频的分辨率和像素宽高比的关系，在编辑软件中会同时标记这两个数值（见图 1.1–13）。

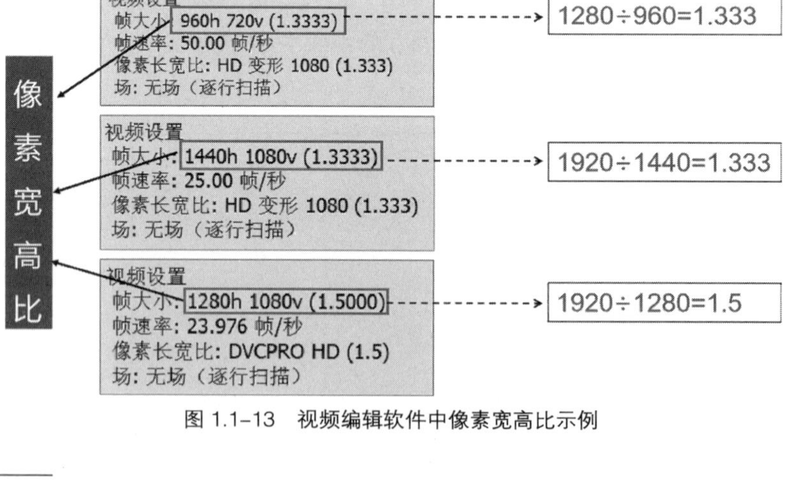

图 1.1–13 视频编辑软件中像素宽高比示例

① 软件中文翻译中使用的是“像素长宽比”，而业内常用说法为“像素宽高比”，两者意思相同。

图 1.1–14 是从Premiere软件中截取的关于视频设置的基本参数，其中就标记了如 1.333 和 1.5 的数值。如果像素宽高比为 1∶1，我们称这样的像素为方形像素（见图 1.1–14）。

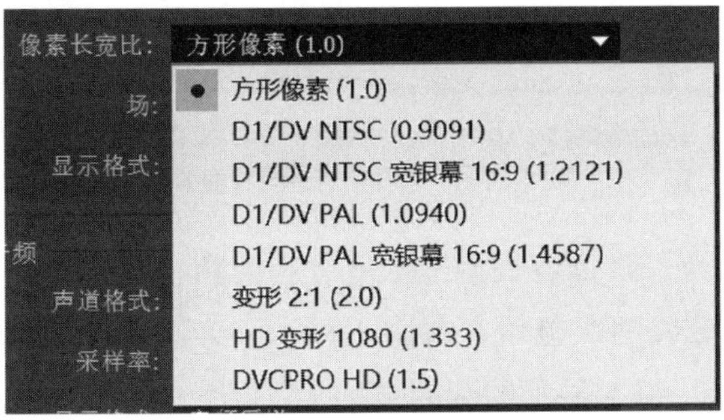

图 1.1–14　方形像素设置

在数字化时代，各显示器、纯平电视机和编辑平台基本都默认为方形像素，即 1∶1。因此，在之后的实践教学中，我们尽量将所制作的影视作品像素宽高比设置为 1∶1 的方形像素。

1.1.3 扫描

扫描是指电视画面按照一个一个像素、一行一行进行显示的方式。扫描是电视发展过程中的一个历史性概念，它包括电视画面在拍摄时的摄取和显示影像时的显示方式（见图 1.1–15）。

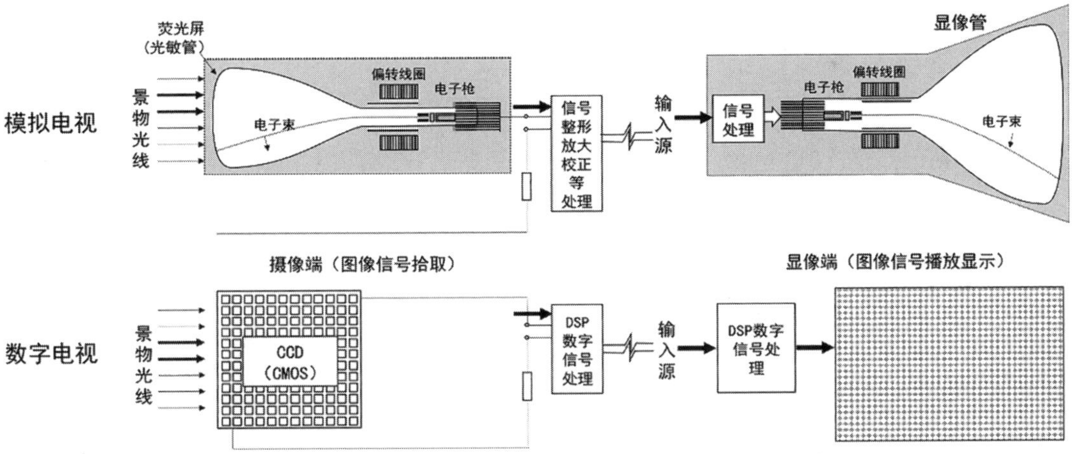

图 1.1–15　电视信号的拾取与显示

通常情况下，一幅画面按照从上至下、从左至右、一行一行逐渐出现的方式进行显示（见图 1.1–16），这种方式被称为逐行扫描，用英文字母 p 表示，即 processive。

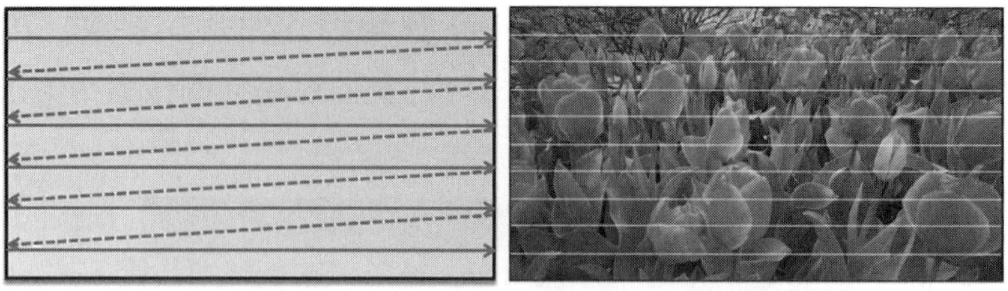

逐行扫描 p（processive scanning） 如：1080p 720p

图 1.1–16 电视信号逐行扫描方式

20 世纪中后期，为了降低电视制造成本，特意将一幅画面的扫描行分为奇数行和偶数行，让一幅画面分成两次显示，每次只显示一半画面，两半画面交错显示（见图 1.1–17）。这种情况下，每次显示的画面被称为一场，一幅完整的画面就需要两场才能够全部显示出来，这就是隔行扫描，用英文字母 I 表示。隔行扫描将一幅完整的画面分为两个相互交错的场，因此隔行扫描也被称为交错扫描方式。

隔行扫描的两场画面中，第一场画面被称为奇数场，也叫奇场或上场；第二场画面被称为偶数场，也叫偶场或下场。在显示时首先显示第一场的交错间隔内容，然后显示第二场来填充第一场留下的缝隙。

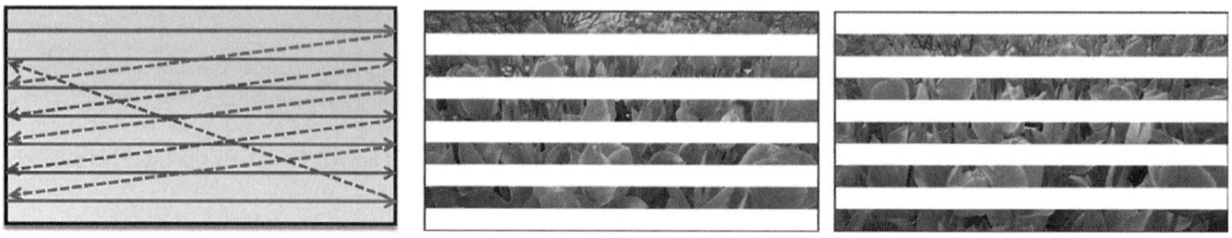

隔行扫描 i（interlaced scanning） 如：1080i 720i

奇数场（上场）

偶数场（下场）

图 1.1–17 电视信号隔行（或交错）扫描方式

采用隔行扫描方式降低了电视扫描的频率，因此也就降低了电视信号的带宽，降低了电视机的设计和生产难度，从而降低了电视机的成本，但隔行扫描方式损失了画面的分辨率和质量，甚至容易产生毛刺现象，特别是在运动镜头中，毛刺现象更加明显。

隔行扫描　逐行扫描

图 1.1–18 不同扫描方式的清晰度差异

图 1.1–18 的两幅图中，左侧是隔行扫描拍摄形成的放大画面，画面清晰度明显不如右侧的逐行扫描。可见，扫描方式不同，形成的视频的清晰度不相同；在分辨率相同的情况下，逐行扫描的清晰度比隔行扫描的清晰度高。

由于隔行扫描和逐行扫描两个方式在实际工作原理上有差异，逐行扫描的视频设备的硬件成本较高。目前，由于视频设备的制造成本逐渐降低，隔行扫描和逐行扫描的视频设备成本越来越接近，现代的绝大多数视频设备均采用逐行扫描方式，但能兼容隔行扫描。

再看以下两幅画面（见图 1.1–19），这是我们在实践中经常遇到的现象——在人物运动和镜头运动明显的画面上经常会出现毛刺现象，这种情况多见于早期视频画面。产生毛刺现象的原因是由于拍摄过程或生成作品时采用了隔行扫描方式。

图 1.1–19 隔行扫描画面在快速运动中的毛刺现象

遇到这种情况怎么办呢？通常，可以在非编软件中通过一些参数设置来消除毛刺和闪烁现象（见图 1.1–20），如设置无场、帧融合等。

图 1.1–20 隔行扫描视频消除毛刺和闪烁前后效果对比

当然，对于隔行扫描的画面，即使消除了毛刺现象，其分辨率也没有提升，这就是隔行扫描的致命缺点。

目前，由于计算机性能不断提升，各种设备成本不断降低。设备的存储容量、传输带宽不再是主要问题，如何获得高清晰度画面成为主要问题。因此，大多数情况下，对视频设备和视频编辑软件的设置应尽量选择逐行扫描，从而确保画面质量。

1.2 视频数字化及其标准

1.2.1 视频的数字化过程

在数字时代，影视作品的编辑与合成所使用的素材基本都是数字化的素材，但在过去，原本是模拟摄像机进行拍摄并录制到磁带上，然后经过采集转换为数字信号，才能在非编系统中进行编辑与合成。

因此，所有非线性编辑系统中仍然保留了对素材或作品进行数字化调整的基本设置，如码率设置、位深设置、采样频率设置等，视频信号的数字化过程与其他数字媒体数字化过程相似，也包括取样、量化和编码等过程（见图 1.2–1）。

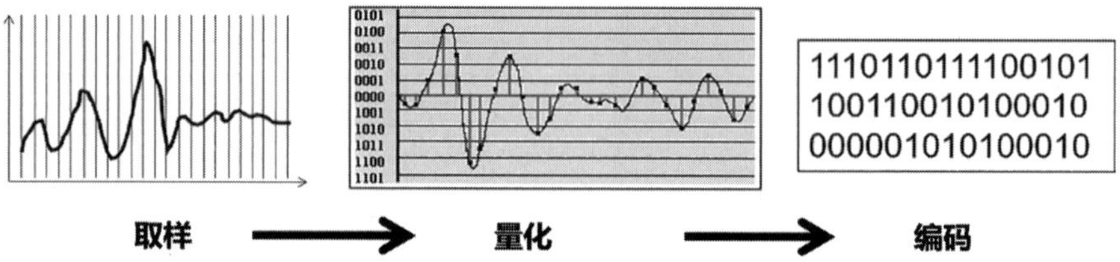

图 1.2–1　音视频信号数字化过程

1. 取样

首先是取样，取样也称采样，是指将时间和幅度上连续的模拟信号转变为时间离散的信号，即时间离散化（见图 1.2–2）。通俗地讲，就是在一个高频脉冲信号中对原有连续的模拟信号进行叠加处理。

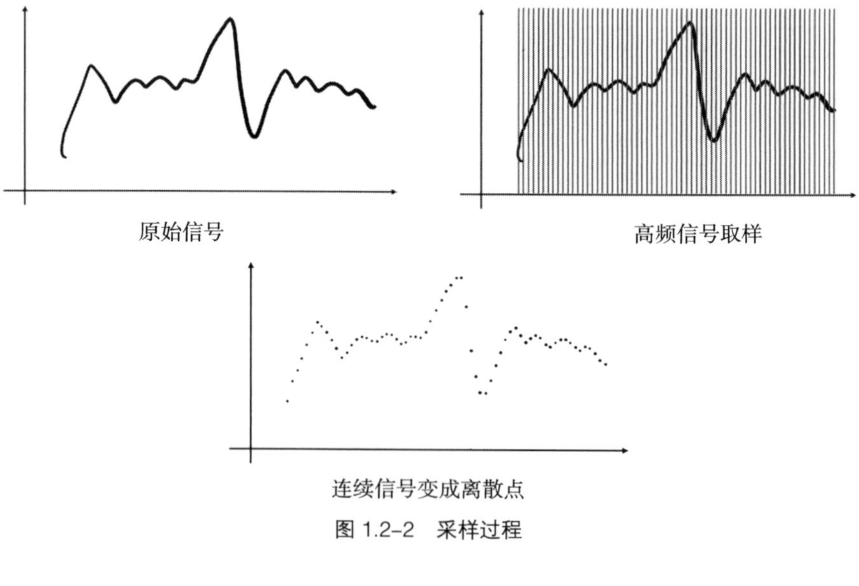

图 1.2–2　采样过程

如图 1.2–3 所示，经过采样后的信号变成了一个个间断的离散的点，这个高频脉冲信号就是采样载波信号。它的频率越高，离散的点连接后形成的信号与原有信号之间的差异越小；频率越低，这些离散的点形成的信号与原有信号差异越大。因此，采样频率越高，信号越逼真，但数据量也越大。

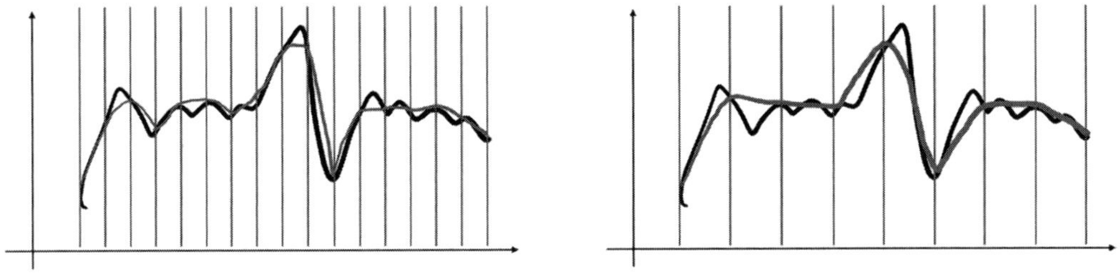

图 1.2–3　不同采样频率的采样结果比较

2. 量化

经过采样之后的信号实现了时间轴上的离散化，但每一个取样后的点的信号幅度也需要进行离散化，这就是量化，即将每个取样值归类于设定量化电平中的一个电平的过程。

量化电平越细，失真程度越小，量化后的比特率越高；量化电平越粗，失真程度越大，数字化后的比特率越低，损失也会越大（见图 1.2–4）。如量化位数为 8，量化电平数值为 2 的 8 次方，即 256 个量化电平。

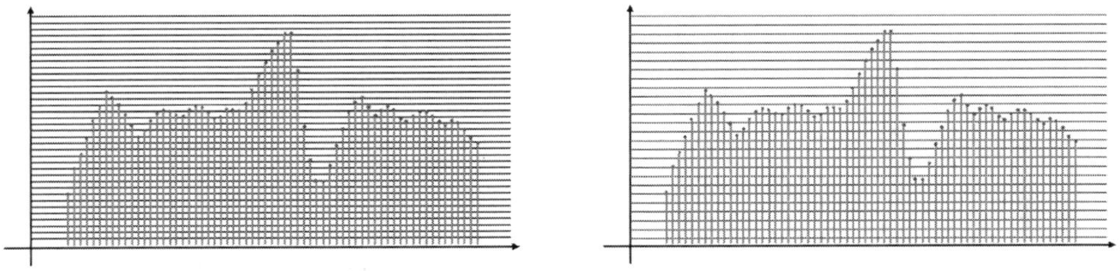

图 1.2–4　不同量化位数的量化比较

国际电联 ITU–601 标准规定，演播室用量化位数为 10bit，传输用量化位数为 8bit。模拟信号经采样和量化后，形成一系列的离散信号，这种脉冲数字信号必须按一定方式进行编码才能形成在计算机内部运行的数据。

3. 编码

编码是以一定格式对采样和量化后的二进制数据进行表示的过程，也是数据压缩的过程，常见的有脉冲调制编码、Δ 增量压缩、预测压缩编码等技术。

由于视频的编码方式很多，如果不同的视频设备厂家都使用各自不同的视频编码方式，那么设备之间就难以实现兼容，在 20 世纪七八十年代就曾经出现过这样的情况，导致了用户之间的节目难以交流，影响了影视作品的共享和混合编辑。对此的解决方法是，由行业组织根据需要对视频的编码方式作统一要求，形成统一规范，各厂家再按照这种规范实现视频编码，经过发布后，这种规范就成了标准。

1.2.2 ITU-R BT.601 标准

在国际上，制定视频编码标准相关的组织有国际电信联盟 ITU[①]、国际无线电咨询委员会 CCIR、国际电报电话咨询委员会 CCITT。

国际电信联盟ITU International Telecommunication Union	**1865年，20个国家签订《国际电报公约》，成立国际电报联盟（ITU）** **1906年，27个国家签订《国际无线电报公约》** **1932年，《国际电报公约》与《国际无线电报公约》合并制定《国际电信公约》** **1934年，正式更名为“国际电信联盟”（ITU）**
国际无线电咨询委员会CCIR International Radio Consultative Committee	**1993年，国际电信联盟无线电通信部门，简称ITU-R** ITU Radiocommunication Sector
国际电报电话咨询委员会CCITT International Telephone and Telegraph Consultative Committee	**1993年，国际电信联盟电信标准化部门，简称ITU-T** ITU Telecommunication Standardization Sector

图 1.2-5 与视频编码相关的国际标准组织

在众多视频标准中，国际电信联盟无线电通信部门 ITU-R 制定的 BT.601[②] 标准权威性最高。BT. 601 标准产生的背景是世界上有 PAL、NTSC、SECAM 等不同的模拟电视制式，这些制式之间原先互不兼容，出现各自为政的尴尬局面，给国际间的数字视频信号互通带来了很大的不便。为了便于国际间的节目交换，消除数字设备之间的制式差别，使 625 行电视系统与 525 行电视系统互相兼容，使数字电视广播系统向着参数统一化、标准化方向发展，1982 年，国际无线电咨询委员会通过了第一个关于演播室彩色电视信号数字编码的建议，即 601 建议。该建议考虑到现行的多种彩色电视制式，提出了一种世界范围内兼容的数字编码方式，该标准规定了彩色视频转换成数字图像时使用的采样频率、RGB 和 YCbCr 两个彩色空间之间的转换关系。在采样频率方面，不管是 PAL 还是 NTSC 制电视，为了保证它们的兼容性应采用同一个采样频率。

如何选择采样频率？既要考虑到采样质量，又要考虑到图像信号的同步，按照奈奎斯特采样原理，采样频率至少是模拟信号最高频率的两倍，且必须是电视信号行频的倍数。经过验算，最终将图像亮度信号的取样频率确定为亮度带宽的 2.25 倍，即 $2.25 \times 6\text{MHz}=13.5\text{MHz}$，其中，6MHz 为亮度信号的带宽。

由于行有效样本数与行采样分辨率相关，对于标清电视而言，PAL 和 SECAM 制式的每个扫描行需要有 864 个样本点，NTSC 制式则需要有 858 个样本点，由于电视信号中每行都包括一定的同步信号和回扫信号，故有效图像信号样本点并没有理论上那

① https：//www.itu.int/en/pages/default.aspx.

② https：//www.itu.int/rec/R-REC-BT.601/en.

么多。BT. 601 规定，PAL、NTSC 和 SECAM 三种电视制式的水平有效采样点均为每行 720 个有效采样点，在行消隐和场消隐以及在行正程扫描中多出的采样点被丢弃（见图 1.2–6），因此 PAL 制 BT. 601 数字视频的有效图像大小为 720×576 像素，而 NTSC 制数字视频的有效图像大小为 720×480 像素。

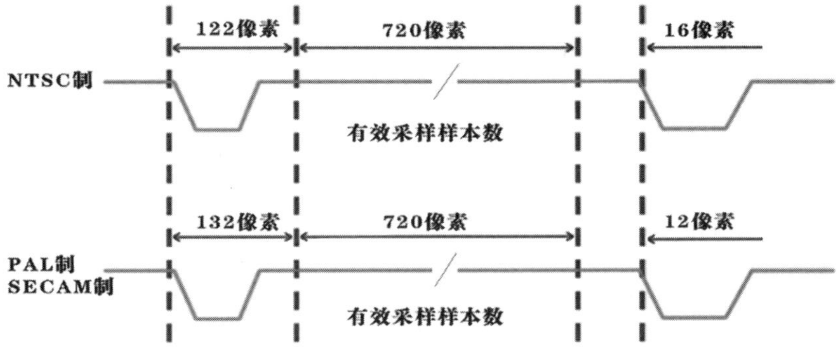

图 1.2–6　ITU–R BT.601 亮度采样结构

CCIR 601 规定，NTSC 制和 PAL 的有效样本点数均为 720 点，为了能有效地对视频信号进行采样，除了确定采样频率外，如何分别处理亮度信号和色度信号是重要问题。

实际上，电视系统中图像信号的处理包括对图像的亮度信号和色度信号的处理，即对图像的亮度和彩色信号的处理。在彩色电视系统中，并不直接对 RGB 三原色进行处理，而是处理色度 C 与亮度 Y 的差值（B–Y、R–Y、G–Y），即色差信号。这三个色差信号中，G–Y 可以通过 B–Y、R–Y 两个色差信号进行运算得到。因此，彩色电视数字化的编码和压缩主要是对蓝、红色差信号（B–Y、R–Y）进行处理，也记作 Cb 和 Cr，PAL 制电视中，Cb 和 Cr 分别记为 U 和 V；NTSL 制电视中，Cb 和 Cr 分别记为 I 和 Q。其中，U 或 I 代表蓝色与亮度之间的色差为 B–Y，V 或 Q 代表红色与亮度之间的色差为 R–Y；这就是我们经常在一些视频设备说明书中见到的 YUV 或 YIQ 的含义。

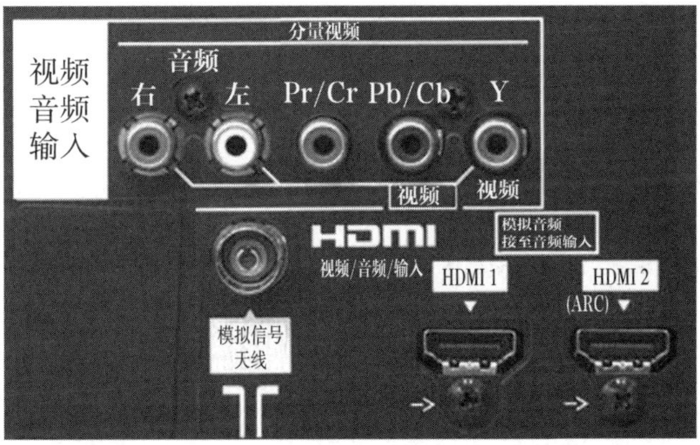

图 1.2–7　电视接口中的分量信号（Pr/Cr，Pb/Cb）

以 PAL 制电视为例，当彩色视频信号被采样时，采用的格式通常以 YUV 的比例关系来表达。根据电视信号的特征，亮度信号的带宽近似色度信号带宽的两倍，因此在数字化时，色差信号的采样率低于对亮度分量的采样率，即对色差信号进行下采样，亮度信号采样频率为 13.5MHz，而色度信号的采样频率为 6.75MHz。

常见的数字视频采样格式分别有以下四种：

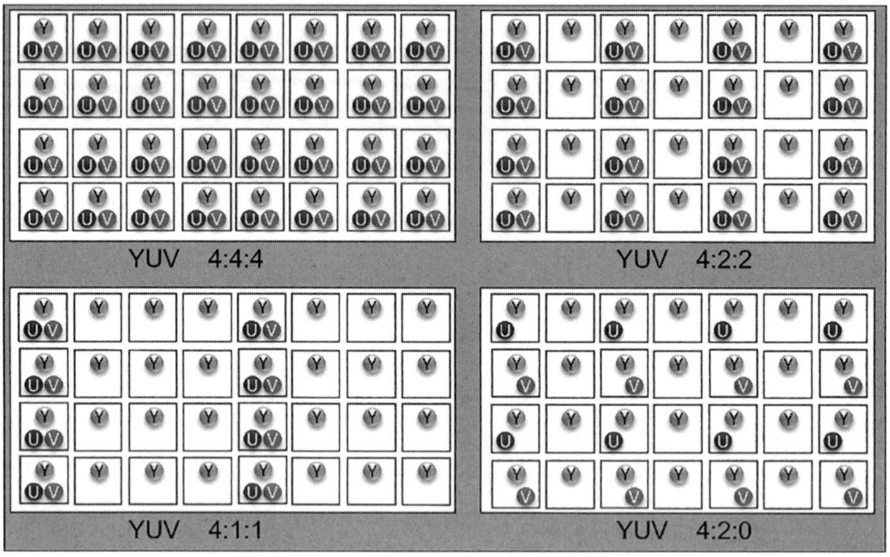

图 1.2-8 不同采样格式 YUV 信号采样比较

第一种是 4:4:4——亮度和色差分量的采样频率相同，没有采用下采样。

第二种是 4:2:2——色差分量进行了水平下采样，没有垂直下采样。

第三种是 4:1:1——色差分量进行了 4:1 的水平下采样，没有垂直下采样。

第四种是 4:2:0——两个色差分量分别进行了 2:1 的水平和垂直下采样。

以上四种采样格式有一个共同的特点是保持了亮度信号的完全采样，也就是保持了亮度信号的质量。对于 4:4:4 的视频格式，YUV均采用 13.5MHz的采样频率，有效样本数也相同，保证了亮度信号和色度信号的质量。虽然 4:2:2 的视频格式中YUV的采样损失了一部分色度信号，但足以符合视频的常规要求。因此，一般视频设备或编辑处理过程均可以使用 4:2:2 的格式。

1.2.3 典型视频编码标准

在了解了视频采集的一些基本规范后，我们来看看典型的视频编码标准。这里主要介绍三类标准，一是 ISO 国际标准组织中活动图像专家组制定的一系列 MPEG 等标准；二是国际电联组织中电信标准分局的视频编码专家组制定的一系列 H.26X 标准；三是我国具备自主知识产权的音视频编码标准 AVS，它的基本参数与 H.264 标准基本相似，以下不做单独介绍。下面我们针对其中常见的标准作简单说明。

1. H.261 标准

H.261 标准颁布于 1990 年，是第一个主流视频压缩标准，主要用于双向视频的实时编解码，如视频会议和可视电话业务，以 p×64Kbps（其中，p 为 1 至 30）的速率在综合业务数字网上传送视频信号。在 H.261 标准中，64K 用于低端的可视电话业务，384K 或更高的速率用于高端的视频会议业务，H.261 在 ISDN（综合业务数字网）信道上最高传输率为 1.92Mbps，足以传送当时的 VHS 质量的视频信号。H.261 为了便于与 PAL、NTSC、SECAM 三种不同制式模拟电视信号互联，规定采用 CIF（352×288）和 QCIF 格式（即 1/4CIF，176×144）作为视频输入格式。

2. H.263 标准

H.263 标准颁布于 1994 年，是在 H.261 标准的基础上发展起来的。主要是针对低码率，特别是低于 64K 的视频压缩提出的标准，它引进了 16 种可协商的编码选项，用于提高压缩性能和支持新增加的功能。H.263 标准是一个较为成熟的标准，尤其适用于在低带宽上传输活动视频，其编码原理和数据结构都与 H.261 标准相似，但是 H.263 标准不仅可以支持 CIF 和 QCIF 标准数据格式，而且还可以支持更多原始图像数据格式，如 4CIF、16CIF（见表 1.2–1）。H.263 标准技术广泛应用在网络摄像头、监控摄像头等网络型产品上，它的开发成本较为适中，软 / 硬件丰富。

表 1.2–1 不同格式的图像质量

图像格式	每行像素数 × 行数	H.261	H.263
Sub–QCIF	128×96	√	√
QCIF	176×144	√	√
CIF	352×288	√	√
4CIF	704×576		√
16CIF	1408×1152		√

3. MPEG–1 标准

MPEG–1 是 1992 年通过的视频压缩标准，传输速率约 1.5Mbps，主要应用在 CD-ROM 等交互式多媒体系统中。MPEG–1 标准算法与 H.261 标准算法基本相似，在 1.2M 视频带宽速率下的视频质量与 VHS 记录的模拟视频质量相当。

MPEG–1 是一种通用标准，规定了编码数据的表示语法和解码方法，MPEG–1 采用预测编码技术，包含运动估计、运动补偿预测、DCT量化和变长编码等技术内容，预测编码最常用的形式是差分脉冲编码调制（DPCM）。MPEG–1 标准规定了视音频的数据传输速率上限为 1.5Mbps，其中视频约为 1.2Mbps，音频约为 0.3Mbps，这与VCD的数据传输率一样。MPEG-1 视频的采样格式是 4:2:0，质量相对较差，压缩率比较大，最大图像分辨率为 352 × 288 或 352 × 240。

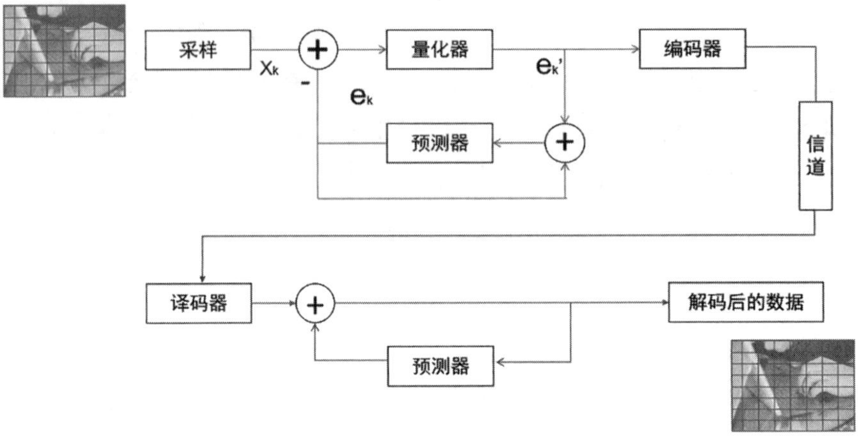

图 1.2-9　DPCM 编解码示意图

MPEG 视频在压缩过程中，有三种不同的帧类型，它们是 I 帧、P 帧和 B 帧，其中：

I 帧被称为帧内压缩帧，完整地记录了该帧画面的所有信息，其编码方式类似于 JPEG。

P 帧被称为预测帧，利用预测原理，由前一帧画面根据运动主体的位移量进行预测、编码和压缩，它以 I 帧为参考，采用具有运动补偿的前向预测技术。

B 帧被称为双向预测帧，一般位于 I 帧和 P 帧间之间，只反映运动主体的变化，重放时必须参考 I 帧和 P 帧。B 帧不能作为参考帧，不能用作预测参考。

比较这三种帧，I 帧属于帧内压缩，完整地保留了帧内所有图像信息，B 帧和 P 帧均属于预测帧，均有损失，B 帧压缩量最大，P 帧压缩量其次。

MPEG 视频在编码时可以由用户自主定义 I、B、P 帧的组合，这就是 GOP 图像组（见图 1.2-10）。在 GOP 图像组中，如果 B 帧很多，则压缩比例很大，但视频质量会下降。为了保证视频编辑的质量应尽量选择更多 I 帧，如果每一帧都采用 I 帧，则此时的压缩方式就相当于 M-JPEG 压缩方式或图像序列。

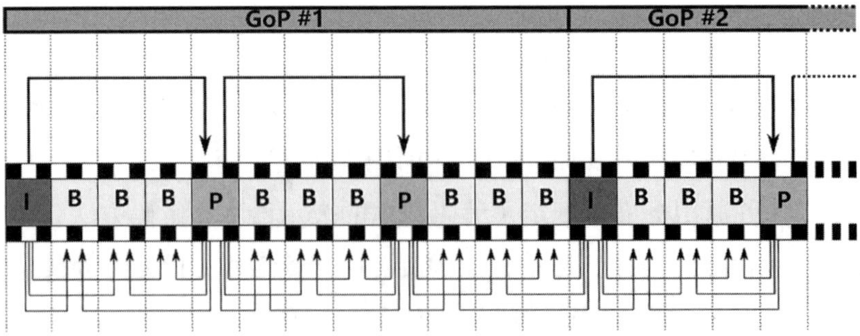

图 1.2-10　GOP 图像组

4. MPEG−2 标准

MPEG–2 标准于 1996 年发布，详细规定了标准数字电视和高清晰度电视的压缩方案，是一种主流的SDTV和HDTV的编码标准，它对MPEG–1 实现兼容扩展，与MPEG–1 的图像结构相同；MPEG–2 广泛用于 2—20Mbps之间的各种速率，以及各种分辨率情况下的DVB、HDTV、DVD场合，它能处理逐行扫描和隔行扫描图像，包括 16:9 宽高比图像格式。

5. MPEG−4 标准

MPEG–4 标准于 2000 年正式成为国际标准，为多媒体信息压缩提供了统一的开放平台，它着眼于解决低带宽上音视频的传输问题，在 Internet 视频流媒体、无线通信等领域中得到广泛应用。采用 MPEG–4 压缩技术的网络型产品可使用带宽较低的网络，大大节省了网络费用。

MPEG–4 视频文件最显著的特点是压缩率高且成像清晰，MPEG–4 的视频分辨率可根据需要进行调整，如 1920 × 1080、720 × 576 等；与 MPEG–2 相比，MPEG–4 视频具有质量高、带宽开销小的特点。如传输一个 1920 × 1080/25fps 的高清视频，MPEG–2 需要 20Mbps 的码流，若使用 MPEG–4 只需 12Mbps 左右，节省了 40% 的带宽。

6. H.264 标准

H.264 标准是由 ITU–T 的视频编码专家组和 ISO 的 MPEG 动态图像专家组联合组建的联合视频组提出的一个全新的数字视频编码标准，也就是说，H.264 标准既符合 MPEG 框架，也符合 H.26X 框架。它的兼容性更强，事实上，H.264 标准是 MPEG–4 标准的第 10 部分内容，同时与中国的 AVS 标准也基本相同，H.264 标准使图像压缩技术上升到了一个更高的阶段，能够在较低带宽上提供高质量的图像传输。在同等画质下，H.264 标准比 MPEG–2 标准平均节约 64% 的传输码流，比 MPEG–4 标准平均节约 39% 的传输码流。

1.3 数字视频格式与制式

1.3.1 数字视频格式

在非线性编辑系统中，要进行影视编辑，首先要认识素材。视频素材的编码格式体现在该素材的文件格式中，即视频格式反映了视频的编码方式。

常见的视频文件格式有：AVI、MPEG–1、MPEG–2、MPEG–4、WMV、H.264、MOV、

MKV、RM/RMVB 等。

表 1.3–1　视频格式与文件后缀名

格式	后缀名	格式	后缀名
AVI	.avi	H.264	*.mp4
MPEG–1	.dat	MOV	.mov
MPEG–2	.mpg	MKV	.mkv
MPEG–4	.mp4，*.3gp	rmvb	.rmvb
WMV	.wmv		

表格中列出了相应格式的文件后缀名形式如 .avi、.mpg、.mp4、.mov、.mkv 等，其中 .dat 格式是一种特殊的视频格式，这是一个 MPEG–1 的 VCD 格式。

需要说明的是，仅仅从文件的后缀名并不能完全看出视频的编码格式，如两个视频文件都是 MP4 文件，有的可能是 H.264 格式，有的可能是 MPEG 格式，这需要看该文件内部的实际编码方式。

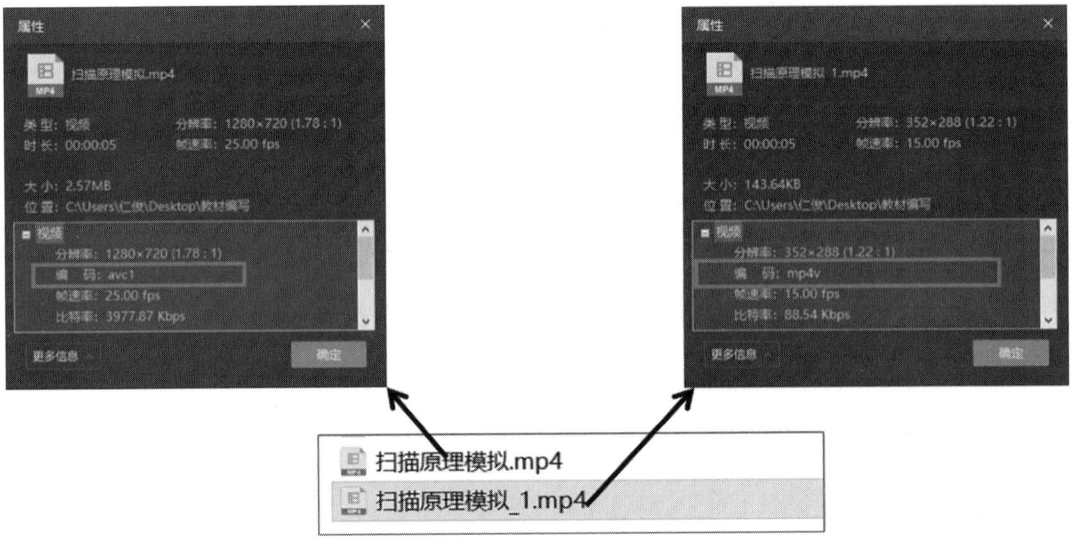

图 1.3–1　相同文件不同编码格式

这就是我们平时可能出现的一个现象：同样是 AVI 文件，在不同计算机上进行播放，可能出现某台计算机能播放，而另一台计算机不能播放的情况，这是由于 AVI 文件内部的编码方式不同。当遇到这种情况时，要确认播放的计算机含有该文件需要的解码方式，这要看计算机内有没有安装该 AVI 文件需要的解码器。

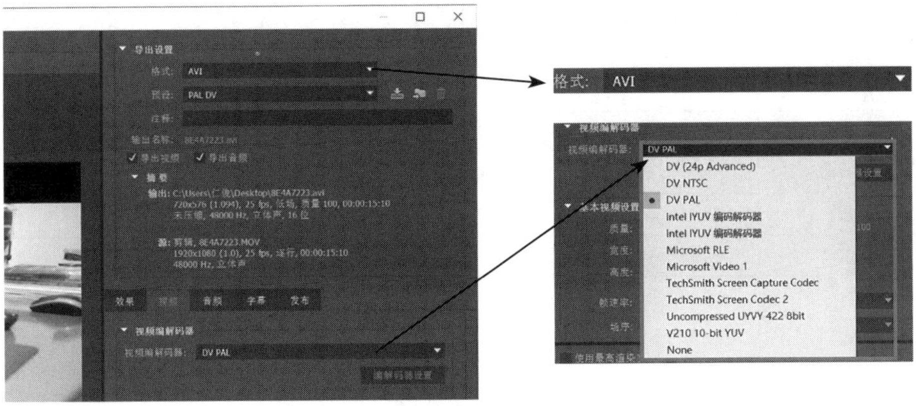

图 1.3-2 AVI 文件格式编码器的选择

那么，这么多的视频文件格式应该如何选择呢？我们考虑两个因素：

（1）如果仅仅是视频作品的共享，同时考虑作品的兼容性，建议使用 H.264 的 MP4 格式。

（2）如果是在编辑过程中，建议使用 AVI 或 MOV 格式，因为它们能最大限度地保证文件的原始质量，损耗较小。

对于不同的文件格式，我们可以通过一些软件工具进行转换。最常见的软件是格式工厂，可以实现视频、音频和图片等媒体的格式转换。

如果你使用 Adobe 套装工具，那么其中的 Media Encoder 是不错的格式转换工具，它不仅可以实现各种音视频文件转码，还可以将 Adobe 创建的项目文件进行输出，这部分知识我们将在课程的后续知识中进一步讲解。

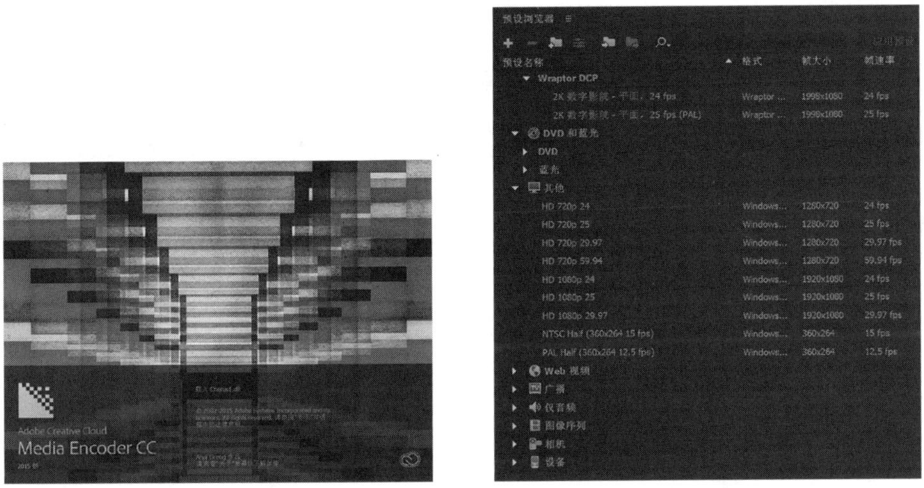

图 1.3-3 Media Encoder 工作界面

1.3.2 视频编码格式

最后再介绍一下彩色电视或视频的制式标准，彩色制式主要是针对色彩编码方式而言的，不同的色彩编码方式对应不同的制式。

目前彩色电视共有三大制式。

电视制式	图像系统	NTSC		PAL			SECAM	
	伴音系统	M		B/G	I	D/K	D/K	L/L'
图像中频		58.75	45.75	38.9	39.5	38.0	38.0	38.0
伴音中频		54.25	41.25	33.4	33.5	31.5	31.5	31.5
频道带宽		6		7	8	7	7	8
视频带宽		4.2		5	5.5	6	6	6
伴音载频		4.5		5.5	6	6.5	6.5	6.5
扫描线		525		625	625	625	625	625
场频		60		50	50	50	50	50
视频调制方式		反向调幅		反向调幅	反向调幅	反向调幅	反向调幅	正向调幅
伴音调制方式		调频		调频	调频	调频	调频	调幅

图 1.3–4 不同制式视频的参数差异

1. 正交平衡调幅制——简称 NTSC 制

N 制电路简单，容易产生偏色，一般采用逐行扫描方式，帧频为 29.97fps，画面清晰度好，主要应用在美国、加拿大和日本等国家。

2. 正交平衡调幅逐行倒相制——简称 PAL 制

PAL 制利用逐行倒相方式解决偏色问题，但电路复杂，一般采用隔行扫描方式，帧频为 25fps，画面清晰度低，主要应用在中国、德国、英国和其他一些西北欧国家。

3. 行轮换调频制——简称 SECAM 制

其参数与 PAL 制基本相似，主要应用在法国、苏联和东欧等国家和地区。

在数字视频领域，彩色电视制作主要是 PAL 制和 NTSC 制，一般没有 SECAM 制。

本章作业

1. 查阅中英文资料，了解 29.97fps 和 30fps 的不同，思考两者为什么存在不同。
2. 查阅中英文资料，分析像素宽高比对画面显示效果有什么影响。
3. 课后请结合 H.264 标准的特点，分析 H.264 标准的应用场合。
4. 为什么同一个视频文件在 A 计算机能播放，但在 B 计算机却不能播放？
5. GOP 的具体含义是什么？ I、P、B 帧各有什么特点？
6. 完成中国大学 MOOC 中本书对应课程的本章测验，参与学习讨论。

2 镜头编辑与组接技巧

学习目标

1. 基本内容：编辑概念，蒙太奇概念及类型，画面编辑基本方法和原则，声音的作用及其编辑要点。
2. 重点：画面组接的基本原则和核心要义。
3. 难点：画面组接原则在实际编辑过程中的应用。
4. 知识目标：掌握蒙太奇的基本概念，理解电视画面和声音编辑的基本方法及相关知识，包括视觉符合逻辑、造型衔接流畅、主体动作连贯、轴线规律、声音的分类和作用、声音的剪辑方法等内容。
5. 能力目标：能运用蒙太奇分析案例作品的表现手法，能运用画面和声音组接原则分析和设计镜头。

本章导读

影视作品中，画面的编辑或组接要遵循一定的规则和方法，才能有效地表达作品的主题。本章将展开介绍影视编辑的逻辑性、画面造型、轴线、动静匹配以及时空营造等方面知识。

2.1 编辑的概念与蒙太奇

任何一部影视作品，其制作过程大致可以分为三个阶段：

（1）前期筹划阶段：主要任务有构思作品主题、编写文学剧本、确定分镜头、准备资料、确认人员分工等，这一阶段形成的是稿本和创作方案。

（2）拍摄录制阶段：主要任务有剧本排练、演播室排练、彩排试录和现场录制等，最终得到各类场景素材。

（3）后期制作阶段：主要任务有画面编辑、特效合成、作品审看及修改完善等，最终生成作品。

其中，画面编辑是后期制作的重要环节。那么如何理解画面编辑呢？

2.1.1 编辑

1. 编辑的含义

在汉语词典中，“编辑”的意思是加以鉴别、选择、分类、整理、排列和组织；也指对资料或现成的作品进行整理、加工，编成书刊；还可以指制作、编辑书报杂志的人。编辑一词早期主要用于对报纸、杂志、书籍的整理和加工。

在影视领域内，与编辑相关的词语包括“剪辑”“剪接”等，“剪辑”“剪接”主要针对电影胶片和电视磁带。其中“剪接”更加形象，“剪”下来，再“接”起来，这就是对电影胶片实现电影画面组合的形象描述。后来，由于电视采用电子化方式进行画面组合，技术上类似于书籍整理和加工，因此就把电视的后期画面整理、组合和加工称为“编辑”。

从宏观上讲，编辑是指有机地、艺术地把拍摄原始素材镜头编制成一部完整电视节目的全部工作过程。

从微观上讲，编辑是指将镜头素材进行挑选、整理、加工和组接，最终以声画形式表达内容的创作环节和操作过程。

可以说，画面编辑充分体现了导演或制作者对作品主题的理解，也是导演或制作者性格和价值观的个性体现。因此，编辑工作是确定作品艺术个性和节目风格的重要手段。

2. 电视画面编辑的作用

首先，编辑是对拍摄内容进行整理和筛选的过程，通过编辑工作来整理和剪辑拍摄过程中超出分镜头稿本规定长度的镜头、删除废镜头、剪除不需要的镜头，等等。

其次，编辑是按分镜头稿本对镜头进行重组，然后形成作品的过程。在实际拍摄过程中，为有效利用时间、地点、设备等，一般会根据实际情况，调整分镜头稿本镜头的顺序，有时甚至脱离稿本即兴去捕捉一些更好的镜头，这些“凌乱”的素材必须经过编辑加工才能完成创作要求，形成最终作品。

最后，编辑是对拍摄画面的再创作与升华。一段内容，甚至是一个镜头，只有在拍摄完成后，才能比较清楚地展现它的质量及内涵。通过编辑工作，我们可以对镜头内容和其表现意义进行重新认识，对前期策划阶段设计的分镜头稿本进行再创作与主题升华。

思考

比较并组合以下三个镜头画面（见图 2.1–1），第一个画面是一个毫无表情的男人的脸，第二个画面是一个手持准备射击的手枪的特写，第三个画面是一个大笑的脸部特写。

没有表情的脸　　一支手枪　　大笑的脸

图 2.1–1　三个独立的镜头

你认为哪种镜头组合符合你的需要？为什么？

问题解析

也许每一个观众得到的结论不一样，但有一点是可以确定的：两个不同的镜头组合，产生的镜头含义不一样。

从这个实验我们可以看出电视画面编辑的意义：

（1）单个镜头只有独立的表现意义；

（2）组接产生了新的表现意义；

（3）不同的组接产生了不同的表现意义。

简单地说，就是“1+1 ≥ 2”。

2.1.2 蒙太奇

与影视画面编辑紧密相关的一个专有名词是蒙太奇。

“蒙太奇”原为建筑学术语，意为“组合”“构成”“装配”，引申到影视中意为“剪辑”“组合”，是影视电影创作的主要叙述手段和表现手段之一。

蒙太奇是根据影片所要表达的内容以及观众的心理顺序，将一部拍摄得到的镜头按照一定思路组接起来。一句话：蒙太奇就是把分切的镜头组接起来的手段。

1. 早期电影蒙太奇大师

早期对蒙太奇进行探索、研究和实践的电影大师有法国的卢米埃尔兄弟、梅里爱，美国的格里菲斯，苏联的库里肖夫、爱森斯坦和普多夫金等（见图 2.1–2）。他们探索形成的蒙太奇理念一直被沿用到现在，并成为我们创作影视作品的基本规范。

卢米埃尔兄弟　梅里爱　格里菲斯　库里肖夫　爱森斯坦　普多夫金

图 2.1–2　早期的电影蒙太奇大师

（1）格里菲斯

大卫·格里菲斯（D.W. Griffith，1875 年 1 月 22 日—1948 年 7 月 23 日，见图 2.1–3），美国人，1875 年出生于美国肯塔基州。从 1908 年到 1912 年共摄制了四百多部影片，他既继承了卢米埃尔等人的纪实风格，也吸取了梅里爱戏剧电影的因素。他的成功之作是在世界电影史上具有崇高地位的《一个国家的诞生》和《党同伐异》。格里菲斯对电影和电视创作的贡献主要有：

图 2.1–3　格里菲斯

①充分运用平行式蒙太奇叙事技巧

格里菲斯首先把他喜爱的狄更斯小说的叙事手法引入电影，创造出后来被称为“格里菲斯的最后一分钟营救（Griffith’s last minute rescue）”的平行剪辑手法。他在影片 *The Fatal Hour*（1908）里第一次采用了平行剪辑的手法，在高潮段落营造紧张感。此后格里菲斯很快将平行剪辑的技巧发展到普通的叙事，而不仅仅是最后高潮的段落，他还开始设置多条平行开展的线索。1909 年的 *A Corner in Wheat* 取材于 Frank Norris 的两部小说，故事同时在三个地点平行进行：乡下麦田穷苦农民的生活，面包店的生意和股票经纪人的办公室，而且三个故事线里的人物和情节完全没有交叠。对穷人和富人生活的平行剪辑，不仅能让人看到后来格里菲斯名作《党同伐异》的影子，还能对蒙太奇技术有所启发。后来，格里菲斯对这种剪辑手法的运用越来越纯熟，到 1912 年，根据 *The Moving Picture World* 杂志统计，在格里菲斯的影片 *The Sands of Dee* 里竟然有多达 68 个镜头，而同时期其他单本影片的镜头数一般只有它的一半甚至更少（当时，一般一部单本电影的长度是 10 到 16 分钟）。比如，同时期在美国大热的意大利影片 *Queen Elizabeth*，影片全长 53 分钟，却只有 23 个镜头，可见格里菲斯的叙事技巧已经远远超越了同时代的电影人。

②创造性地运用景别表现拍摄对象

格里菲斯也在景别上大胆前进。当时的影片还习惯于将演员以顶天立地的全景撑满整个银幕，而格里菲斯的影片里演员的脚常常在画面之外了，比沃格拉夫（Biograph）以为这是格里菲斯的疏忽，却不知道这是格里菲斯有意为之，好在当时的观众没有意见，也就让格里菲斯继续他的开拓。格里菲斯在影片中开始实验不同的景别，到 1910 年，格里菲斯在他的作品 *The Unchanging Sea* 中将大全景加入自己的镜头语言中，经典电影叙事的全景、中景、近景、特写的镜头语言已经都被格里菲斯找到。格里菲斯在景别上的进一步贡献是在同一场景中根据剧情使用不同的景别和机位，这一做法彻底打破了舞台化的时空观念，将一个场景空间拆分开来，表现出不同层次的细节，是电影叙事的一个重大突破。

③景深镜头与运动拍摄的运用

格里菲斯非常喜欢使用景深镜头，他的画面里纵深方向的细节特别丰富，格里菲斯大胆地让演员从远处走向乃至走过摄影机，还让演员慢慢远离摄影机。在影片 The *Redman's View* 里，被迫迁徙的 Kiowa 部落的印第安人先在一个全景里拉成一条线，再折向并从一侧走过摄影机，最后在主角 Silver Eagle 和他父亲走到中全景的位置上时停下，表现 Eagle 的父亲病重倒下，在一个镜头里完成了多个景别的变化。格里菲斯对景别的追求也自然让他对摄影机的运动进行了大胆的探索。在此之前，摄影机的运动只限于左右和上下摇镜。在 1910 年以后，格里菲斯开始实验其他的摄影机运动方式，比如更大的摇镜：把摄影机放到汽车上、运动的火车上等，让镜头看上去更加惊险刺激，从而压迫观众的神经。

图 2.1-4 库里肖夫

（2）库里肖夫

列夫 · 库里肖夫（Lev Kuleshov，1899 年 1 月 13 日—1970 年 3 月 29 日，见图 2.1-4），苏联电影导演、电影理论家。生于坦波夫，卒于莫斯科。曾就读于莫斯科美术学校，1916 年进入电影界，1918 年开始导演影片，1919 年在苏联国立电影学校建立了“库里肖夫集体”教学工作室。

库里肖夫进行了很多电影实验，其中与他的学生普多夫金共同做了一项有名的镜头剪接实验，这就是电影史上具有重大意义的库里肖夫效应。他们从许多废电影胶片中找出了一个叫“莫兹尤辛”的演员的没有任何表情的特写镜头，然后把它分别与另外 3 个镜头：一盘汤、一个棺材和一个小女孩相互组接起来。结果，这三个不同的组合，让观众在莫兹尤辛的脸上感受到了三种不同的表情（见图 2.1-5）。

图 2.1-5　库里肖夫的效应镜头

首先是莫兹尤辛与桌上的一盘汤的镜头组合，给人感觉莫兹尤辛是在饥饿状态下沉思。

然后是将莫兹尤辛与伏在棺材上悲伤的女人的场景进行组合，让人感受到莫兹尤辛内心的悲伤。

最后是莫兹尤辛与一个抱着玩具狗熊的小女孩的镜头组合，这让人从莫兹尤辛的脸上感受到一种安详的、轻松的微笑。

可见，不同的镜头组合确实能产生不同的心理感受。

（3）普多夫金

图 1.2-6　普多夫金

伍瑟沃罗德·普多夫金（Vsevolod Pudovkin，1893 年 2 月 28 日—1953 年 6 月 30 日，见图 1.2-6），生于奔萨，卒于莫斯科，苏联著名导演、演员、理论家，蒙太奇理论的创始者之一。普多夫金在从事电影导演创作之前，曾当过演员、做过场记、搭过布景、写过剧本，还做过胶片剪辑的工作，是一个比较全面的艺术家。

1920 年，普多夫金进入苏联国立第一电影学校学习。1922 年，转入库里肖夫的“实验工作室”学习与工作，协助库里肖夫进行电影语言方面的探索与实验。后来由于双方观点分歧，普多夫金离开库里肖夫工作室，到苏联国际工人救济委员会影片公司任导演。

普多夫金的创作特色表现在以下几方面：

①普多夫金强调剧本创作的重要作用，他曾指出：“有人认为，编剧只要写出剧情

的一般的简单的梗概就可以了，至于细致的赋予、电影形式的全部工作则应当由导演来做。这种见解是十分错误的。不要忘记，没有一种艺术的创作过程能够被分割为彼此无关的各个阶段。”普多夫金在构成主义思想的促使下更为迷恋于创造和表现，并在剧本的创作阶段就明确地规定了影片的“场面蒙太奇”“段落蒙太奇”“对列蒙太奇”等蒙太奇的结构形式。其结构形式应该说是严格地按照故事情节加以思考和组织的。

②普多夫金注重演员工作的基础作用，他的影片一般都选用杰出的演员。普多夫金还从蒙太奇理论立场出发提出了“电影演员工作的非连续性”和“蒙太奇形象”的理论，他在电影创作中重视演员的表演，强调在电影中保留演员表现的性质。

③普多夫金把蒙太奇视为电影艺术创作的基础。他从一般意义上为蒙太奇下的定义是：蒙太奇就是要揭示出现实生活中的内在联系，是一种思维辨证的过程。基于这种思考他创立了“联想式蒙太奇”等电影语言的形式技巧，这使得他的影片具有诗意和抒情因素。“联想式蒙太奇”把没有物质联系但却具有十分密切主题联系的视像并列起来，这是一种与诗的隐喻相类似的方法，但它的效果要比诗的隐喻更强烈得多。在影片《母亲》中，母亲和巴维尔纠结于放在一块地板下的枪支的那几次“联想式蒙太奇”形式的运用，便有效地表现出人物瞬间的思维状态。“联想式蒙太奇”手法一般只能在影片的局部使用，不能用它来统一全部镜头。普多夫金用构成主义的电影表现手段和技巧，丰富并发展了传统电影的形式。“联想式蒙太奇”的方法是重要的，具有表现力的，所以，后来用此方法的人比较多，直到现在也还有人在使用。

普多夫金是苏联蒙太奇的集大成者，他是技术性蒙太奇（叙事蒙太奇）和艺术性蒙太奇（表现蒙太奇）的过渡人物。他认为两个镜头的并列意义大于单个镜头的意义，认为电影是镜头与镜头构筑并列的艺术。

（4）爱森斯坦

图 2.1-7 爱森斯坦

谢尔盖·爱森斯坦（Sergei M. Eisenstein，1898 年 1 月 23 日—1948 年 2 月 11 日，见图 2.1-7），出生于里加，苏联导演、编剧、制作人、演员、作家、剪辑师，毕业于圣彼得堡土木工程学院建筑系。1923 年，执导个人第一部短片《格鲁莫夫的日记》；1924 年，执导个人第一部电影《罢工》；1925 年，执导战争电影《战舰波将金号》。

爱森斯坦出生于拉脱维亚的一个中产阶级家庭，从小性格内向，喜欢读书，充满幻想，他的父亲是个犹太人，虽为知识分子，但脾气暴躁。在爱森斯坦 11 岁时，母亲忍无可忍离家出走，少年爱森斯坦的心灵因此而扭曲。由此，爱森斯坦对女人、对暴政的反应和一般人不一样。

爱森斯坦在他的第一部影片《罢工》中成功地运用了“杂耍蒙太奇”的理论，将在帝俄统治下工人被屠杀的镜头和屠宰场屠杀牲畜的镜头交替剪辑，隐喻工人像牲畜一样任人宰割。

阅读与思考

杂耍蒙太奇

爱森斯坦在《杂耍蒙太奇》一文中解释：杂耍是“这样的因素，它能使观众受到感性上或心理上的感染……以给予感受者一定的情绪上的震动为目的，反过来在其总体上又唯一地决定着使观众接受演出的思想方面，即最终的意识形态结论的可能性”，“不是静止地去‘反映’特定的、为主题所需要的事件，不是只通过与之相关联的感染作用来处理这一事件，而是提出一种新的手法——把随意挑选的、独立的（而且是离开既定的结构和情节性场面而起作用的）感染手段（杂耍）自由组合起来，但是具有明确的目的性，即达到一定的最终的主题效果，这就是杂耍蒙太奇”。

爱森斯坦的蒙太奇手法非常强调镜头对位性，即镜头间的冲突。1925 年，刚满 27 岁的爱森斯坦创作完成了《战舰波将金号》，他因此而名扬天下，成为轰动影坛的风云人物。

“奥德萨阶梯”是影片最经典的片段（见图 2.1–8）。其中，婴儿车由楼梯上摔下、四周人在开枪、母亲紧张失措，这些画面交互剪接产生了紧张紧凑、隐喻的效果，是电影史上镜头剪辑的经典。

图 2.1–8 “奥德萨阶梯”经典片段

爱森斯坦在《战舰波将金号》中还充分运用了隐喻式蒙太奇和短镜头，将影像语言使用得出神入化。作品中运用石狮子的睡、蹲、站（见图 2.1–9），隐喻水兵的沉睡、猛醒和抗争的思想变化。

睡着　　蹲着　　站着

图 2.1–9 《战舰波将金号》作品中隐喻式蒙太奇的运用

2. 蒙太奇的概念

蒙太奇（法语：Montage）是音译的外来语，原为建筑学术语，意为构成、装配，电影发明后在法语中引申为“剪辑”。

蒙太奇，通常作为影视的代名词，它既能再现现实时空，也能创造作品时空；通过蒙太奇的效果，可以将不同地方的人、景、物、事进行前后排序，从而产生彼此关联的连续事件。例如：先拍一人在敲门，再拍人进屋内，事实上，屋内屋外的拍摄地点可能在不同地方。

那么，如何真正理解蒙太奇呢？蒙太奇不仅是镜头之间的组接和排列技巧，也是整个电视节目的场面和段落的结构法。

从广义上讲，蒙太奇是一种作品叙述手法，以若干镜头构成一个场面，以若干场面构成一个段落，以若干段落构成一个部分。

从狭义上讲，蒙太奇代表影视编辑的具体技巧和技法。

从影视创作的角度来看，蒙太奇的运用就是影视创作的全过程。在策划阶段，导演将故事按照“从合到分”的思路，将文学稿本“拆分”为若干分镜头稿本。在拍摄阶段，摄像师按照分镜头稿本，利用各种拍摄方法对每个镜头进行实际拍摄，并选择不同的拍摄手法，由于拍摄手法不同，会产生不同的艺术效果。如正拍、仰拍、俯拍、侧拍等拍摄角度的效果显然各有不同，远景、全景、中景、近景、特写、大特写等景别的表现意义各有差异，长镜头和短镜头由于时间长短不一而叙事功能各有特色。在后期制作阶段，编辑师按照“从分到合”的思路，将每个独立的镜头组合为完整的作品。

3. 蒙太奇类型

作为一种叙事或表现手法，蒙太奇可以分为叙事蒙太奇和表现蒙太奇。

（1）叙事蒙太奇

叙事蒙太奇以交代情节、展示事件为主旨，按照情节发展的时间流程、因果关系来分切组合镜头、场面和段落，从而引导观众理解剧情。在传统的叙事手法下，故事的发展一般按照线性结构进行推进，将故事的开端、发展、高潮、结局等逐一展现，从而表现一连串发生在一定时空中具有因果关系的事件。

叙事蒙太奇包括连续式蒙太奇、平行式蒙太奇、交叉式蒙太奇、颠倒式蒙太奇、重复式蒙太奇。

连续式蒙太奇

作品中只有单一情节线索，按照事件的逻辑顺序进行连续叙事，这种蒙太奇手法叙事自然流畅，朴实平顺；连续式蒙太奇手法的剪辑需要把握空间的连续性和时间的连续性，分别从空间和时间的角度去保证情节的流畅连续。空间连续性指在一个场景内的事件从空间上采用多角度进行连续展示，如景点介绍类作品，可以按照景点的空间分布进行连续介绍；再如一个人物的动作，可以按照动作的连续空间变化进行组接，但要求每个镜头在空间上保持关系一致，这种空间关系的一致就是轴线规律（本章 2.2.3 部分将详细讲解）。而时间的连续性是指一组镜头的内容在时间上表现为一定的线性连续性，如人物传记类作品，可以按照人物从出生到死亡的时间连续变化进行画面构思和组接，一些介绍某个操作过程为主的科教片，可以按照该操作的前后顺序进行镜头设计和组接。

连续式蒙太奇由于缺乏时空与场面的跳跃性变换，难以突出各条情节线之间的对列关系，容易产生拖沓冗长、平铺直叙之感。

平行式蒙太奇

将不同时空发生的两条或多条情节线并列表现、分头叙述，几条线索相互烘托，形成对比，产生强烈的艺术感染效果。格里菲斯、希区柯克善于运用这种蒙太奇。在一部影片当中，一个完整的故事往往由多条线索、多个人物关系构成。在相同的时间段，这些线索平行发生，但又相互联系、相互冲突。在蒙太奇的叙事手法中，就需要使用平行剪辑法，在同一时间内，分别交替地表现两个或多个情景。

平行式蒙太奇可以分为下面两种情况：

①同一时间、同一空间的平行剪辑

两个或多个人物、事物及故事线索，这些元素处在同一空间内，相互作用的线索发生着紧密的联系。例如影片《疯狂的石头》中讲述了一个关于盗宝和守宝的故事，其中有一个片段，发生在当地的梦巴黎招待所，两伙人分别处在一墙之隔的房间里，各自盘算着如何保住翡翠、如何盗取翡翠。镜头不断地在多条人物线索间切换，在同一时间和同一场景中，将影片中人物不同的性格特征、不同的动作进行平行展现，最后几伙人的相遇将叙事线索交织在一起，形成了该段落部分的高潮。

②同一时间、不同空间的平行剪辑

相同的时间、不同的地点，即相互作用的线索是远离的。例如电影《罗拉快跑》里罗拉在拼命奔跑，而此时，罗拉的父亲和他的情人在银行的办公室里交谈，这里，同一时间、不同空间的相对独立的情节分别展现，就是平行蒙太奇的典型做法。

交叉式蒙太奇

将同一时间不同地域发生的两条或数条情节线迅速而频繁地交替剪接，其中一条线索的发展往往影响其他线索，各条线索相互依存，最后汇合在一起。这种手法极易引发悬念，造成紧张激烈的气氛。如：惊险片、恐怖片和战争片常用此法表现追逐和惊险的场面。

颠倒式蒙太奇

该手法是指打破了线性时间方式，采用倒叙或插叙的方式来呈现事件的发展，如《辛德勒的名单》就采用了这种手法，通篇属于回忆式的倒叙形式。

重复式蒙太奇

重复式蒙太奇亦称复现式蒙太奇，指在影视作品不同的时间段，具有一定寓意的镜头在关键时刻反复出现，以达到刻画人物、深化主题的目的。这些镜头包含某个人物、场面、景物、道具、细节或者动作等元素，它们在作品中有重点地（特写）反复出现，形成强调和对比效果，表现剧情内在和本质的发展；这些反复出现的镜头一般不是机械地、以完全相同的面貌出现，而是具有一定的差异性。如《这个杀手不太冷》中，兰花和牛奶的反复出现也是采用重复蒙太奇手法，每一次出现都有不同的意义；《罗拉快跑》中通过重复呈现跑步动作来交代主人翁罗拉的心路发展历程。

（2）表现蒙太奇

表现蒙太奇手法以镜头对列为基础，通过相连镜头在形式或内容上相互对照、冲击，从而产生单个镜头本身不具有的丰富含义，以表达某种情绪或思想。

表现蒙太奇可以分为比喻式蒙太奇、对比式蒙太奇、积累式蒙太奇。

比喻式蒙太奇

比喻式蒙太奇也称隐喻式蒙太奇、象征式蒙太奇、联想式蒙太奇。它通过镜头或场面的对列进行类比，含蓄而形象地表达创作者的某种寓意。这种手法往往将不同事物之间某种相似的特征突显出来，以引起观众的联想，领会导演的寓意和领略事件的情绪色彩。如普多夫金在《母亲》一片中将工人示威游行的镜头与春天冰河水解冻的镜头组接在一起，用以比喻革命运动势不可当。比喻式蒙太奇可以将极强的概括力和极度简洁的表现手法相结合，往往具有强烈的情绪感染力。运用这种手法时，一般会与叙事蒙太奇的相关手法有机结合，以避免生硬牵强。

对比式蒙太奇

该手法类似于文学中的对比描写，即通过镜头或场面之间在内容（如贫与富、苦与乐、生与死，高尚与卑下，胜利与失败等）或形式（如景别大小、色彩冷暖、声音强弱、动静等）上的强烈对比，产生冲突的效果，以表达创作者的某种寓意或强化所要表现的内容和思想。

积累式蒙太奇

指一系列性质相同或相近的镜头连接在一起，通过视觉积累效果起到强调作用。如为了表现一个同学积极向上的学习状态，可以将该同学在图书馆查阅资料、在教室聆听老师上课、在宿舍里独自复习、在校园一角读书等场景的镜头进行连续组接或间断性组接，可起到积累效应；再比如“枯藤，老树，昏鸦，小桥，流水，人家，古道，西风，瘦马，夕阳西下”10 个镜头连在一起，可以营造出孤清冷寂的气氛。

案例视频 2.1-1:《雨中的树》片段

表现蒙太奇手法有时能使作品具有浪漫主义色彩，特别在一些专题作品中尤为显著。例如，在党建影片《雨中的树》的这段画面（见图 2.1-10，扫描二维码可观看视频）中，我们可以感受到比喻式蒙太奇所体现的浪漫主义色彩。

图 2.1-10 《雨中的树》影片中表现蒙太奇的运用

4. 蒙太奇句式

蒙太奇句式是指不同景别镜头的组合形成不同的画面节奏，这种叙事方式能模拟和操纵观众的感受，起到某种强调作用。包括前进式、后退式和复合式三种类型。

（1）前进式句子，指镜头景别逐步变小，人物或事物对象在画面内的比例逐渐变大，即由全景景别向特写景别逐渐变化形成的一组镜头，类似于推镜头的作用。如：

（远景）一幢大楼烈火冲天

（全景）消防员在用水枪灭火

（中景）几名消防队员满脸是汗，在离火特别近的地方用高压水枪灭火

（近景）高压水枪冲在火苗上

（特写）火苗逐渐熄灭

（2）后退式句子，与前进式句子相反，是指景别逐步变大，人物或事物对象在画面内的比例逐渐变小，场景逐渐变大，即由特写景别向全景景别逐渐变化形成的一组镜头，类似于拉镜头的作用。如：

（特写）迅速走动的脚

（近景）戴墨镜的男士（正面）

（中景）男士走在大街上（背面）

（全景）男士继续先前走，后面有一人跟着

（3）复合式句子（环形句子），是一种综合性的蒙太奇句式，可以是先前进再后退，或先后退再前进；这种句式能产生一种事物循环变化、周而复始的效果。

例如《黑炮事件》中的镜头组合：

（特写）一只脚踢起足球

（中景）一个队员倒踢飞来的足球

（全景）一个队员带球过人

（全景）对方队员倒地铲球，该队队员奋起一脚

（全景）守门员扑救险球，球从他手中滑入大门

（大全）大广告牌下坐着赵书信

2.2 画面编辑的基本方法

影视作品中，画面的编辑或组接需要遵循一定的规则或方法才能有效地表达作品的主题。本节将介绍影视编辑的内容逻辑性、画面造型、轴线规律、动静匹配原则以及时空营造方法等内容。

2.2.1 利用镜头内容的逻辑关系进行画面编辑

首先，影视镜头的组接必须符合一定的逻辑性。也就是说，影视的画面镜头内容

之间具有强烈的逻辑性，如某个运动员在篮球场向篮筐抛球（见图 2.2-1），则下一个镜头就可以接篮球进筐，或者是篮球打到篮板没有进筐的镜头，也就是说，下一个镜头要与上一个镜头在内容上形成一定的逻辑关系。

图 2.2-1　投篮、进球

可以说，从某种程度上讲，符合逻辑就是符合因果的呼应关系，要将这种呼应关系作为镜头剪辑的依据。

1. 符合生活逻辑

符合生活逻辑，就是指符合事物发展和变化的规律，包括生活发展的逻辑、人物关系发展的逻辑、具体人物性格发展的逻辑、具体矛盾冲突发展的逻辑等。

生活逻辑指动作或事件发展的基本过程，这是编辑要把握的最基础的逻辑关系，一般运用在故事片、剧情片或纪录片中。如：一个人取出笔墨、展铺画纸、提笔作画、加盖印章，这是一个完整的动作过程；又如：发现问题、分析问题、解决问题，是事物发展的规律，也是人们认识事物的过程。

符合生活逻辑还有一种情况，也是影视作品中经常使用的组接方法，即主观镜头与客观镜头的组接。

主观镜头与客观镜头是从观看镜头的视角对镜头的分类。从“第三人”（导演或观众）的视角出发来表现的镜头叫客观镜头，客观镜头的写实感很强，主观性较弱，主要将故事内容客观地呈现在观众眼前。从剧中人物的视点出发来表现的镜头叫主观镜头。主观镜头把摄影机的镜头当作剧中人的眼睛，直接“目击”生活中的其他人、事、物。它因代表剧中人物对人或物的主观印象，带有明显的主观色彩，可能会使我们观众产生身临其境、感同身受的效果，进而使观众和人物进行情绪交流，获得共同的感受。运用主观镜头的目的，往往是让观众感受剧中人物的行为活动或内心情感的变化，从而产生强烈的共鸣。例如，恐怖或惊悚片中常用主观镜头来表现剧中人物的恐惧心理，将观众吸引到剧情中，仿佛自己就是剧中的人物，从而产生恐惧感。

主观镜头与客观镜头有时候可以相互变换。比如一个同学从教室门外进入教室，环顾四周寻找某某同学，此时可以设置如下镜头：

（1）教室内同学们在自学（全景，面向教室前门拍摄）

（2）一个同学来到教室门前寻找某某同学（该同学从前门外进入画面来到教室前门，在教室门前停下后环顾四周，中景，客观镜头）

（3）教室内看书的同学们（全景，摇，主观镜头）

（4）教室门前的同学找不到某某同学后，转身离开教室（特写）

（5）教室内看书的同学们（全景，固定镜头）

其中，镜头（3）是镜头（2）中主人翁在门前看到的教室内的场景，属于主观镜头。也就是说，镜头（2）、镜头（3）形成一组主客观镜头；但当镜头（4）主人翁离开教室后，又切换到教室内的场景，此时的教室内同学们看书的场景却变成了客观镜头。由此可见，同一个镜头，可以用作主观镜头，也可以用作客观镜头，就看用在什么地方，这是由导演的分镜头脚本决定的。

2. 符合思维逻辑

思维逻辑指我们在认识事物时，借助于概念和推理等形式来反映客观现实的认识过程，它是确定的、前后一贯的、有条理的思维方式，如步骤一、步骤二、步骤三等（见图 2.2–2）；再比如，计算机程序设计的基本流程，无论是线性结构，还是分支或选择结构，或者是循环结构，知识点内容之间具有明显的、确定的逻辑顺序。因此，当镜头内容之间存在逻辑关系，组接镜头时，镜头的顺序必须符合内在的逻辑关系，这种情况多用于一些教学类作品、科学推理作品等。

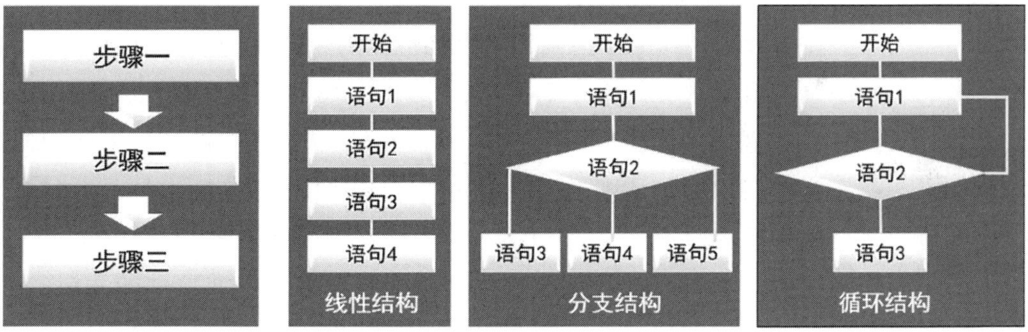

图 2.2–2 符合逻辑思维案例

在相邻镜头的剪辑中要体现动作的连贯性，否则就可能违反了生活或思维的逻辑性。例如，前一个画面中杯子在右手，后一个画面中的杯子在左手，如果这样两个画面剪辑在一起，必然会给观众造成一种错觉，杯子突然从右手变到了左手，有一种跳跃感。如果中间插入一个杯子放下的镜头，则观众就自然能理解动作的过程了。

符合逻辑性的原则通常用在组接连续动作或连续事件或具有一定逻辑关系的叙事蒙太奇作品的场合。要增强镜头的连贯性，仅仅依靠作品内容之间的连贯性还不够，还应在镜头的外在表现形式上增加连贯性。

2.2.2 利用镜头的造型要素进行画面编辑

在影视作品的镜头剪辑中，我们经常可以借助镜头中的场景或对象的位置、形状、颜色、明暗、大小、运动方向与速度、景别等造型因素进行组接。这种方法往往能使作品具有较好的创意性，镜头的组接也显得较为流畅，通过造型相似的方法既可以实现镜头的组接，也可以实现作品的场景转换。

1. 利用形态和位置

利用形态和位置方面的造型相似实现组接，主要指相邻画面中主体的外部形态（如人或物的动态、形态）、画面的线条走向、画面内景物的轮廓等存在相似性，通过这种主体的形态相同或相似增强镜头的视觉流畅感。

案例视频 2.2–1:《魂断蓝桥》片段

如经典电影《魂断蓝桥》，整部作品采用倒叙的方式，片头部分是男主人公罗伊在滑铁卢桥上回忆他和玛拉的一段凄美爱情，片尾则是罗伊从痛苦的记忆中回到现实。两个片段均采用相似性原理对不同时空进行有机组接，其中，片头利用不同时期的罗伊的近景画面进行组接，片尾则是将吉祥符的特写画面作为组接的依据。

在另外一部经典电影《公民凯恩》（*Citizen Kane*）中，创作者利用相似性剪辑将现场场景造型与报纸图片造型进行有力衔接，增强了镜头剪辑的连贯性以及作品中报纸报道事件的真实性和必然性；

案例视频 2.2–2:《公民凯恩》片段

在现代影视作品中，利用造型相似的剪辑方法仍常被使用。如 2018 年中国进口博览会宣传片《40 年，中国与世界》中有两个地方使用了造型相似原理，一是利用飞机的发动机圆形形状与杯口的圆形形状相似进行镜头组接，二是利用画面的旋转形成的圆形线条与圆形杯子形状相似进行镜头组接。

案例视频 2.2–3:《40 年，中国与世界》片段

相似性剪辑可以用来表现两个不同时空的人物或事件的发展过程，也可以有效地实现画面转场。如电视剧《陪读妈妈》中，将女主人公的回忆与现实生活中翻开相册的场景进行剪辑，很好地利用了相似性剪辑手法，实现了回忆空间与现实空间的有效转场。

2. 利用声音

利用造型相似的衔接方式除了利用形状的造型相似，还包括利用声音的造型相似，如图 2.2–3 这两个画面，左侧画面中，水壶烧开后发出了鸣叫声，右侧画面中的火车头在加速时发出鸣笛声，两个画面之间存在声音相似，可以利用这种相似将这两个画面进行组接。

案例视频 2.2–4: 声音相似性剪辑

声音相似的剪辑方式也可以用于画内音与画外音的转场组接。

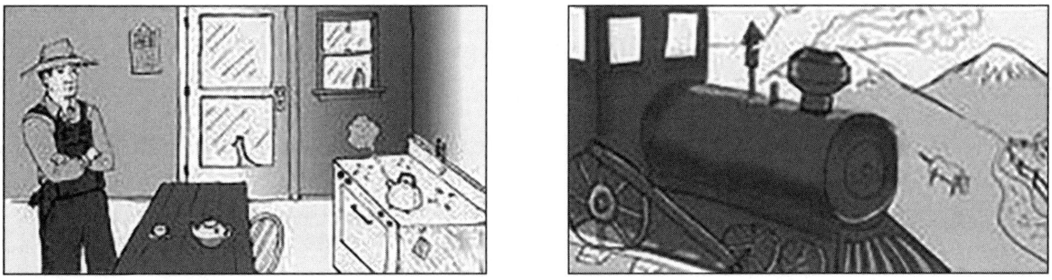

图 2.2-3 声音相似的剪辑示例

3. 利用方向和速度

造型衔接的第三个方面是画面运动的方向和速度相似，包括画面内主体的运动以及摄像机的运动特征，如果这些运动的方向和速度保持一致就可以作为组接的重要依据。这是处理运动画面组接的主要方式，往往运用在一些激烈的打斗、战争、追逐场景中。

注意：保持镜头之间动作流程的一惯性是视觉连贯的基础，一旦动作流程被切断，就容易破坏原有的运动节奏。例如，两个镜头的主体运动或摄像机的运动方向不一致、运动速度明显变化、接动作时动作重复或间歇以及动、静突然变化等，都易造成视觉跳动。如图 2.2-4 中，将镜头 1、镜头 2、镜头 3 进行组接，形成的效果是一辆汽车向左运动，3 个镜头的汽车运动方向都保持向左，镜头之间的切换自然流畅；但如果将镜头 4、镜头 5、镜头 6 进行剪辑，则由于镜头 5 和镜头 4、镜头 6 方向相反，容易让观众产生错觉，认为是两辆车相遇。

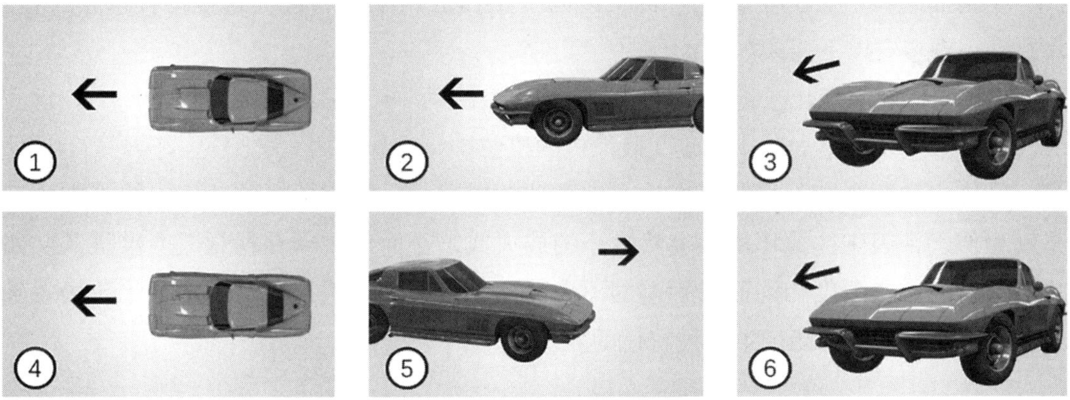

图 2.2-4 主体运动方向示例

4. 景别

景别一般是指主体在画面中所占空间的大小，由于表现目的不同，景别的选择也不一样。通常，在摄影和摄像领域内，景别主要有大远景、远景、全景、中景、近景、特写等（见图 2.2–5）。

大远景 远景 全景 中景 中景（牛仔镜头）

中近景 近景 特写 中特写 大特写

图 2.2–5 不同景别的镜头示例

景别对画面有如下影响：

（1）不同景别代表着不同的画面结构方式，其大小、远近、长短变化造成不同的造型效果和视觉节奏。在相同时长内，景别越小（特写），会让人感觉时长越长；同一主体在相同速度下，景别越小，动感越强。

（2）不同景别是对被摄对象不同目的的解析，会传达出不同性质的信息。相比而言，远景或全景中表达的信息较多，在一个镜头内能交代主体所处的环境以及主体与环境的关系，能在一个镜头内同时表达时间、地点、人物、情节、动作等；而特写是对主体的局部进行重点表达，它传递的信息相对集中。如果把特写镜头看成是“点”，那么远景或全景就是“面”，显然，不同景别的叙事特点有所不同。所以，景别意味着一种叙述方式。

在画面组接中，为了使同一场景内同一主体的两个相邻镜头组接得合理、顺畅、不跳动，须遵守以下两条规则：

（1）景别要有变化，否则将产生画面的明显跳动。

（2）景别差别不大时，要改变摄像机的机位。

屏幕中的两个镜头组接起来后产生跳动的原因是：两个拍摄角度相同的镜头由于景别相似，会因主体或环境的突然微小的放大或缩小而使观众在视觉上产生跳跃。如果遇到这种拍摄角度相同而景别差别不大的两个镜头必须组接时，常用叠化转场效果来消除视觉跳跃，并能产生一种特色的效果。

2.2.3 利用轴线规律进行画面编辑

1. 轴线的概念

轴线就是指被拍摄对象的运动方向、视觉方向或者两个交流着的被拍摄对象之间形成的假想的连线所构成的线。轴线规律也被称为 180 度原则（180°Rule）。

轴线有三种类型，即方向轴线、运动轴线和关系轴线。方向轴线是指被摄主体的视线方向，运动轴线是指被摄主体的运动方向所构成的直线，关系轴线是指两个交流着的被摄主体之间的连线所构成的直线（见图 2.2-6）。

方向轴线　　运动轴线　　关系轴线

图 2.2-6　轴线类型

2. 轴线规律

简言之，轴线规律是指在连续相邻的镜头之间主体的位置、方向均保持一致。这里需要强调的是：轴线规律适用于相邻的连续的多个镜头之间。

图 2.2-7　影片《雨果》片段：在关系轴线上的两个人物的位置关系保持一致

如连续的三个镜头 A、B、C，A 和 B、B 和 C 之间必须遵循轴线规律，但 A 和 C 之间就不存在轴线规律的限制。

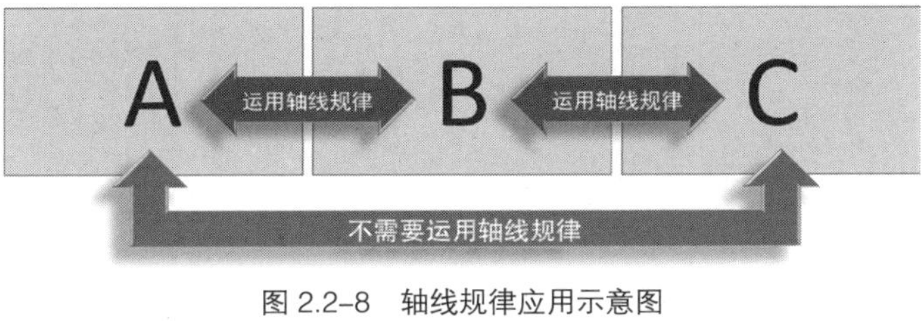

图 2.2-8　轴线规律应用示意图

3. 跳轴

如果两个镜头的主体位置相互颠倒，观众会认为主体一会儿在左边，一会儿在右边，会产生疑惑或错乱。我们把这种两个镜头的主体位置相互颠倒的现象称为跳轴现象或越轴现象。

那么，如何合理地实现越轴或跳轴呢？这里介绍三种方法：一是利用摄像机的连续运动，二是利用空镜头或反应镜头，三是利用双轴线。

第一种方法是利用摄像机的连续运动，即运用机位调度，让摄像机在一个镜头内做连续运动，由轴线的一侧运动到轴线的另一侧，让观众在同一个镜头内感受到人物的位置关系或方向关系的变化，从而自然理解被摄主体在镜头内的位置或方向上的变化，消除疑惑现象。

案例视频 2.2–5：利用摄像机运动跳轴

案例视频 2.2–6：利用空镜头跳轴

第二种方法是利用空镜头或反应镜头将两个越轴镜头分割开来。如前一个镜头人物向右运动，后一个镜头人物向左运动，如果直接组接这两个镜头，必然让观众认为人物在画面内折返回去了，破坏了运动方向的一致性（见图 2.2–9）。在这种情况下，可以在这两个镜头之间插入一个人物的反应镜头（见图 2.2–10），使两个运动方向相反的镜头分割开来，让观众的思维先断开，然后重新建立联系。当然此时也可以插入一个人物正面向镜头运动的齐轴镜头，或其他空镜头，可以达到同样的效果。

人物向右运动　　人物向左运动

图 2.2–9 越轴镜头

人物向右运动　　插入反应镜头　　人物向左运动

图 2.2–10　插入反应镜头实现合理越轴

第三种方法是利用双轴线，即利用画面内的第二个轴线或第三个轴线，其原理与第二种方法相似，也是在两个越轴镜头间插入其他镜头。

图 2.2-11　利用双轴线实现合理越轴

2.2.4 利用动静匹配原则进行画面编辑

影视镜头组接的第四个原则是动静匹配原则，即在形成剪辑点的相邻镜头的运动属性要相互匹配，也就是“静接静、动接动”的原则。

从绝对意义上讲，静止是相对的，运动是绝对的，也就是说，静止是相对的概念。使用固定拍摄手法得到的自然风景或静物类镜头，一般属于静态镜头；画面内主体运动或摄像机运动拍摄所得到的镜头属于动态镜头。动态镜头和静态镜头是一对概念，而固定镜头和运动镜头是另一对概念，它们对镜头特征的表述不一样，前者是对镜头内容的运动特征进行表述，而后者则是对镜头的拍摄技巧进行表述。这四个概念之间的关系见图 2.2-12。

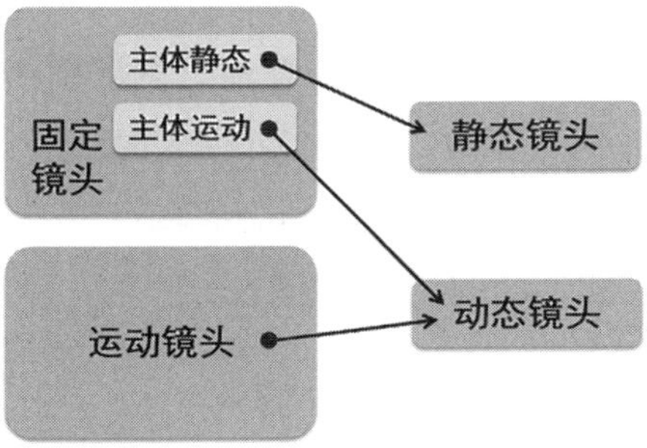

图 2.2-12 动态画面和静态画面

从图 2.2-12 中我们可以看出，固定镜头可以分为静态的固定镜头和动态的固定镜头，动态画面既包含固定镜头内的动态，也包含运动镜头内的动态。

严格地讲，静接静是指两个静态画面的组接，动接动是指两个动态画面的组接（见图 2.2-13）。

图 2.2-13　静接静、动接动

动静匹配原则可以从如下几个方面进行分析：

1. 固定镜头之间的组接

前文提到，固定镜头可以分为静态的固定镜头和动态的固定镜头，因此，固定镜头的组接也分为静态和动态两种镜头。

（1）上下镜头均为静态镜头的镜头组接

如果上下镜头均为静态镜头，则此时，可以根据静止物体间在内容上的某种逻辑关系或形态相似的外部特征等造型因素，以及画面的均衡性、景别的多样性等要素进行镜头组接。

我们来看这两个案例：

案例视频 2.2–7：上下镜头均为静态镜头 1

案例视频 2.2–8：上下镜头均为静态镜头 2

（2）主体运动和主体静止的两个固定镜头的组接

这种情况的组接，只要记住动静匹配的基本原则，也就是说在剪辑点两侧的画面属性相同即可。如果前一个镜头的结束画面内主体是运动的，则后一个镜头的开始画面中主体也应该是运动的，反之亦然。因此，如果主体运动的镜头在前，取前一个镜头中主体运动的停歇点为剪辑点，这个时刻相接的两个画面中的主体都处于静止状态，静接静，平滑地过渡。如果主体静止的镜头在前，则取前一个镜头中主体从静止开始运动的瞬间为剪辑点，然后接后面的主体运动的镜头；或者是保持前一个镜头静止，在后一个镜头中取主体从静止开始运动的瞬间为剪辑点。

下面来看两个案例（主体运动的镜头在前）：

案例视频 2.2–9：静接静（主体运动的镜头在前）

案例视频 2.2–10：动接动（主体运动的镜头在前）

如果主体运动的镜头在前，既可以在前一个主体运动结束后的静态位置直接接下一个静态镜头，这属于静接静；也可以在前一个镜头的运动过程中，接下一个镜头从运动到静止的即将结束的位置，这属于动接动。

再看两个案例（主体静止的镜头在前）：

案例视频 2.2–11：静接静（主体静止的镜头在前）

案例视频 2.2–12：动接动（主体静止的镜头在前）

同样，如果主体静止的镜头在前，既可以由前一个静态镜头接下一个镜头中主体尚未运动但即将运动的位置，这属于静接静，如案例视频 2.2–11；也可以在前一个静态镜头中主体刚刚开始运动的瞬间，接下一个运动镜头，这属于动接动，如案例视频 2.2–12。

再看一个案例：在案例视频 2.2–13 中，前一个镜头中的手从画面外入画开始拿书，而下一个镜头中的手则是拿书入画把书放入书架，两个镜头中的手的动势不连贯。如果在前一个镜头中将剪辑点选择在手拿书准备出画的位置，就符合逻辑了。

案例视频 2.2–13：动接动的方式中前后两个镜头动势不连贯

2. 运动镜头之间的组接

运动组接是指通过推拉摇移等运动拍摄方法得到的镜头之间的组接，这种组接方法可以分为四种情况。

（1）上下两个镜头只有摄像机的运动，而画面主体处于静止状态（见案例视频 2.2–14）。这种情况可根据运动速度快慢和画面造型特征进行组接，剪辑点选择在运动过程中。但要注意，两个镜头的摄像机运动应尽量保持方向一致，不能出现摄像机运动方向相反的两个镜头进行组接，否则容易产生运动混乱的现象。

案例视频 2.2–14

（2）上下镜头除了摄像机运动外，画面主体也运动（见案例视频 2.2–15）。此时剪辑点也选择在主体运动过程中，同时结合上下镜头主体动作的有机衔接和画面造型特征进行剪辑。

案例视频 2.2–15

（3）上一个镜头主体静止，而下一个镜头主体运动。此时要以下一个镜头的主体动作为主，在上一个镜头从静止到开始运动时切入，同时要结合上下镜头运动速度的快慢，有机地衔接镜头（见案例视频 2.2–16）。

案例视频 2.2–16

（4）上一个镜头主体运动，而下一个镜头主体静止，此时要在上一个镜头的主体运动完成后再进行切换，并结合上下镜头运动的速度快慢及画面造型特征有机地组接镜头（见案例视频 2.2–17）。

案例视频 2.2–17

事实上，第（3）和第（4）两种情况通常是摇摄、跟摄或移摄，而且摄像机通常跟随主体的运动做相应运动。

3. 运动镜头和固定镜头之间的组接

动静匹配的第三大类是运动镜头与固定镜头之间的组接，这种类型的剪辑，需要借助运动镜头的起幅或落幅画面，因为起幅和落幅属于固定镜头画面，如果让它们与固定镜头进行组接，就可以直接运用第一大类的固定镜头组接方法。运动镜头与固定镜头之间的组接可以分为以下两种情况。

第一种情况是，运动镜头在前，编辑点选在运动镜头的落幅上，如图 2.2–14 中上半部分所示；第二种情况是，运动镜头在后，编辑点选在运动镜头的起幅上，如图 2.2–14 中下半部分所示。

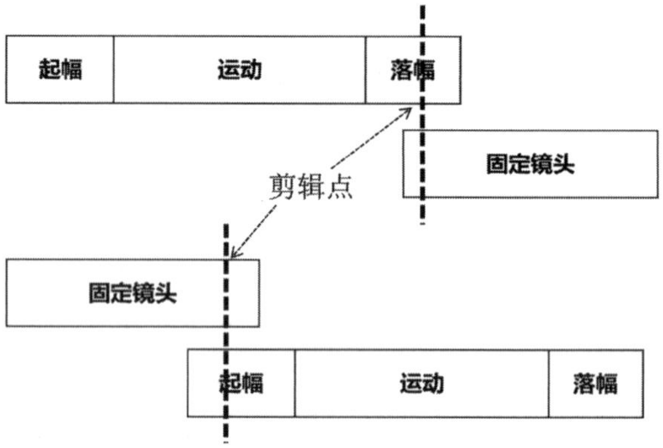

图 2.2–14　运动镜头与固定镜头之间的组接方法示意

案例视频 2.2–18：违反动静匹配原则的剪辑

通过以上对动静匹配原则的解释说明，我们可以看出，无论是哪一种情况，只要记住一点：保证在剪辑点两侧的画面运动属性相同，即动接动，静接静。

如果违反了动静匹配原则，就会产生明显的跳动现象，破坏镜头的流畅性。如案例视频 2.2–18 所示的动接静的剪辑方式是不可取的。

2.2.5 利用时空营造方法进行画面编辑

影视镜头组接的第五个方面是利用时空营造的特殊方法进行画面编辑。任何一个事件或故事都是在一定时空内发生的。影视所表现的时空与真实的时空并不完全匹配，影视的时空可以是现在的、过去的、未来的时空；也可以是巨大的、微观的时空；可以是真实的时空，也可以是虚拟的时空。影视为了表现主题思想，一般要对时空进行处理，如再现时空、压缩时空、拉伸时空、定格时空等，甚至可以逆向处理时空。那么如何实现对时空的各种处理呢？对应到影视剪辑手法中，主要有分解法、省略法和错觉法三种。

1. 分解法

分解法就是依据真实时空，将连续时空的物体、动作和过程等，通过多个不同角度、不同景别、不同场景进行表现；分解法就是分镜头的过程。这里强调的是每个分镜头要多角度、多景别、多技巧地展现被摄对象。

案例视频 2.2-19：分解法案例 – 动作分解

分解法常用来编辑人物走路、起坐、开关门窗、喝水、穿衣等动作细节和要点，编辑时要把这些不同景别、不同角度的动作组接起来，编辑点应选在动作变换瞬间的暂停处。

分解法可以产生时空拉伸的效果。爱森斯坦在著名影片《战舰波将金号》的“敖德萨阶梯”片段中充分运用分解法，使用了一百多个镜头进行组接，多景别、多视角地进行表现，从而向观众展现了沙俄军队的残暴，民众的无辜、恐慌和愤怒以及水兵的英勇和正义；同时拉伸了时空，增强了积累效应，刺激了观众的视觉，加剧了矛盾冲突，激发了人们无比愤怒的心情。

案例视频 2.2-20：《战舰波将金号》中的“敖德萨阶梯”片段

2. 省略法

时空处理的第二种方法是省略法，如果说分解法主要强调动作细节和要点，那么省略法则突出事件的整体过程。

省略法着眼于动作片段的组合，省略了过程中的非典型动作，省略法在开始动作和结束动作的基础上，通过插入代表性动作镜头或空镜头等方法，由观众根据其逻辑推理能力，自觉建立起完整连贯的动作时空。

省略法是对真实时空的压缩处理，这是影视作品中常用的方法。

比如要表现一个人上楼，可以在他抬脚踏上楼梯或进入电梯的瞬间进行切换，下一个镜头则接其到达某个房间门口，大多数情况下，人物在楼梯上行走或乘电梯的过程并不需要特别展现，可以直接省略这个过程。

通过压缩处理，我们可以把一年或多年的时间在春夏秋冬几个镜头切换的几秒内完成，可以让一个人的一生在短短一个小时内、10 分钟内，甚至在几十秒内得以表现。这里有很多例子，很多电影中眨眼就过了几年或者几十年，例如，法国电影《天使爱美丽》中通过同一场景内的下雨、下雪、花开等镜头切换，来喻示日复一日、年复一年，表示这段时间内女主人公从一个小姑娘长大成人。

案例视频 2.2-21：《天使爱美丽》片段

在美国影片《美丽心灵》中，主人公纳什与同学在酒吧里谈论他们对金发碧眼女人的反应时，他对博弈论的思路突然清晰起来，之后的时间里，他不断验证，撰写出了关于博奕论的论文，影片通过纳什的数学演算特写和窗外风景由冬季飘雪到春季枝条变绿的连续变换，喻示时间的推移。

案例视频 2.2-22：《美丽心灵》片段

3. 错觉法

时空处理的第三种方法是错觉法，错觉法是利用上下镜头的相似性特征对镜头进行切换，造成视觉上动作连续的错觉效果。这种相似性包括主体动作快慢相似、镜头景别相似、角度变化与空间大小相似、主体动作形态相似等，也就是前面介绍的相似性剪辑。

通过相似性剪辑，除了能实现画面剪辑的流畅性，更主要的是能表达时空的转场。

案例视频 2.2–23:《永远的爱人》片段

如在一部记录贝多芬的电影《永远的爱人》中，影片的最后，女主人公在窗边悲伤地读贝多芬写给她的一封信，接着镜头切换到若干年前，透过窗户，贝多芬在作曲弹琴，这是一种利用相似性画面形成时空转换的典型片段。这样的剪辑手法在传记类、纪录类作品中经常被用来表示时间或空间的转换。

阅读与思考

如果影视中不通过镜头剪辑而是利用一个镜头直接表现时空，则这个镜头就是长镜头。长镜头如果没有快放、慢放或倒放等处理，则其表现的时空与真实时空一样，这是一种典型的再现功能、纪实功能，这样的镜头称之为纪实镜头。显然，如果长镜头经过快放、慢放或倒放处理，也可以实现压缩时空、拉伸时空和倒流时空的效果。

在实际拍摄和制作过程中，长镜头是较难掌握的，特别是其对于导演、场面调度、拍摄技巧和演员的表演等要求较高。如果一部作品就只有一个长镜头，这就是近年来流行的一种创作手法：一镜到底。

关于“一镜到底”，请读者自行查阅相关资料进行讨论分析。

2.2.6 画面编辑的注意事项

关于剪辑的其他方面，也就是第六个方面，我们来看看一些具体情况该如何处理。

如主体出画和入画的剪辑。当被摄人物或物体离开画面时，可以在人物或物体完全离开画面前（人物处于画面边缘时）切出，下一个镜头开始时，人物或物体已经在画面边缘位置并开始入画（见图 2.2–15），这样的剪辑方法可以避免在两个镜头之间出现类似于空镜头的现象。如果上一个镜头中人物或物体全部出画后，下一个镜头中的人物或物体从画面外入画，则会在两个镜头之间形成一个无形的空镜头，使观众认为人物或物体的动作并不连续，剪辑也不够干净利落。

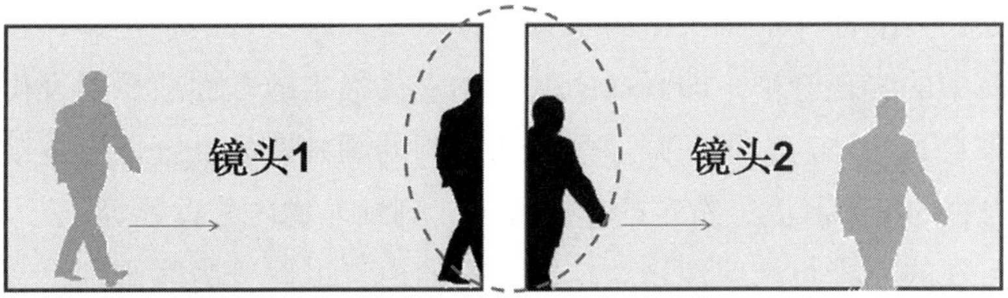

当被摄主体出画时，在主体完全离开画面前（处于画面边缘时）切出，
下一个镜头开始时，被摄主体已经在画面边缘位置并开始入画

图 2.2-15 入出和出画的剪辑

综合以上组接规律和方法，无论哪一种规律，最终的目的，通俗地讲，就是要让观众注意不到剪辑点的存在，完全沉浸在作品内容的表达过程中，或者说根据人们的欣赏心理，当观众需要看到什么内容的镜头时，作品自然而然地呈现该内容的镜头，做到既流畅又有逻辑。

案例视频 2.2-24：主体出画入画剪辑案例

2.3 影视中的声音及剪辑技巧

在影视发展初期，只有画面没有声音，影视作品的观赏和主体表达受到很大限制。后来由于声音的加入，影视作品对观众的感官刺激变得更加丰富了，声音的加入使影视作品能多层次多方位地展现作品内容，增加了镜头的信息量，立体化地表现画面、帮助画面转场等。随着技术的发展，各种声效增强了画面的表现力和冲击力。

2.3.1 声音的分类和功能

1. 声音的分类

从来源角度看，影视中的声音可以分为语言、音乐、音响三类，语言表意、音响表真、音乐表情，三者之间既各自展示出自身的个性特征，又要互相配合，顺畅连贯，互为呼应，以表现人物感情，烘托环境气氛，促进故事发展，构成完整统一的艺术化的听觉世界。

语言：指影视作品中人物的对话、旁白或独白，语言在影视作品中起到叙述客观事实、交流思想、抒发感情、发表议论、推动情节等作用，特别是能够充分表现画面中蕴含的深层次的思想意义。语言分为对白、独白、同期声和解说词（也称旁白）等类型。

音响：音响是指自然环境中产生的各种声响以及背景人物发出的声音等，音响可以在拍摄画面的同时录制，也可以后期拟音录制。音响是自然世界声音的重要信息源，是我们感知存在、发展变化并得出结论的依据，它能增强现场感，具有逼真性。

音乐：一般指由各种乐器发出的乐音，音乐在影视中有两种类型，一种是音乐的声源来自画面中的客观音乐，即画面中的人物直接唱出的歌曲或乐器发出的音乐；另一种是声源来自画面外，为烘托画面内容而配制的画外音乐，这属于主观音乐，作用是表达画面内容的情绪，渲染特定的环境气氛，刻画人物内心世界等。

从声音出现的方式与合理性来看，影视中的声音可以分为客观性声音和主观性声音。客观性声音是指有声源的声音，包括环境音响、背景人声、同期声、对白及客观音乐。客观性声音可以真实地展现我们生活在其中的有声世界。主观性声音是指画面没有提供音源的声音，主要是指解说词、主观音乐。主观性声音是编剧、导演根据作品主题、人物、气氛、环境的需要加上去的。

2. 声音的功能

声音能使画面活起来，让观众看见也听见了现场，犹如身临其境。声音是多层次的表现因素。在影视的声音中，不同类型的声音可以单独出现，也可以同时出现。

（1）声音使画面立体化：声音的传播，在不同的空间环境中产生的效果不一样。比如：在开阔的地方，声音会自然扩散，当遇到大面积反射物会产生回声，在四面八方都形成反射的室内空间则会产生混响。

（2）声音增加了作品的信息量：荧屏画框是框不住声音的，声音可以是画框内的，也可以是画框外的，可以是左边的、右边的、天上的、地下的，也可以是脑子里想的或从前发生过的。增加作品信息量，主要是指声音的密集化、声音在时空中的压缩和画外音对时时空的扩展。

（3）声音使画面组接方法多样化：声音的听觉特征，如强弱、高低、音色以及全方向性，使声音具备了许多表现特性。比如，全方向性就产生了声音空间和画面空间的不同，使画面的组接方法有了多种可能。声音可以预示将要出现的画面，比如，门铃、敲门声、电话铃、风雨声、门窗声或呼叫声的出现，都可以预示下面事情的转折、发展，从而使画面组接的方法多样化。

2.3.2 声音的录制处理

1. 解说词

解说词是解说画面的语言，但它绝不是画面的附庸，它与画面是一种相辅相成的关系。

（1）解说词的作用：使影视作品具有完整叙事的能力；有助于影视作品叙事方式的精炼和集中；使影视作品克服画面的局限，揭示深层主题；使画面更真实自然；可以连接画面进行转场。

（2）解说词的选配要注意两个方面问题：一是要处理好与画面的关系，在影视作品中，解说词和画面是自然分工，解说词无须重复画面中已经展示的东西，而是发挥叙事说理的特长，说明画面中没有或不可能表现的问题。二是要便于观众“听”，解说词是一种声音元素，目的是让观众能用耳朵听到声音，解说词应尽量口语化、简洁、易懂、符合观众观赏习惯等。

另外，解说词不能充斥全部画面，不能连篇都是解说，而要有较多的停顿和间歇。

2. 音乐选配应注意的问题

（1）根据作品主题选择合适的音乐。音乐选配切忌随意性，尽力追求音乐与全片主题、风格的和谐统一。

（2）尽量不过多地选用中性音乐。中性音乐过于平淡，缺乏激情，如果作品中持续采用中性音乐，很容易让观众产生压抑、疲惫的感觉，音乐的节奏和情绪表达应尽量与画面节奏、情绪表达相匹配。

（3）尽量不选择过于熟悉的音乐。如果音乐是作为背景烘托和渲染的作用进行使用，难么过于熟悉的音乐很容易分散观众的注意力，容易产生负面作用。

（4）音乐、解说、音响三者要主次分明，力求三者之间的最佳配合。

（5）音乐不能充满作品长度。不应将音乐从头至尾灌得太满，应该是时而突出，时而间歇，尽量不要连续出现音乐。

3. 音响的录制与编辑

（1）音响的录制：大型电视节目的摄制组往往设有专职录音师；而小型电视节目的摄制组没有专职录音师，此时一般由摄像师进行同期录制。方法是在录制影像的同时，打开摄像机的录音开关或照相机的录音功能，并适当提高录音电平，增加录音效果，录制同期声和音乐也是如此。

（2）音响的编辑：音响编辑的音量控制可参照画面的景别因素，一般近景画面的主体靠近镜头，音响声音较大，远景或全景画面距离镜头较远，音响的音量可适当减小，从响度上形成空间感。

在实际剪辑过程中，如果音响音量差别较大的两个场景在切换时不能直接同步切换，需调整剪辑点两侧的音响音量使之音量相当。

4. 声音的综合处理技巧

在同一时间段里，只能以一种声音为主，主次声音的音量比例要控制好。当有解说时，则以解说声音为主，解说的音量要饱满，此时音乐音量要控制在解说词音量的二分之一或三分之一左右，如果用 db 来标记的话，音乐比解说词的音量至少要低 10db，甚至更少。

在制作专题节目时，一般先将解说、音乐灌制好，然后再组接画面，音响与画面要同时编辑或在画面编辑之后编辑。

2.3.3 声画组合

声画组合有三种表现方式：声画统一、声画并行、声画对立。

（1）声画统一，就是视觉形象和听觉形象协调统一，声音和画面同时出现。语言、音乐、音响各声音元素在基本内容、时代色彩、环境特征、人物情绪上与画面风格基本统一。画面上有什么声源，即出什么声音。如画面上有人敲门，声音则是敲门声等。声画统一又被称为声画对位。

当声音和画面同时出现时，如果使用直接剪辑的方式，有时会使观众感到比较突然。如前一个画面中人物的讲话内容和下一个画面中人物的讲话内容之间不连贯，虽然画面组接流畅，但声音组接不连贯，就会产生莫名其妙的结果，又如，前一个画面是特写，后一个画面是远景，虽然画面流畅、声音连续，由于两个镜头的配音音量相同，画面缺乏声音空间感，容易产生虚假现象。因此在声画对位的剪辑中，要注意对声音的内容、音量进行协同剪辑。

（2）声画并行是指声音和画面在两条线上并行发展，二者之间若即若离，表面游离，实质上是“貌离而神合”，通过声画并行调动观众的联想，去理解声画结合之后的新的意义。声画并行方式可以在有限的时间内向观众交代更多的信息，如画面内在表现某一主人公“现在时”的相关动作和场景，可解说（旁白）介绍的却是该主人公多年前的一段经历。

（3）声画对立是指声音与画面是在相反、对立的关系中，通过对立双方的反衬作用，表现出更为深刻的思想意义，收到更加触动人心的艺术效果。这种效果常用在使用对比式蒙太奇手法的场合或调查类新闻中，如画面内表现的是地面上一片狼藉的景象，而声音是对该单位已经开展垃圾清理的通知的解说，通过这种呈现对立状态的声音与画面，形成强烈反差，使观众更能体会作品所表现的主题。

本章作业

1. 如何理解画面编辑的含义？
2. 列举并说明早期世界电影大师及其运用的蒙太奇表现手法。
3. 平行式蒙太奇和交叉式蒙太奇的异同点。
4. 如何理解动接动、静接静的剪辑原则？
5. 画面编辑的核心要义是什么？
6. 声音的种类和声音编辑的类型有哪些？如何理解。
7. 完成中国大学 MOOC 中本书对应课程的本章测验，参与学习讨论。

3 非线性编辑软件平台

学习目标

1. 基本内容：常见的非线性编辑系统及软件，非线性编辑流程和核心概念，典型非线性编辑工具的窗口组成及基本功能，典型非线性编辑工具操作的基本过程。
2. 重点：典型非线性编辑工具面板的基本功能和应用。
3. 难点：时间线和监视窗口编辑素材的方法，编辑模式的应用。
4. 知识目标：了解非线性编辑工具软件的主要功能；熟悉非线性编辑工具各个窗口的功能；掌握项目面板、监视窗口、时间线和工具面板的使用方法；掌握添加特效的方法和作品输出的方法。
5. 能力目标：能掌握非线性编辑工具软件的基本使用方法，能适当添加相应效果，并将其应用于具体素材的后期编辑。

本章导读

本章结合一些具体软件的特色加以介绍，从非线性编辑的基本功能和过程角度详细介绍了 Premiere CC2015 软件的基本功能，但不作为 Premiere CC2015 的详细说明书。

3.1 非线性编辑系统及软件

随着科学技术的发展，电视作品的后期编辑技术同步发生变化，在计算机技术未充分发展之前，电视作品的制作基本采用模拟电子处理方式；当计算机技术促进了各类电子产品向数字化方向发展后，电视作品的制作技术也逐渐向数字化方向发展，后期编辑也逐渐转向计算机中进行，并由此推出了各种后期编辑工具平台。我们把能在计算机或其他数字化设备中运行的后期编辑工具统称为非线性编辑系统。

3.1.1 非线性编辑系统

非线性编辑系统是在电视技术的数字化、计算机技术在存储容量以及数据处理速度等方面发展到一定阶段出现的，它集镜头组接、镜头处理、转场效果、特技发生等多功能于一体。

非线性编辑改变了编辑工作者原来按时间顺序进行素材剪辑的传统观念。“非线性”的含义就是指素材的长短和顺序可以不按制作的先后和长短而进行任意编排和剪辑。

非线性编辑系统主要由三部分组成：计算机平台、音频处理卡（即声卡）和视频处理卡（包括视频采集卡和视频压缩卡）、非线性编辑软件。

其中，计算机平台是具有较高性能的多媒体计算机。音频处理卡是具有多通道的声卡，视频处理既可以使用专用非线性编辑板卡实现实时采集与解压缩，也可以采用软件算法实现视频解压缩，俗称软解压。同样，非线性编辑软件可以是运行在专用板卡上的专用编辑平台，也可以是通用的非线性编辑软件。无论有板卡还是无板卡，非线性编辑系统对计算机的性能配置要求都是比较高的，因为视频的编辑和处理工作需要耗费计算机系统的运行空间与存储空间。

随着数字摄像机的拍摄精度越来越高，2K、4K 等高清视频越来越受到青睐，对视频的编辑和处理的数据量也越来越大。为了能实时预览编辑效果，要么采用专业板卡来解决，要么提高计算机性能和稳定性，同时配置显存较高、具有 openGL 功能的显卡，从而加快非线性编辑软件的渲染和运算速度。关于显卡的配置参数，在各非线性编辑软件的说明书中均可以查到最低要求。

随着计算机性能和存储速度的不断提升，非线性编辑已经从专业的神圣殿堂走进了草根世界。非线性编辑能力不仅是影视创作专业人员的特殊能力，也逐渐成为其他领域工作人员的重要能力，如教学信息化时代的微课制作、家庭视频编辑、手机视频编辑，以及目前流行的小视频编辑。

由于计算机软件和硬件技术的迅猛发展，非线性编辑软件逐渐走向成熟，软件功能逐渐由单一化走向集成化；操作系统、计算机 CPU 和显卡的运算能力不断增强，视频可以通过软件解压缩方式实现实时预览和渲染。

因此，对于一般影视制作人员而言，有无非线性编辑板卡已不再是重要问题，重要的是如何拍摄好素材，如何选择一款合适的非线性编辑软件。

专业的非线性编辑软件主要有大洋、索贝、新奥特等广播级软件，但是这些软件价格很高，一般制作者较少使用。

本书主要介绍较为通用的、不需要编辑板卡的非线性编辑软件。下面我们介绍常见的几款非线性编辑软件。

3.1.2 Premiere

Premiere 是 Adobe 公司推出的基于非线性编辑设备的视频编辑软件（见图 3.1–1），也是国内外普通用户特别青睐的、不依赖于专业板卡的通用型非线性编辑软件，广泛应用于小型电视台、广告制作公司、个人视频编辑等领域，是 PC 和 MAC 平台上应用得最为广泛的视频编辑软件。当然，Premiere 需要配置较高的 PC 或工作站，与 Adobe 的 PS、AE、AU 等其他组件软件协同工作，制作效果才会更好。

图 3.1–1 Premiere 功能界面

3.1.3 Edius

Edius 是康纳普斯公司出品的一款非线性编辑软件（见图 3.1–2），它支持中文版本，界面直观，为用户提供了强大的编辑控制功能。它拥有丰富的素材库故事板、视频滤镜和特效，能够简单地管理项目中所有不同类型的视频、音频和静态图像素材。如果要让 Edius 顺利流畅地运行，需要配备高速硬盘、专业板卡、独立显卡和声卡，否则难以实现实时预览和渲染。

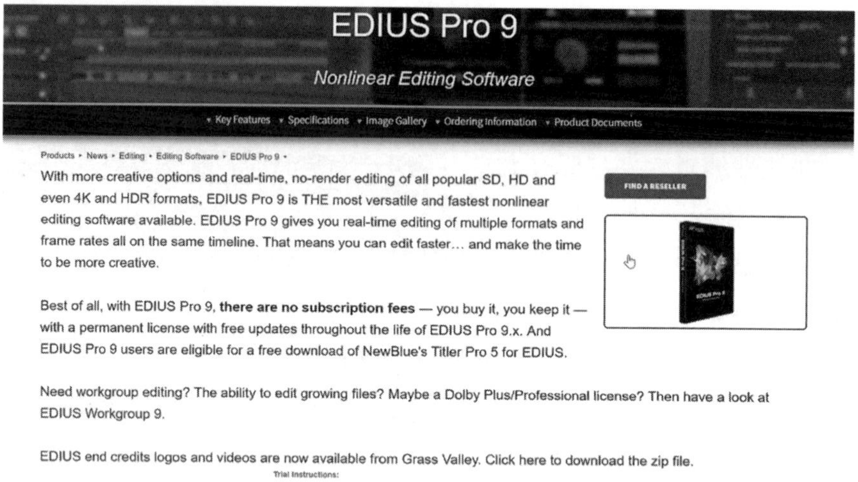

图 3.1–2　Edius 功能介绍

3.1.4 Final Cut

Final Cut 是苹果公司的专用视频编辑平台（见图 3.1–3），只能运行在 MAC 系统中，支持多路多核心处理器、GPU 加速、后台渲染。最新版本的 Final Cut Pro X 可编辑从标清到 5K 的各种分辨率的视频。

图 3.1–3　Final Cut 功能介绍

3.1.5 Media Composer

Media Composer 是 AVID 公司出品的一种高端的非线性编辑产品（见图 3.1–4），

AVID 公司提供从节目制作、管理到播出的全方位数字媒体解决方案。该公司为媒体制作专业人员提供了从视频、音频、电影动画、特技到流媒体制作等多方面世界领先的技术手段。由于配备 AVID 系统需要较为昂贵的硬件设施，因此 AVID 的主要用户为电视台等专业媒体。当然，AVID 也为教育领域的用户提供了业务级的产品，它可以工作在以 PC 为载体的 Windows 工作站上面，但其功能受到很大限制。

图 3.1-4 Media Composer 功能介绍

3.1.6 Video Studio

Video Studio 俗称绘声绘影，是加拿大 Corel 公司开发的一款功能实用的视频编辑软件（见图 3.1-5），具有图像抓取和编辑功能。Video Studio 无法与 Edius、Premiere、After Effects 和 Vegas 等专业视频处理软件媲美，但简单易用、功能丰富，适合于家庭日常使用，以及常规编辑使用，具有一定的适用性。

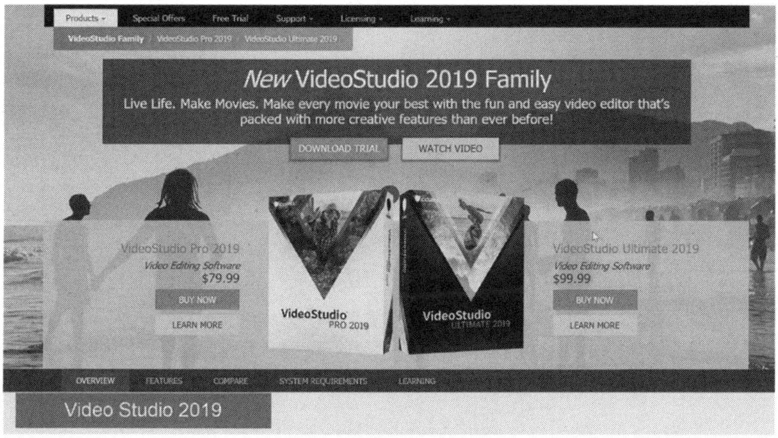

3.1-5 Video Studio 功能介绍

3.1.7 Vegas

Vegas 编辑软件原来由 Sonic Foundry 公司开发，2003 年，Sonic Foundry 公司开发该

软件的部门被Sony集团并购，2016年，其又被德国的音视频软件开发公司MAGIX并购。

Vegas是PC平台上用于视频编辑、音频制作与合成、字幕制作和编码的专业产品（见图3.1–6）。它是一款界面漂亮直观、功能强大的音视频制作工具，为DV视频、音频录制、编辑、流媒体内容作品和环绕声制作提供了完整集成的解决方法，它具有较好的视频合成、色彩校正以及环绕声混合功能，支持4K导入、制作和渲染。

图3.1–6　Vegas PRO功能介绍

3.1.8 Windows Movie Maker

Windows Movie Maker视频制作软件是Windows操作系统自带的多媒体视频编辑工具，简称WMM。它的功能比较简单，可以组合镜头和声音，加入镜头切换的特效，操作简易，适合家用小规模视频编辑处理（见图3.1–7）。WMM在Windows10系统中被不断改进，目前已经与图片功能混合为一个预览和编辑合二为一的插件程序。

图3.1–7　Windows Movie Maker功能介绍

3.2 非线性编辑流程和核心概念

虽然各种不同的非线性编辑软件的特点和应用领域各有不同，但它们的基本编辑功能都是相似的。下面我们一起来看看非线性编辑的基本过程和一些核心概念。

3.2.1 非线性编辑的基本过程

无论选用哪一种编辑平台，在实际进行非线性编辑时，一般都包括以下这 8 个基本步骤（见图 3.2–1）。

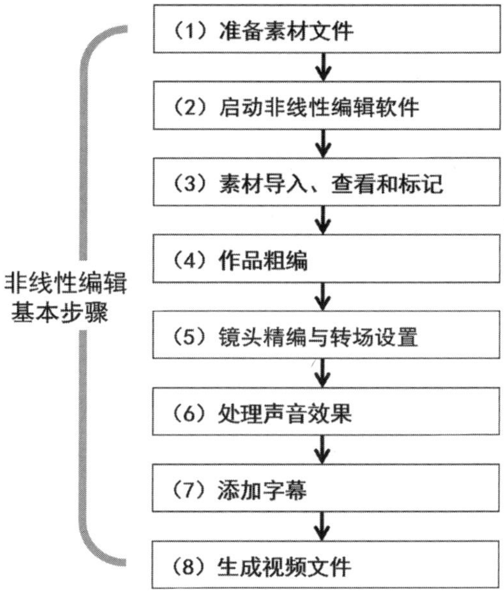

图 3.2–1　非线性编辑基本过程

1. 准备素材文件

这要求制作人员根据分镜头脚本以及拍摄场记情况，对拍摄的素材进行筛选，并按照场景或时间进行分类整理。对于一些不需要拍摄或难以拍摄的素材，可以从原来的素材库或网络中进行收集，有些素材（如图片和声音类素材）可以预先做适当处理。这里需要强调的是：从网络上下载的素材应标注出处，以尊重原作者的知识产权。

2. 启动非线性编辑软件

根据需要启动非线性编辑软件和硬件，并根据作品的制作要求设置工程项目或时间线的参数，如像素宽高比、作品分辨率、帧速率等，新建工程文件。

3. 素材导入、查看和标记

当工程项目建立后，就开始导入素材。既可以分若干次导入单个素材，也可以直接导入整个素材文件夹。目前，大多数非线性编辑软件都能兼容主流文件格式，如果个别素材不能被直接导入，大多是由于该素材包含的编解码器与编辑软件不兼容，此时需要使用特殊的格式转换工具将该素材的文件格式和编解码器转换为编辑软件可兼容的。素材导入的过程实际是非线性编辑软件对素材进行识别的过程，有些非线性编辑软件甚至将所有导入的素材进行统一转码，从而提高了编辑过程的效率。

素材被导入非线性编辑软件后，首先应对素材进行快速预览，然后对素材进行适当标记，通过设置素材的入点和出点将该素材的可用部分做初步选择，从而实现对素材的初步“剪辑”。

4. 作品粗编

根据分镜头稿本的镜头顺序，从素材库中把标记好的相应镜头排列到时间线上，实现作品的粗编。作品的粗编解决的是镜头内容的逻辑性。

5. 镜头精编与转场设置

镜头精编是在处理好内容逻辑性的基础上，解决镜头的流畅性问题。精编要求根据镜头组接的基本原则，对每个镜头的剪辑点做精确选择，在合适的场景和段落添加适当的转场效果，从而增强作品的表现力。

6. 处理声音效果

影视作品除了画面外，还有一个重要因素，那就是声音。影视作品中的声音包括语言、音乐和音响等，语言又有同期声和解说词两种类型。其中，同期声与画面一同剪辑，而解说词、音乐和音响可以单独配制。

7. 添加字幕

字幕是影视作品中的重要表达元素，而且不可缺少，如标题字幕、片尾字幕、解说词字幕等。字幕的制作既要符合画面的美观性要求，又要能起到突出和辅助的作用。因此，字幕的制作有一定规范，这在后续的教学中将具体介绍。

8. 生成视频文件

非线性编辑的最后一步是按照预先设置的要求输出为相应格式的、能独立播放的视频文件。

以上 8 个步骤是常规基本步骤，不同的软件平台，由于其功能不完全一致，在具体的操作方面有一定差异，但基本离不开这 8 个方面。这 8 个步骤的顺序也可能会有所变化（见图 3.2–2），特别是画面与声音处理的先后顺序，这就是平时经常提到的声音配画面还是画面配声音，多数纪录片、故事片或情节片先编辑画面，再配声音；而多数专题片则先录制声音，再编辑画面。

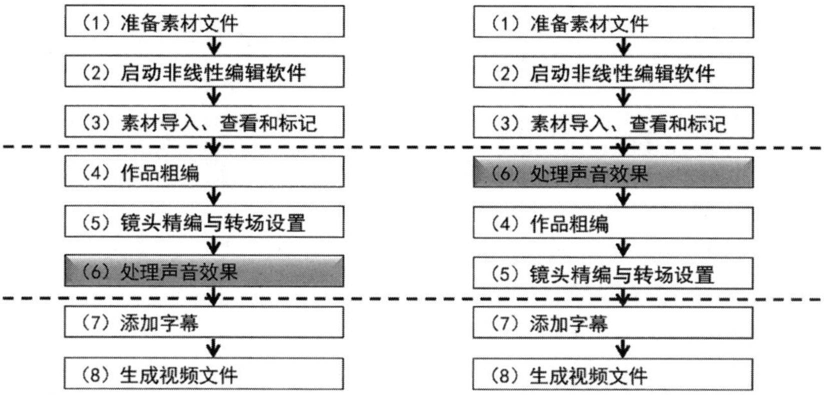

先编辑画面再配录声音的编辑方式　　先配录声音再编辑画面的编辑方式

图 3.2-2　不同编辑要求的步骤变化

3.2.2 非线性编辑的核心概念

非线性编辑过程中涉及的一些关键的核心概念包括项目、时间线、时间码、素材、转场、滤镜、字幕、关键帧、安全框等。

1. 项目（Project）

在创作一个影视作品时，为了对视频、音频、特技等进行管理，必须创建一个特殊的容器，以便将所有与该节目相关的信息和工作内容都集成在里面，这就是项目。一个项目可以看成一个作品，也可以看成一个作品中的某个独立子任务，此时一个影视作品可以分为若干个项目。因此，简单地讲，项目是指单独描述一个作品的编辑和制作过程所包含各类信息的文件。

2. 时间线（Time Line）或序列（Sequence）

影视作品从本质上讲，就是由于连续播放的画面产生了一定的时间和空间，而空间存在于时间中。因此，对影视作品的编辑其实就是对时间的编辑。在每一个非线性编辑工具软件中均有时间线、时间轴或序列的概念。

时间线是非线性编辑工作中对各类素材进行组接的主要工作区域。时间线具有时间概念，与作品的时基对应。在时间线上可以放置不同类型的素材、特技效果和关键帧等信息（见图 3.2-3）。

一个项目可以包含若干个时间线。一个时间线也称一个序列或一个合成。在实际应用中，一个时间线可以看成是一个完整的作品，也可以看成是一个作品的段落，甚至可以看成是一个待编辑生成的素材。

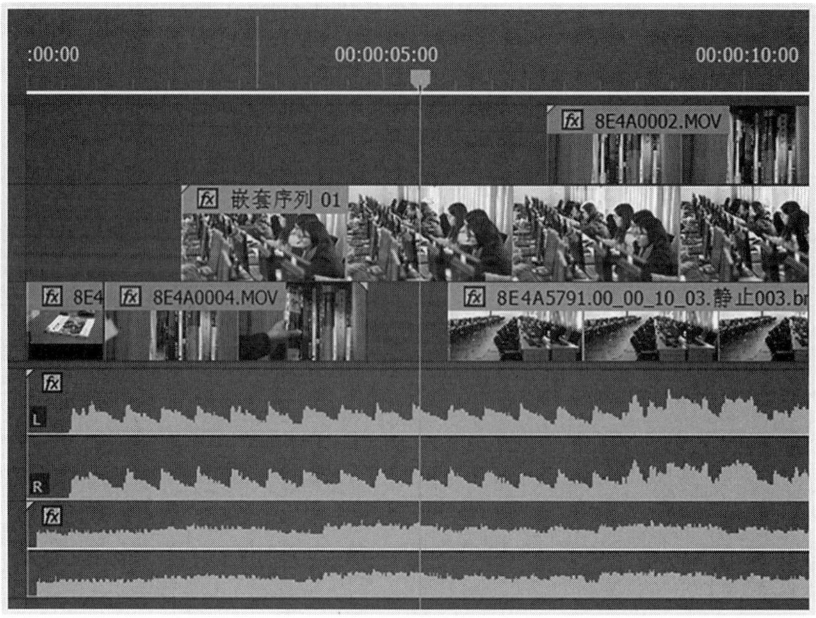

图 3.2-3 时间线

3. 时间码（Time Code，SMPTE）

时间码是用数字方法表示视频文件中每幅画面相对于整个视频或视频片段的具体位置。也就是说，可以通过时间码精确地查找到某个画面的确切位置。

时间码通常表示为时：分：秒：帧四个字段（见图 3.2-4）。

阅读与思考

时间码中“帧”字段数值的最小值为 00，最大值由时间线的时基（或帧频）决定。如果某时间线的时基为 25fps，那么“帧”的数值范围为 00~24。

图 3.2-4 时间码

4. 素材（Clip，Footage）

素材是指影片中的小片段，可以是音频、视频、静态图像或标题等内容。

图 3.2–5 素材

5. 转场（Transition）

转场是在两个镜头之间，或在某个镜头的头或尾上添加的过渡效果。影视中的转场分两类情况，一是指镜头与镜头之间的切换效果，二是指段落片段之间的场景转换，也就是段落与段落、场景与场景之间的过渡效果，如黑场转场等，这样可以给观众形成一种自然的过渡或转换。

影视转场可分为无技巧转场和有技巧转场。无技巧转场就是传统的硬切换效果。有技巧转场是通过电子特技切换台或后期软件生成的诸如淡入淡出、划像、圈入圈出等特技技巧。

6. 滤镜（Filter）或视频特效（Effect）

滤镜或特效是指放置在某个单独素材上的、对该素材的像素进行运算和处理的特技效果，它只对赋予的某个素材有效，如对素材进行调色、扭曲、像素化等处理。

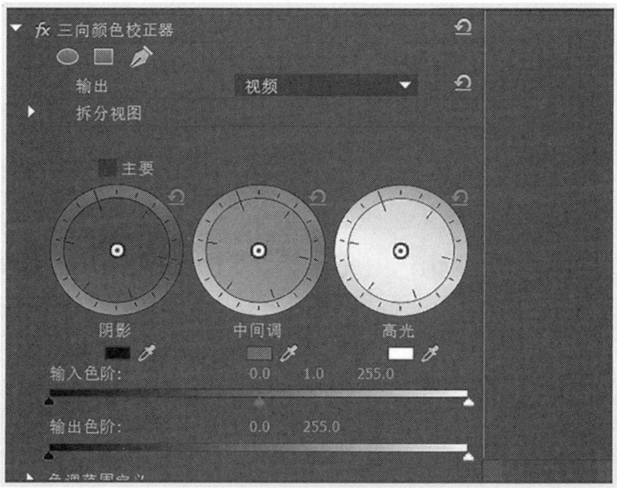

图 3.2–6 特效

阅读与思考

转场和特效的区别在于，转场一般是加载在一个镜头开始或结束的位置，或加载在两个镜头之间的转换效果，是决定某个镜头如何过渡到另一个镜头的特殊方法；而特效是加载在某个单独镜头或多个镜头上的、对该镜头进行特殊处理的指令，特效通常对其所作用的镜头的所有画面都产生效果。

7. 字幕（Title）

字幕能辅助观众了解作品的背景和情节，从而准确地表达导演或创作者的意图，以及影视作品的幕后信息等。

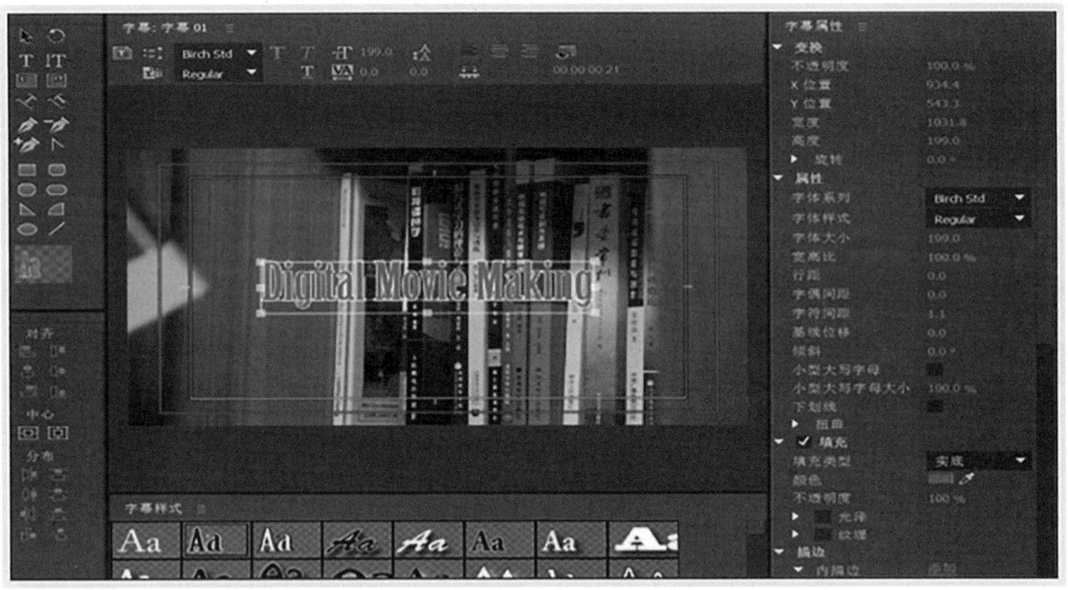

图 3.2–7　字幕

8. 关键帧（Keyframe）

关键帧是视频素材中一个特定的帧，用于标记视频特效处理过程的起始和结束点，并在该帧上设置相应的属性参数，使赋予视频素材的特效按照设置的参数在起始和结束点之间产生既定的动态变化效果。关键帧在后期编辑和合成软件中被广泛运用，用来控制和调整编辑对象的参数变化，由此来产生类似于动画的各类效果。

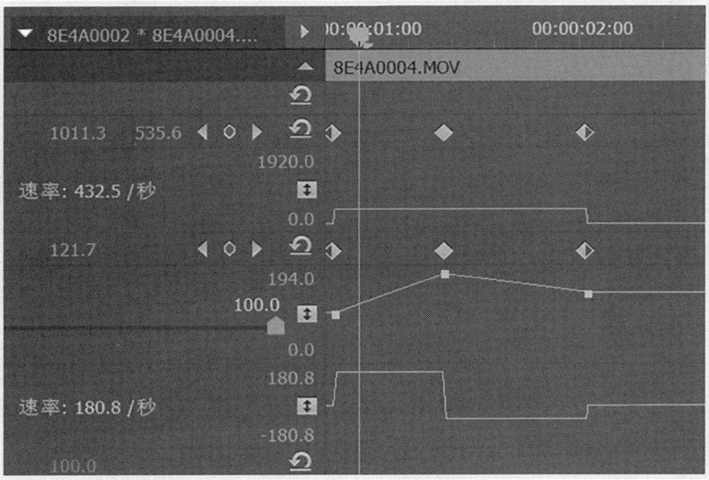

图 3.2-8 关键帧

9. 安全框（Safety Frame）

大部分非线性编辑和合成工具软件都提供了安全框，为制作人员制作字幕或特技提供参照。安全框一般呈“回”字形，由与画面边缘距离不同的内外两个方框组成，安全框不会被记录或输出。外围的方框称为“动作安全框”（Action Safe Zone），是指超出该区域外的画面运动、特效有可能不会被完整地在电视屏幕上显示出来；中间小的方框称为“标题安全框”（Title Safe Zone），表示在该区域内的字幕才可以正常地显示在电视屏幕上。

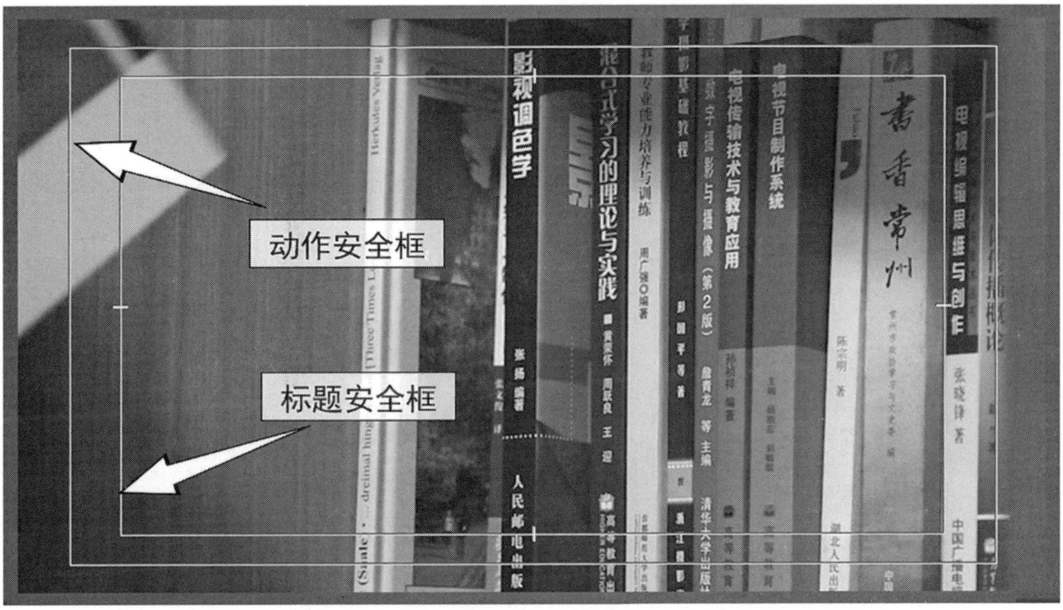

图 3.2-9 安全框

3.3 Premiere 工具的初步认识

3.3.1 Premiere 工具的版本发展

Premiere（后文简称 PR）是专门用于非线性编辑的工具软件，随着软件版本的发展，其功能越来越强大，越来越支持多格式，越来越体现协作化。其中，4.0 版界面纯白，功能较少；6.0 版开始支持 mp3 音频格式，添加了部分视频过渡效果。之后的 Pro 版本，界面逐步实现突破，运行条件也不断提高，对 Windows 系统的优化不断增强。从 CS 版本开始，PR 加入 Adobe 套装软件系列，各软件之间实现了空前整合动态链接；CS4 版本是最后一个支持 32 位的版本，也是最后一个能导入 FLV 格式的版本；CS5 版本加速了渲染引擎，支持特效无渲染实时播放；CC 版本进一步强化了内置动态链接，加强了界面设计，支持包括中文在内的各国语言，更改过渡效果、项目管理、音频设置等设置，在校色、多格式兼容、流媒体和网络协同等方面越来越完善。随着相关技术和编辑需求的发展，PR 的版本不断升级，将逐渐在协同和智能编辑、跨平台编辑、制作 VR 作品等方面越来越完善。

3.3.2 基本工作界面

PR 的所有版本的界面面板和窗口基本相似，大致都由素材监视窗口、项目素材面板、时间线编辑面板和时间线预览窗口等组成。

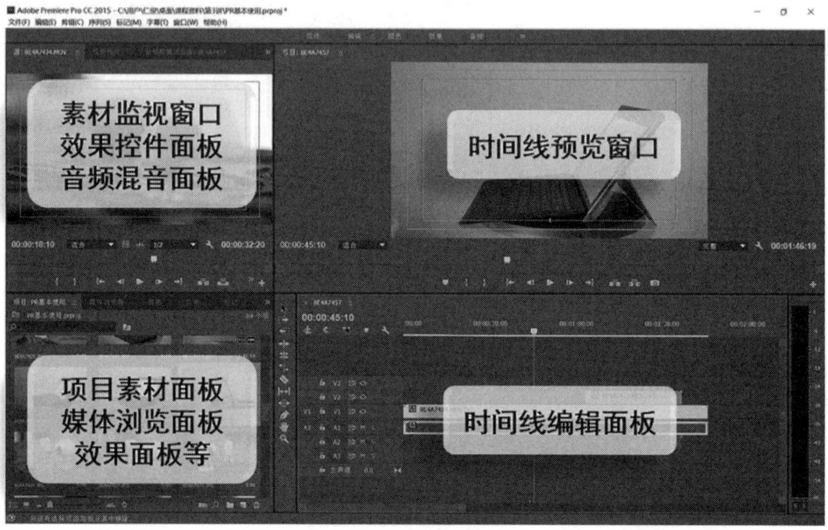

图 3.3–1　PR 工作界面

（1）素材监视窗口（见图 3.3–2），位于 PR 上半部分的左侧位置，主要作用是查看素材和对素材进行粗编。与素材监视窗口同一位置的还有效果控件面板和音频混音面板。其中，效果控件面板用于显示和调整镜头的各类特效名称和参数，音频混音面板是对镜头的声音进行音量和音效调整。

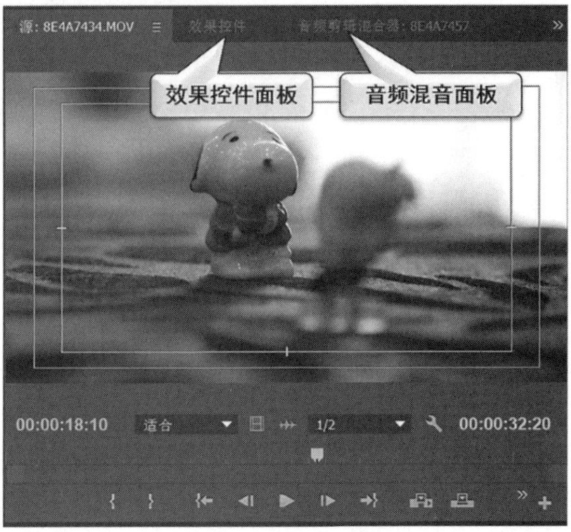

图 3.3–2　素材监视窗口

（2）项目素材面板（见图 3.3–3），是 PR 管理素材的关键面板，素材导入、快速预览、素材新建等功能均在该面板内实现。与项目素材面板处于同一位置的还有媒体浏览面板和效果面板。媒体浏览面板是 PR 中内置的一个动态链接，相当于链接了一个媒体浏览器，能将计算机内所有被支持的媒体文件进行直接预览。但不同于项目素材面板功能的是，媒体浏览面板可以导入文件，但这些文件并不是被导入到项目中，也就是说，这些文件的属性不会被 PR 保存。效果面板中列出了 PR 支持的所有特效。

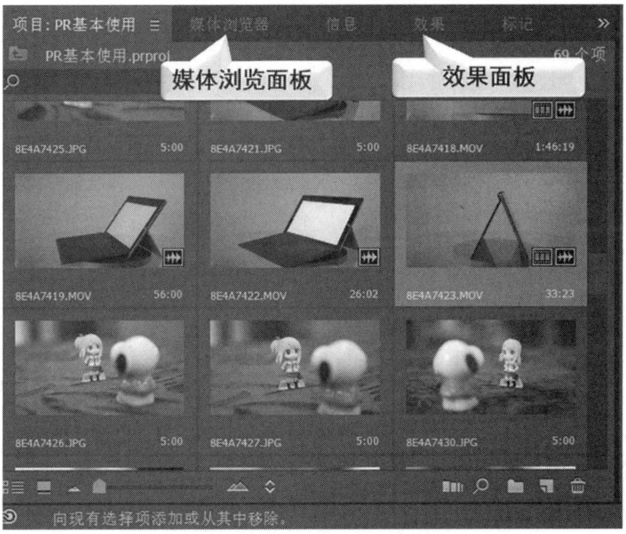

图 3.3–3　项目素材面板

（3）时间线编辑面板（见图 3.3–4）是 PR 实现画面编辑的最主要的面板，可以实现画面编辑、位置调整和变速播放等功能。

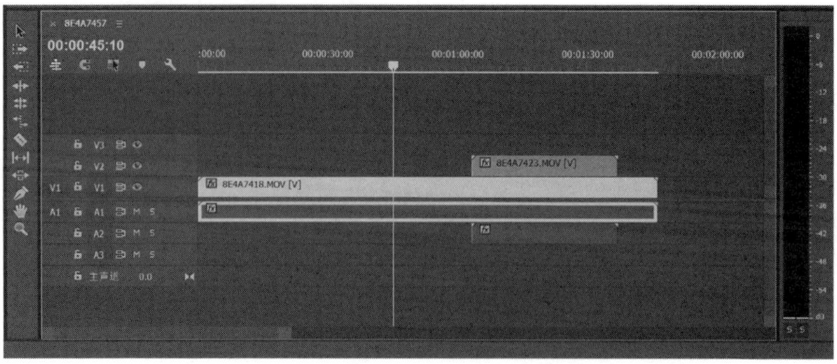

图 3.3–4　时间线编辑面板

（4）时间线预览窗口（见图 3.3–5）处于 PR 上半部分的右侧，用于显示时间线某一个序列的编辑结果。

图 3.3–5　时间线预览窗口

PR 的面板大小和位置可以由编辑人员根据需要进行自由调整。为了快捷地调整窗口布局，PR 软件根据用户的编辑需求，设置了四个窗口面板布局快捷方式，分别是常规编辑、颜色校正、特效效果制作和音频编辑（见图 3.3–6）。

图 3.3–6　PR 的四种视图模式（面板布局）

实际上，在编辑过程中，由于误操作，部分面板丢失了，或者想返回到初始面板的组合状态时，可以通过菜单栏中的窗口＞工作区＞重置为保存的布局命令来自动执行（见图 3.3–7）。

图 3.3–7　窗口 > 工作区菜单

3.3.3 Premiere 系统的参数

由于每一个人在使用 PR 时的需求、条件和习惯不同，需要对软件的参数进行个性化设置。与其他软件一样，PR 提供了“首选项”菜单设置，让用户根据需要对相关参数进行初始化设置。具体设置方法为：在菜单栏中选择【编辑】/【首选项】命令，在弹出的窗口中选择相关子菜单进行设置。在首选项参数中，可以对有关的计算机软硬件进行设置，主要包括：常规、外观、音频硬件、媒体等子菜单。

其中，“常规”子菜单中可以设置“视频过渡默认持续时间”“音频过渡默认持续时间”“静止图像默认持续时间”等数值（见图 3.3–8）。

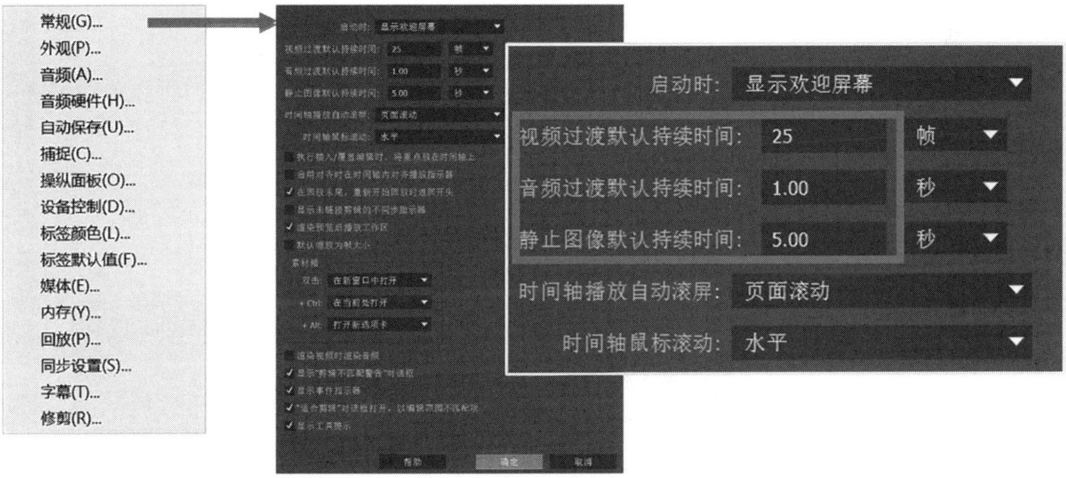

图 3.3–8　首选项 > 常规设置

“外观”子菜单主要是根据需要设置界面的亮度（见图 3.3–9）。

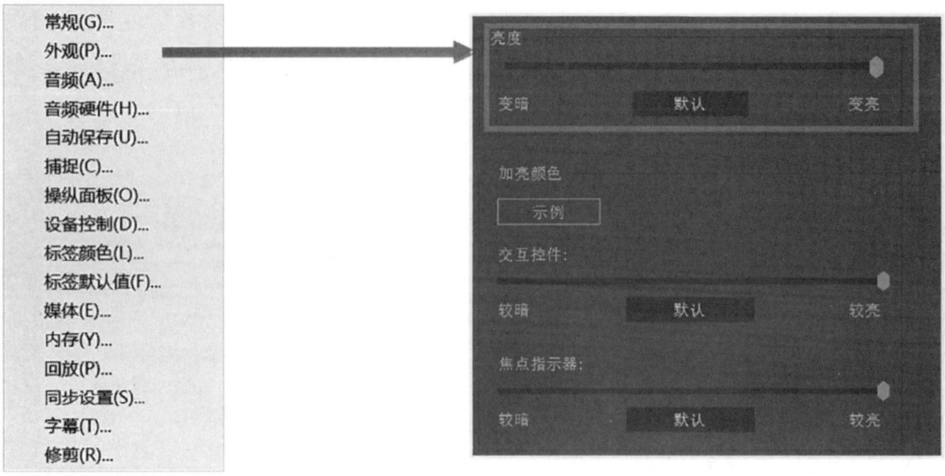

图 3.3–9　首选项 > 外观设置

“音频硬件”子菜单主要是根据需要设置默认的输入源和输出设备（见图 3.3–10）。

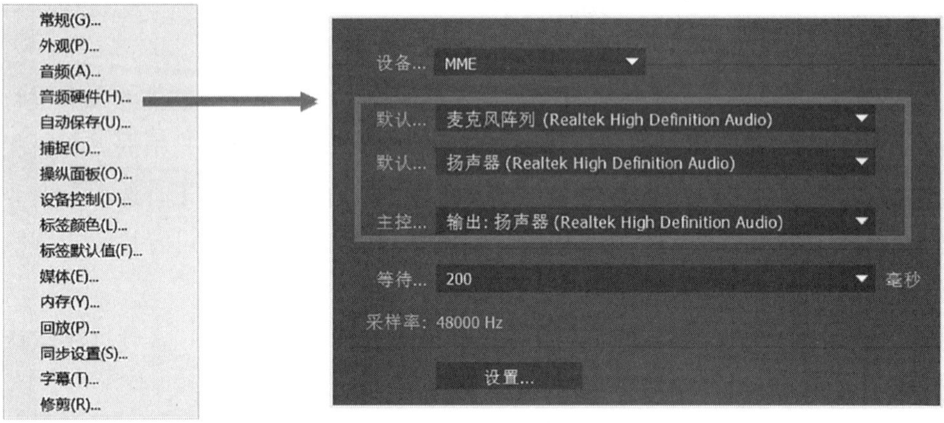

图 3.3–10　PR 首选项 > 音频硬件设置

“媒体”子菜单下，记住勾选“如有可能，将媒体缓存文件保存在原始文件旁边”（见图 3.3–11）。

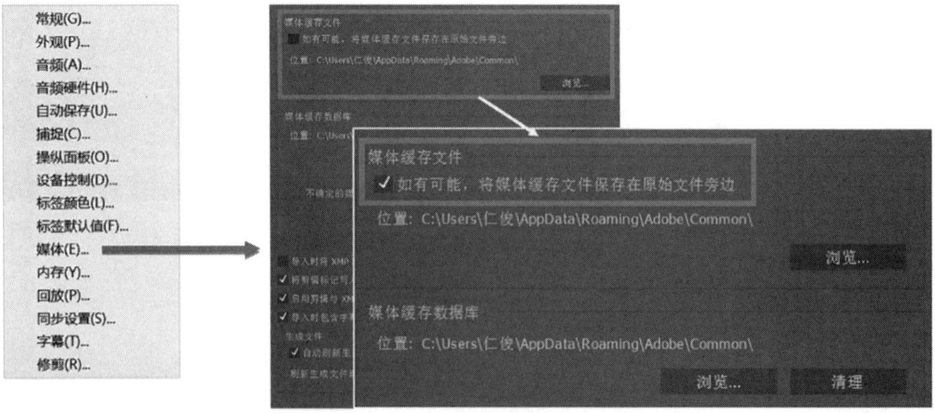

图 3.3–11　首选项 > 媒体设置

通常，PR 首选项参数只需要设置一次，就会应用到所有的项目中，但所设置的参数需要重新启动一次 PR 软件才可生效。

3.4 Premiere 编辑操作的基本过程

PR 是一个典型的非线性编辑平台，无论使用 PR 编辑什么样的作品，其基本过程都相似，主要包括以下几个方面。

（1）建立项目和序列文件：包括新建项目、设置项目参数、创建序列、保存文件等操作。

（2）导入、创建和管理素材：包括已拍摄和搜集素材的导入，简单素材的制作以及素材的复制、查看、修改、重命名、链接等操作。

（3）查看和粗编素材：指在正式开始编辑前对每个素材的有效内容进行再认识，主要在原监视窗口中完成，也可以说这是对镜头的初步编辑。

（4）使用时间线进行镜头编辑：首先在时间线面板内将素材从项目素材库里拖放到轨道上，并按照分镜头顺序排列相关镜头，然后根据流畅性原则来确定剪辑点。

（5）添加转场、特效和字幕：在镜头编辑的基础上添加转场、特效和字幕，并对作品进行调色等操作。

（6）配音和配乐：以上主要完成了画面的编辑，这一步是添加配音和配乐，其中，同期声的配制在画面编辑的同时同步完成。

（7）作品导出：根据实际需要输出能独立播放的视频文件。

3.4.1 建立项目和序列文件

在每次重新启动计算机后，首次打开 PR 时，均要等待一段时间，当出现欢迎页面后，点击任意键，就可以开始编辑的第一步工作，即新建项目。注意，CC 2017 之前版本的 PR 软件在欢迎界面出现的时候必须建立一个工程项目文件，否则不能继续进行。建立项目前，用户应根据创作需要在硬盘或外置硬盘中预先建立一个项目文件夹，并将各类素材全部分类存放在该文件夹中，这样便于后续作品编辑和修改工作的连续性。通常项目的名称可以用该作品的名称来命名，或者按照编辑任务名称来命名（见图 3.4–1）。

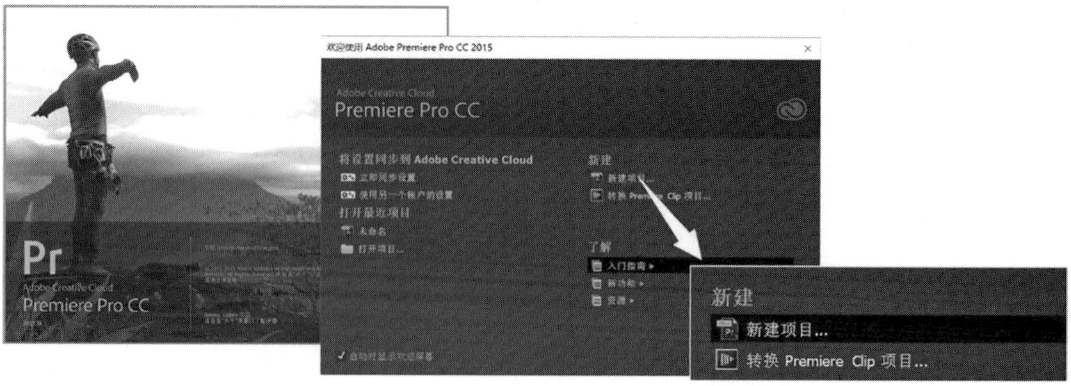

图 3.4–1 新建项目

建立项目之后，进入 PR 的工作界面。在界面左下角项目面板内，点击项目面板下方的“新建项”快捷按钮，选择其中的“序列”选项（见图 3.4–2）即可创建序列。

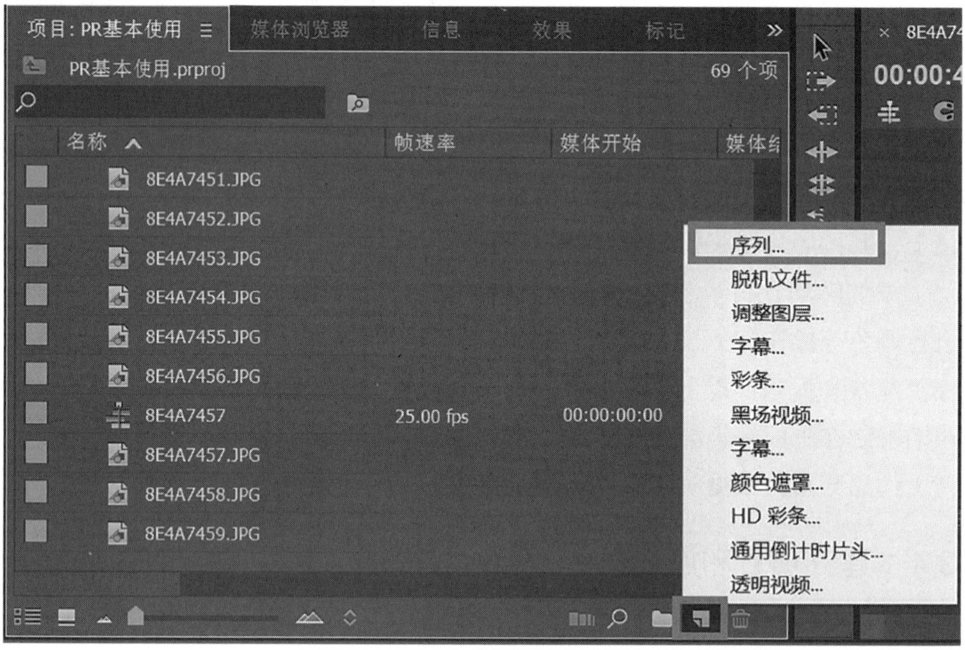

图 3.4–2 创建序列

此处的序列就是时间线。当新建序列时，系统会弹出对话窗，要求对序列的参数进行设置。用户可以从系统预设中选择合适的设置，如果其中找不到合适的预设项目，则可以选择“设置”选项卡对分辨率、帧速率、场性质、像素长宽比等进行自定义设置，也可以将自定义参数保存为预设，以便后用（见图 3.4–3）。

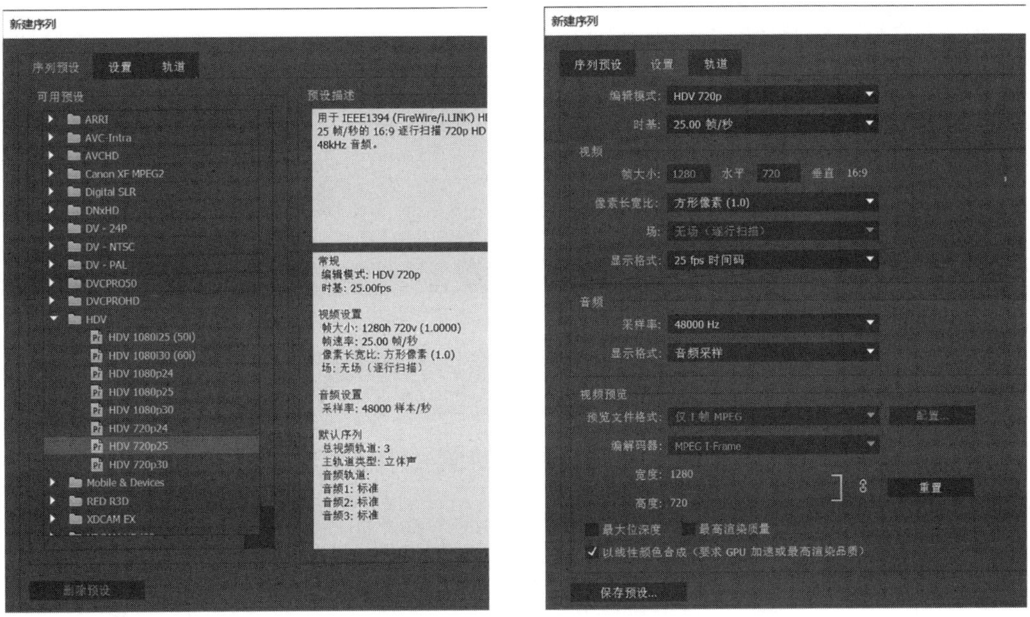

图 3.4–3　设置序列基本参数

当序列参数设置完成后，根据需要对序列名称进行命名，再点击“确定”，便完成了序列的创建。

创建序列的方法，除了在上述项目面板中通过快捷按钮进行创建外，还可以在项目面板的空白区域内点击右键，在弹出的菜单中选择“新建项目>序列”；也可以在导入素材后，直接选择任意一个素材，将该素材拖动到时间线面板内，由该素材直接创建序列，这样创建的序列参数与该素材的参数完全相同（见图 3.4–4）。

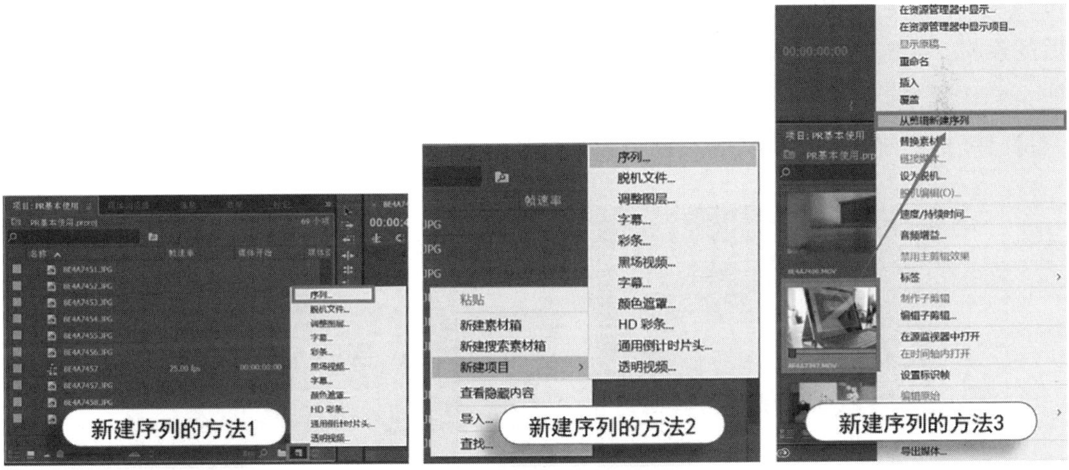

图 3.4–4　新建序列的 3 种方法

3.4.2 导入、创建和管理素材

1. 素材的导入

素材导入的方法有：

（1）在“文件”菜单中选择“导入”命令。

（2）在项目面板内空白处，点击右键，选择“导入”命令。

（3）使用快捷键 ^+I 导入。

（4）在资源管理器中直接选择素材，然后将其拖动到项目面板内。

导入的素材类型包括视频、音频、静态图像、序列图像和 PS 图层文件等。

2. 素材的创建

PR 软件中自带了简单的素材创建功能，创建的一个方法是在项目素材面板下方选择“新建项”快捷按钮，在弹出的窗口中选择相应类型的素材（见图 3.4–5）。

脱机文件
调整图层
字幕
彩条
黑场视频
字幕
颜色遮罩
HD 彩条
通用倒计时片头
透明视频

图 3.4–5　素材类型

（1）脱机文件

脱机文件也称脱机素材、离线素材，原来是指磁带编辑中脱机编辑 Offline Edit 中的素材，脱机编辑是用低分辨率素材进行粗编，也就是低带编辑，然后输出 EDL 表，再进行高带处理。在非线性编辑系统中，脱机素材指那些前期制作过程中由于没有来得及拍摄制作的而用一个特殊文件代替的素材，也指那些由于找不到文件而脱离链接后的素材。 PR 中新建脱机文件时可以标注磁带名称、素材描述、拍摄方法等信息，在业余制作领域，这些信息可以不填。脱机素材上可用各国语言标记脱机信息。当这些素材已经拍摄制作完成后，可以通过重新建立链接替换为实在可用的素材。

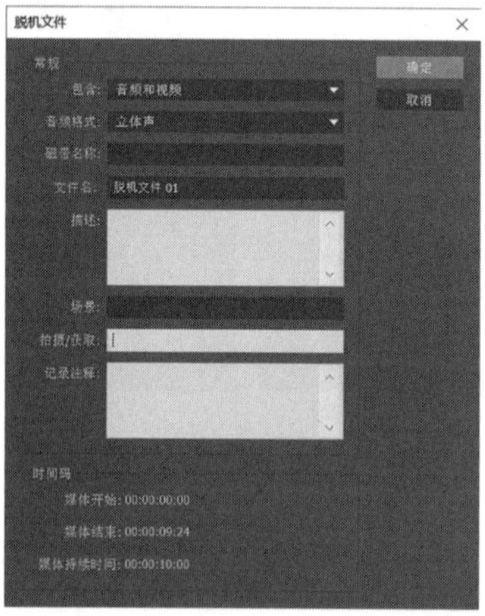

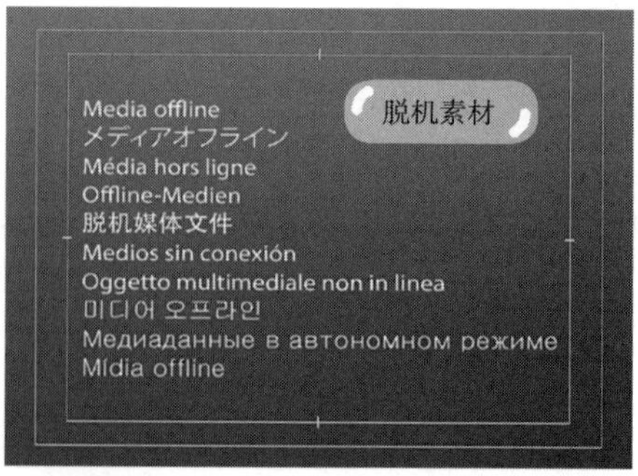

图 3.4–6　脱机素材

（2）调整图层

调整图层是一个空素材，与 PS 中的调整图层相似，加到时间线上之后，可在调整图层添加视频特效和转场效果，这些视频特效和转场效果能对该调整图层所在轨道以下的轨道上的素材产生作用。因此，使用调整图层功能，能将效果影响到位于其下的所有轨道素材。可在单个调整图层上使用效果组合，也可使用多个调整图层控制更多效果。

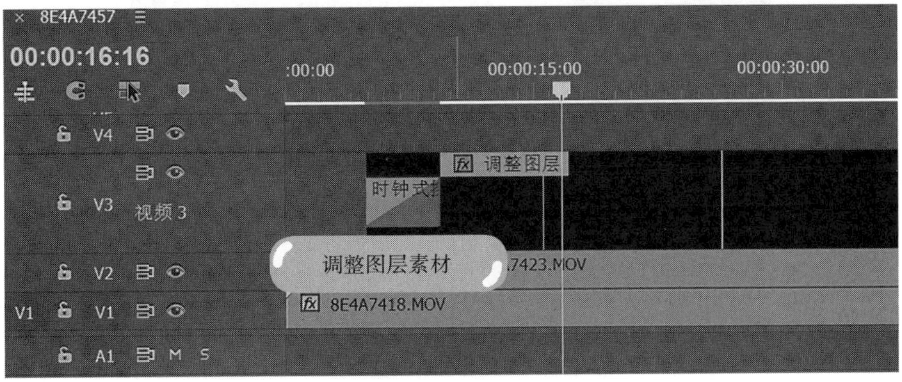

图 3.4–7 调整图层

（3）特殊素材

特殊素材包括彩条、黑场、彩底、倒计时片头、透明视频等。

彩条分为普通彩条和高清彩条（HD 彩条），黑场视频就是黑场，颜色遮罩就是彩底。其中，彩条是包含了至少三原色、三补色、黑白灰以及 1Khz 标准音频的素材信号，用于校准视频输出，标准彩条和 HD 彩条的颜色分布有所差异，HD 彩条是符合日本无线工业及商贸联合会 ARIB Std–B28 标准的高清彩条。

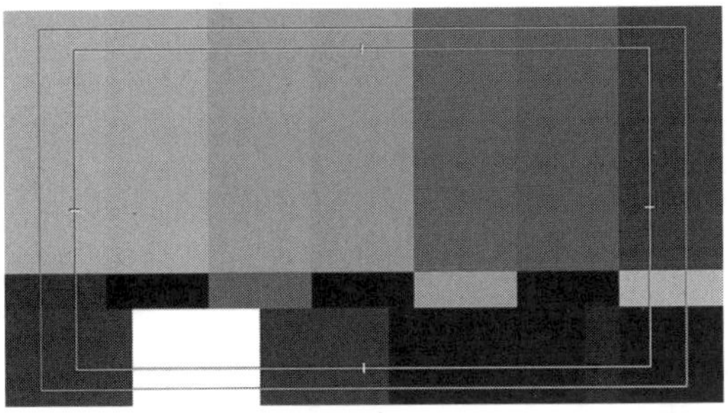

标准彩条

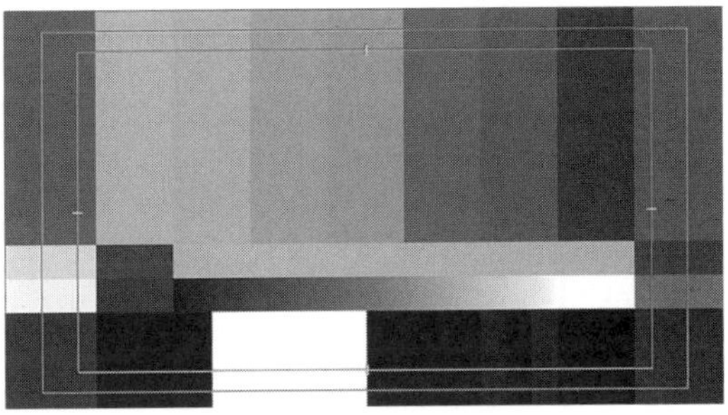

HD 彩条

图 3.4–8 彩条素材

黑场或彩底一般用来作为透明前景图片或字幕的背景。

倒计时片头主要用于输出胶片时，增加正片播放倒计时。它能帮助放映员验证影片的音频和视频是否同步工作，倒计时片头的时长通常为 11 秒。

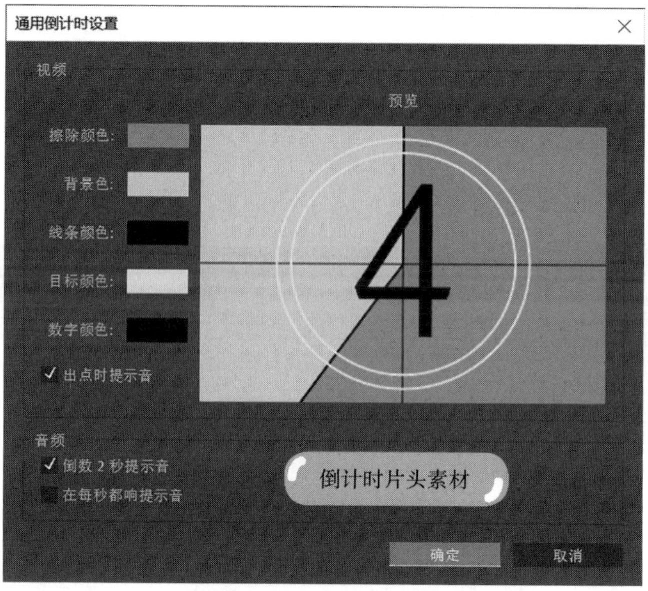

图 3.4-9　倒计时片头素材

“透明视频”是透明度为 100% 的视频素材，虽然该素材内容完全空白，但将它添加到时间线上之后，可以为它添加一些视频特效，从而生成独立的特殊素材，如时间码效果或闪电效果。我们可以将透明视频理解为“遮罩清除”。

需要注意的是，并不是任何视频特效都能应用于“透明视频”，只有那些操作于 Alpha 通道的特效才能应用，能应用于透明视频的特效主要有：时间码、棋盘、圆形、椭圆、网格、闪电、油漆桶、书写。

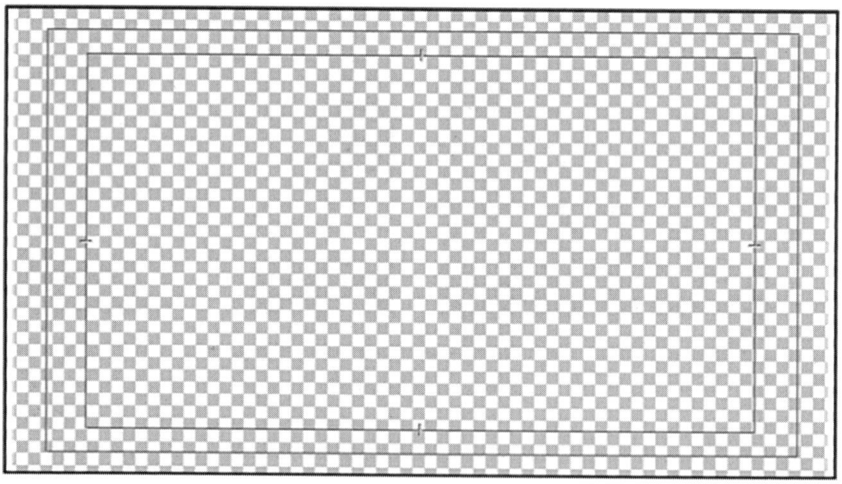

图 3.4-10　透明素材

（4）字幕

包括简单字幕和隐藏字幕，这部分知识将在后续内容中做介绍。

3. 素材的管理

素材的管理包括如何显示、预览和操作素材文件。

图 3.4–11 素材的查看

首先是素材的显示。素材在项目面板内的显示方式，主要分为列表显示和图标显示，列表方式有利于操作者了解素材的文件名等元数据，图标方式有利于操作者直观查看每个素材的具体内容。

其次是素材的预览。可以在图标显示方式下，将鼠标放在素材显示区域内，通过移动鼠标直接预览素材；也可以通过选择并双击鼠标的方式，在源素材监视窗口中预览素材。在素材预览的实际过程中，并不需要完整地观看素材的每一幅画面，只需要了解和判断素材的大致内容。

再次是素材的基本操作。包括复制、剪切、粘贴、重命名以及新建素材夹对素材进行分类存放。具体方法可以借助 Ctrl+C、Ctrl+V 等常规快捷方式，也可以通过选择并单击鼠标右键，在弹出的菜单中选择相应的命令。

最后是素材夹的使用。素材夹主要用来将图形、视频、声音等素材进行分类存放，以便于素材的管理和使用。

4. 素材的其他操作

当我们选择某个素材并单击鼠标右键后，在弹出的菜单中除了剪切、复制等常规操作外，还有一些对素材进行其他操作的命令，这些命令包含了对素材的参数进行重设置、属性查看、解释素材、替换素材、链接媒体、音频编辑，以及直接把素材导入到时间线的命令等，下面我们着重了解一些重要的命令。

（1）属性查看：可以详细了解该素材的存储路径、类型、文件大小、图像大小、帧速率、源音频格式、时长、像素长宽比等信息。

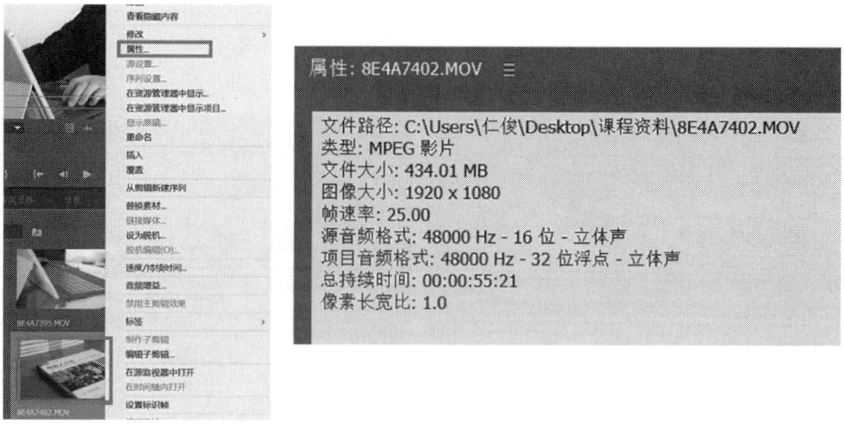

图 3.4–12　查看素材属性

（2）解释素材：这是一个重要的、经常使用到的命令。因为在作品制作过程中经常需要将多种来源的素材进行混合编辑，而它们的参数可能不一致，特别是像素长宽比、帧速率、场序等。操作方式是选择该素材，然后单击鼠标右键选择其中的“修改”命令，再选择“解释素材”，在弹出的窗口中对相应参数进行重新设置。如果作品序列的场序为无场，即逐行扫描，但素材库的一个素材是隔行扫描，就可以通过解释素材命令将其修改为逐行扫描，从而消除隔行扫描的闪烁问题。如果素材添加到时间线上之后，出现上下或左右有一点空白间隙的情况，则要调整该素材的像素长宽比。

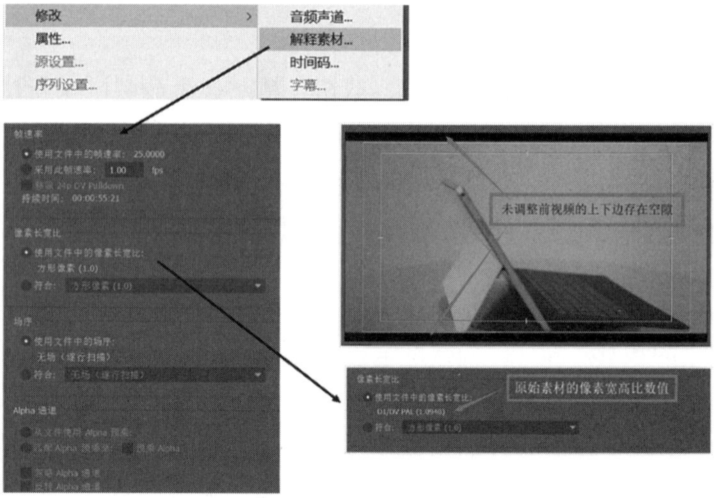

图 3.4–13　解释素材

（3）替换素材：主要用在当素材被重新拍摄，或者是原来的素材是脱机素材，或者是需要使用另一个素材来替换该素材的情况下。执行替换素材命令后，源素材的参数、时长会被新的素材所替换。如果待替换的素材已经被拖到时间线上完成了编辑点的操作，那么替换素材之后必须对该素材的编辑点进行重新选择。

（4）链接媒体：链接媒体用在脱机文件重新建立链接的场合。选择一个脱机文件，单击鼠标右键选择“链接媒体”，在弹出的对话窗中点击“查找”按钮，选择对应的素材建立链接，点击“确定”后可完成操作。

（5）音频编辑：如果是素材内含有音频或音频素材，可以在 PR 中直接启动 Audition 音频编辑软件，编辑完成的音频会自动保存并导入 PR 素材库中。

3.4.3 查看和粗编素材

PR 编辑的第三个主要工作是利用源监视窗口进行查看和粗编素材。

1. 监视窗口

首先认识 PR 的监视窗口。PR 监视窗口通常放置在 PR 界面的上部，分为左右两个窗口，分别为源监视窗口和时间线监视窗口，时间线监视窗口也被称为节目监视窗口。源监视窗口可播放素材库中的各个素材，可将欲添加到时间线的素材进行预览和初步剪辑。从源监视窗口中通过“插入”或“覆盖”两个按钮或通过鼠标拖拽的方式可将完成初步剪辑的素材添加到时间线合适的位置。时间线监视窗口可播放和预览当前时间线的镜头效果。

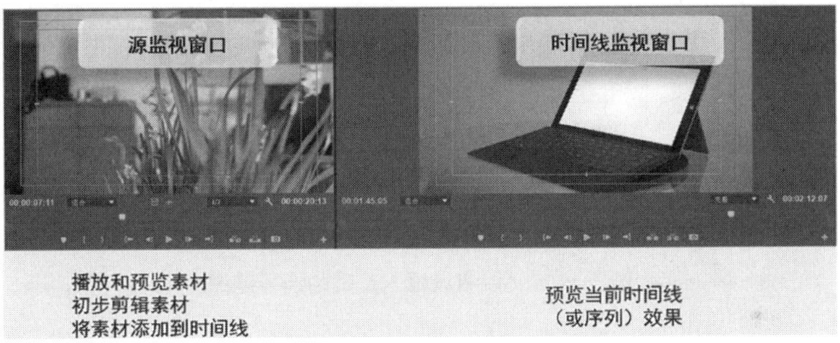

图 3.4-14 监视窗口

两个监视窗口均包含时间标尺，用来显示素材的长度和当前播放位置，它们的应用功能基本相似，都具有编辑点确定、播放控制、编辑方式选择、帧标记、播放位置时码显示、帧输出等功能。

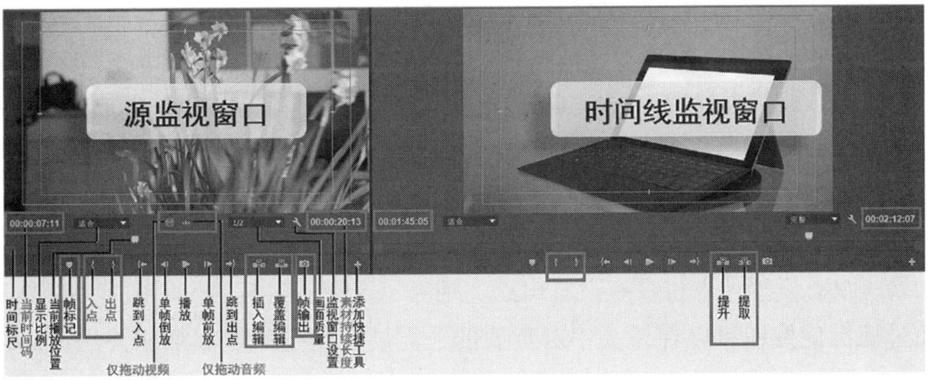

图 3.4-15 监视窗口的快捷工具

其中，确定编辑点是最常见的功能，可通过设置入点、出点来确定该监视器中作品的编辑选择范围。

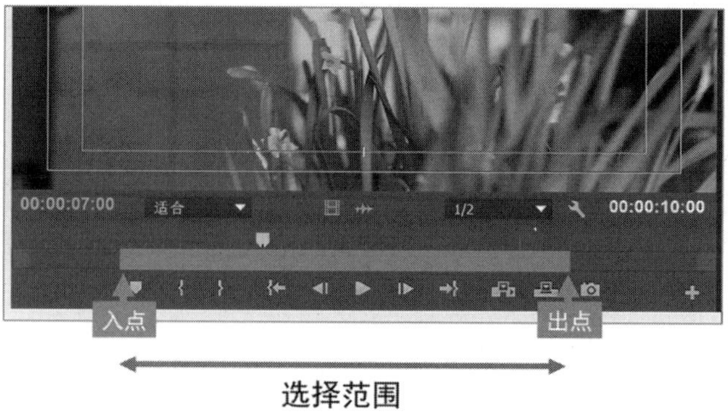

图 3.4–16 利用入点和出点确定选择范围

如果没有设置入点，则默认入点位置在素材开始的第一帧。

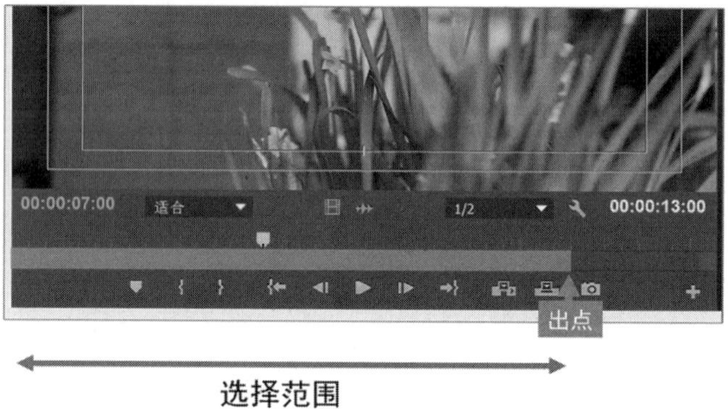

图 3.4–17 没有设置入点时的选择范围

如果没有设置出点，则默认出点位置为素材的最后一帧。

图 3.4–18 没有设置出点的选择范围

如果既没有设置入点也没有设置出点，则表示选择该素材的全部内容。

通过帧标记按钮可以在镜头中对重要的、需要被提醒的帧添加相关信息，以便作品制作团队其他成员或本人再次编辑时能了解该素材中的重要信息。

时间码有左边和右边两个，左边显示的为当前位置，右边显示的为选择的范围持续长度。当没有设置入点和出点时，素材持续长度为素材的总长度；当设置了入点和出点后，素材持续长度表示入点和出点之间的长度。

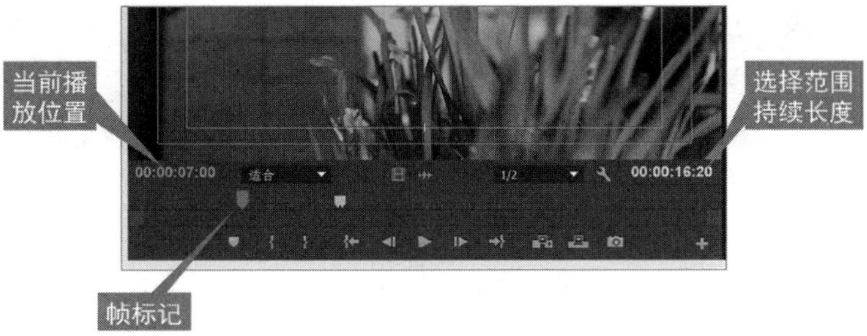

图 3.4-19 帧标记和时间码显示的含义

在源监视窗口中有“插入”和“覆盖”两种编辑方式，在时间线监视窗口中有“提升”和“提取”两种编辑方式。关于这四个编辑方式的含义和使用方法将在时间线的使用中具体介绍。

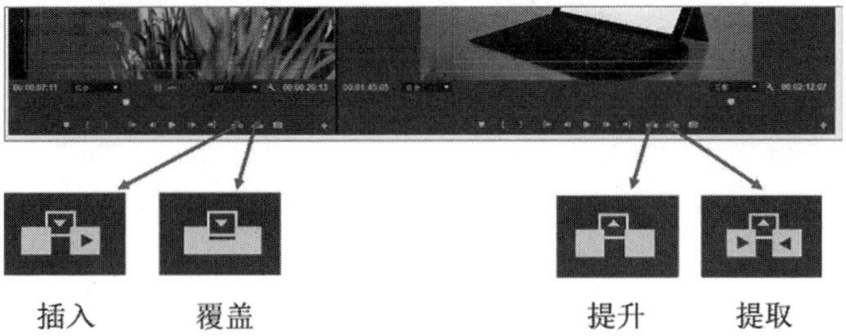

图 3.4-20 PR 的四种编辑方式

当从源监视窗口将素材拖到时间线上时，可以从源监视窗口画面上按下鼠标直接将其拖动到时间线上，也可以在项目面板内将该素材直接拖动到时间线上。如果只需要编辑视频，则可通过“仅拖动视频”快捷按钮将视频插入时间线视频轨；如果只需要编辑音频，则可以通过“仅拖动音频”快捷按钮将素材中的音频插入时间线音频轨。

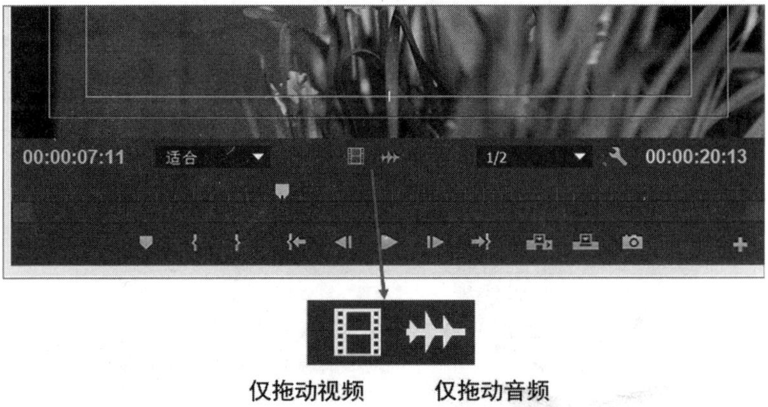

图 3.4-21 单独插入视频或音频的快捷方式

每个监视窗口还包含一个“导出帧”按钮，用于将素材或时间线上当前位置的帧输出为静止图像，有利于创作者对视频素材的某一个画面进行分析和说明。如果把这个静止图像再放回时间线上，可以对当前视频建立定格效果。

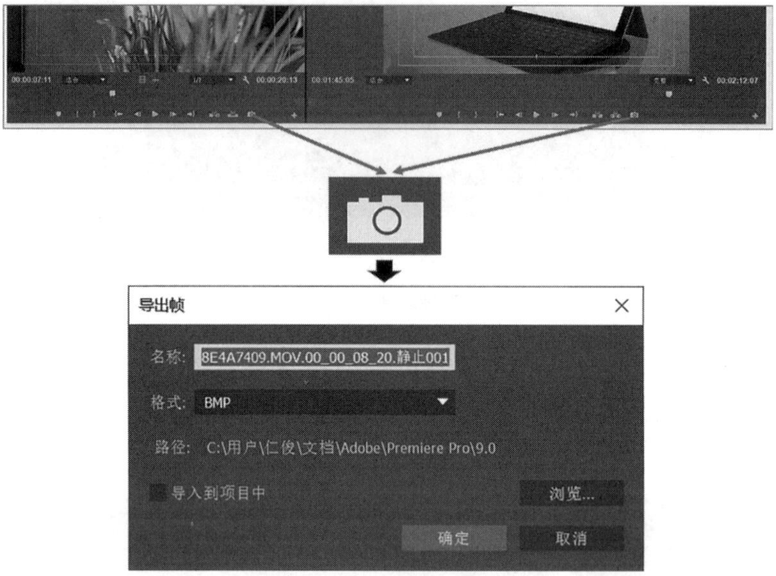

图 3.4–22　导出单帧功能

为了快捷操作，PR 中提供了 JKL 三个组合功能键实现监视器的播放控制。其中，J 键表示倒放，K 键表示暂停，L 键表示正向播放。连续按下 J 键五次以内，可以加快倒放；连续按下 L 键，可以加快正向播放。按下 Shift+J 键可以慢速倒放，按下 Shift+L 键可以慢速播放。单次按下 K+L 组合键可以正向播放一帧画面，单次按下 K+J 组合键可以倒放一帧画面；连续按下 K+L 组合键可以正向连续单帧播放，连续按下 K+J 组合键可以连续单帧倒放。

2. 示波器的使用

除了在监视器内直观地查看和检查素材外，还可以利用示波器的图形来客观评价画面的技术质量。PR 提供了矢量和波形两种类型的示波监视器，可帮助创作者检查和评估视频的技术质量是否符合广播标准，也可以利用示波器辅助实现颜色校正。

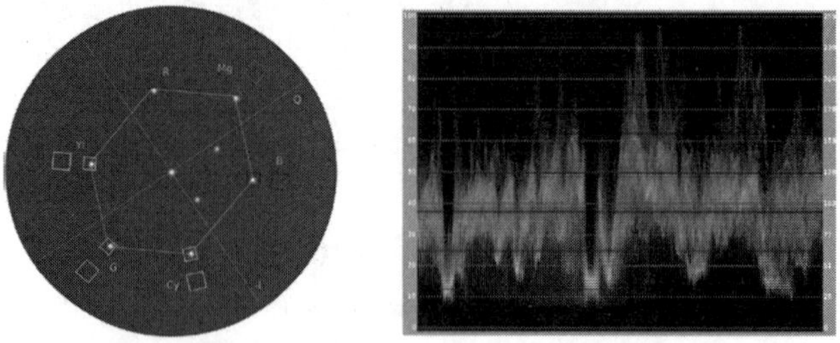

矢量示波器　　波形示波器

图 3.4–23　PR 提供的两种示波器

示波器的打开方法：点击菜单栏的“窗口”菜单选择“Lumetri 范围”，便可以在源监视窗口内增加了一个“Lumetri 范围”面板，其中可以显示各种示波图形，在该窗口内点击鼠标右键可以切换不同的示波器。

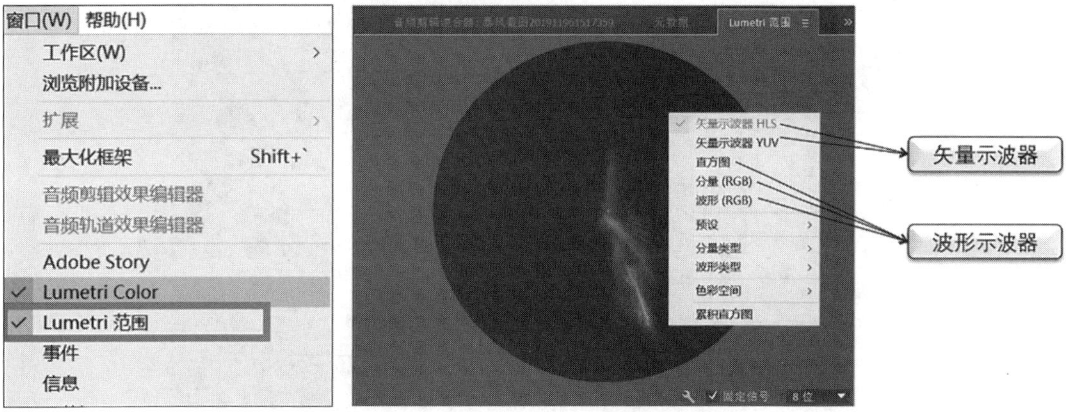

图 3.4–24 打开示波器的方法

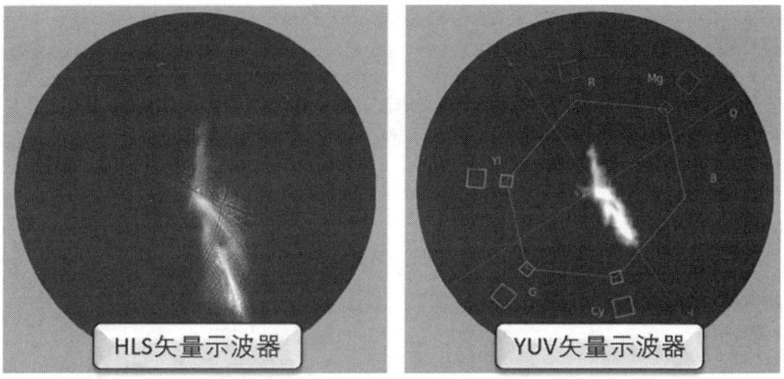

图 3.4–25 矢量示波器

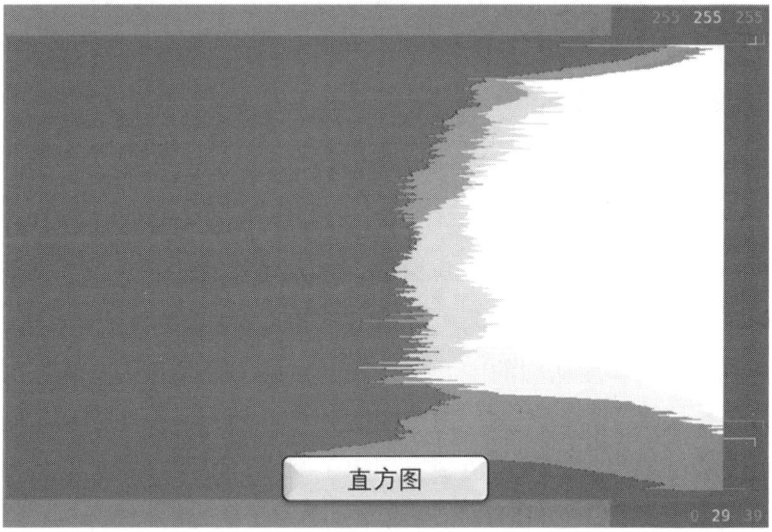

图 3.4–26 直方图波形

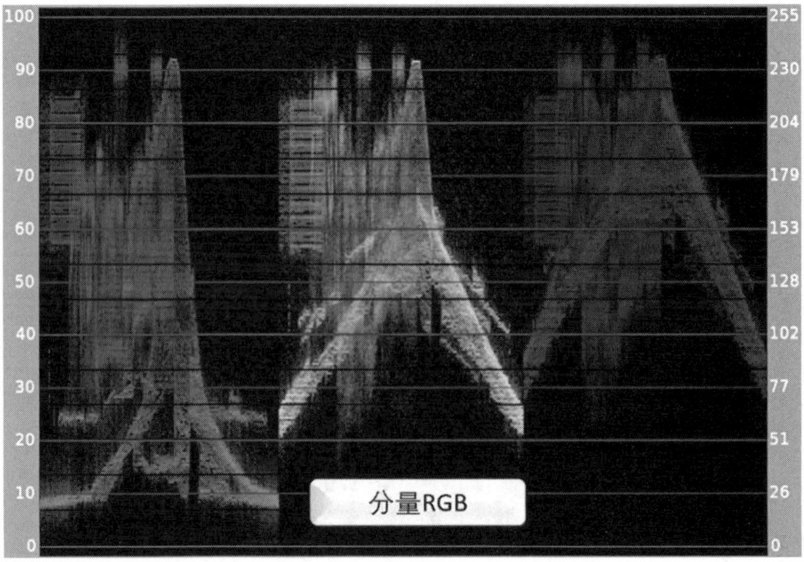

图 3.4-27 RGB 分量波形

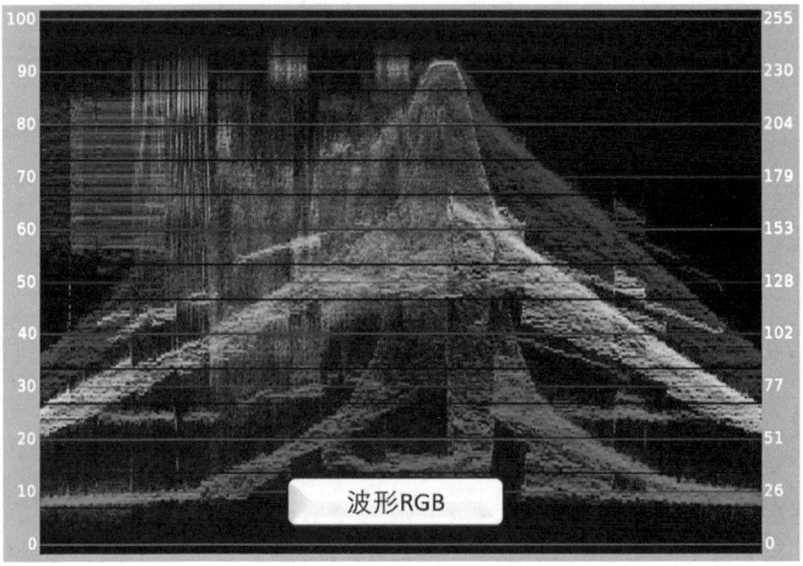

图 3.4-28 RGB 混合波形

传统的矢量示波器只显示色度信息，波形示波器只显示亮度信息，PR 的 CC 版本中的矢量和波形示波器都能显示视频信号的色度和亮度信息。

矢量示波器主要用于显示视频的色度信息，并将它们的信息以白色映射到圆形图形内，类似于色轮。饱和度从圆的中心向外算起，某一种颜色的亮光在与圆中心相距某一距离的位置生成一个白色图案，白色图案越靠近圆心，说明饱和度越低；白色图案越往外说明饱和度越高；如果白色图案超出了圆形，说明存在色彩溢出。黑白图像仅在圆中心生成一个点。白色图案的角度或方向决定了色光的颜色。

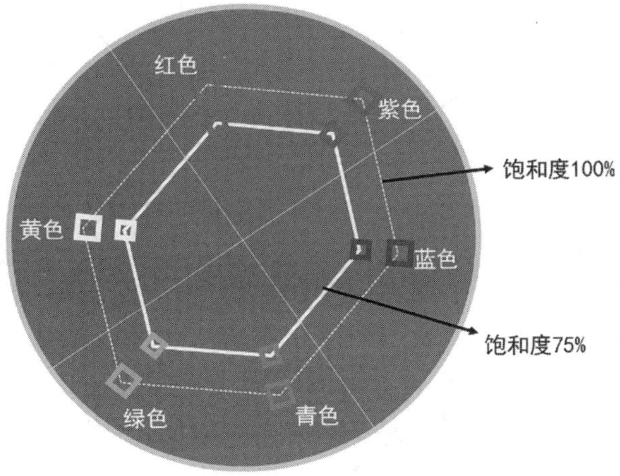

图 3.4–29 矢量示波器标记的色度信度

矢量示波器有 YUV 和 HLS 两种形式，YUV 提供了色域范围标记，而 HLS 没有详细标记色彩位置。

我们来分析以下几个案例。第一个案例是一幅风景图像，从矢量图中我们可以看出画面色彩比较丰富，以红色、黄色为主，辅以草地的绿色和天空的青色，图像饱和度比较高，亮度比较均匀，少量黄色和青色产生了溢出。

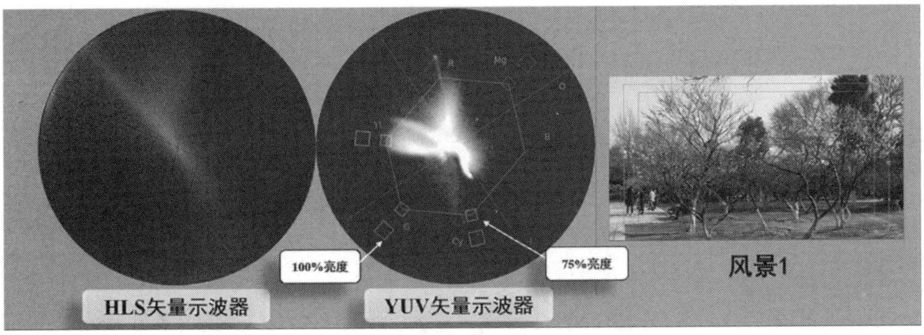

图 3.4–30 案例 1 示波器示意图

扫码可看图 3.4–30

再看看第二个案例。这是一个深秋的清晨拍摄的画面，画面以淡黄色为主，辅以清晨淡淡的蓝色，以及尚未褪去的树叶的绿色，图像整体饱和度和亮度都偏低，这些信息都在示波器中被形象地反映出来了。

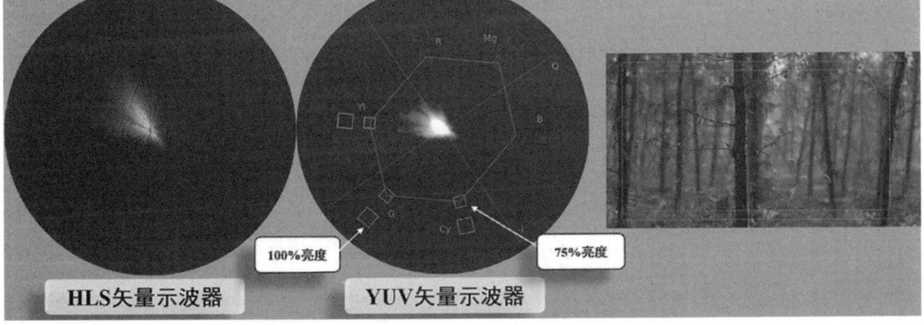

图 3.4–31 案例 2 示波器示意图

扫码可看图 3.4–31

扫码可看图 3.4–32

再看第三个案例。这是一个彩条信号，彩条信号内只有红、绿、蓝、青、品、黄六种颜色，每种颜色饱和度均为 75%，因此在 YUV 示波器中只有几个点，分别位于六种颜色 75% 的亮度区域内。

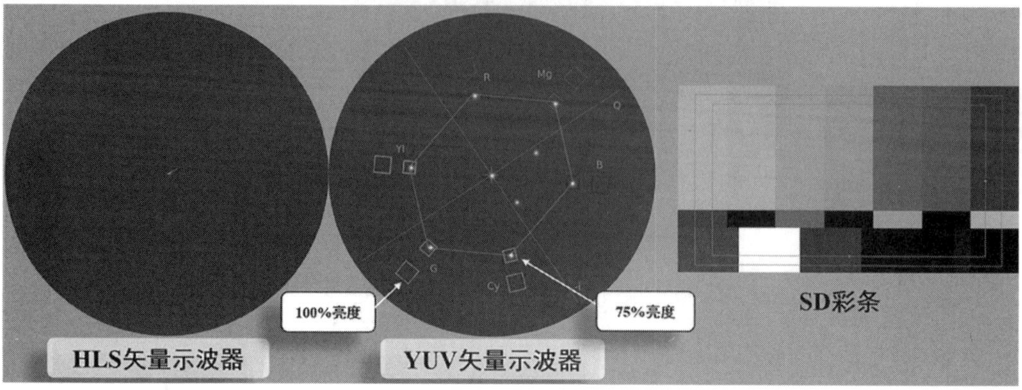

图 3.4–32　案例 3 示波器示意图

扫码可看图 3.4–33

波形示波器主要显示亮度信息，它将亮度信息以二维坐标的形式进行显示。波形示波器图形的水平方向对应视频图像从左到右的各分量信息，垂直方向显示明亮度级别。

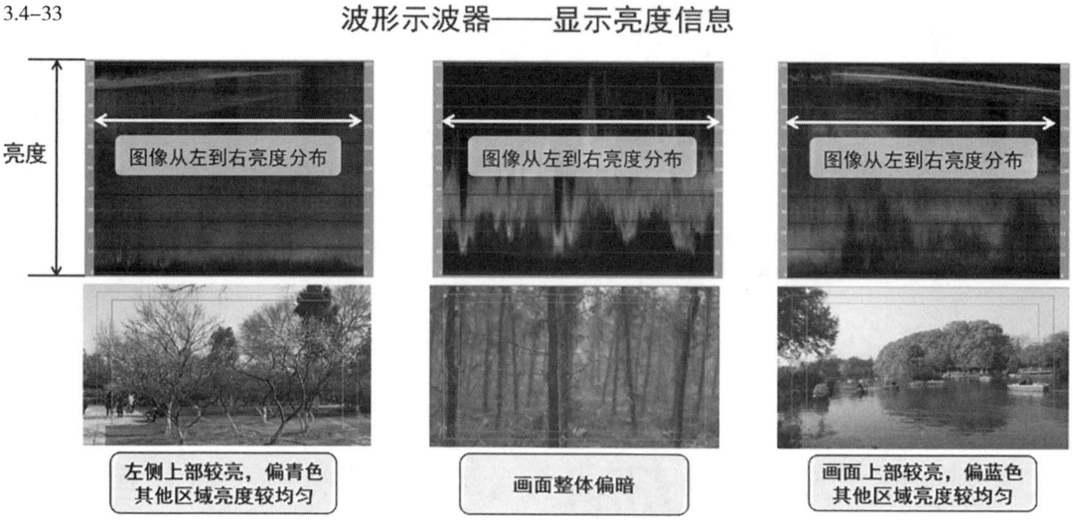

图 3.4–33　波形示波器示意图

扫码可看图 3.4–34

图 3.4–33 的这三个画面中，左侧的画面总体亮度比较均匀，但左上部亮度较高，且偏青色；中间画面的波形示波器中信息主要分布在中下部，表明整体亮度较低；右侧的画面亮度分布也比较均匀，但上部区域明显偏亮，颜色偏蓝色。

示波器还有直方图、分量图等显示方式。

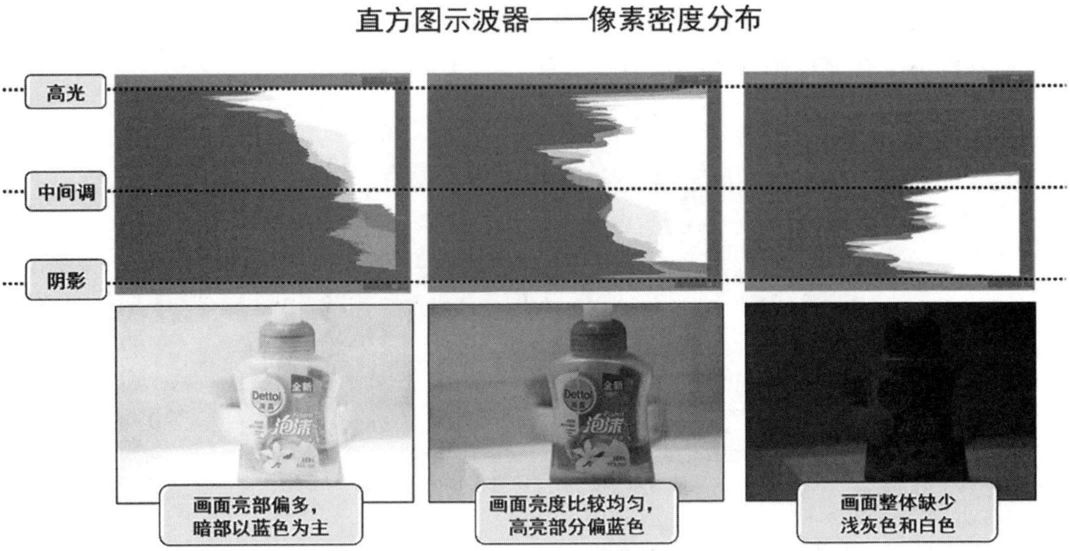

图 3.4–34　直方图示波器示意图

直方图显示每个颜色强度级别上像素密度的统计分析，显示方式有点类似于 PS 中的色阶图，直方图用来评估阴影、中间调和高光，并调整总体的图像色调等级。图 3.4–34 中左侧画面明显高光区域成分偏多，且暗部颜色偏蓝色，呈现曝光过度现象；中间画面的亮度比较均匀，高亮部分偏蓝色；右侧画面亮度整体偏暗，缺少高光和浅灰色，呈现曝光不足现象。

扫码可看图 3.4–35

分量图显示图像中 RGB 分量或 YUV 分量的信息分布情况。

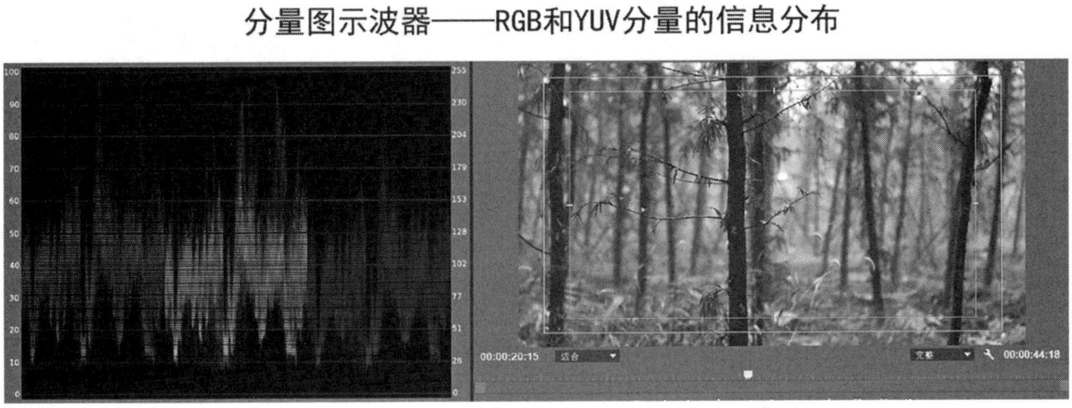

图 3.4–35　分量图示波器示意图

3.4.4 使用时间线进行镜头编辑

时间线面板上有视频轨道、音频轨道、音量指示、时间线快捷工具、时间表尺、入点、出点、当前播放位置、当前位置时间码和序列名称等信息（见图 3.4–36）。PR 的大多数编辑工作均在时间线内完成，视频特效和转场的添加也在时间线内完成，通过时间线可以了解作品的镜头顺序，可以调整镜头的剪辑点位置，可以制作各种视频效果。

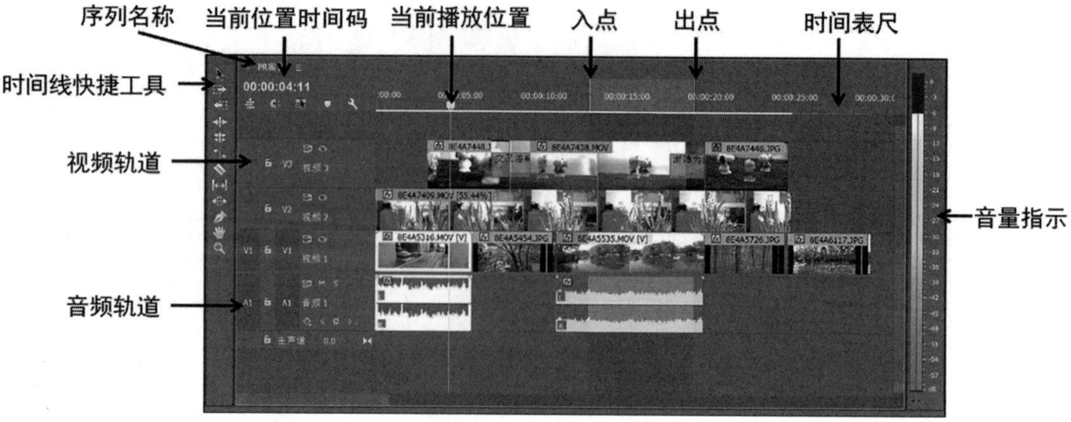

图 3.4–36　时间线基本功能说明

一条时间线就是一个序列。在时间线内选择某个镜头后，可通过单击鼠标右键，从弹出的菜单中选择相应功能来完成对该镜头的相关操作。点击序列名称右侧的面板菜单，可以弹出时间线面板菜单，用来设置时间线上视频和音频的显示方式。

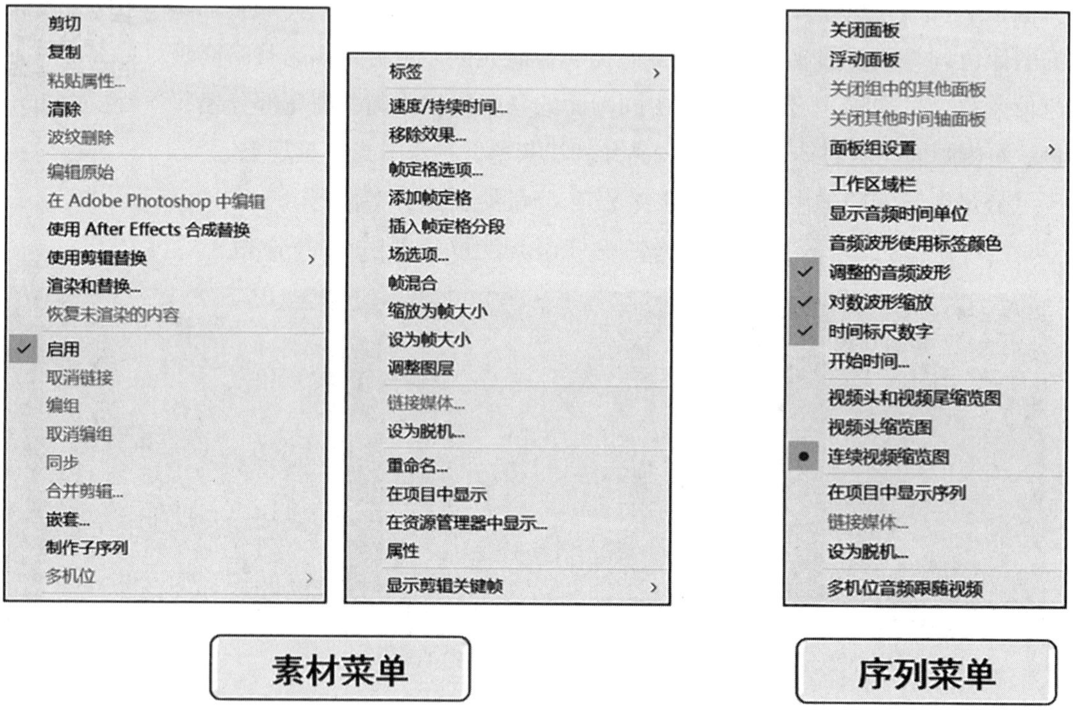

图 3.4–37　时间线菜单

时间线面板的基本操作主要包括入点和出点的操作、编辑模式的选择、播放速度的调整、画面定格、音视频链接控制、快捷工具的使用等。

1. 入出点的操作

入点和出点是编辑过程中常见的概念，通俗地讲，设置入出点就是设置编辑点。入点是一个镜头开始的编辑点，出点是一个镜头结束的编辑点，因此也有编辑入点和编辑出点的说法。

在编辑工作中，可以用 I 和 O 两个键盘快捷方式设置入点和出点，其中 I 是 Input 的首字母，而 O 是 Output 的首字母。利用入点和出点可以在时间线上选择一段待编辑的镜头范围。出点的时间码减去入点的时间码就是选择的时间长度。

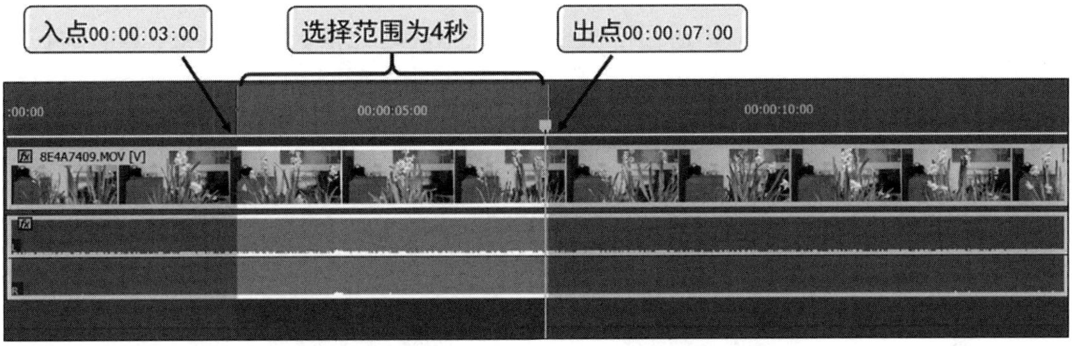

图 3.4–38　入点和出点

我们可以在素材监视窗口中对素材设置入点和出点，也可以在序列（或时间线）上设置入点和出点。

一次编辑最多可以设置四个编辑点，即素材入点、素材出点、序列入点、序列出点，至少需要有两个编辑点。因此，根据编辑点的多少，非线性编辑中存在两点编辑、三点编辑和四点编辑三种编辑形式。无论是哪一种类型的编辑形式，都能通过设置编辑点从某一素材中选取一段画面，然后放置到序列的确定位置，即能选出一段素材、能在序列中确定一个位置。

如果是两点编辑，那么在素材端可以任选一个入点或出点，同时在序列上选一个入点或一个出点，这种方式主要用在初期编辑阶段，根据分镜头稿本顺序在序列上将素材库中合适的镜头片段逐一向后排列。虽然两点编辑有四个组合形式，但最常见的是设置素材入点和序列入点，这是一种最基础和最常见的编辑方式，不需要考虑镜头的长度。

如果是三点编辑，那么只要在四个编辑点中任意选择三个点即可。三点编辑中至少可以通过两个编辑点确定编辑长度，然后计算机就能通过计算的方式自动生成第四个剪辑点的位置。三点编辑存在如图 3.4–39 所示的四种情况。

编辑形式		素材入点	素材出点	序列入点	序列出点	
两点编辑		任选一个		任选一个		初编阶段
三点编辑	①	✓	✓	✓		初编阶段
	②	✓	✓		✓	精编阶段
	③		✓	✓	✓	
	④	✓		✓	✓	
四点编辑		✓	✓	✓	✓	

图 3.4–39　编辑形式

情况 1 与两点编辑相似，适用于初编阶段，不同之处在于这种情况下素材的长度已经被设置好。

情况 2、情况 3、情况 4 均需要设定序列出点，它们主要适用于序列的修改阶段，用于替换序列中的某段镜头。

从编辑原理来看，素材的编辑长度与序列的编辑长度应该相等，才能保证选取的镜头刚好替换序列中的某一段镜头。

图 3.4–40　素材编辑长度与序列编辑长度的关系

而实际操作中，素材编辑长度与序列编辑长度容易出现不一致的现象（见图 3.4–41）。如素材设置了入点和出点，素材的长度为 3 秒，而序列在 1 秒的位置设置了出点（见图 3.4–42），按照素材编辑长度等于序列编辑长度的原则，非线性编辑系统要求序列从出点的位置开始倒放 3 秒，然后自动确定入点，但序列从第 1 秒的位置开始不可能倒放 3 秒时间，此时非线性编辑系统就会由于这种矛盾而弹出选项窗口，让编辑人员选择该如何处理，如图 3.4–43 所示。

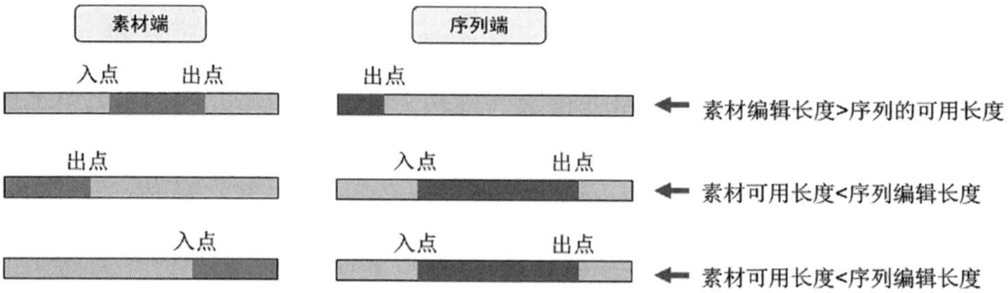

图 3.4–41　素材选取长度与序列编辑长度不一致的情况

图 3.4-42　素材选取长度大于序列编辑长度

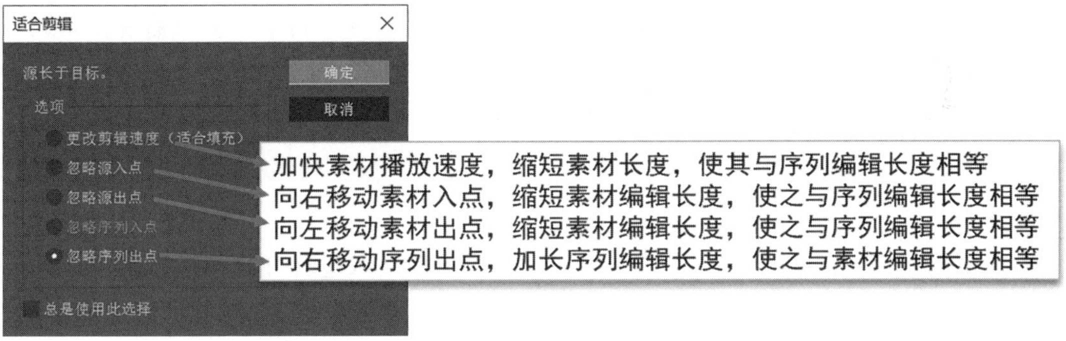

图 3.4-43　素材端和序列端长度不一致的原因和处理方法

阅读与思考

在以下图中这种选取的素材长度大于序列的可用长度的情况下，系统是否会弹出告警窗口？

如果是四点编辑，则四个编辑点要全部被设置，这种情况在实际操作中很少见，因为在没有特殊需要的情况下，只需要三个编辑点就可以自动计算出第四个编辑点。如果设置四个编辑点，则素材编辑长度与序列的编辑长度之间很容易出现不一致的现象，其处理方法与三点编辑的特殊情况相同。

2. 编辑模式的选择

编辑模式是指将选取的素材加入序列中的方式以及序列中镜头的重组方式。

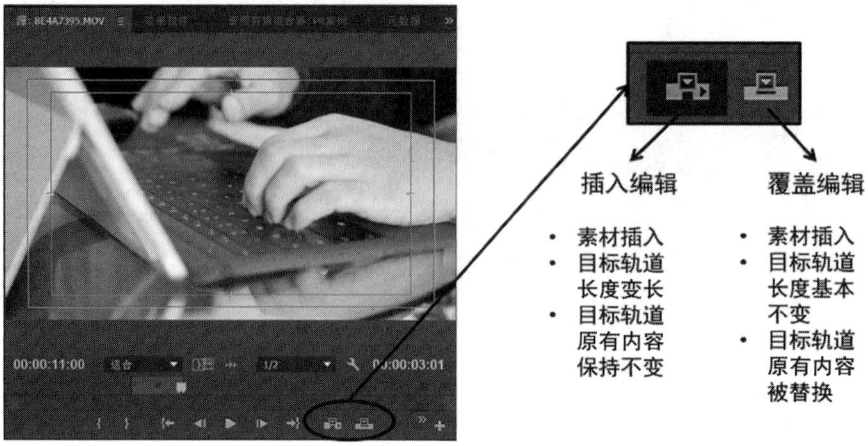

图 3.4–44 素材编辑模式

PR 提供了插入编辑和覆盖编辑两种素材加入方式，这是将素材从源监视窗口插入时间线的两种方式。

（1）插入编辑：首先把序列中入点位置将对应的目标轨道素材一分为二，然后将选取的素材从入点位置插入，序列内目标轨道中原来从入点开始的镜头全部向后移动，即插入编辑增加了目标轨道的镜头长度。

（2）覆盖编辑：将选取的素材在序列目标轨道的入点位置开始替换序列中原来的镜头内容，序列中目标轨道的长度基本保持不变。如果序列入点在目标轨道的最后，虽然是覆盖编辑，但目标轨道的长度也可能会增加。

插入编辑的快捷键是逗号，覆盖编辑的快捷键是点号。

无论是插入编辑还是覆盖编辑，需要设置发生作用的目标轨道。方式是在需要插入或覆盖的轨道的最左侧轨道头位置将其点亮变蓝，如图 3.4–45 所示。当然，插入和覆盖编辑对已经被锁定的轨道无效。

在操作过程中，可以不使用快捷方式，而使用直接拖动鼠标的方式加入素材。默认情况下，拖动鼠标就是覆盖编辑；如果要执行插入编辑，可在拖动的同时按下 Ctrl 键。进行编辑时，界面中会出现三角形，显示受影响的轨道。

插入编辑和覆盖编辑解决的是素材如何加入序列的问题，但如何对序列中已经排列好的镜头进行重新组合排列呢，这就需要使用提升或提取编辑方式，也就是说，提升或提取编辑方式是对序列中的镜头进行重组（即对序列中已经编辑的画面进行再编辑），与素材监视窗口无关。提升和提取编辑两种方式的快捷按钮在序列监视窗口下方（见图 3.4–46）。如果要实施提升编辑或提取编辑操作，则需要在序列中设置入点或出点，并至少选择一个目标轨道。如果没有设置出点，则默认出点为序列目标轨道上的最后一个画面，如果没有设置入点，则默认入点为目标轨道的开始位置。

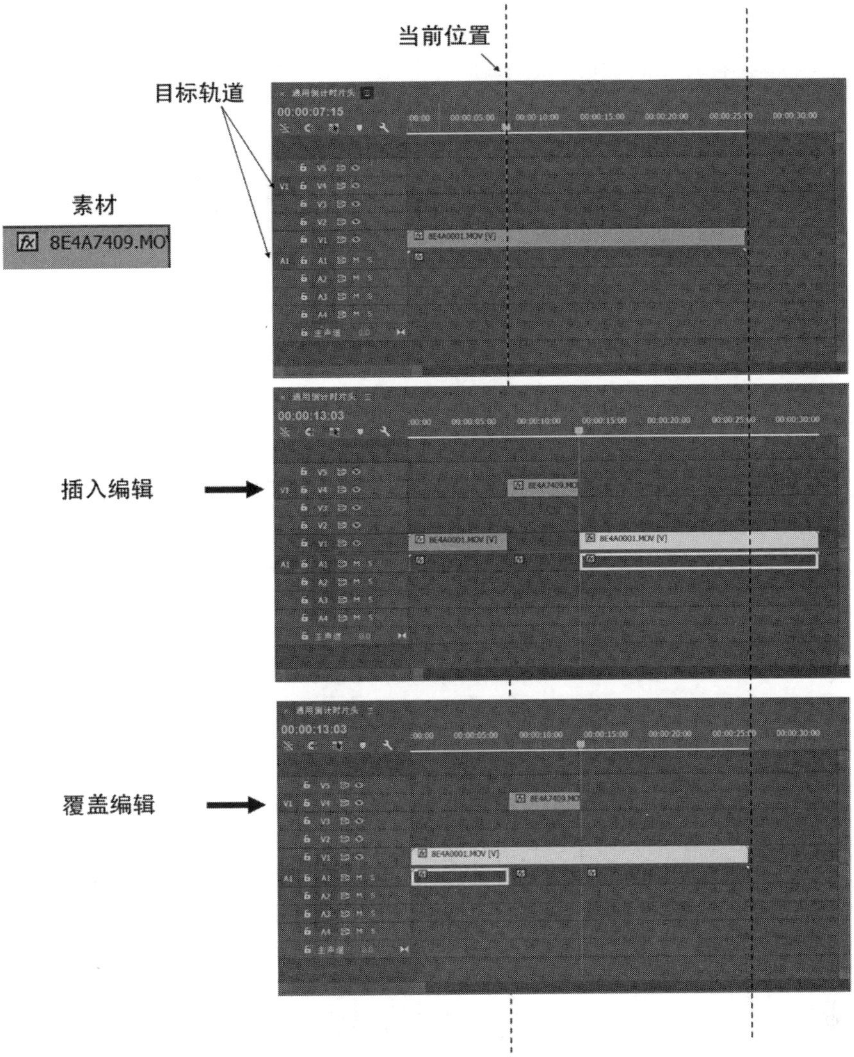

图 3.4–45 插入编辑与覆盖编辑的区别示意图

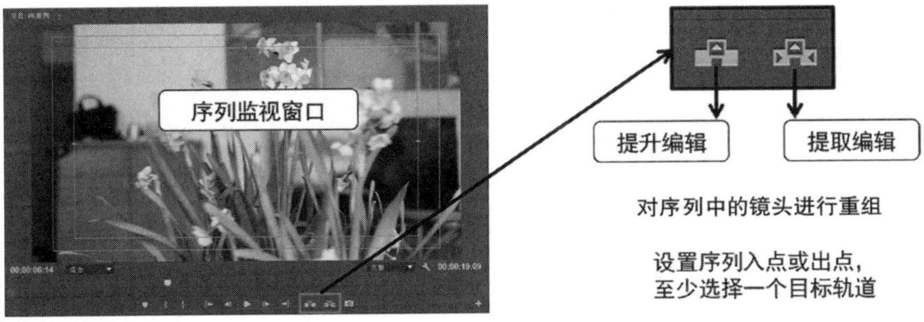

图 3.4–46 序列镜头编辑模式

提升编辑是将序列目标轨道中入点和出点之间的所有画面剪切到剪贴板中，且出点后面的镜头在轨道原位置保持不变。

提取编辑是将序列中非锁定轨道的入点和出点之间的所有画面剪切到剪贴板中，并且后续画面全部前移。

提升编辑后会在序列中目标轨道的入点和出点之间形成一段空白，而提取编辑由于后续画面前移，不会在入点和出点之间形成空白。

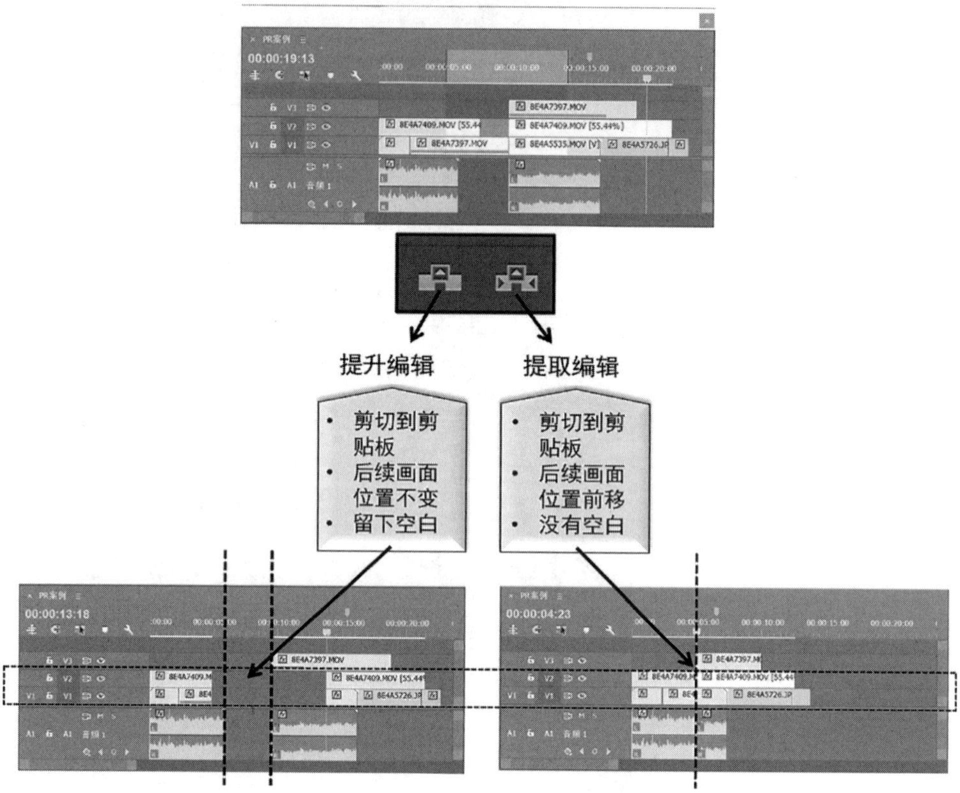

图 3.4-47　序列编辑模式比较示意图

提升编辑的快捷键是分号，提取编辑的快捷键是单引号。经过提升或提取编辑后，被剪切的镜头可以在序列的目标轨道当前播放位置以粘贴的方式显示出来，从而实现在序列中对镜头进行重组排列。

要想在时间线上实现镜头的重组排列，最简单的方式是直接使用鼠标选择镜头，然后拖动镜头。

阅读与思考

1. 如果序列的编辑点落在目标轨道某一个连续镜头的中间，那么该连续镜头是否被拆分？（答案：该镜头会被拆分，不在编辑点之间的画面不作为处理的对象。）

2. 如何保证序列中某个轨道的镜头不受提升提取编辑的影响？（答案：将该轨道设置为锁定状态。）

3. 时间线面板上快捷工具的作用

在时间线面板上，实现镜头的编辑有很多丰富的快捷工具，默认状态下，它位于时间线面板的左侧区域，编辑人员可以根据需要选择合适的工具来进行相关操作。下面一一介绍这些快捷工具。

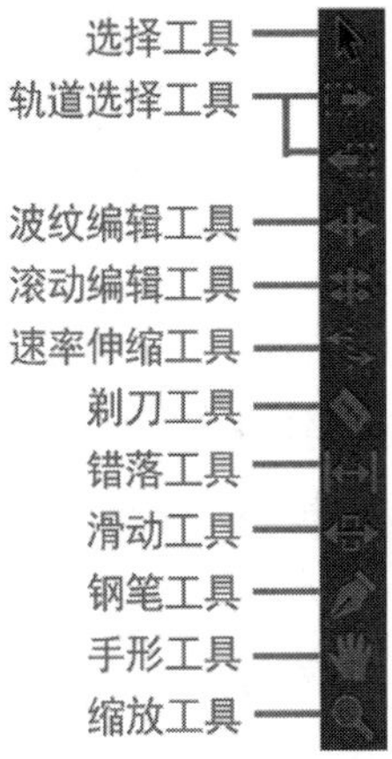

图 3.4-48 时间线快捷工具

【选择】工具：用于选中轨道上的一个镜头，拖曳镜头左右边界可以改变入点或出点；加按 Shift 键后可选中轨道上的多个剪辑。

【轨道选择】工具：用于选中序列中当前位置开始向右的所有非锁定轨道上的镜头，如果当前位置在某一个镜头中间，该镜头并不会被分开，而是从该镜头的左边界入点位置开始被选择。如果加按 Shift 键，可选择单个轨道上的从当前位置向后的所有镜头。

【波纹编辑】工具：当鼠标位于某一个镜头的左右边界时，鼠标会变成左、右括号形状的波纹编辑工具，这时可以改变该剪辑的入点或出点位置，且在序列监视窗口内会同时出现在入点或出点位置相邻的两个镜头的画面，从该镜头向右的所有非锁定轨道上的镜头相对位置均会同步发生移动，因此序列的总时间长度会发生变化。如果在某个镜头上实施波纹编辑的结果是拉长镜头，则其最长的长度是该镜头所在的原始素材的最大长度，从该镜头向右的所有非锁定轨道上的镜头均向右同步移动；如果在某个镜头上实施波纹编辑的结果是缩短镜头，则从该镜头向右的所有非锁定轨道上的镜头均向左同步移动，移动的长度要看从该镜头开始向右的其他轨道上的镜头左侧的空白长度，如果没有空白，则不能实现波纹编辑。

【滚动编辑】工具：与【波纹编辑】工具相似，都用于处理和调整镜头的左右边界的入点和出点位置，都会出现在入点或出点位置相邻的两个镜头的画面。但两个工具的操作效果并不相同，选择【滚动编辑】工具后，鼠标在某镜头的左右边界位置时，会变成一个由四个箭头组成的工具形状，此时可同步改变相邻两个镜头的入点或出点位置，相邻素材的总长度保持不变，其他镜头的长度也不会发生变化，影片的总长度不变，这与修整编辑操作相似。

【速率伸缩】工具：使用该工具在一个镜头的左右边界拖动鼠标，使得在画面总数没有变化的情况下，该镜头的时间被拉长或缩短，但该镜头的入点和出点不发生变化，因此该镜头的播放速度被改变。若拉长时间，则减缓镜头播放速度，若缩短时间，则加快镜头播放速度。这与对该镜头进行“速度 / 持续时间”操作的命令相似，但通过速率拉伸工具只能进行正向缩放改变，不能进行反向播放设置。

【剃刀】工具：将某镜头在单击处截断，使用该工具加按 Shift 键单击轨道上的镜头，则所有轨道上的镜头都在该处被截断。

【错落】工具：使用该工具选中某镜头，保持镜头总长度不变，改变该镜头的入点和出点时，相邻镜头的出入点及影片长度不变，其使用前提是出点后和入点前有必要的余量可供调节使用。

【滑动】工具：使用该工具选中某镜头，保持该镜头入出点和长度不变，移动该镜头位置，则前一相邻镜头的出点与后一相邻镜头的入点随之发生变化，其使用前提是前一相邻镜头的出点后与后一相邻镜头的入点前要有必要的余量可以供调节使用。

【钢笔】工具：使用该工具可以在节目监视器中绘制和修改遮罩。用该工具还可以在时间线面板上对关键帧进行操作，但只可以沿垂直方向移动关键帧的位置。

【手形】工具：使用该工具可以拖曳时间线面板上的显示区域，轨道上的剪辑则不会发生任何改变。

【缩放】工具：使用该工具在时间线面板中单击鼠标，时间标尺将放大并扩展视图，按 Alt 键的同时使用该工具在时间线面板中单击鼠标，时间标尺将缩小并缩小视图。

修整剪辑方式，是指在时间线面板上将镜头排列好后，通过两个窗口进行比对，精确调整相邻两个镜头的编辑点，使镜头剪辑流畅。使用修整剪辑的快捷方式是“T”，修整剪辑操作是在修整监视窗口内完成的，可以向前 1 帧、5 帧地播放，也可以向后 1 帧、5 帧地倒放，还可以把鼠标放在两个窗口之间通过左右移动鼠标的方式快速查看所编辑的画面，查看时注意观察两边的画面在颜色、明暗和造型方面的连贯性。

4. 嵌套序列

在编辑比较大型或复杂的影视作品时，常常需要将一些镜头或效果进行组合处理，或者把多个片段建立多个序列，这样可以提高编辑效果，这就要运用到嵌套序列。通过嵌套序列操作，可以在每个序列中编辑不同的剪辑内容，互不影响。某个序列可以像素材一样被鼠标拖曳到其他序列中进行基本编辑操作。

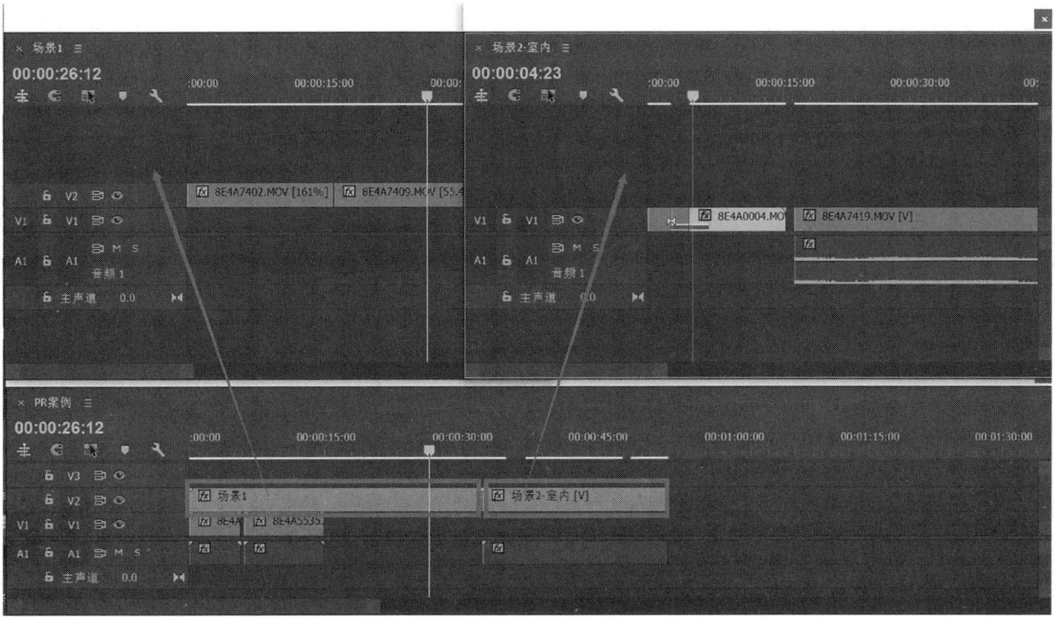

图 3.4-49 嵌套序列

在以下情况中需要应用嵌套序列：

（1）把一种或多种特效应用到该序列的所有剪辑中。

（2）通过多个序列来组织和简化操作，避免编辑中的冲突和误操作。

（3）对一个序列中的所有剪辑创建画中画效果。

（4）重复使用同一个序列的内容，可以将该序列多次嵌套入其他序列中。

（5）创建多摄像机模式，可以通过嵌套序列来实现。

镜头编辑除了以上方法和技巧外，还有如画面定格、取消视音频链接、消除闪烁等操作。

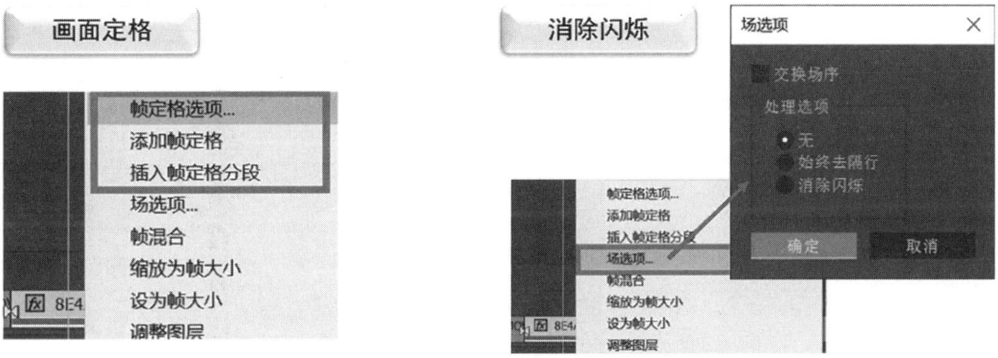

图 3.4-50 画面定格与消除闪烁的设置

3.4.5 添加转场、特效和字幕

当完成了镜头的剪辑后，接下来是添加转场、特效和字幕。

1. 视频转场

影视转场可分为无技巧转场和有技巧转场。无技巧转场就是传统的硬切换效果，有技巧转场是指通过电子特技切换台或后期软件生成的诸如淡入淡出、划像、圈入圈出等特技技巧，这里所要介绍的转场是指有技巧转场。

使用转场效果的目的主要有：（1）当镜头硬切换难以实现画面流畅剪辑，或违反“动接动”“静接静”等剪辑规律时，可以利用转场柔化剪辑点；（2）实现两个不同场景画面的切换，如淡出淡入可以表示从一个场景转换到另一个场景；（3）产生特殊效果，如利用分屏的方法把两个或多个画面在同一个屏幕内同时展现，产生对比或积累效应，增强作品的表现力。

PR 添加转场的方式为：在效果面板中选择“视频过渡”模块，然后选择相关转场效果，用鼠标将其拖到时间线两个相邻镜头之间的剪辑点位置即可。

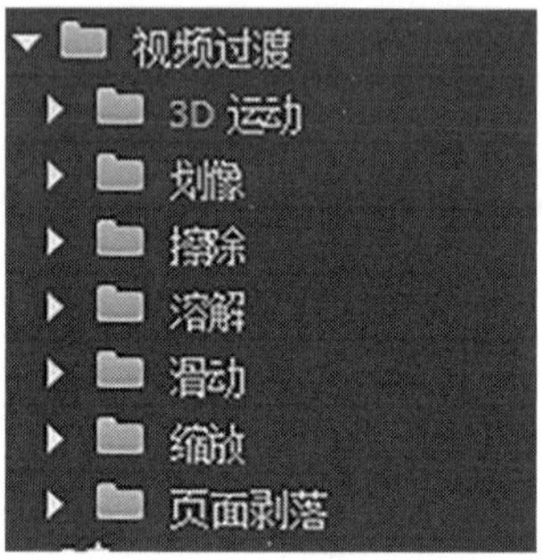

图 3.4–51　PR 的视频过渡

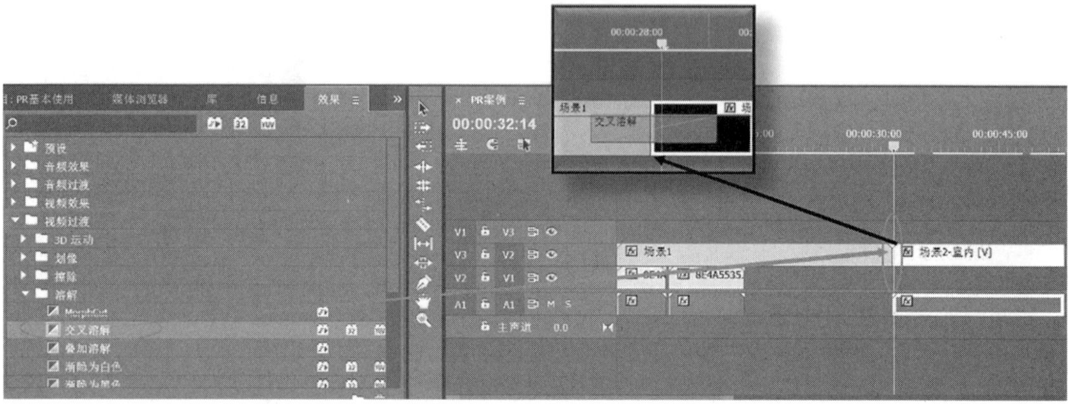

图 3.4–52　时间线上转场标记

默认条件下，形成“转场”的原理是在剪辑点位置左侧和右侧 0.5 秒的长度内分别将两个相邻镜头进行转场处理，即在前一个镜头自出点位置向左 0.5 秒长度的画面与下一个镜头自入点位置向左 0.5 秒的画面进行混合形成左侧转场效果；同理形成右侧转场效果。转场所需的向左或向右的持续时间镜头由该镜头所在的原始素材中入点或出点左侧和右侧的余留长度决定。如果参与添加转场的前一个镜头的出点是原始素材的最后一幅画面，后一个镜头的入点是原始素材的第一幅画面，此时如果在两个镜头之间添加转场效果，系统会弹出窗口提示“媒体不足，此过渡将包含重复的帧”，也就是说，这种情况下要完成转场效果，只能将前一个镜头的最后一幅画面以复制的方式形成定格画面，与后一个镜头的第一幅画面的定格画面完成转场效果，且在转场标志上使用连续斜线条标记。如果前一个镜头在出点之后存在余留时间，而后一个镜头入点前没有预留时间，则转场效果会自动只添加到后一个镜头开始的位置；相反，转场效果会自动只添加到前一个镜头的结尾位置。

使用特效转场应注意以下原则：

连接性：利用特效进行转场应具有较好的连接性，技巧形式应该与上下画面内容相互融合，形成一个有机的整体。例如，【叠化】特效转换镜头是一种柔和的过渡形式，能得到自然平滑的视觉心理效果。

节制性：使用转场特效要有节制。过多地使用技巧进行转场，容易造成作品结构的松散，使人感觉作品过于零碎，并且由于人为痕迹过于明显，会影响作品的真实性。

如果说视频转场是设置两个或多个镜头之间的过渡效果，那么视频特效则是对某一个镜头单独进行像素处理，类似于 PS 中的滤镜效果；同理，音频素材也有音频特效。

音视频特效的添加方法是在“效果控件”面板中选择“视频效果”或“音频效果”菜单中合适的选项，然后通过鼠标拖动的方式将某一个具体特效添加到某个镜头上。当该镜头上添加了特效后，在“效果控件”面板上会增加该特效的相关参数设置项，创作者可以根据需要调整这些参数并添加合适的关键帧。

2. 视频特效

PR 里有各种各样的音频与视频效果，可将它们应用于时间线上的素材镜头。

通过特效效果可以为视频和音频增添特别的视觉或听觉效果，或提供与众不同的功能属性。例如，通过效果可以改变视频的亮度、调整色彩、操控声音、扭曲图像等，还可以使用特效效果生成网格、光晕等各种特殊素材，或调整镜头的大小和位置。各特效效果的参数值可以在“效果控件”面板或“时间线”面板中进行调整和控制。

PR 包含许多特效效果，有些是固定效果（即预先应用或内置的效果），有些是应用于某个镜头的标准效果，也可以是基于多镜头或轨道的效果，还可以使用第三方效果插件，作为 PR 中的增效工具。

（1）固定效果

当素材镜头加入时间线面板上后，固定效果就直接被内置到这些镜头中，我们只要调整它们的属性就可以激活它们。固定效果在“效果控件”面板中显示，可控制镜头的固有属性。我们可以在“效果控件”面板中调整所有的固定效果，固定效果包括运动、不透明度、时间重映射和音量等参数内容。

（2）标准效果

标准效果是 PR 内置的、存在于“效果控件”面板中的各种特效效果。标准效果必须由使用者将其添加到某个镜头上才能发挥作用，才能在“效果控件”面板中显示该效果的信息。我们可以将任意数量或组合的标准效果应用于序列中的任何镜头。标准效果在渲染生成时，按照从上往下出现的顺序渲染；我们可以在“效果控件”面板中通过拖动鼠标的方式更改各标准效果之间的顺序，但是不能重新排列固定效果之间的顺序。

（3）基于多镜头或轨道的效果

一般视频效果（包括固定效果和标准效果）基本是基于镜头的，它们能改变各个镜头的像素值，从而产生各种效果，但如果要对一系列镜头添加相同的效果，则可以通过一一添加、一一设置的方式来实现，但效率很低。此时，我们可以将这些镜头首先创建生成嵌套序列，然后对嵌套序列添加视频效果，从而将其添加到嵌套序列内的所有镜头中，通过这种方法可以将基于一个镜头的效果同时应用于多个镜头。音频效果可应用于镜头，也可应用于轨道，若要应用基于轨道的效果，可使用“效果控件”面板旁边的“音频剪辑混合器”面板，这个面板是针对音频轨进行调节的。

图 3.4–53 中标记了“效果控件”面板中的固定效果和标准效果两种不同类型。同时，“音频剪辑混合器”属于基于轨道的效果。

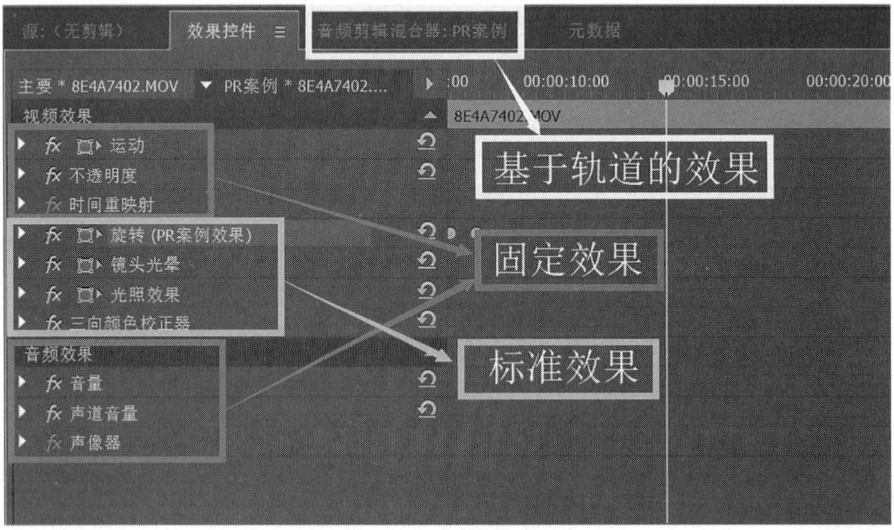

图 3.4–53 特效类型示意图

下面重点讲解固定效果。在固定效果中，可以通过修改参数制作画中画、淡出淡入、变速播放等特殊效果。画中画效果是指同一时间在屏幕内显示更多镜头，从而形成类似于平行式蒙太奇的画面效果。

案例视频 3.4–1：固定效果（画中画效果）

在固定效果中，“运动”包括多种属性，用于调整镜头的显示位置、旋转角度和缩放比例等，从而形成这些镜头与其他镜头的画中画效果。

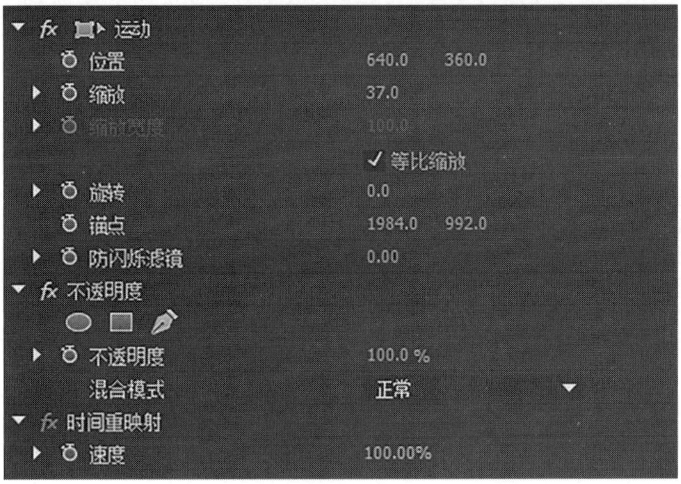

图 3.4–54 固定效果中的“运动”属性

（1）位置：设置镜头在画面内的位置变化，实现镜头的平移，模拟摇摄或移摄效果。

（2）缩放：设置镜头的放大和缩小，模拟推拉效果。

（3）旋转：设置镜头旋转效果。

（4）不透明度：允许降低镜头的不透明度，实现叠加、淡化和溶解之类的效果。

（5）时间重映射允许针对镜头的任何部分减速、加速或倒放，或者将帧冻结，通过提供微调控制，使这些变化加速或减速。

（6）音量：控制镜头中的音频音量。

3. 关键帧技术

PR 的所有特效效果均可以通过设置关键帧生成动画效果。

关键帧技术是生成动画的关键技术之一。在动画发展的早期阶段，熟练的原画师先根据故事脚本设计关键画面，即关键帧，然后由动画师设计中间画面，即中间帧，然后形成动画作品；而在计算机图形时代，在绘制和设计了关键帧画面后，计算机通过插值预算方法可以计算出中间帧，或称过渡帧，插值技术在关键帧动画中得到了广泛的应用。

在 PR 中，设置关键帧的方法是点击设置项前面的秒表标记，当某个设置项包含有关键帧，则该设置项前的秒表标记会变成青色。关键帧的查看和修改既可以在“效果控件”面板中完成，也可以在时间线的轨道上完成。其中，“效果控件”面板设置关键帧更为直观可控，可以数字化显示参数；且单击效果名称左侧的三角形标记后，可以展开要查看的效果。

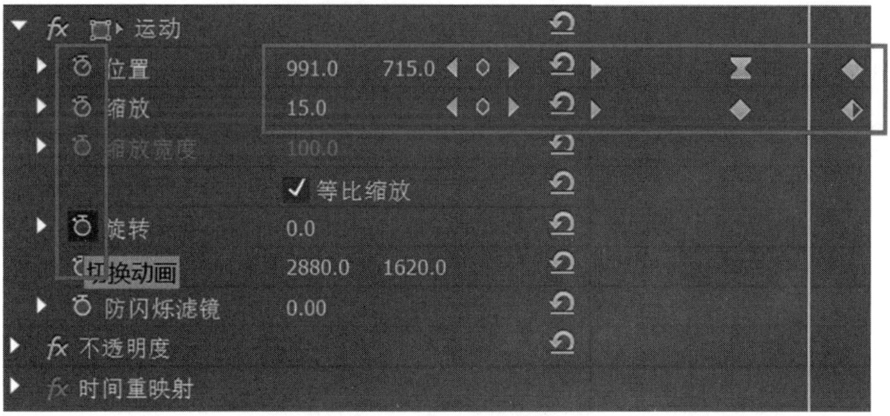

图 3.4-55 关键帧

而在时间线面板中查看某镜头中包含的关键帧，首先需要放大轨道显示高度，一种方法是将鼠标移动到轨道头，在该轨道的顶部拖动轨道之间的边界来增加轨道高度，另一种方法是先将鼠标放到轨道头上，然后通过滚动滚轮来放大或缩小该轨道的显示高度。当轨道的显示高度被放大后，就可以看到某设置项的关键帧。

通常在轨道上只能看到一个设置项的关键帧，如果需要查看另外一个或挑选另外一个设置项的关键帧，则可以在该素材的左上角“FX”位置点击鼠标右键，在弹出的菜单中选择对应的设置项，如图 3.4-56 所示，左边是视频轨道上的设置项选择，右边是音频轨道上的设置项选择。

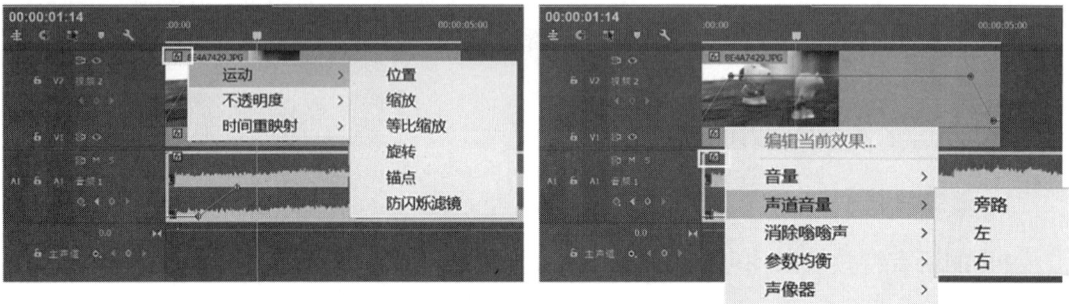

图 3.4-56 视频轨道和音频轨道的关键帧设置项

PR 中对运动效果、透明度、视频效果等的设置均能设置关键帧，从而产生各种视频特效。在“效果控件”中有一个特殊的功能“时间重置”设置项，用来制作变速播放效果，这与时间线上调整镜头的播放速度效果有差异，时间线上对镜头进行播放速度调整的功能只能设置一个固定的速度值，形成加速或减速播放效果，但不能形成变速播放的效果，也就是说，不能形成先加速再减速，或先减速再加速的效果。而“效果控件”中的时间重置能对播放速度设置关键帧，所以能在一个镜头内形成不同的播放速度。例如，一段人骑自行车的视频，可以先加快自行车运动的速度，再减缓自行车运动的速度，还可以在运动过程中创建倒放、静帧的效果。

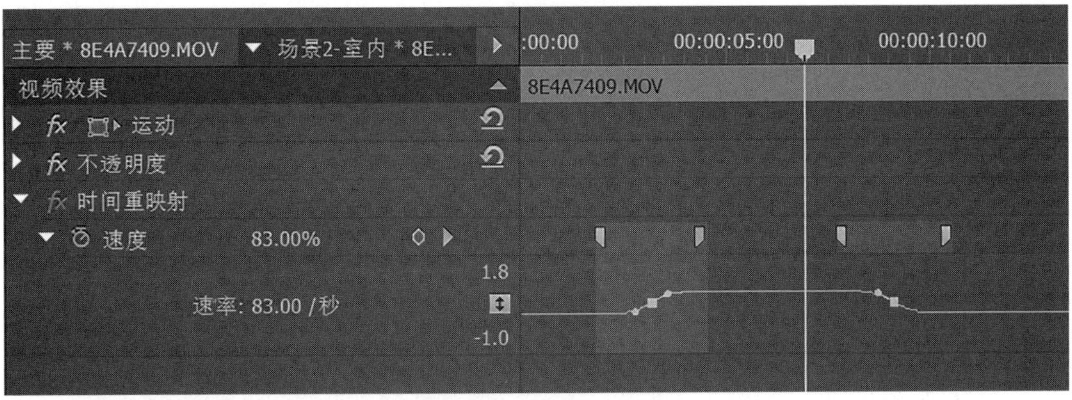

图 3.4–57 时间重映射关键帧

时间重置的关键帧和运动特效的关键帧很类似，但是有所不同：时间重置的关键帧可以被分开，在两个不同的播放速度之间创建平滑过渡。当第一次为剪辑添加关键帧并调整运动速度时，创建的是突然的速度变化；当关键帧被拖曳分开，并且经过一段时间，那么这两个分开的关键帧之间会生成一个平滑的速度过渡。

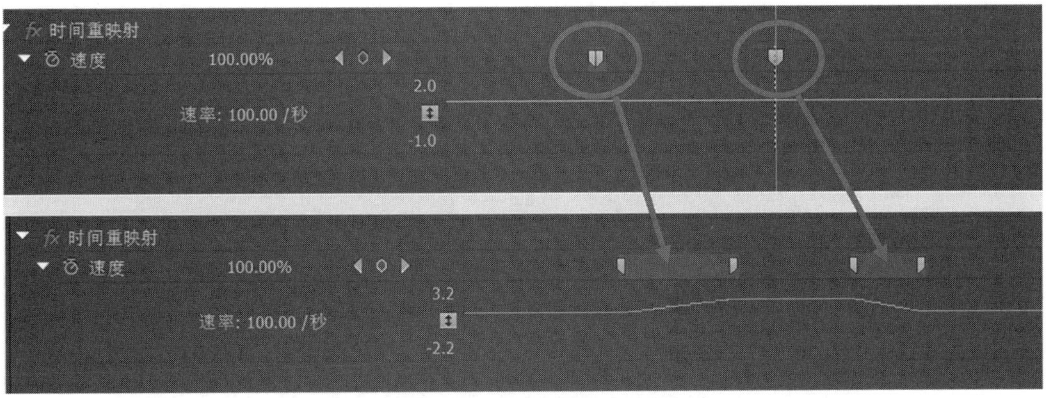

图 3.4–58 时间重映射关键帧

阅读与任务

具体的操作方法，请课后查阅相关资料。学会应用时间重置，制作先快、后慢、再快的效果。

4. 字幕

影视作品中，字幕是一个必不可少的要素，所有非线性编辑软件中都包含有字幕制作功能，但它们的具体功能和效果有所不同。通常，非线性编辑软件自带的字幕制作功能和效果比较简单，如果你需要制作较为复杂的字幕效果，建议安装专门的字幕插件。下面就 PR 自带的字幕功能简要说明字幕的常见知识。

我们已经知道了 PR CC2015 的字幕有两种形式，一种是常规字幕，一种是隐藏字幕。此处介绍的是常规字幕。新建常规字幕的方法是在素材库面板内创建素材，选择字幕，然后在弹出的窗口中设置字幕的素材宽幅大小、名称、像素长宽比等，一般只需要修改名称即可。点击确定后进入字幕编辑窗口。

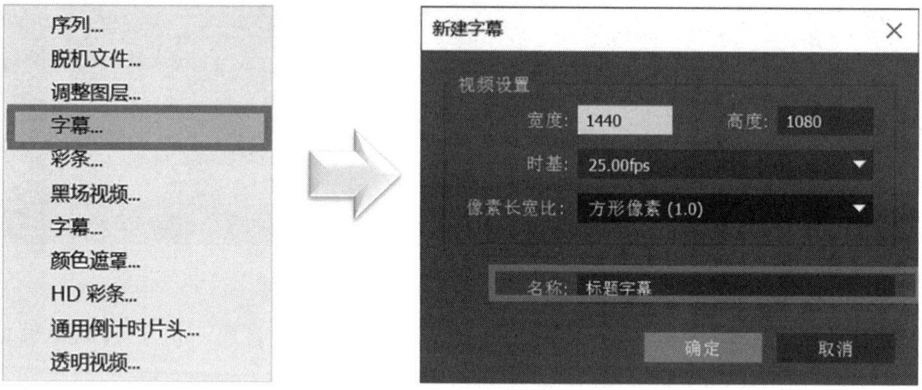

图 3.4–59　新建字幕的方法

字幕编辑窗口由工具区、对齐区、属性区、样式区、编辑区和快捷区等组成。其中，工具区提供了文本输入、图形绘制的各种工具，对齐区为多个对象设置对齐方式，样式区为字幕提供了若干种内置的属性，属性区用来为每个对象设置相关参数，快捷区提供了常见的工具或属性快捷工具。

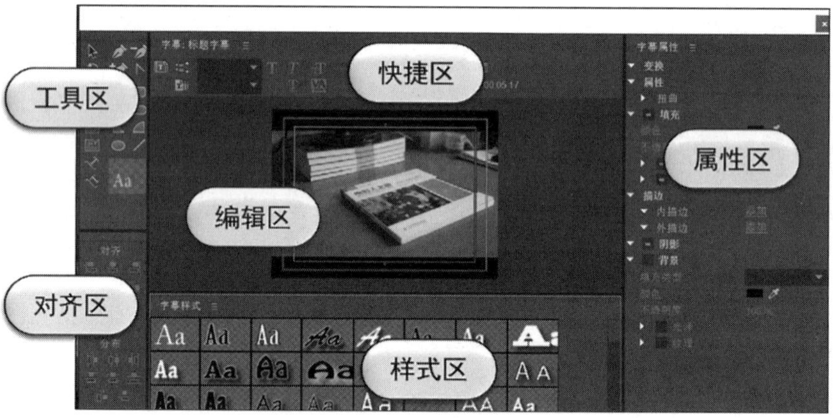

图 3.4–60　字幕编辑窗口

其中，快捷区中重要的三个快捷图标为新建字幕、滚动 / 游动选项以及显示背景视频三个工具。

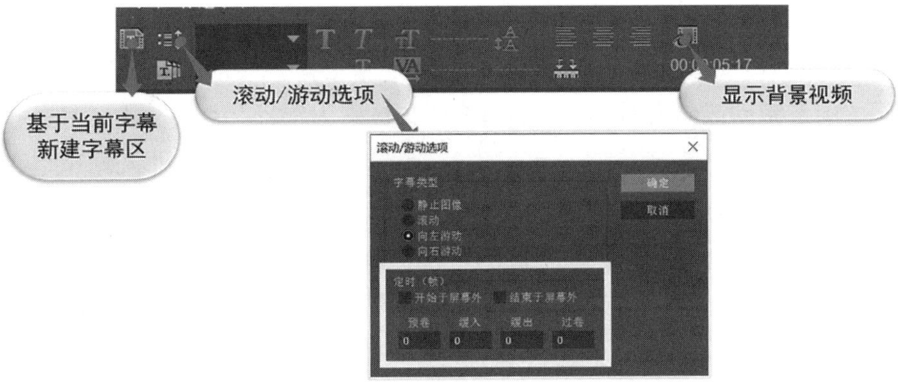

图 3.4-61　字幕编辑窗口中的三个重要工具

（1）新建字幕。选择该工具与在项目面板内选择新建字幕工具功能相同，系统会弹出“新建字幕”窗口，等待用户设置相关字幕文件参数。

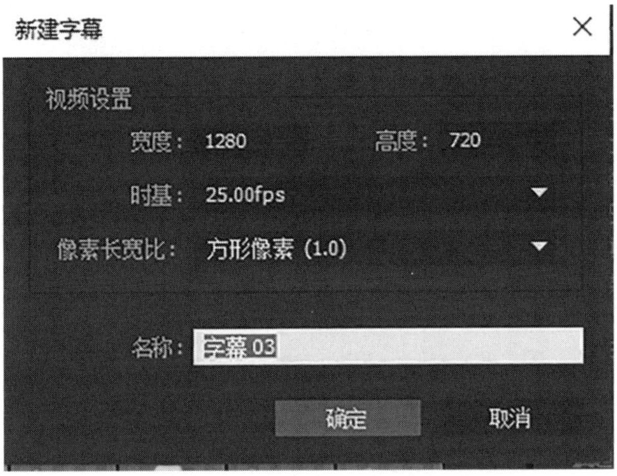

图 3.4-62　字幕面板内“新建字幕”功能

（2）当选择“显示背景视频”工具时，可以切换设置时间线当前播放位置的视频画面为显示或不显示，显示背景视频的目的是对编辑的字幕颜色和位置进行较为准确的调整。

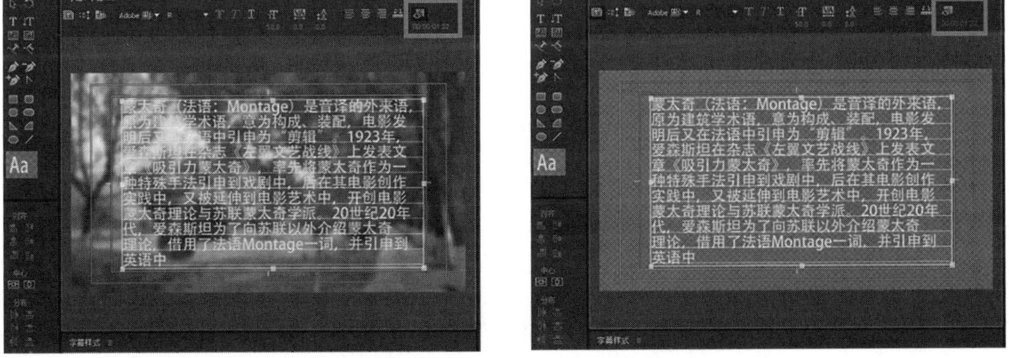

图 3.4-63　“显示背景视频”工具使用比较

（3）当单击选择“滚动 / 游动选项”工具时，系统会弹出窗口，等待创作者设置字幕的类型和参数。PR 提供了三种类型的字幕：静态图像（即静态字幕）、滚动字幕、游动字幕（向左游动或向右游动），游动字幕又被称为爬行字幕。其中，静态字幕最常见。如果选择了滚动或游动字幕，可以继续设置字幕是否从屏幕外入画和是否结束在屏幕外，以及在屏幕外的延迟时间。

滚动字幕实际是生成一个纵向很高的字幕文件，然后再形成自下而上的运动效果。

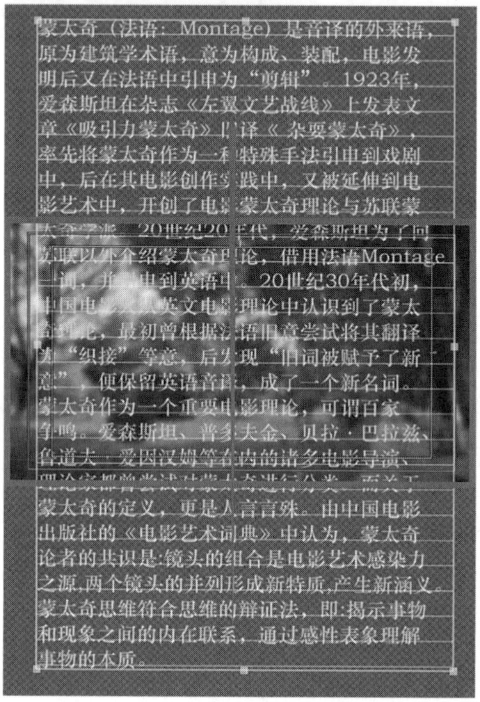

图 3.4–64　滚动字幕原理示意图

滚动字幕主要用于片尾字幕，产生自下而上的文字移动效果，文字可以从屏幕外进入画面，然后停留在屏幕中间，也可以从屏幕外进入画面，然后在画面内连续向上滚动，直到从上部离开屏幕。滚动字幕能在画面内同时显示多行内容。

游动字幕实际是生成一个左右很长的字幕文件，然后通过左右移动字幕文件产生字幕游动效果。

图 3.4–65　游动字幕原理示意图

游动字幕主要用于在屏幕底部显示提示信息，可以从左边进入、右边移出，也可以从右边进入、左边移出。游动字幕在画面中一般最多显示一行信息，也可以多行同时显示。由于游动字幕容易产生文字模糊现象，因此游动字幕的使用频率较低，并不常见。

不管是游动字幕，还是滚动字幕，当把它们加入 PR 时间线上之后，滚动或游动的速度由字幕在时间线上的持续长度决定，如果持续长度较短，则字幕的运动速度比较快；如果持续长度较长，则运动速度较慢。比如，初始状态下，将滚动或移动字幕拖放到时间线后的时间长度为 5 秒，后来把它的持续时间改为 10 秒，那么字幕的运动速度就会慢一倍。

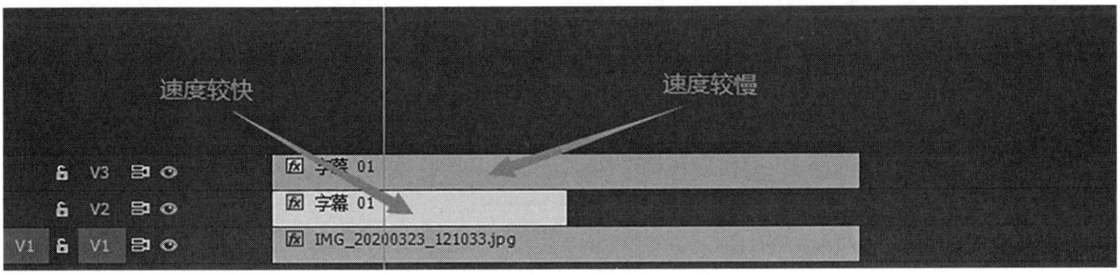

图 3.4-66 滚动或游动字幕的速度控制示意图

阅读与任务

具体字幕制作、对齐以及属性设置的方法，请自行练习巩固：创建静态字幕、更改文字属性、使用颜色、使用路径文字、创建动态字幕、修饰文字、使用字幕模板等。

3.4.6 配音和配乐

PR 影视作品编辑的第六大步骤是配音和配乐，即声音的剪辑。在时间线面板中，声音的剪辑与视频的剪辑方法和操作手法基本相似，同样存在入点、出点、插入编辑、覆盖编辑、提升、提取、特效、过渡等概念。声音在影视作品中分为语言、音乐和音响三种类型，其中语言又分为解说词和同期声两个类型，通常一个声音放置在不同的音频轨道上。如果一个镜头中同时包含了视频和音频，默认状态下，视频和音频是链接的，可以通过“取消链接”来解除链接关系；同样，原来没有关系的音频也可以与某一视频建立链接。

1. 实时录制解说

PR CC2015 提供了实时录制解说的功能，在音频轨道上点击鼠标右键选择“画外音录制设置”，查看录制话筒的选择和音量设置，确认后，点击音频轨道上的录音按钮，如果没有录音按钮，可以在音频轨道上点击鼠标右键选择“自定义”，然后将录音按钮添加到音频轨道上。点击录音按钮后，在序列监视窗口中就可以看到录音标志，可根据播放的画面节奏进行解说录制，录制完后按任意键即可停止。

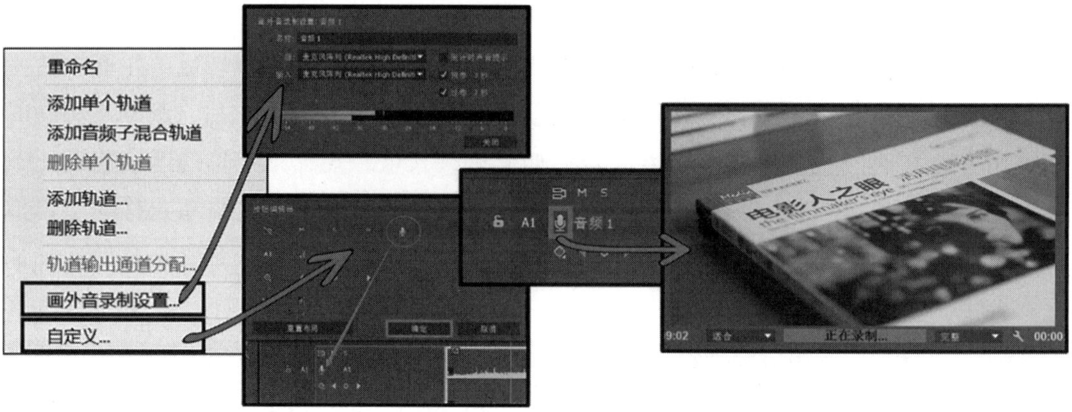

图 3.4–67　时间线上的录音功能

2. 音频素材的音量控制

在对声音的编辑和处理中，音量处理是一个重要内容。音量也称增益，通常指序列中音频素材或音频轨道的电平，我们可以对增益或音量进行设置，以使各轨道或素材之间的音量电平保持一致。如果某个音频素材的输入电平过低，即该音频素材的原音量过低，那么，通过增加增益或音量可能会同步放大噪音，使声音质量下降。

调整音频素材的音量的方法分两种情况，一是调整具体的某音频素材的音量，二是调整音频轨道的整体音量。第一种情况的具体操作方式是：在音频素材上点击鼠标右键，选择“音频增益”命令，在弹出的窗口中调整该素材的增益电平，或在“效果控件”面板中，选择其中的“音量”设置项，然后调整其中的音量数值。

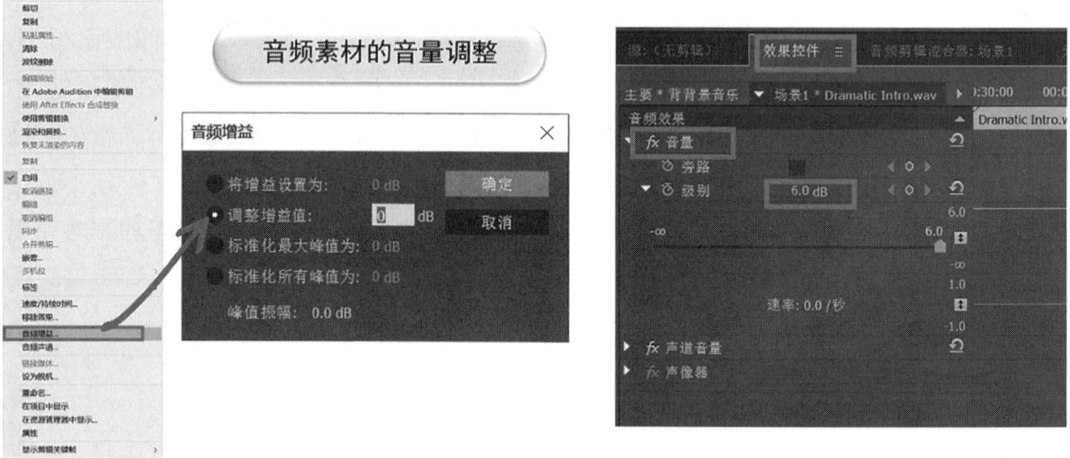

图 3.4–68　音频素材的音量调整

第二种情况的操作方法是：在“时间线”音频轨道头上选择“音量”参数，然后在音频轨道上移动输出电平的高低来调整音量大小，或使用与“效果控件”并列的

“音轨剪辑混合器”，通过调整其中的推拉模拟杆来调整音量的大小。轨道调整方法对音量的调整幅度较大，“效果控件”对音量的调整幅度较小。

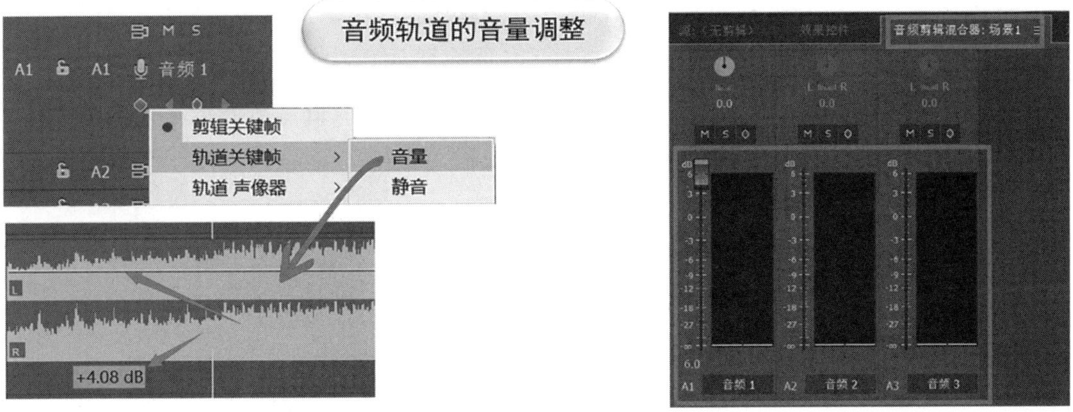

图 3.4-69 音频素材的可视化音量调整

要想直观地查看音频素材或轨道的音量高低，可以在音频轨道中放大音频轨道的显示情况，或在“音频剪辑混合器”面板的指示器中查看，也可以在时间线面板右侧的指示器中查看，区别在于：轨道的直接显示比较粗略；时间线音量指示器只显示输出音量，不能显示输入音量；“音频剪辑混合器”面板能显示也能调整输入音量，但不能显示和调整输出音量。因此，在编辑过程中，若要查看和调整音频音量应将时间线显示方式与混合器显示方式相结合。

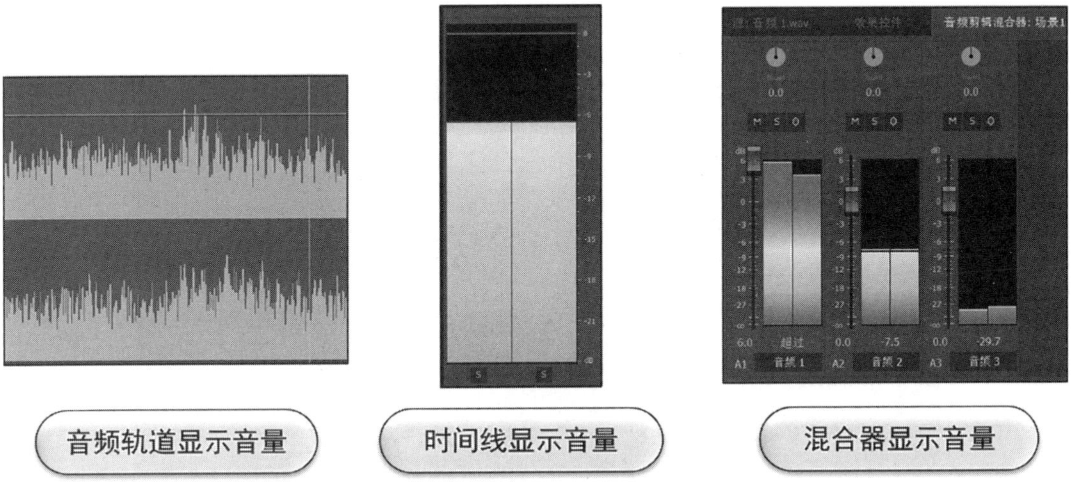

图 3.4-70 音频的可视化音量比较

3. 音量标准化

通常，声音的音量以峰峰值在 0db 附近为佳，在考虑音量需要峰值储备量的情况下，语言和音乐同时出现时，语言的峰峰值在 –3db 左右，而音乐则建议在 –12db 以下。

这样可以保证音乐不会出现喧宾夺主的现象。由于不同音乐的响度不一样，有的音乐音量需要降低到 -20db 以下。

这种调整音频音量的过程就是音频的标准化处理。PR 中提供了专门用于标准化处理的“音频增益”功能菜单（见图 3.4-71），具体操作方法是：选择音频素材，点击鼠标右键，选择“音频增益”命令，系统自动打开“音频增益”对话框，在对话框中，PR 自动显示该素材的峰值振幅，并在“峰值振幅”字段中显示该素材的最大振幅值。“音频增益”对话窗提供如下几个选项。

“将增益设置为”：将音频的增益设置为某一特定值，默认值为 0 dB。

“调整增益值”：将音频的增益增加或减少的 dB 值，默认值为 0 dB。当设置该参数时，上面的“将增益设置为”的值将与该值累加。

“标准化最大峰值为”：设置该音频的最大峰值为某个特定值，默认值为 0 dB。如果希望将该音频留出峰值储备量，可将最大峰值设置为 -3 dB。如果选择了多个音频，则具有最大峰值的音频将调整到用户指定的值，而其他音频将按此相同量同步进行调整，各音频之间保留相对增益差异。

“标准化所有峰值为”：设置音频的最大峰值为某个特定值，默认值为 0 dB。如果希望留出峰值储备量，可将此设置为 -3 dB。此标准化选项可将选定音频的峰值振幅调整到用户指定的值。如果选择了多个音频，则每个选定的音频的增益将单独增加到指定的峰值，保证各个音频均能标准化。

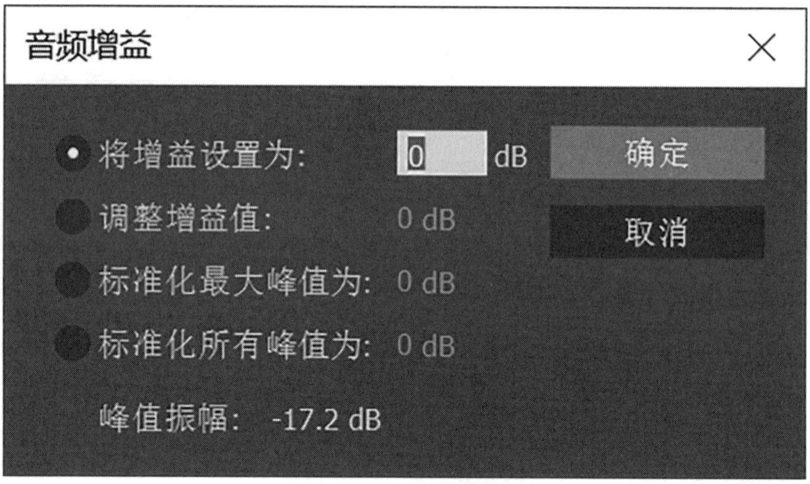

图 3.4-71　音频增益窗口

在实际使用过程中，一般先选择需要调整的音频，可以只选择一个音频，也可以选择多个音频，然后点击鼠标右键选择“音频音量”，按照以上方法进行设置。

4. 声音素材的动态链接功能

由于 PR 是 Adobe 套装软件之一，PR 提供了动态链接功能。可以在 PR 的素材库中选择带有音频的素材或序列，然后选择“在 Adobe Audition 中编辑＞剪辑（或＞序列）”命令，或在时间线面板中选择某素材，然后选择“在 Adobe Audition 中编辑剪辑”命令，PR 会自动调用并打开 Audition 专业音频处理软件对选中素材中的音频进行处理。当音频在 Audition 软件中被处理完后，处理完成的音频会自动导入到素材库或时间线序列中。

图 3.4-72 调用 Audition 软件的方法

当然，我们也可以将所有的音频处理工作全部放在 Audition 中完成，因为 Audition 软件中提供了更加丰富的混音、调整、标准化和生成等功能。

3.4.7 作品导出

PR 作品编辑的最后一个工序是将编辑完成的视频和音频导出生成能独立播放的文件。

从 PR 编辑的整体过程来看，首先整理各类素材形成素材库，然后在稿本指导下，在时间线面板中将相关素材进行剪辑，并添加适当的转场和特效，配上解说和音乐后，通过输出模块生成文件。

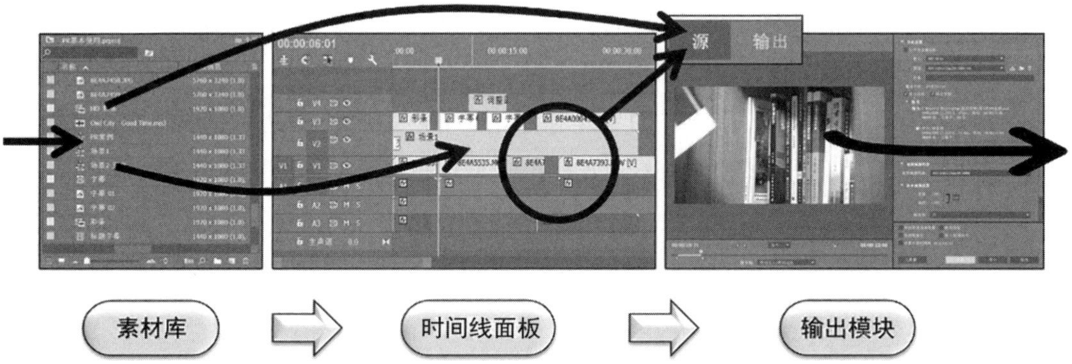

图 3.4-73 PR 工作流程

在这三个过程中，均涉及一系列技术指标，即格式问题。在素材收集和整理阶段，有不同格式的素材文件，在时间线编辑阶段，有不同格式的序列，在作品输出阶段又有不同格式的输出设置。

PR 不仅仅可以在作品编辑完成后输出作品，还可以将素材库中兼容的素材单独输出。如果当前工作面板是时间线面板，选择菜单：文件＞导出＞媒体或按下 Ctrl+M 键，则可将当前时间线序列中的编辑作品输出。如果在素材中选择某个素材，则选择菜单：文件＞导出＞媒体或按下 Ctrl+M 键，可以将该素材导出，这个功能通常用于输出与源素材不同的格式文件。这两种情况，都是调用 PR 的同一个输出模块，这时输出模块中的输入源可以是素材库中的一个素材，也可以是一个序列。

Adobe 的另一个软件 Adobe Media Encoder（简称 ME）是专门用来渲染和转换视频作品的工具。PR 的序列可以直接在 ME 中输出，而且 ME 的渲染过程独立运行，即不影响 PR 的正常编辑工作。

虽然 ME 和 PR 的输出是在不同的软件中进行的，但它们的基本设置是一样的。下面以 PR 的导出模块主要参数设置为基础介绍作品导出的基本设置要素。

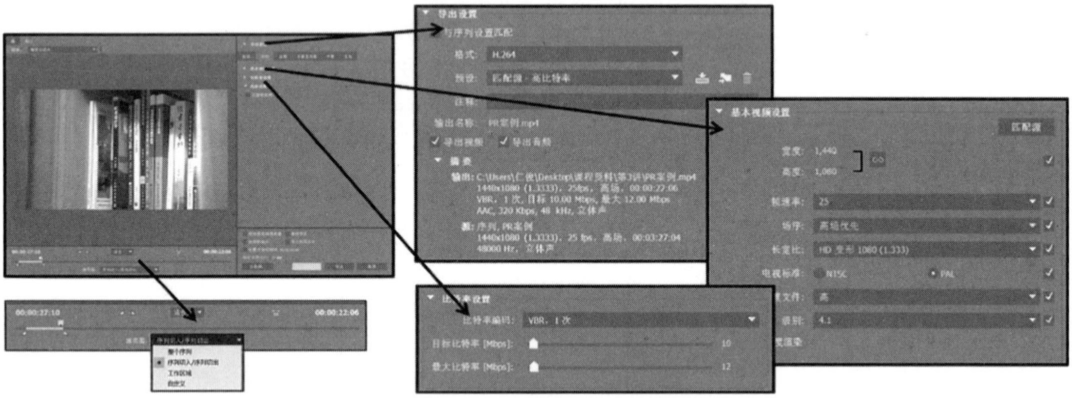

图 3.4–74　PR 输出基本设置

可以通过面板左上角的“源”和“输出”按钮进行切换查看，如果画面预览没有变化则可以输出，如果有差异则要修改输出设置使之无差异。

第一是编码器的选择。在“导出设置”折叠项内主要是设置格式，在格式下能选择计算机内已经安装的、兼容的编码器（见图 3.4–75），基本上有三类格式：视频格式、音频格式、序列格式。其中，H.264 和 QuickTime 是比较常见的视频格式，MP3 和波形音频是常见的音频格式，Targa、TIFF 和 JPEG 是比较常见的序列格式。

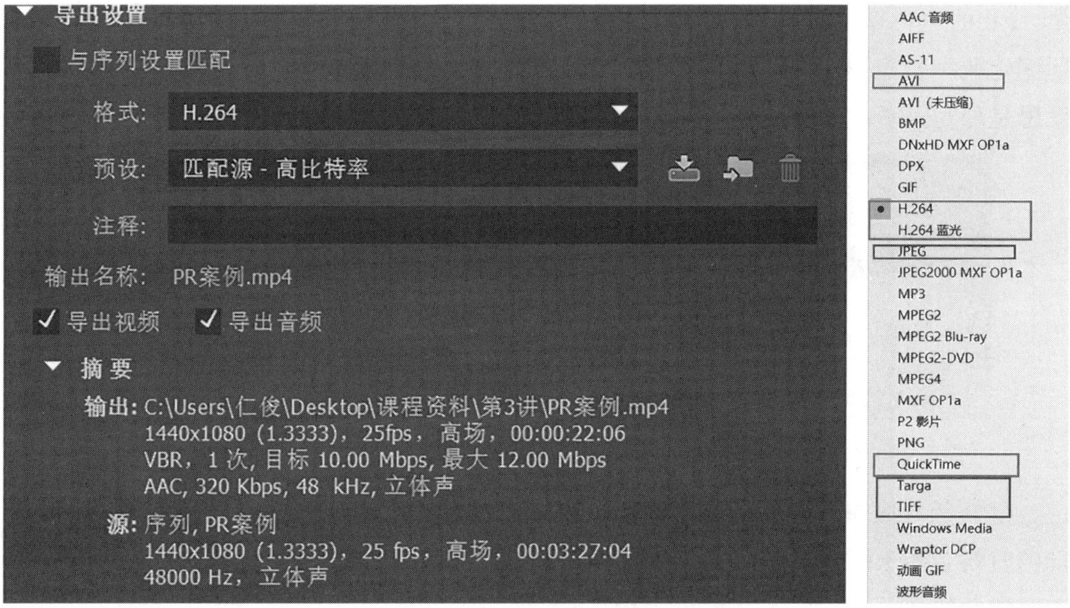

图 3.4–75 设置输出格式

导出设置中，为了快速设置，可以勾选“与序列设置匹配”选项，保证输出作品的设置与序列的设置一致。同时，系统还自带了一系列兼容设备的预设项目，由用户根据需要直接选择。另外，可以修改输出文件名称，设置是否导出视频和是否导出音频，还能显示该导出视频包含的基本参数摘要信息。

第二是视频的设置，包括分辨率、帧速率和像素长宽比等参数设置，默认由 PR 根据刚才的视频格式自动设置相关参数，我们也可以根据需要自定义相关参数。一般情况下，在目前的摄录和播放环境下，建议设置为 1920 × 1080 分辨率、无场、方形像素，也可设置为 1280 × 720 分辨率、无场、方形像素。

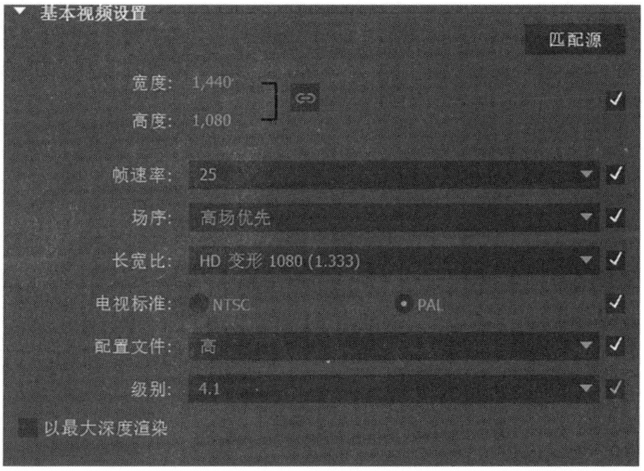

图 3.4–76 设置视频参数

第三是比特率的设置。比特率也称码流、码率、位速率等，指每秒钟视频的数据量。PR 的比特率设置有 CBR 和 VBR 两种选择，CBR 的英文全称是 Constant Bit Rate，即固定码率，意思是每秒钟输出相同的数据量；VBR 的英文全称是 Variable Bit Rate，意思是可变码率，每秒钟根据图像的复杂程度输出不同的数据量。

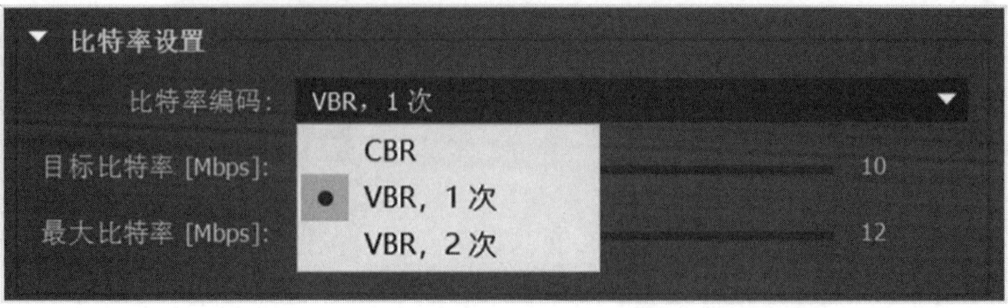

图 3.4–77　设置视频比特率

CBR 相对简单，运算量小，编码时间短而且解码算法简单，缺点是在画面剧烈运动的时候会由于码率不够而丢失部分画面信息。如果 CBR 的值较小的话，我们从视觉上会感觉到画面的波纹比较严重，图像不清晰。

而 VBR 则会根据图像内容的复杂度变化码率，如果图像细节较丰富或者含有大量的运动，则分配较大码流，若图像比较平坦，则分配较少的码流，VBR 一般需要设置视频的最大码率、平均码率和最小码率。PR 中，视频的 VBR 只需要设置平均码率和最大码率，分别标记为目标比特率和最大比特率，我们可以根据目标比特率（即平均码率）来估计视频的输出容量，计算方法为：目标比特率 /8 × 视频长度，如：8Mbps 的码率，22 秒的视频，估计输出容量为 8Mbps/8 × 22s=22Mb。VBR 的优点是保证了画面质量，又兼顾了带宽限制，适合图像内容变化幅度较大的情况；缺点是运算量大，压缩时间偏长，对 CPU 要求高。

当选择 VBR 时，还有两个不同的算法，VBR 1–pass 和 VBR 2–pass，在使用 VBR 1–pass 时，编码器会按照当前的编码方式去分析可能投入多少资源来完成压缩，以不超过最大比特率限制为主。而 VBR 2–pass，也被称为双步编码，第一次会先将影片从头至尾做分析，判断哪些片段使用较高或较低的比特率，比如某些部分是静态场景则可使用低比特率，某些部分运动变化大、画面复杂，则需要高比特率，第一次的分析数据成为第二次压缩的依据。一般情况下，如果目标比特率小于 5M 就选择 VBR 1–pass，如果大于 10M 则可以选择 VBR 2–pass。显然，VBR 2–pass 所需的时间会更长，质量相对较好。

第四是输出范围的设置，也就是选择时间线序列上哪一段画面进行输出，PR 提供了四个选项：一是整个序列全部输出；二是序列的入点和出点之间的画面输出，条件是在序列中设置了入点和出点；三是当前设置的工作区域输出；四是在输出窗口中通过左右三角形自定义入点和出点，从而自定义输出范围。

图 3.4–78 设置视频输出范围

输出前要将面板左上角的“源”和“输出”按钮进行切换查看画面，如果画面预览没有变化则可以输出，如果有差异则要修改输出设置使之无差异。

除了以上的基本设置外，还有一些特殊的输出设置，如“视频”面板上的“效果”，其中的 Lumetri 用来对视频进行调色，图案叠加、名称叠加、时间码叠加是在视频上添加特殊元素，可以用其来为视频添加水印标志；“音频”用来设置声音的基本格式；“发布”用来把视频按照国际上流行的视频网站编码格式进行格式化输出。

阅读与思考

视频输出时一般要求与序列的设置成比例，也就是不能出现画面变形，这可以利用输出窗口左上角的“源”和“输出”按钮进行切换查看，如果画面预览没有变化则表示输出的视频在画面比例方面不会出现变形，如果有差异则要修改输出设置使之无差异。

本章作业

1. Premiere 的工作界面分为哪几个部分?
2. 导入素材的方法有哪些?
3. 入点和出点的含义是什么? 作用是什么?
4. 如何删除设置的入点和出点?
5. 提升编辑和提取编辑的异同点是什么?
6. 说明 JKL 键的作用以及它们的使用方法。
7. 根据以下两个 YUV 示波器显示的内容，分析这两个图的大致特征。

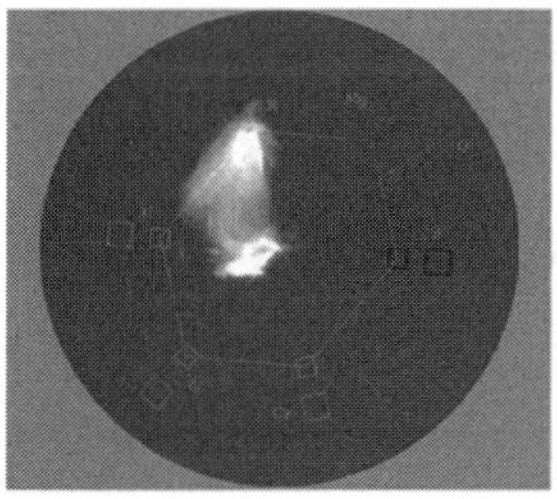
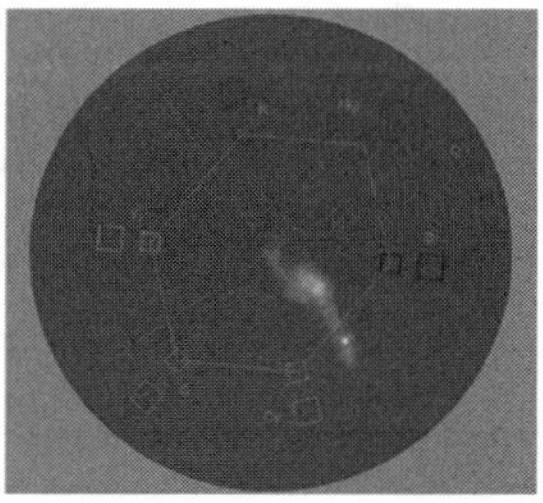

8. 模仿完成本章中相关演示案例的文字效果。
9. 完成中国大学 MOOC 中本书对应课程的本章测验和作业，参与学习讨论。

4 后期合成工具After Effects的基本功能及使用方法

学习目标

1. 基本内容：编辑与合成的关系，After Effects 的基本功能与操作方法，After Effects 的常规操作流程，After Effects 的基本概念与操作方法，遮罩概念与应用，图层关联的含义。
2. 重点：合成工具的基本功能，窗口的基本使用方法。
3. 难点：关键帧的设置方法，遮罩类型及其使用方法。
4. 知识目标：掌握合成软件中涉及的图层类型、素材、图层属性、关键帧、安全框等相关概念，了解合成软件各面板的基本功能，理解遮罩功能和图层关联的概念。
5. 能力目标：能掌握合成工具软件的基本操作方法，能在实际案例中通过设置属性、绘制遮罩和设置图层关联等方法模拟制作相应效果，能初步应用快捷方式提高制作速度。

本章导读

本章主要介绍编辑与合成的基本关系，理清编辑与合成在后期制作中的任务，然后介绍 After Effects 的基本功能和操作方法，并对 After Effects 合成的相关概念进行解释和说明，最后单独介绍 After Effects 操作中的遮罩和关联两个重要概念。本章提供的案例并非简单的单项案例，而是结合实际选取了与遮罩和关联紧密相关的综合案例，希望读者在学习中能以全局的思路去看待每一个案例。

4.1 编辑与合成的关系

在 20 世纪 90 年代以前，影视作品的后期制作基本以传统的模拟信号处理模式进行，其中，完成画面编辑操作通常至少需要有一台负责播放的放像机、一台负责录像的录像机以及两台监视器，为了能实现电子控制，还需要一个编辑控制器来控制整个编辑操作。

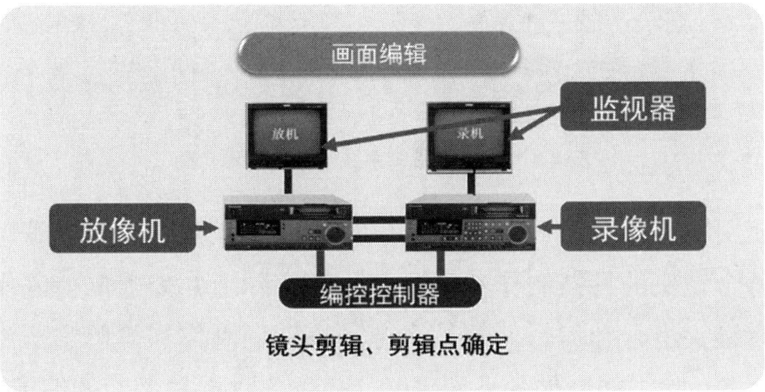

图 4.1-1　传统的模拟编辑系统连接示意图

如果需要增加特技效果，就必须增加专门用于产生字幕、转场和抠像效果的特技发生器，将放像机播放后的信号叠加上特殊效果，再送到录像机中完成录像。从而实现对画面的编辑和特效处理，最终形成所需要的影视作品。

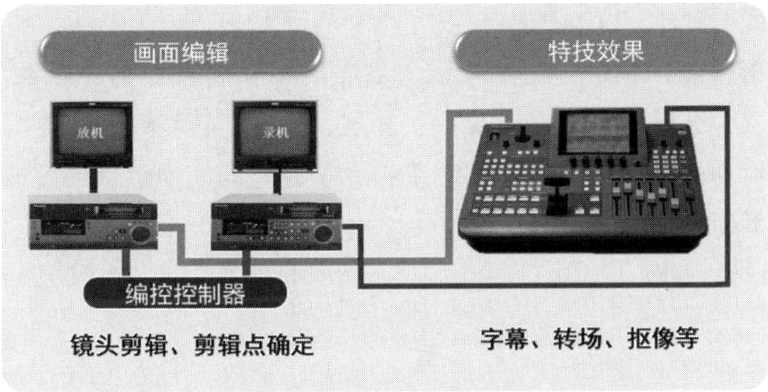

图 4.1-2　传统的模拟编辑特效之制作系统连接示意图

显然，在传统模拟制作阶段，需要较多的视频设备，需要连接诸多信号线。

当科技发展到计算机数字化时代，影视后期制作的方法和手段就变得越来越简单，所有工作都可以在计算机系统中完成。但无论如何简化、如何先进，后期制作过程和环节都没有变，至少都包含后期画面编辑和特技处理两个重要过程。

在数字化时代，编辑工程软件代替了原来的编辑放机、编辑录机、监视器和控制器的功能，通过合成工具软件实现了原来的字幕制作、转场效果、特效效果和抠像等操作。而且，由于采用数字化的技术，编辑和特效功能变得更加强大，功能越来越集成和智能化，常见的编辑软件有 PR、EDIUS、AVID 等，合成软件有 AE、Digital Fusion、NUKE 等。

图 4.1-3 数字编辑系统基本功能示意图

从软件的使用功能角度看，编辑工具仅需要完成镜头的组合和编辑，效果合成工具仅需要完成每个镜头的特技制作和字幕制作。实际上，为了保持制作的编辑性，编辑工具除了具有镜头组合和编辑功能外，也具有转场制作和简单字幕制作、特效制作功能，效果合成工具除了能制作各类效果外，也能实现少量画面的编辑。

对于一个影视作品来讲，编辑和合成到底用在哪些部分呢。

为此，我们来分析一个影视作品的基本结构。一个影视作品通常包括片头、片段 1、转场 1、片段 2、转场 2，等等，再加上最后的片尾，其中，片段 1、片段 2、片段 n 等是纯粹的镜头组接，由编辑操作完成，而片头、片尾、转场等则主要由特效组成，由特效合成工具来实现。

因此，在影视制作领域，后期合成工具主要用来制作片头、片尾、片花、转场，以及广告、栏目包装等方面。其中片头、片尾、片花、转场以及广告都属于短时间的特效效果，而栏目包装（或作品包装）是指一个完整的电视栏目内容或一个完整作品的整体板式效果的包装设计，通常它是一个作品的整体风格体现，规定了作品的片头、片尾、字幕、特效样式。

4.2 After Effects 的基本功能与操作

After Effects（后文简称 AE）是由 Adobe 公司推出的专业视频后期合成软件，AE 可以与 Adobe 系列产品软件如 PR、PS 实现适时的高度整合，它提供丰富多样的输出支持，主要用于合成特效处理，一般不用于画面编辑。

打开 AE 后，默认会弹出一个窗口，由用户选择相关操作，主要有“新建合成”“打开项目”“帮助和支持”等选项，我们可以选择新建合成，进入合成设置；如果已经有一个待编辑的合成项目，可以选择打开项目，也可以不选择以上功能，直接选择右下角的“关闭”按钮进入空白状态。

4.2.1 用户界面

AE 的用户界面大体分为六个部分：菜单栏、快捷工具栏、项目窗口（用来存放各类素材）、时间线窗口（主要工作窗口）、合成窗口（显示和控制时间线效果）、选项面板（提供信息显示、对象控制等功能）。

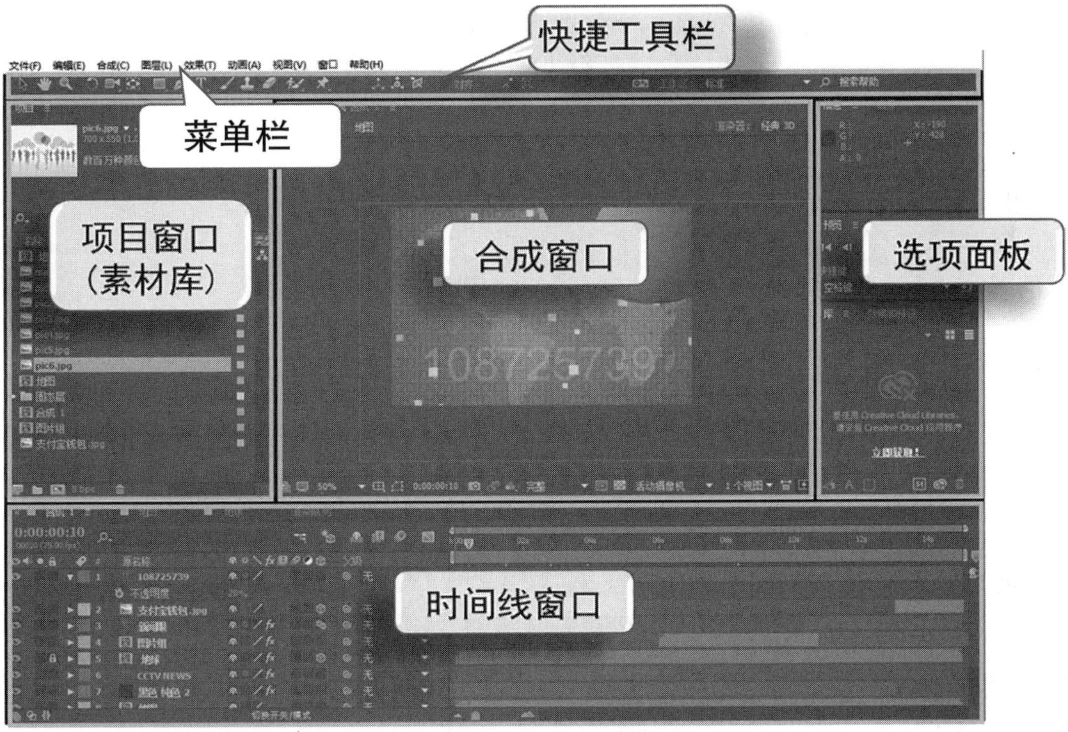

图 4.2-1 AE 用户界面

其中，菜单栏提供了九个菜单，包括文件、编辑、合成、图层、效果、动画、视图、窗口和帮助，几乎所有的操作都可以在菜单栏中找到相应命令。

文件(F)	编辑(E)	合成(C)	图层(L)	效果(T)	动画(A)	视图(V)	窗口	帮助(H)

图 4.2-2 菜单栏

4.2.2 工作区和面板

AE 程序的主窗口是应用程序窗口，应用程序窗口内布局了若干面板。AE 预置了可针对特定任务而优化的面板布局，即预定义工作区。我们可以选择系统预置的工作区，也可以创建和自定义自己的工作区。

1. 预置工作区

若要选择系统提供的预置工作区，有两种方法可以实现：

一是在菜单栏中选择“窗口”菜单下的“工作区”子菜单，然后根据需要选择相应的预置工作区。

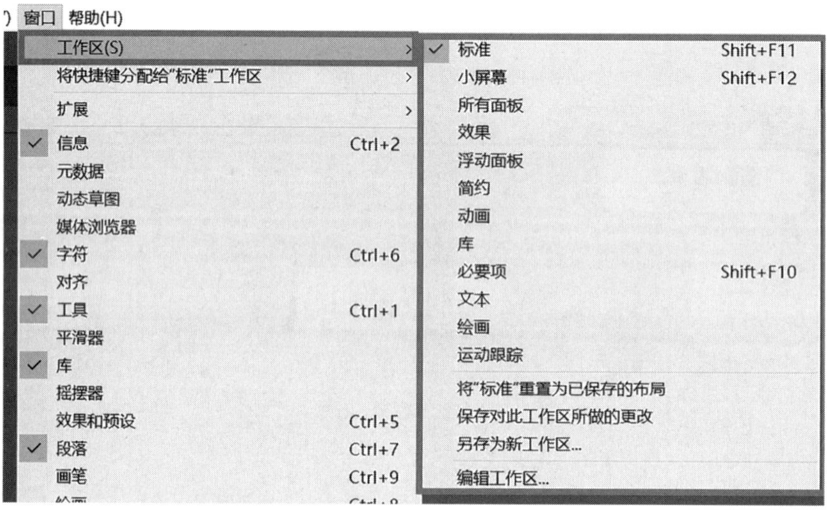

图 4.2-3　工作区调整

二是使用快捷工具，按钮在工作区栏的“工具”面板最右侧。

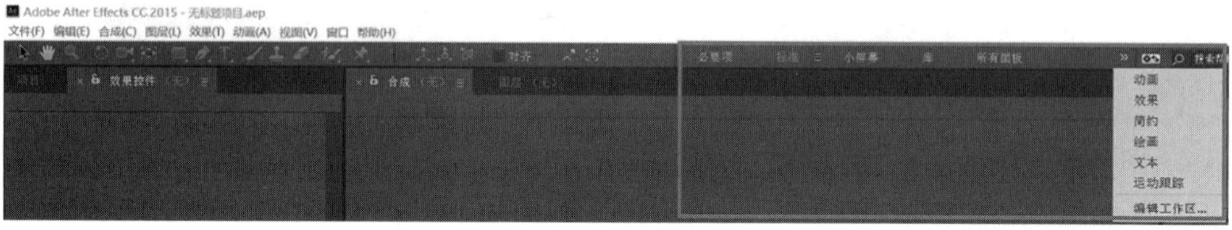

图 4.2-4　用快捷工具建立工作区

2. 自定义工作区

通过“窗口”菜单选择需要的面板，将面板拖动到新的位置，或将面板移动到组内或组外，或将面板并排放在一起，也可以创建浮动面板以便其漂浮在应用程序窗口上方的新窗口中（见图 4.2-5）。

如果要增大可用屏幕空间，可使用两个或多个监视器。当使用多个监视器时，应用程序窗口会显示在主监视器上，浮动窗口及相关面板显示在第二个监视器上。

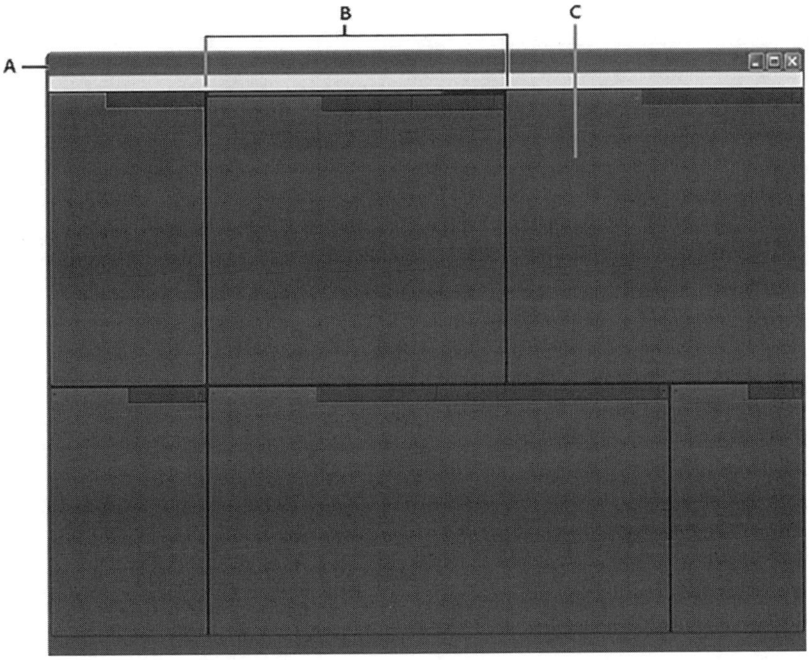

A. 应用程序窗口　　B. 分组的面板　　C. 单个面板

图 4.2–5　AE 工作区示意图

注意：当我们在编辑过程中由于个人需要对工作面板进行了移动、关闭、调整大小等操作之后，此时的工作区就变成了自定义工作区。如果此时并不想保留自定义工作区，特别是由于误操作将某些面板关闭了，可以选择菜单“窗口＞工作区”进行复位（见图 4.2–7）。

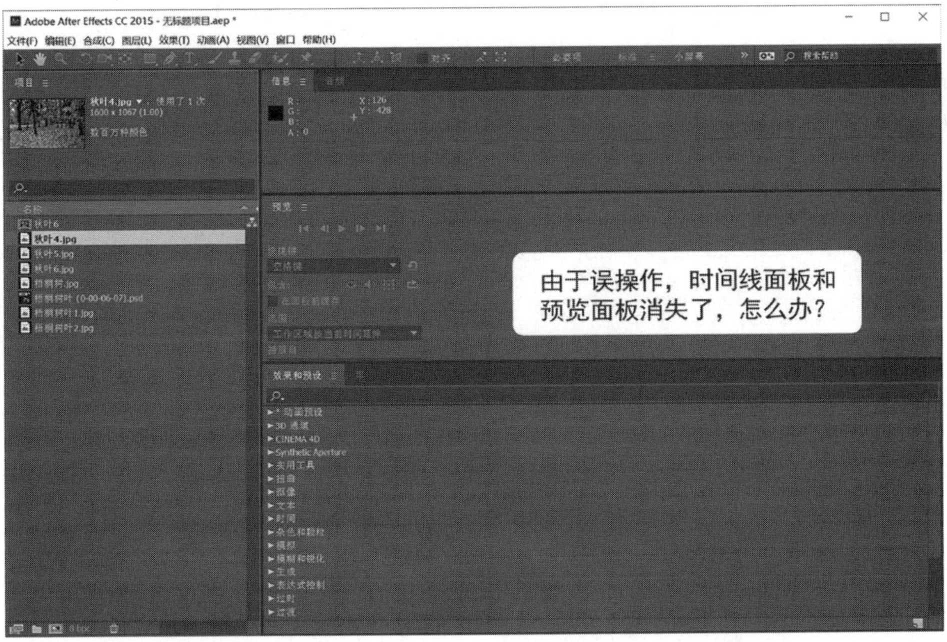

图 4.2–6　在“标准”工作区模式下，被误操作而变得凌乱的工作区

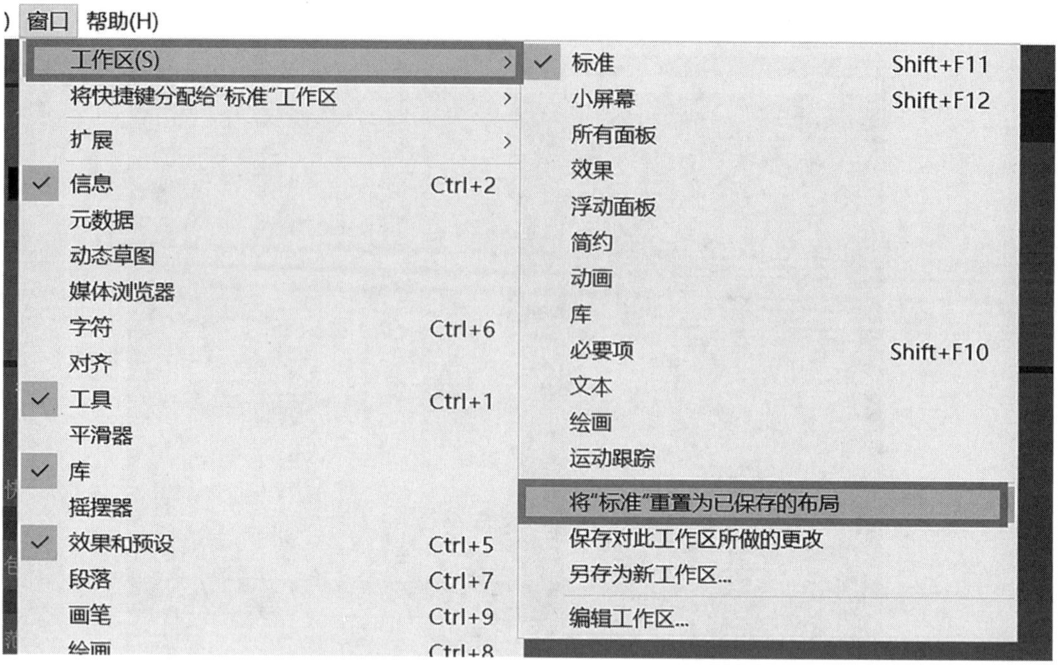

图 4.2-7　通过菜单命令将“标准”工作区复位

图 4.2-8　执行“标准”工作区复位后的工作区

3. 最大化或恢复面板

在合成制作过程中，有些时候需要全屏查看某个面板的所有内容，如全屏播放预览内容，或最大化显示和查看时间线的图层，或查看素材库的所有素材等，此时可以双击活动面板选项卡空白区域，以最大化或恢复该面板组（见图 4.2–9），也可以将鼠标指针悬停在面板组上方，按键盘左上角 Esc 键下方的“`（重音记号）键”，以最大化或恢复面板组。

图 4.2–9 最大化或恢复面板

4.2.3 快捷工具栏

快捷工具栏主要提供了经常使用的快捷工具，包括选择、移动、放大、旋转、摄像机、锚点、遮罩、钢笔路径、文本输入、画笔、仿制图章、橡皮擦、笔刷、人偶控点、坐标、对齐等工具，大致可以分为视图工具、位移工具、画图工具、坐标工具等。

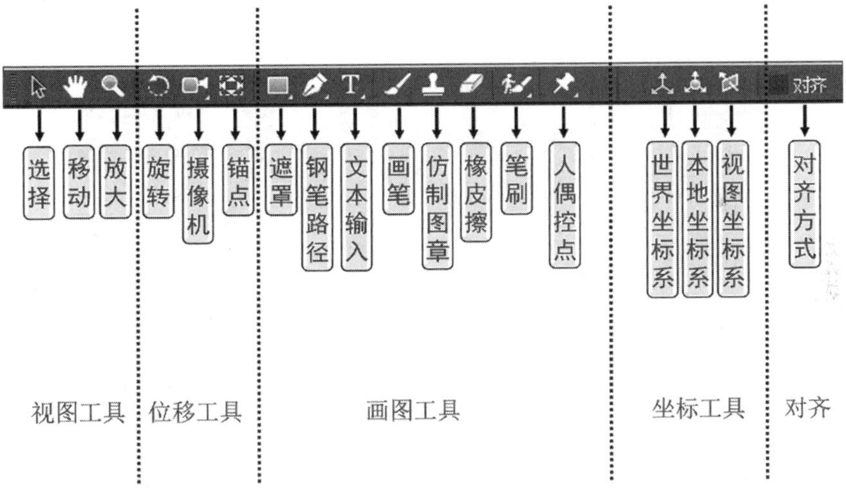

图 4.2–10 快捷工具栏

4.2.4 项目面板

项目面板窗口包括素材预览区和素材管理区，主要是对素材进行导入、管理、预览和创建合成等；同时也能对素材的属性进行修改，即解释素材；还能对合成的色彩深度进行定义，常见的色彩深度是 8bit，也可以将其设置为 16bit 或 32bit，但要看计算机的性能是否支持。

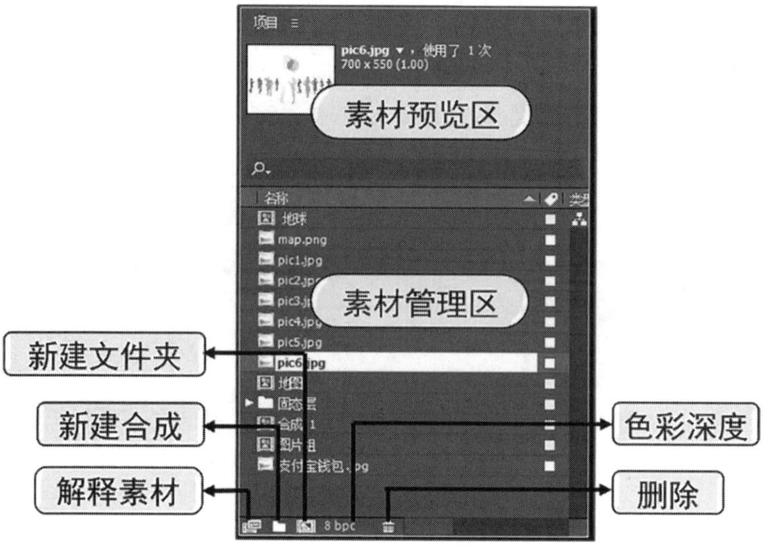

图 4.2-11　项目面板

4.2.5 合成预览面板

合成预览面板位于界面中间，是效果创作的预览器，我们可以从中看到各种效果的渲染结果。在这个窗口可以设置渲染器，可以显示标尺、参考线、网格，可以设置显示比例，可以设置三维效果中的不同视图，等等。

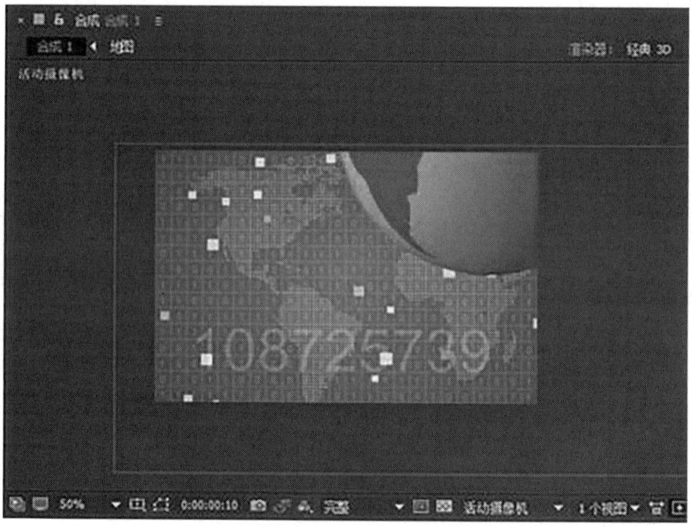

图 4.2-12　合成预览面板

与其他编辑和合成工具一样，合成预览面板中也有安全框查看工具。安全框的设置主要是考虑部分显示设备的显示区域和观看区域不一致的问题，在安全框以内的内容，可以被所有设备兼容显示，但安全框以外内的画面不能被确保在所有设备中正常显示，因此，在创作中应让重要内容落在安全框以内。

图 4.2-13 安全框

4.2.6 时间线面板

时间线面板是 AE 效果创作的重要窗口，AE 的大多数操作均在时间线面板内完成，AE 的时间线与 PR 的时间线不一样，在 PR 的时间线上，每个轨道上可以放置多个素材镜头，而 AE 的一个图层上只能放置一个素材镜头。

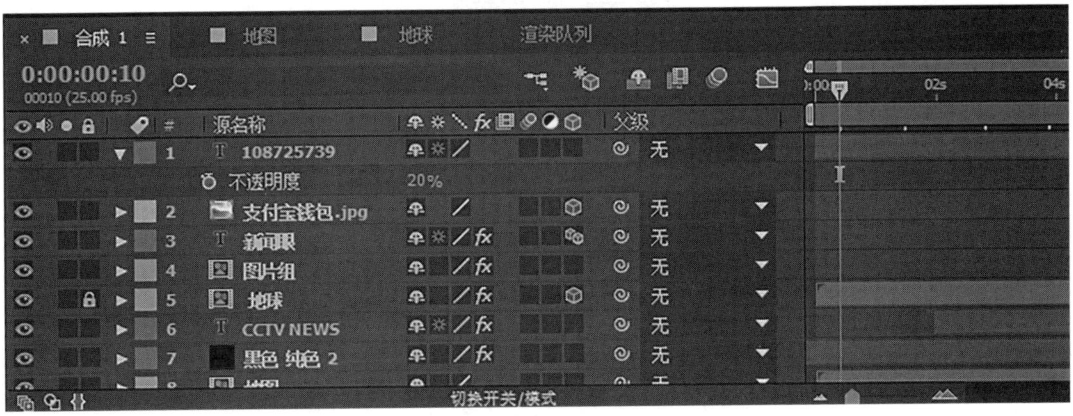

图 4.2-14 时间线面板

4.3 After Effects 的常规操作流程

无论使用 After Effects 为简单字幕制作动画、创建复杂的运动图形，还是合成真实的视觉效果，通常都需遵循相同的基本工作流程，我们可以重复或跳过一些步骤。例如，可以重复修改图层属性、制作动画和预览的周期，直到一切都符合要求为止。如果打算完全在 AE 中创建图形元素，可以跳过导入素材的步骤。

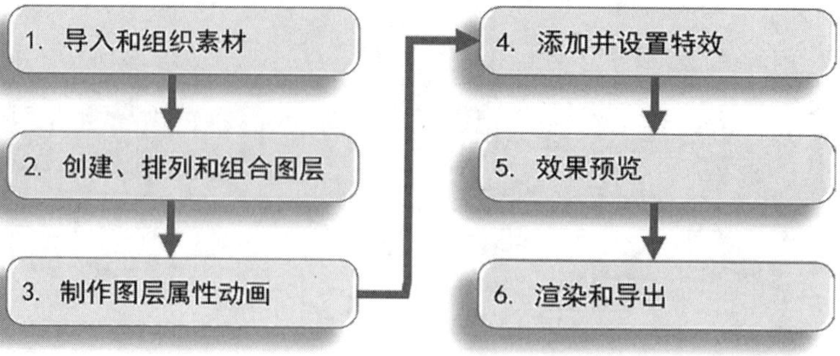

图 4.3–1　AE 基本操作流程

4.3.1 导入和组织素材

创建项目后，在“项目”面板中将素材导入该项目。AE 可自动解释许多常用媒体格式，也可以指定 AE 解释帧频率和像素长宽比等属性的方式。可以查看“素材”面板中的每个项目，并设置其开始和结束时间以符合合成的要求。

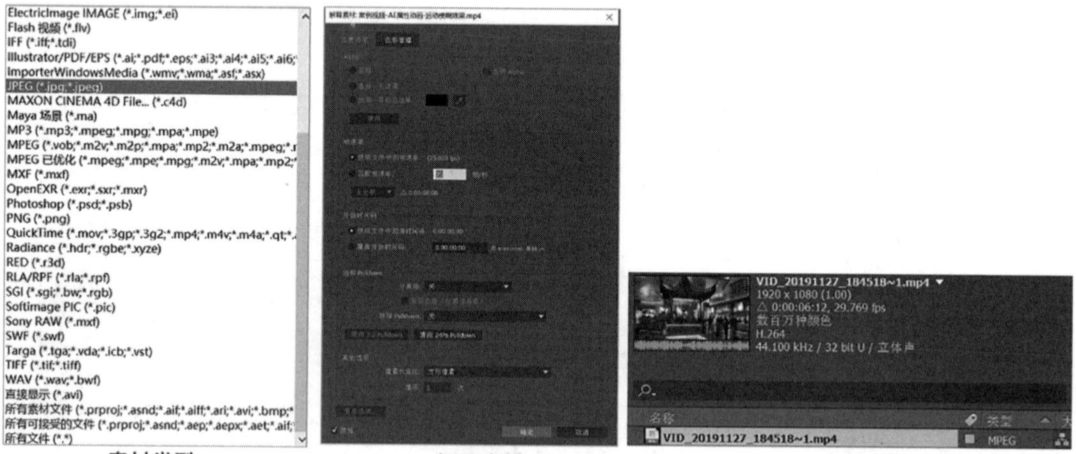

素材类型　　解释素材　　查看素材

图 4.3–2　导入和查看素材

4.3.2 在合成中创建、排列和组合图层

在 AE 中可创建一个或多个合成。任何素材项目都可以是合成中一个或多个图层的源。可以在“合成”面板中在空间上排列图层，或使用“时间线”面板在时间上排列图层。可以在两个维度中堆叠图层，或在三个维度中排列图层。可以使用蒙版、混合模式和抠像工具组合（合并）多个图层的图像。甚至可以使用形状图层、文本图层和绘画工具来创建自己的视觉元素。

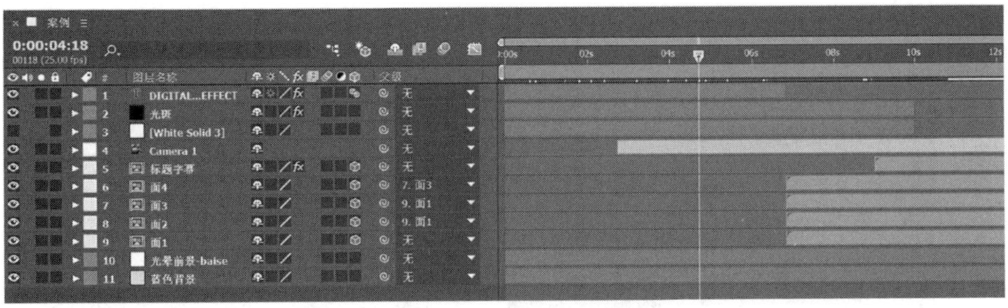

图 4.3–3　AE 合成的图层

4.3.3 修改图层属性和为其制作动画

在图层面板中可以修改图层的任何属性，例如大小、位置和不透明度。可以使用关键帧和表达式使图层属性的任意组合随着时间的推移而发生变化。还可使用运动跟踪来稳定运动画面，或为一个图层制作动画，以使其遵循另一个图层中的运动规律。

4.3.4 添加效果并修改效果属性

在效果面板中可以添加任何效果组合，以改变图层的外观或声音，甚至从头开始生成视觉元素。有数百种效果和多种动画预设、图层样式可供操作者选用。甚至可以创建并保存自己的动画预设，也可以为效果属性制作动画，这些属性只是效果属性组内的图层属性。

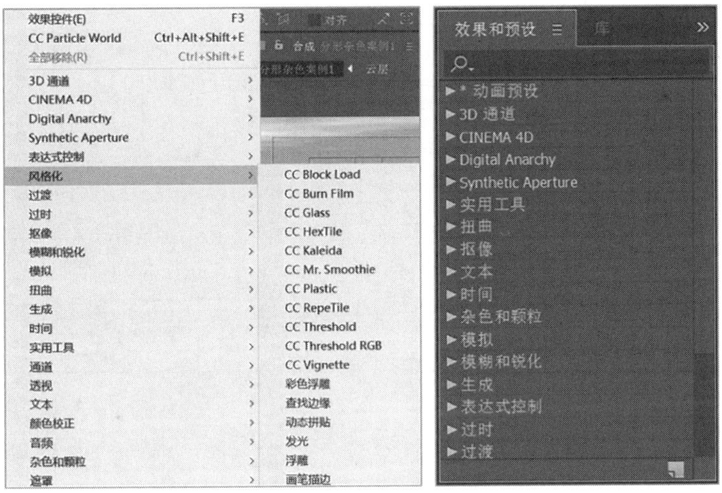

图 4.3–4　添加效果

4.3.5 预览

在计算机显示器或外部视频监视器上预览合成是最快最便捷的方法，即便对于复杂的项目来说也是如此。操作者可以通过指定预览的分辨率和帧频率以及限制预览的合成的区域和持续时间，来更改预览的速度和品质。还可以使用色彩管理功能预览该影片在其他输出设备上将呈现的外观情况。

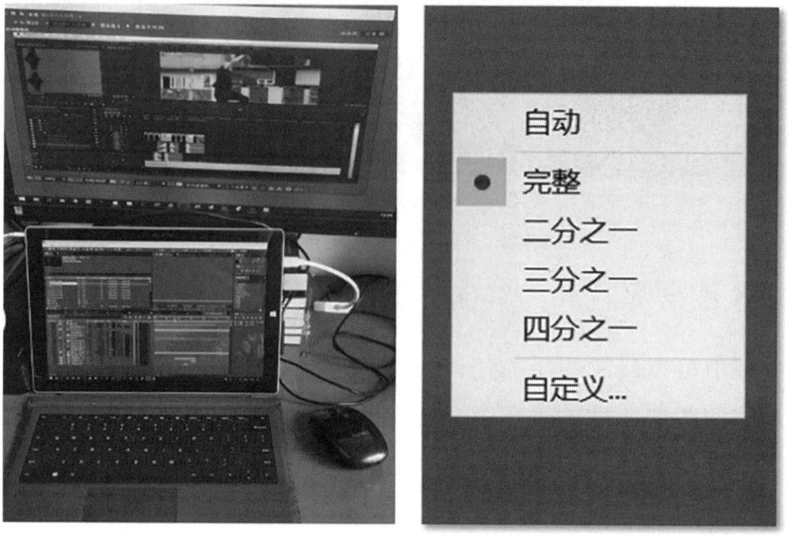

图 4.3-5　多屏显示和设置预览分辨率

4.3.6 渲染和导出

将一个或多个合成添加到渲染队列中后，即可以选择相应的品质设置去渲染它们，或以所指定的格式创建影片，具体操作为使用“文件”＞“导出”或“合成”＞“添加到渲染队列”指令。

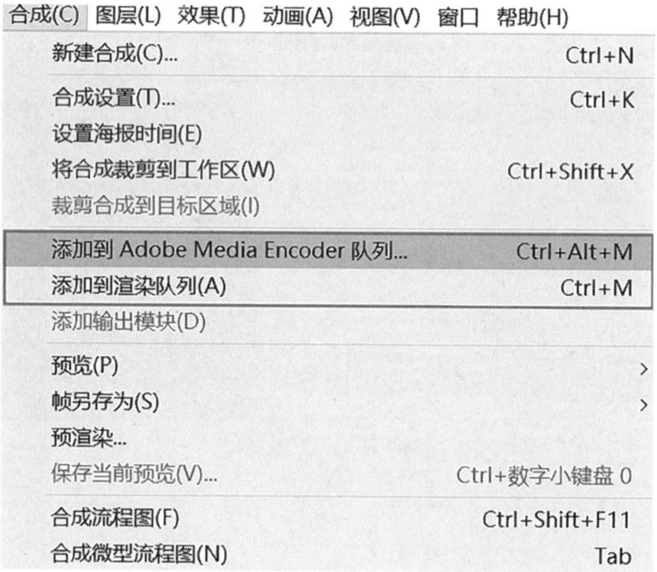

图 4.3-6　AE 调用 Media Encoder

4.4 After Effects 的基本概念与操作方法

要了解和熟悉 AE 的基本操作，应先学习 AE 的基本概念。本节主要介绍 AE 中心合成、素材、图层、时间线等内容。

4.4.1 认识合成

首先，AE 中涉及“合成”的概念。一个合成就是一个作品，也相当于一条“时间线”。一个合成中可以包含若干素材和若干效果。当然，一个单独的图片或视频甚至一个文字都可以形成一个合成，只是这样的合成内容很简单。因此，一个合成可以很简单，也可以很复杂。在 AE 中，时间线窗口是创作合成的关键场所，在时间线窗口中，AE 主要通过图层对所有素材、效果进行管理和设置，当然在时间线上可以根据需要设置时间长度，所以，一个合成的操作方式是“时间线 + 图层”。一个合成中可以建立任意多个图层，当然，图层越多，文件的容量也会越大。

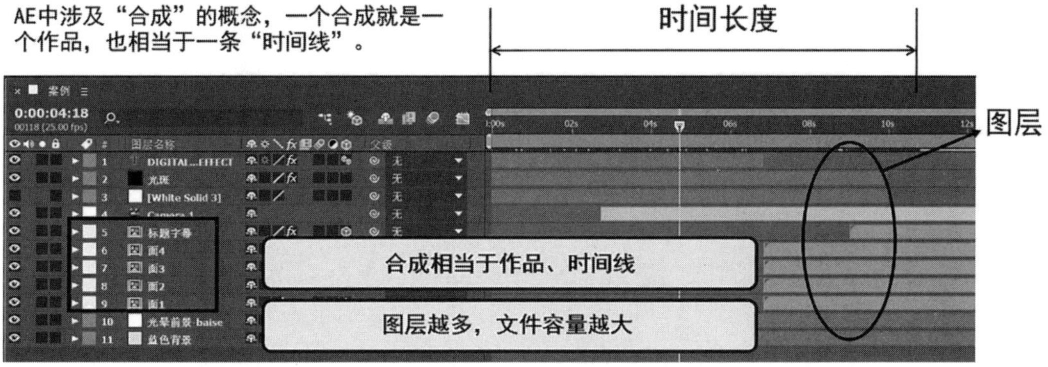

图 4.4–1　时间线上的合成

同时，一个合成还可以作为另一个合成的素材，即嵌套合成；一个项目文件可以包含若干个合成，每个合成可以相互独立，没有关联，也可以相互嵌套。

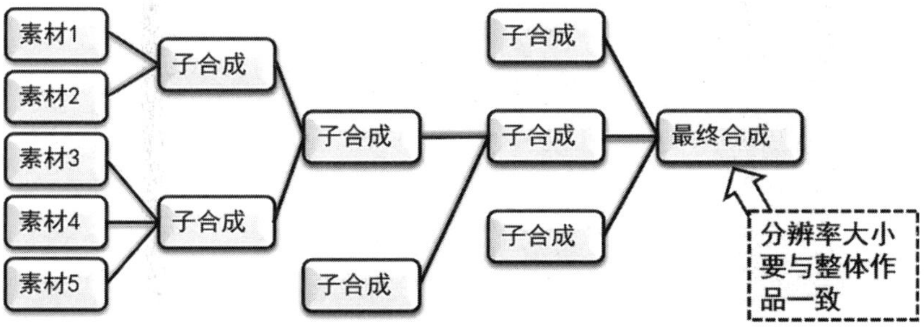

图 4.4–2　合成的嵌套

任何一个合成都需要设置分辨率大小，一个项目中的若干个子合成的分辨率可以根据创作需要任意设置，但最终输出的合成的分辨率必须与创作的最终作品分辨率相同。

那么，如何创建一个合成呢？

创建合成的方法有多种，可以在项目面板中点击下方的“新建合成”工具，也可以在项目面板中空白位置点击鼠标右键选择“新建合成”，还可以按下快捷键组合 Ctrl+N。

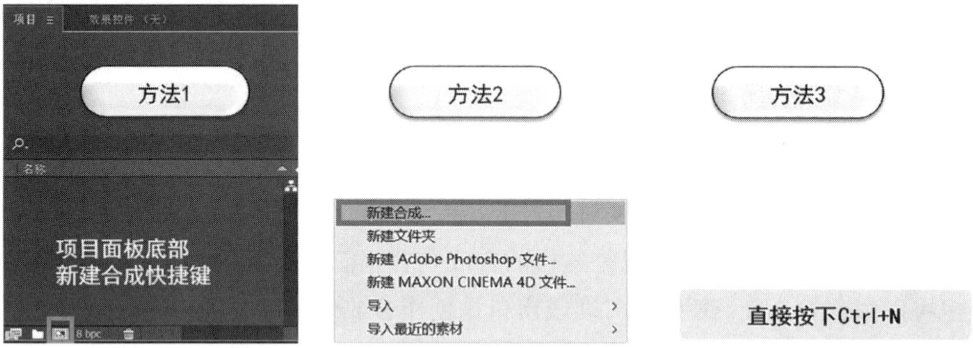

图 4.4–3　创建合成的方法

不管使用哪一种方法，系统都会弹出一个新建合成的窗口，等待我们输入和设置相关参数。在这个弹出的窗口中主要涉及“基本”和“高级”两个选项卡。

图 4.4–4　合成设置

在“基本”选项卡中主要对常规参数进行设置，包括以下内容：

【合成名称】使用简短易懂的中文或英文名称标记该合成的名称。

【预设】通过下拉列表的方式，从系统内置的若干预设项目中选择一个，这适用于标准项目的合成创建，可提高效率。

【宽度 / 高度】自定义合成图像的大小。

【像素长宽比】自定义合成的像素宽高比，可以从下拉菜单中选择相应的像素长宽比，当前主要选择方形像素。

【帧速率】设置图像合成的帧速率。

【分辨率】设置合成在渲染时的画面质量，分辨率越高渲染的质量越好。

【开始时间码】设置图像合成的开始时间码，时间码由四组数字组成，分别代表小时、分钟、秒数、帧数。

【持续时间】设置合成的时间长度。

以上的“基本”选项卡参数与 PR 的基本参数大致相当。

在基本选项卡中还有一个“背景颜色”的设置，特别提醒读者注意：这个地方的颜色并不是最终合成输出的背景颜色，这个地方的颜色仅仅是编辑过程便于操作特意设置的颜色，系统默认为黑色，即使把这里的黑色修改为其他颜色，最终输出的仍然为黑色或透明背景。因此，如果想让合成作品中包含某个颜色的背景，不能在合成的“基本”选项卡中设置。

在“高级”选项卡中可以对合成的渲染等参数进行设置：

【锚点】设置合成画面的轴心点。

【渲染器】选择 After Effects 在进行三维渲染时所使用的渲染引擎，如果选择经典 3D 则不能自动显示倒角，如果选择光线跟踪 3D，则可以设置对象的倒角，如图 4.4–5 中的两个文字效果差异。

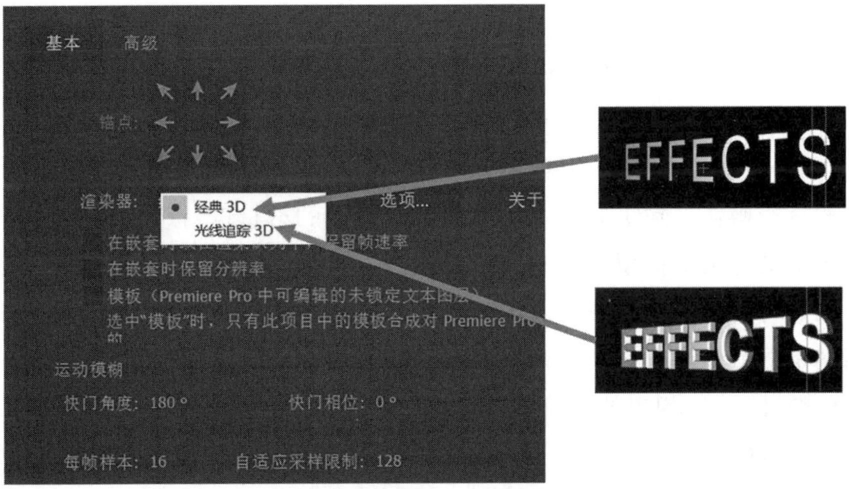

图 4.4–5 合成高级设置

【在嵌套时或在渲染队列中，保留帧速度】复选框：勾选该复选框，则当前图像合成嵌套到另一个图像合成中后仍然使用自己的帧速率；不勾选该复选框，则使用嵌套后的新图像合成的帧速率。

【在嵌套时保留分辨率】复选框：勾选该复选框，则当前图像合成嵌套到另一个图像合成中后仍使用自己的分辨率，否则就使用新图像合成的分辨率。

【快门角度】决定打开运动模糊效果后模糊量的强度。

【快门相位】决定运动模糊的方向。

在使用 AE 创建合成时还需要了解 AE 如下几个特性：一是 AE 导入素材和创建合成没有先后顺序，可以先导入素材，后创建合成，也可以先创建合成再导入素材；二是一般情况下，AE 的合成作品不易太长，因为 AE 的主要作用是通过复杂的视频特效来制作一段特殊效果，不适用于镜头编辑，这与 PR 有本质区别；三是在创作过程中，作为中间过程的、以素材形式存在的合成的分辨率可以根据创作者需要任意设置，而作为最终输出作品的合成的分辨率要与整体作品的分辨率相同。

4.4.2 素材

AE 的第二个概念是“素材”，在使用 AE 创作视频特效时，既可以不使用素材，也可以适当使用素材。

素材的导入主要是在项目窗口中得以实现，具体导入方法有四种：

第一种方法是在项目窗口空白处点击鼠标右键，然后选择导入＞文件或多个文件。

第二种方法是在项目窗口空白处双击鼠标左键，然后选择素材导入。

第三种方法是在资源管理器中选择一个或多个素材，使用鼠标拖动的方式将它们拖到项目窗口中。

第四种方法是使用 Ctrl+I 快捷组合键进行操作。

那么能导入哪些类型的素材呢？大致可以分为以下几类：视频（包括 mpg、avi、mp4、mov、wmv、mxf、flv 等格式）、图片（包括 jpg、png、sgi、tga、tiff 等格式）、动画（包括 maya、r3d、c4d、swf 等格式）、音频（包括 wav、mp3 等格式）等。当选择图片格式文件时，系统会出现一个“序列”的勾选项，用来设置图像序列。

对于素材的操作，除了导入外，还包括对导入的素材进行组织和管理，如删除素材、建立素材文件夹等；以及对素材进行查找、替换、重新加载等；对于一些参数不符合要求的素材可以通过“解释”的方式对素材参数进行重新定义，方法是：先选择需要解释的素材，然后选择项目窗口左下角的“解释素材”快捷按钮或点击鼠标右键选择“解释素材”，在弹出的窗口中设置素材的 Alpha 透明方式、调整帧速率、调整时间码、修改场序和像素长宽比等。

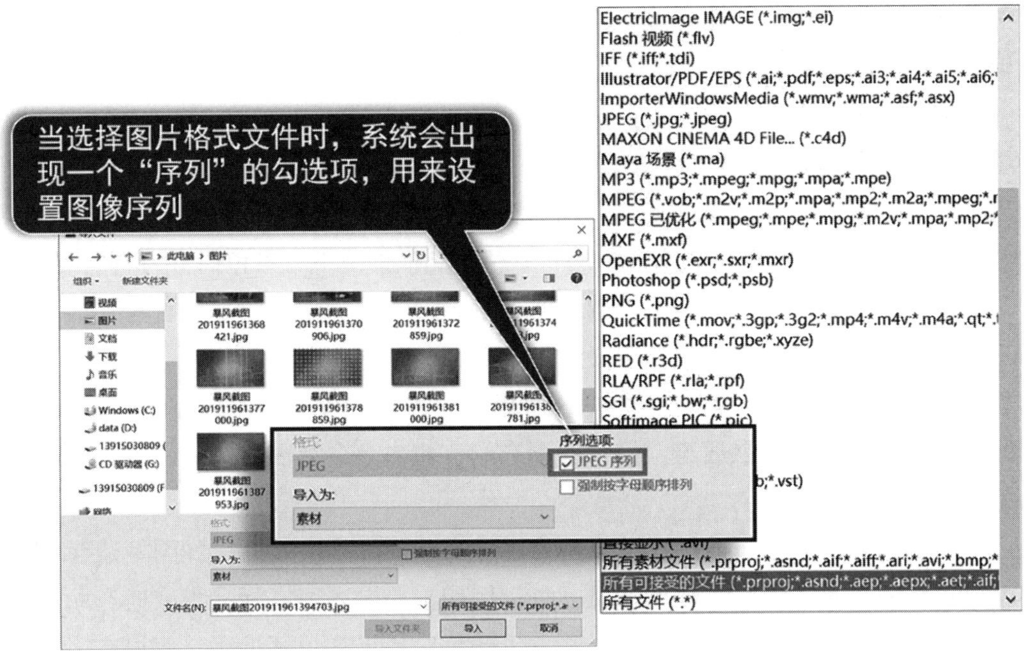

图 4.4–6　导入素材

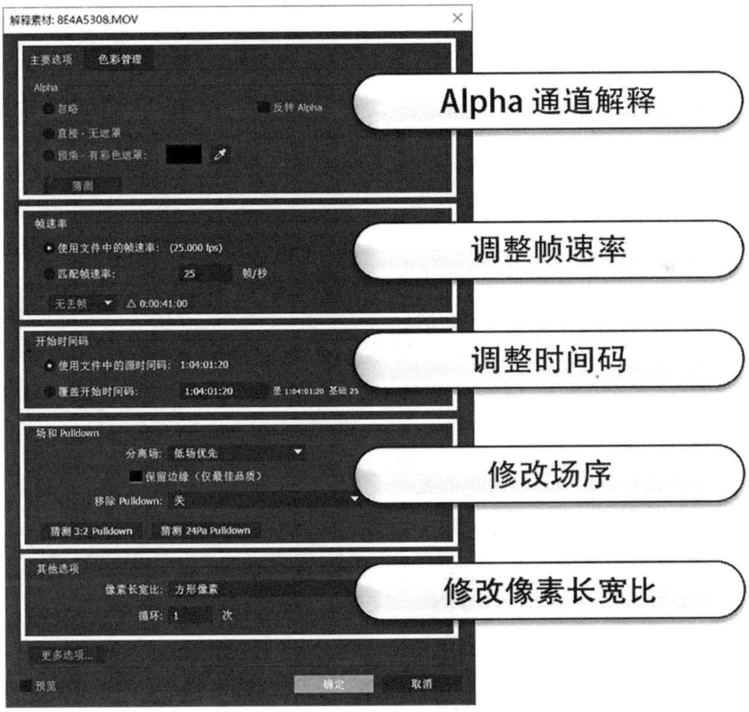

图 4.4–7　解释素材面板

其中，具有 Alpha 通道的图像文件通过下面两种方式之一存储透明度信息：直接或预乘。虽然 Alpha 通道相同，但颜色通道不同。

使用直接（或无遮罩）通道，透明度信息只存储在 Alpha 通道中，而不存储在任何可见的颜色通道中。使用直接通道时，仅在支持直接通道的应用程序中显示图像时才能看到透明度结果。

使用预乘（或有遮罩）通道，透明度信息既存储在 Alpha 通道中，也存储在带有背景颜色的可见的 RGB 通道中。预乘通道有时也被称为有彩色遮罩。半透明区域（如羽化边缘）的颜色偏向于背景颜色，偏移度与其透明度成比例。

一些软件允许指定用于预乘通道的背景色，其他情况下背景色通常为黑色或白色。

直接通道比预乘通道保留更准确的颜色信息。预乘通道可以与多种程序兼容，如 QuickTime Player。通常，在收到用于编辑和合成的资源之前，操作者已经选定了是使用具有直接通道的图像还是具有预乘通道的图像。Adobe Premiere Pro 和 After Effects 可同时识别直接通道和预乘通道，但只识别它们在包含多个 Alpha 通道的文件中所遇到的第一个 Alpha 通道。

正确地设置 Alpha 通道解释可以避免在导入文件时发生问题，如图像边缘出现杂波，或者 Alpha 通道边缘的图像品质下降。例如，如果通道实际是预乘通道而被解释成直接通道，则半透明区域将保留一些背景颜色。如果颜色不准确，例如在一个合成中沿着半透明边缘出现光晕，请试着更改解释方法。

4.4.3 图层

AE 的第三个概念是图层。这犹如 PS 中的图层和 PR 中的轨道，AE 中的图层与 PR 中的轨道有显著的不同点，AE 中的每个图层只能存放一个素材。

1. 图层类型

在 AE 中，无论是创作动画还是进行特效处理都离不开图层，AE 的所有操作均在图层中实现。AE 中的图层主要有以下几种：

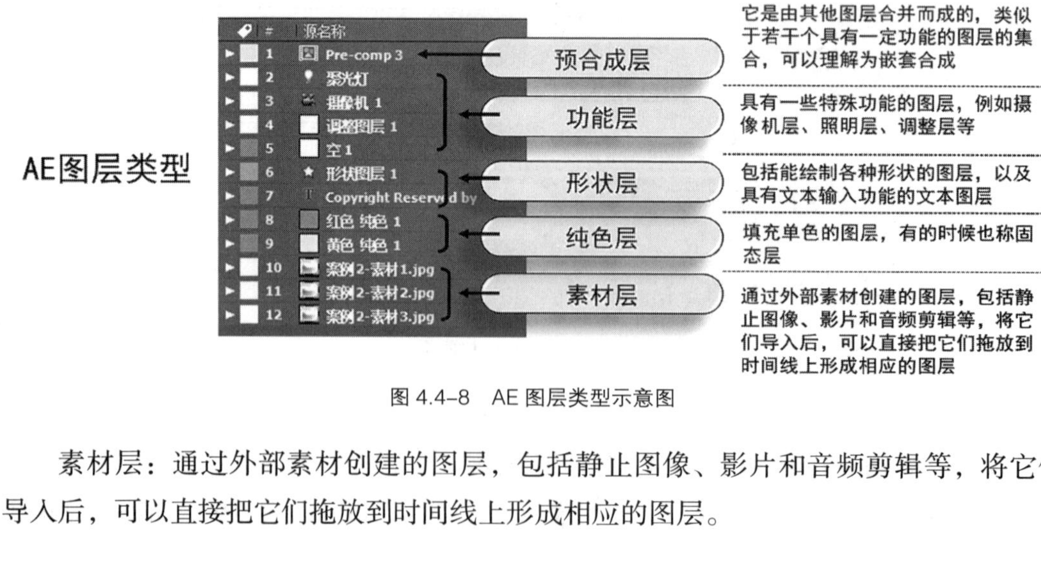

图 4.4-8 AE 图层类型示意图

素材层：通过外部素材创建的图层，包括静止图像、影片和音频剪辑等，将它们导入后，可以直接把它们拖放到时间线上形成相应的图层。

纯色层：填充单色的图层，有的时候也称固态层，因为这种层的英名名称是 solid layer。

形状层：包括能绘制各种形状的形状图层，以及具有文本输入功能的文本图层。

功能层：具有一些特殊功能的图层，例如摄像机层、照明层、调整层、空对象等。这些层本身没有具体内容，但其中有一些参数调整，通过对这些参数的调整可以对其他图层或整体合成效果进行特殊处理，如产生光照效果、摄像运动效果等。

还有一种层，被称为预合成层，它是由其他图层合并而成的，类似于若干个具有一定功能的图层的集合，可以理解为嵌套合成。

2. 图层常规操作

第一，如何将素材放置到时间线面板上。方法很简单，直接使用鼠标将素材从项目面板中拖动到时间线上，或者拖动到合成预览窗口中即可。

第二，如何改变图层的上下顺序。在默认情况下，在时间线上，处于上层的图层会覆盖下层，如果要调整图层的顺序，一种方式是用鼠标直接拖动，也可以使用 Ctrl+[或 Ctrl+] 组合快捷键方式执行命令。

第三，复制图层。方法也有两种，一种是使用常规的 Ctrl+C 和 Ctrl+V 两个组合快捷键，或者直接使用一个组合快捷键 Ctrl+D。

第四，如何替换图层。方法是先在时间线面板中选择需要替换的图层，然后在项目面板中，在按住 Alt 键的同时，拖曳需要替换的新素材到时间线面板中待替换的图层上。

第五，如何让一个图层上的图形或图像对象自动适应合成图像尺寸。方法是选中该图层，然后单击鼠标右键，在菜单中，选择变换＞适应合成。

第六，如何将层与层进行对齐和自动分布操作。这需要从菜单栏中选择窗口菜单，然后打开其中的对齐面板，再选择相应的对齐和分布功能即可。

第七，隐藏与显示图层。只需要操作图层左侧的眼睛快捷图标，如果出现眼睛图标，表示该层显示；如果清除眼睛图标，表示该层不显示，而且在输出时该层也同样不被输出。

第八，单独显示某一个图层。这主要用在当图层很多且复杂时对图层进行单独调整的情况，操作方法为在该图层左侧点亮实心圆图标。

第九，锁定图层。主要用在编辑过程中，防止某个对象被误操作，需要将其锁住，方法是点亮该图层左侧的锁定图标。

3. 图层基本属性

图层虽然有很多种类型，但几乎所有图层都有一些共有属性，这就是图层的基本属性，主要包括锚点、位置、缩放、旋转、不透明度五个属性。

图 4.4–9 图层基本属性

根据这些属性英文字母的特征，AE 给出了相应的快捷方法，分别是：

A（Alt，表示锚点）

P（Position，表示位置）

S（Scale，表示缩放）

R（Rotation，表示旋转）

T（Transparent，表示不透明度）

如何显示这些属性呢，具体操作方式是：当我们选择某个图层时，通过使用上面的快捷键，就可以显示相应的属性；如果需要显示多个属性，可以先点击一个属性，然后使用 Shift 组合键，再按下另外一个快捷键；如果要显示所有属性，先点击图层左侧向右的小三角标记，显示出“变换”菜单，再点击“变换”左侧向右的小三角标记，就可以显示所有属性信息。

以上这些参数值都有各自参数的基准点，即参考原点。这个参考原点就是锚点，它是位置、缩放、旋转的参考点，锚点的（0，0）在该图层中对象的左上角定点位置；而一个图像的位置参数是相对于图层的左上角的偏移量，缩放则是该对象从锚点位置开始计算的放大和缩小的参数，旋转的中心在锚点坐标上。

案例视频 4.4–1：AE属性动画

“AE 属性动画”案例视频中展示了属性操作的基本过程和特点。首先是调整锚点参数使其为（0，0），我们可以看到此时的中心点即锚点移到了画面的左上角，但这个时候相对于图层来讲，锚点其实并没有移动，移动的是画面。进一步操作，将其位置坐标移到（0，0）位置，此时，锚点相对于白色画面没有变化，但相对于图层来讲移到了（0，0）位置。再进一步操作，我们来看缩放和旋转操作，因为此时的锚点即中心点移到了画面的左上角，因此缩放和旋转中心点也是以左上角为中心的。

4.4.4 时间线面板

图层是在时间线面板内进行操作的，那么，时间线面板的操作有哪些要素呢？时间线面板是管理图层和图层特效的面板，在时间线面板上有一些特殊的开关按钮，这里主要介绍以下几个开关：

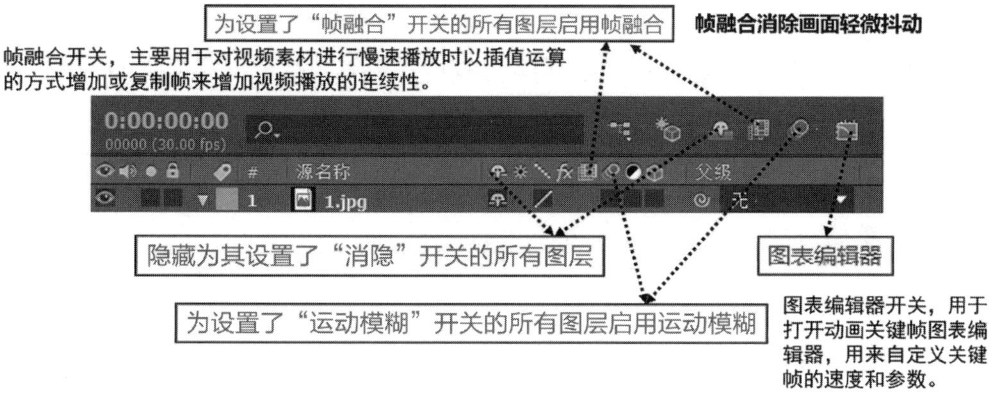

图 4.4-10　AE 时间线功能按钮开关

（1）图层消隐开关，用于将图层中设置了“消隐”的层暂时不显示，从而减少图层的显示数量，这里与前面的隐藏和显示图层内容的开关不一样，“消隐”开关仅仅让这些层在时间线面板内隐藏，但其内容仍然能显示出来。

（2）运动模糊开关，使运动速度较快的动画效果产生运动模糊效果。在快速播放的动画中，如果没有打开运动模糊效果，就会产生不连续的效果；如果开大了运动模糊效果，则动画的连续性更强，它在动画中间通过插值运算增加了模糊效果。

（3）帧融合开关，主要用于对视频素材进行慢速播放时以插值运算的方式增加或复制帧来增加视频播放的连续性。

（4）图表编辑器开关，用于打开动画关键帧图表编辑器，用来自定义关键帧的速度和参数。

总体上讲，时间线上的开关按钮分为两类，一类是图层开关，一类是时间线总开关。图层开关是在各图层上设置相应的开关，用来设置该图层的相应功能，如帧融合、运动模糊、三维效果等，其中，帧融合、运动模糊效果还需要同时打开时间线上部的总开关，才能发挥作用，如果总开关中的相应功能没有被打开，即使图层打开了帧融合、运动模糊开关，也不会产生效果。

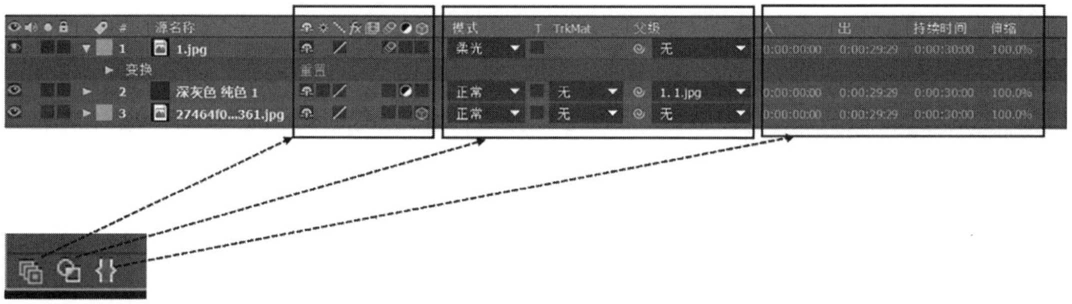

图层开关、转换控制、持续时间

图 4.4-11　控制 AE 时间线显示内容的功能按钮

另外，在时间线的左下角还有三个快捷按钮，分别用来打开图层开关、转换控制、持续时间面板。图层开关面板用于开关图层的相应功能，转换控制面板用于修改图层的显示模式、遮罩以及子父级关系，持续时间面板用于修改图层的入点、出点、持续时间和变速比例数值。

4.4.5 关键帧

真正发挥 AE 功效特色的是关键帧，只有设置了关键帧才能形成动画效果，才能发挥 AE 的功能。设置关键帧可以使图层或特效中的一个或多个属性随时间发生变化，可以为该图层以及该图层的效果添加动画。例如，可以为图层的“不透明度”属性添加动画，使其在 1 秒内从 0% 变化到 100%，产生淡入的动画效果。

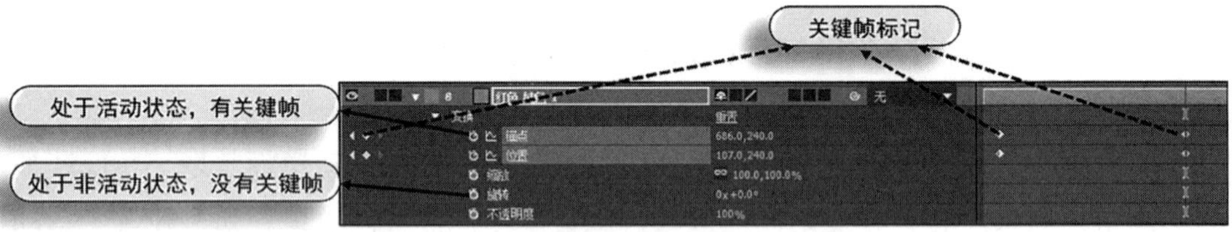

图 4.4-12　关键帧

关键帧至少要添加两个，一个对应于变化开始的状态，另一个对应于变化结束的新状态，且关键帧之间的参数要有变化，然后由计算机在关键帧之间自动填入插补值。

设置关键帧的方法是点击图层或特效参数左侧的“时钟”标记，使其变成彩色，成为活动状态，然后修改其中的参数值。只要某个设置的左侧含有时钟标记，就可以通过关键帧产生动画效果。

当一个参数前的时钟标记处于活动状态，说明该参数已经包含有关键帧，并且在该图层的参数前和时间线右侧会出现棱形的关键帧标记。

如果想删除某个属性的所有关键帧，只要将该属性左侧的标记变成非活动状态即可。注意，这样虽然删除了关键帧，但并没有将该属性参数复位成初始状态，删除关键帧之后的该属性的常量值由时间线当前时间的值决定。

在实际应用过程中，关键帧的设置方法大致可以分为两类：

（1）先起点再终点，即先设置起始位置参数，再设置结束位置参数，这种情况一般用于设置常规的简单动画，也符合常规思维，此时动画的起始位置参数比较明确，强调动画的起始位置。

（2）先终点再起点，即先设置结束位置参数，再设置起始位置参数，主要用于设置一些非常规的复杂动画，以动画的结束位置为重点，结束点的位置参数有明确要求或限制。如，标题字幕的入画动画效果，标题的落版位置是固定的，此时就需要先设置结束位置关键帧参数。

4.4.6 After Effects 属性案例演示

上面介绍了基本的图层属性，下面以一个案例来说明这些概念。本案例涉及新建合成、创建纯色层、新建文字图层、设置关键帧、显示图层属性、设置运动模糊等知识。

（1）新建合成，命名为“属性动画案例 1”，设置为：分辨率 1280px × 720px，方形像素，时长为 8 秒。

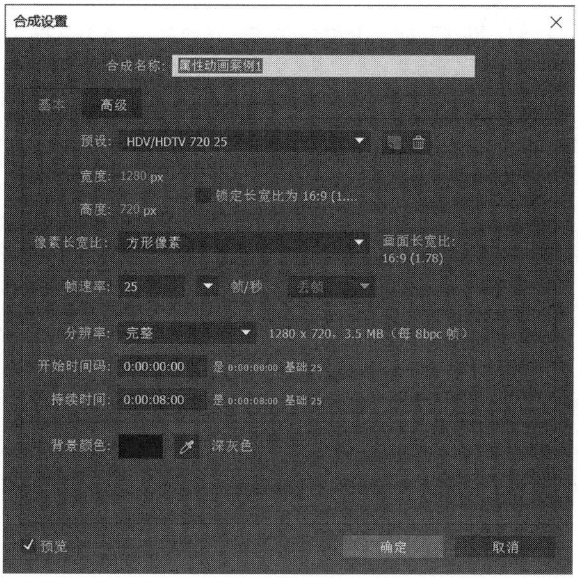

图 4.4–13　新建合成

（2）创建 1280 × 40 像素的白色纯色层，命名为“方块”。

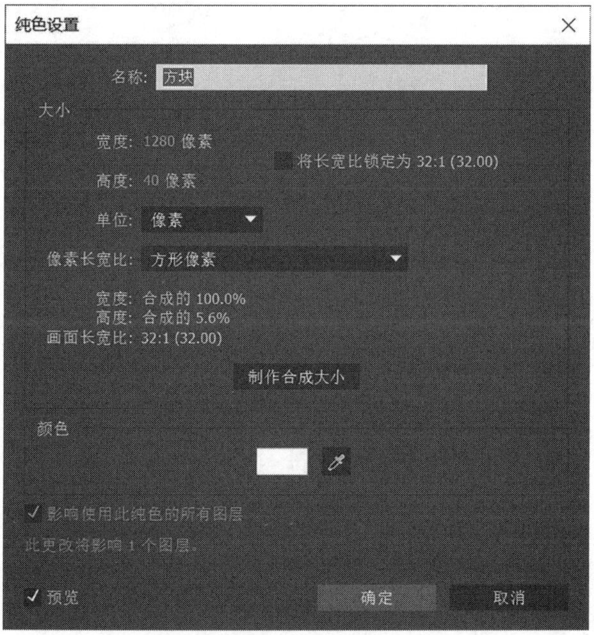

图 4.4–14　创建纯色层

（3）为“方块”纯色层添加旋转动画，0 秒设为 0 度，3 秒设为 6 周。

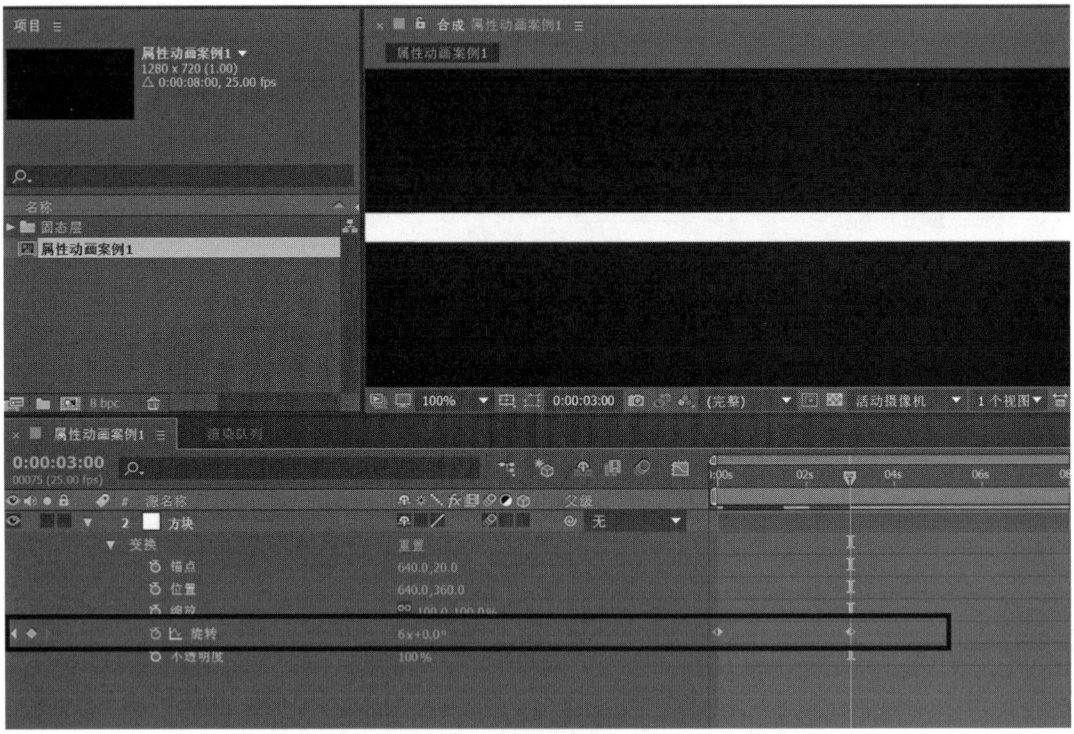

图 4.4–15　设置旋转动画

（4）在时间线功能开关中，打开“运动模糊”总开关，再在“方块”纯色层上打开“运动模糊”层开关，按下空格键预览时间线播放效果。

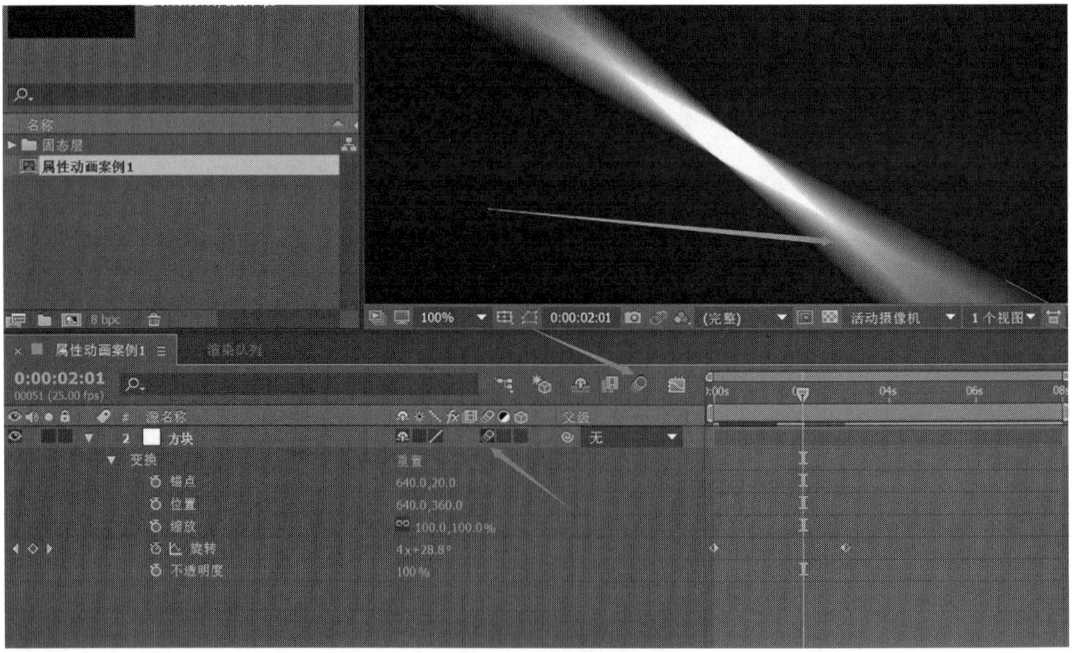

图 4.4–16　设置运动模糊

（5）在时间线上，新建文字图层，设置文字颜色为白色、对齐方式为居中，输入中文“数字媒体技术”，适当调整文字的字间距，移动位置使其位于合成中心，并设置图层“锚点”的属性，使文字的锚点位于文字的物理中心。

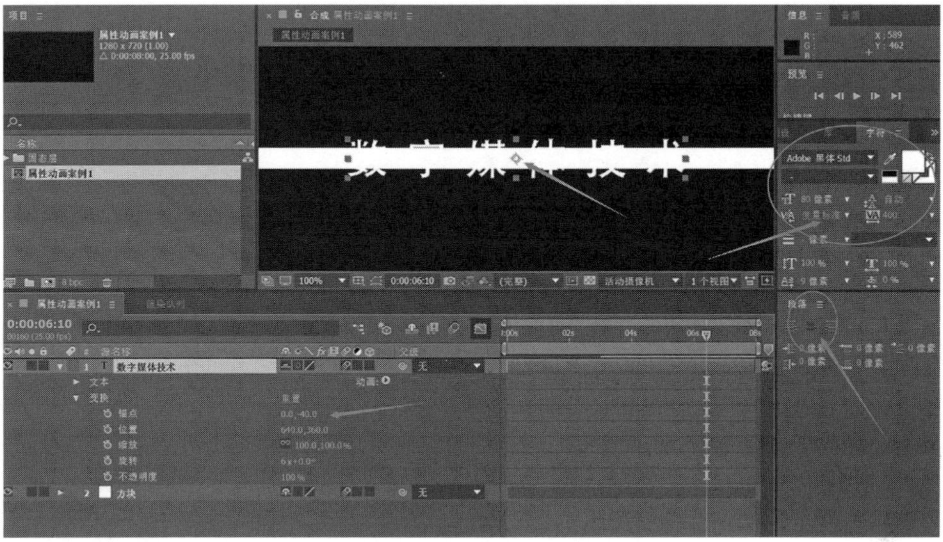

图 4.4–17　设置文字参数

（6）按照“方块”图层设置旋转动画的方法，为文字图层添加同样的旋转动画，并打开其运动模糊开关。

（7）将文字起始位置移动到2秒处，按下键盘的“T”键，打开“不透明度”属性，为文字添加“不透明度”关键帧动画，2 秒位置的“不透明度”参数设为“0”，3 秒位置的“不透明度”参数设为“100”，形成“淡入”效果。

（8）用同样的方法为“方块”纯色层的 2—3 秒位置设置“不透明度”关键帧，“方块”图层的 2 秒位置的“不透明度”参数设为“100”，3 秒位置的“不透明度”参数设为“0”，形成“淡出”效果；从而在 2—3 秒的位置形成“方块”淡出、文字淡入的效果。

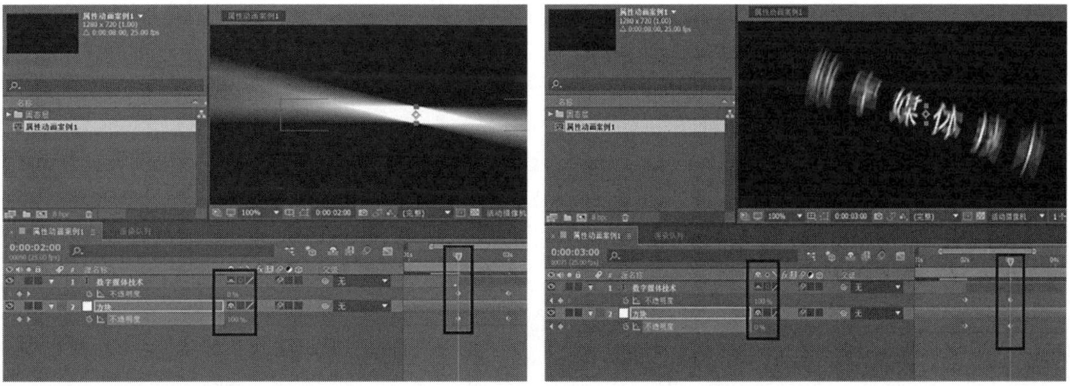

图 4.4–18　设置关键帧参数

（9）按空格键，预览时间线，我们可以看到最终的效果是：一个长条状白色方块快速旋转，在旋转快结束时，渐渐消失，在长方块渐渐消失的同时，“数字媒体技术”文字渐渐旋转出现，并继续旋转。

案例视频 4.4–2：AE 属性动画案例 – 运动模糊

4.4.7 After Effects 常用快捷键

总结以上操作，为了方便在 AE 中快速完成相关操作，应熟记以下快捷方式及其功能。

文件操作：Ctrl+O：打开合成文件；Ctrl+N：新建合成；Ctrl+S：保存文件；Ctrl+I：导入素材；Ctrl+M：渲染输出作品。

图层属性操作：A：锚点；P：位置；T：不透明度；R：旋转；S：缩放。

图层操作：Ctrl+D：复制层（或效果、蒙版等）；Ctrl+Shift+C：将选中的层合并为一个预合成（即实现合成嵌套）。

其他操作：Ctrl+Y：新建纯色层；Ctrl+Shift+Y：修改纯色层设置；Ctrl+K：修改当前合成参数；U：查看选中层的关键帧；M：查看选中层的遮罩；F：打开蒙版羽化选项。

案例视频 4.4–3：AE 属性动画 –“方块旋转”

继续看一个“方块旋转”案例，案例描述如下：

画面内首先呈现的是一个放大的白色长方块，长方块逐渐缩小到画面内，然后快速旋转，并有模糊拖影，之后白色长方块继续缩小，并向左移动至画面左半部分，然后白色长方块围绕其右边界做旋转，旋转 90 度后留下痕迹，之后继续旋转到 180 度。

请仔细观看本案例视频及其演示视频（见案例视频 4.4–3），在模仿制作的基础上，分析本案例是如何制作出来的？

请思考和记录：

（1）“白色长方块继续缩小，并向左移动至画面左半部分”如何实现？

（2）在白色长方块运动过程中，其“锚点”有没有发生变化？由此带来的结果是什么？

4.5 形状图层

4.5.1 矢量图形和位图图像

矢量图形由通过数学对象定义的直线和曲线组成，根据图形的几何特征对其进行描述。AE 中的矢量元素包括蒙版路径、形状图层的形状和文本图层的文本。

位图图像又被称为栅格图像，是以像素为基础的矩形网格来表示图像。每个像素都分配有特定的位置、亮度和颜色值。AE 中的视频素材、图像序列、图片等都属于位图图像。

矢量图形的放大和缩小，不会影响其本身的质量，可以适应不同尺寸大小的需要；而位图图像因为具有固定数量的像素，其显示质量依赖于图像文件的分辨率。如果放大或缩小位图图像，都可能会丢失细节，并呈现锯齿状或像素化现象。

有的矢量图形素材（如 AI 文件）导入 AE 中会被转换为像素（即栅格化），有的则可以保留原来的矢量内容，如 C4D 等动画文件。

4.5.2 路径与形状

在 AE 中，诸如蒙版、形状、绘画描边以及运动路径等功能的实现主要依赖于路径的概念。

路径包括段和顶点（或称锚点），段是连接顶点的直线或曲线，顶点定义路径的各段开始和结束的位置。通过拖动路径顶点、每个顶点的方向线（或切线）末端的方向手柄或路径段自身更改路径的形状。当路径退出顶点时，该顶点的方向线角度和长度将决定路径的形状。当路径接近下一个顶点时，路径更少地受前一个顶点的输出方向线的影响，并同时受下一个顶点的输入方向线的影响。

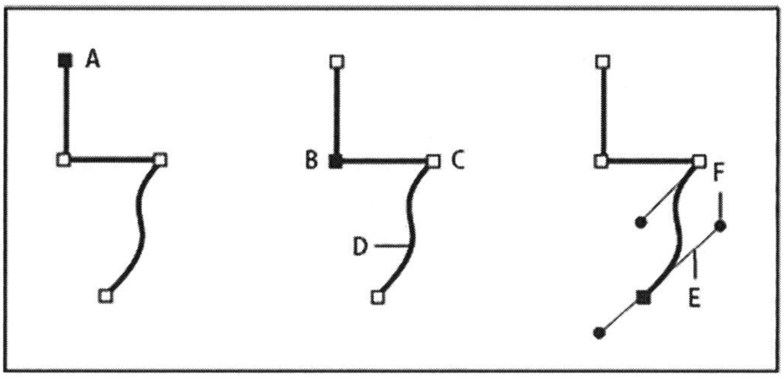

A. 选定顶点　B. 选定顶点　C. 未选定顶点　D. 曲线路径段　E. 方向线（切线）　F. 方向手柄

图 4.5–1　构成路径的段和顶点

路径的顶点有两个类型：角点和平滑点（见图 4.5–2）。在平滑点上，路径段被连接成一条光滑的曲线，输入和输出方向线在同一方向上；在角点上，路径产生的是尖角的形状，输入和输出方向线在不同直线上（见图 4.5–3）。在移动平滑点的方向线时，将同时调整该点两边的曲线。相反，当移动角点的方向线时，只调整与该点相同边上的曲线。在使用时，可以使用角点和平滑点的任意组合来绘制任意路径形状，并且顶点的类型可以相互转换。路径可以是开放的，也可以是闭合的。开放路径的开始点与结束点不一样；例如，直线是开放路径。封闭路径是连续的，并且没有开始点或结束点；例如，圆是封闭路径。

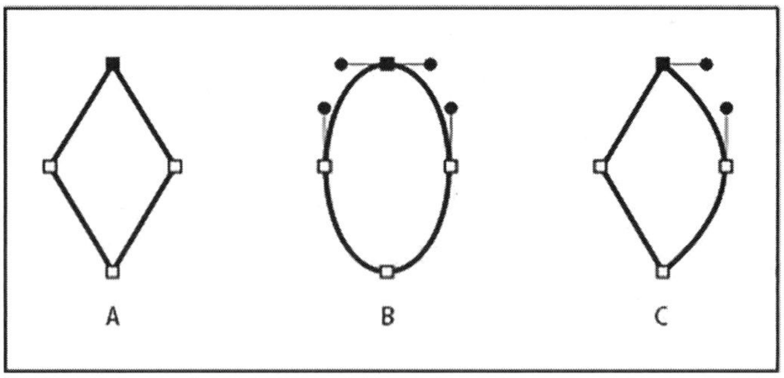

路径上的点

A. 四个角点　B. 四个平滑点　C. 角点和平滑点的组合

图 4.5–2　角点和平滑点

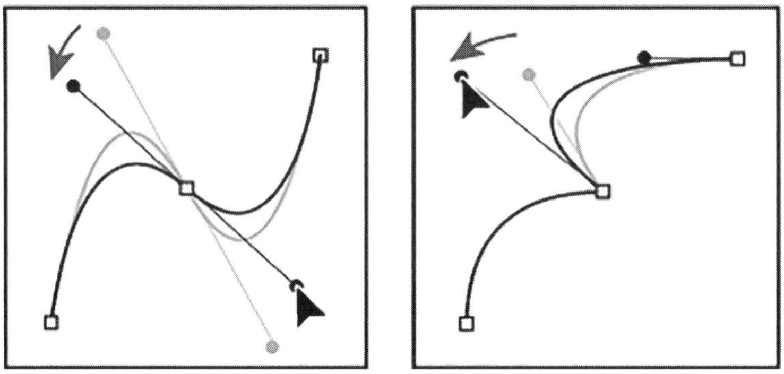

调整平滑点上的方向线（左图）和角点上的方向线（右图）

图 4.5–3　路径的方向线

AE 提供了形状工具和钢笔工具来绘制路径或形状（见图 4.5–4），形状工具定义了常见的普通几何形状（如矩形、圆角矩形、椭圆、多边形或星形），用来便捷地绘制普通形状路径；钢笔工具可以用来绘制任意形状的路径。形状图层包含称为形状的矢量图形对象。默认情况下，形状工具可以设置路径、描边和填充几种方式。可以通过使用形状工具或钢笔工具在“合成”面板中进行绘制来创建形状图层。

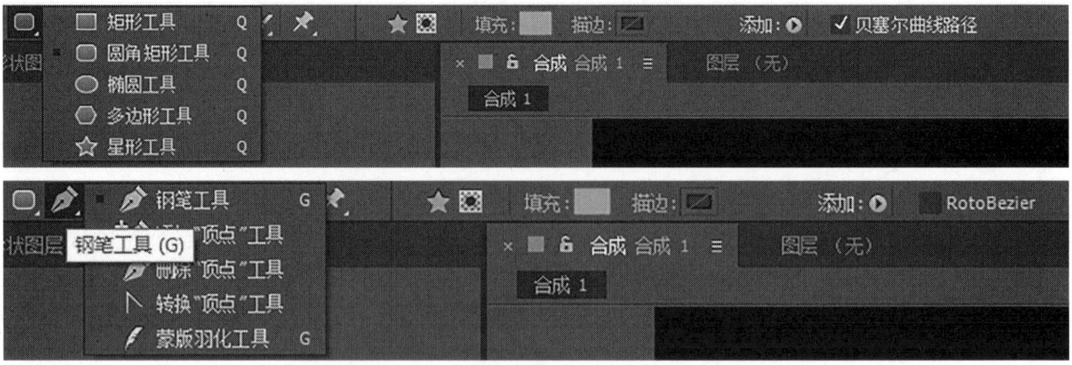

图 4.5–4　AE 绘制图形的两个主要快捷工具

4.5.3 形状的绘制

1. 使用形状工具绘制图形

使用形状工具（矩形、圆角矩形、椭圆、多边形或星形）在形状图层上绘制形状路径时，可以创建两种类型的路径：参数形状路径或贝塞尔曲线形状路径。如果未选择“贝塞尔曲线形状路径”，则可以通过“时间轴”的相关参数修改来改变绘制后产生的图形的形状，即用数值定义路径形状参数（见图 4.5–5）；如果选择了“贝塞尔曲线形状路径”，则可以在“合成”面板中通过修改顶点和段的集合来修改贝塞尔曲线的路径形状（见图 4.5–6）。

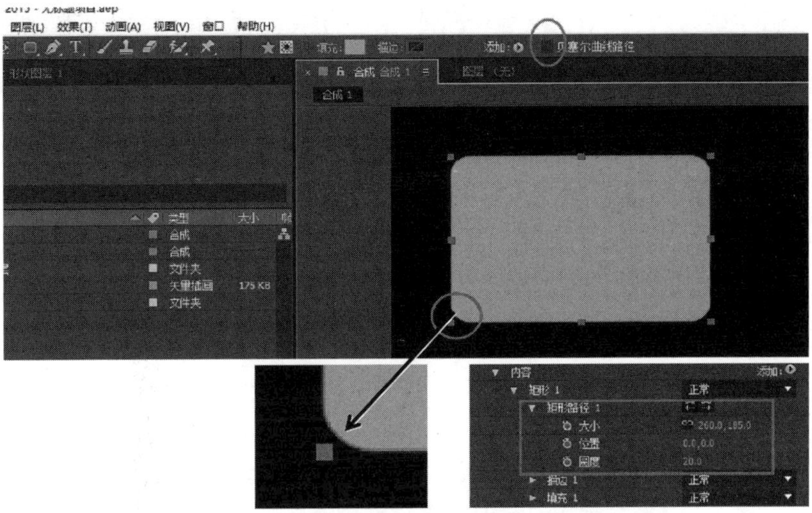

图 4.5–5　未选择“贝塞尔曲线形状路径”绘制的图形

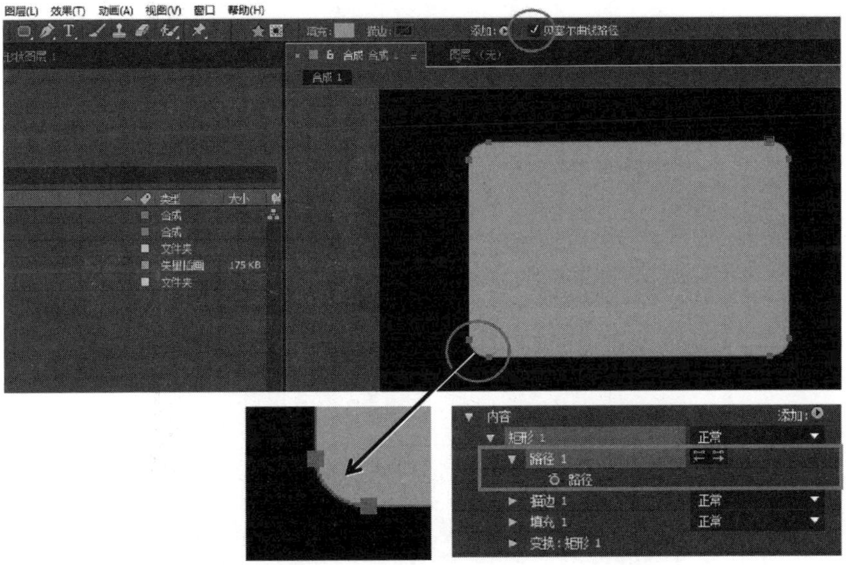

图 4.5–6　选择“贝塞尔曲线形状路径”绘制的图形

2. 使用钢笔工具绘制任意图形

与绘制形状工具一样，当选择钢笔工具后，系统也会提醒是否选择“使用自动曲线创建新蒙版”。如果勾选“使用自动曲线创建新蒙版”，则创建的路径的顶点为平滑点；如果没有勾选“使用自动曲线创建新蒙版”，则创建的路径的顶点由手工创建的方法决定。

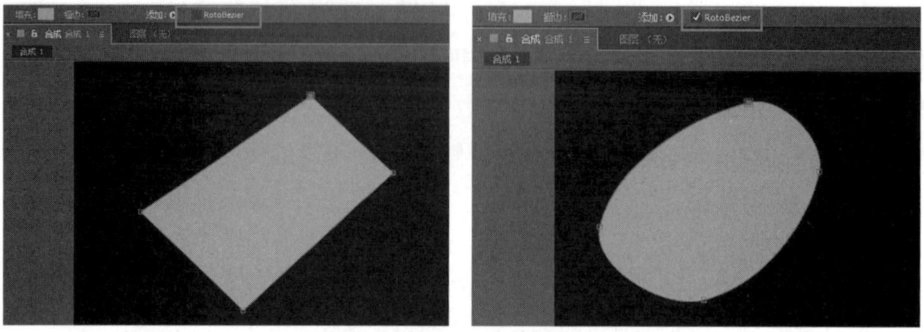

图 4.5-7　钢笔工具中“使用自动曲线创建新蒙版”选项的影响结果比较

4.5.4 形状图层的操作

形状图层的操作是指对形状图层中的形状进行填充、描边、变换以及对形状之间关系的操作。由于它们是矢量格式，所以这些操作是以非破坏性方式作用于形状的路径，可以创建实际需要的各种形状效果（如填充和描边），并且不会修改原始路径。由于路径操作是实时的，因此可以随时修改或移除它们。

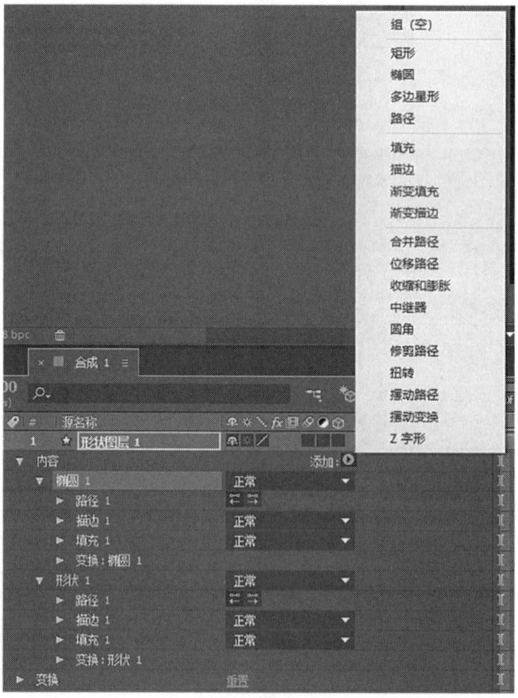

图 4.5-8　形状图层操作的主要内容

其中，描边、填充和路径的修改和设置在创建该形状时就可以直接执行。

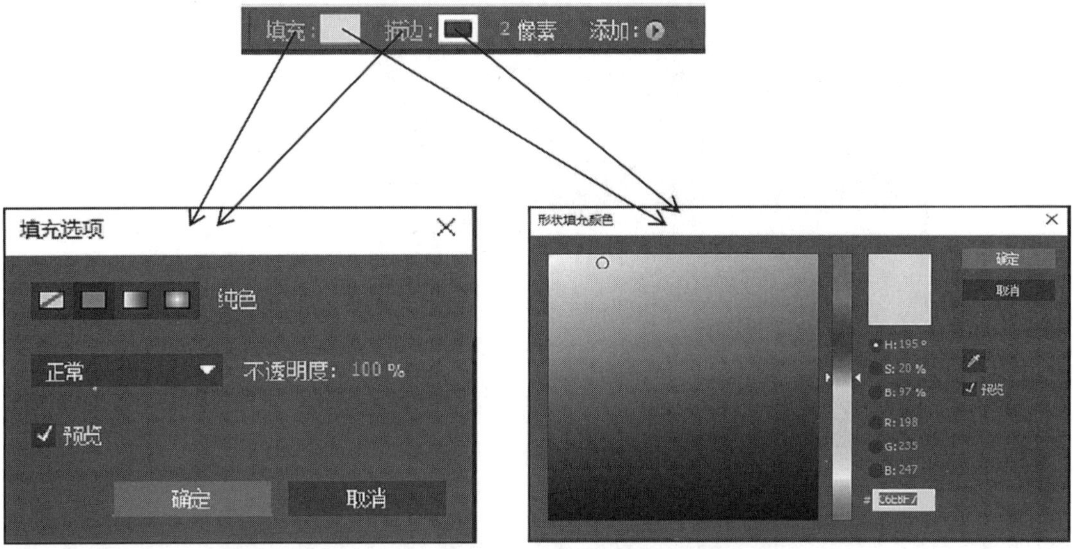

图 4.5–9 形状或路径的填充、描边等可视化设置

形状或路径的高级操作是对形状或路径的布尔运算、变换、复制等操作。具体操作为在“合成”面板或“时间线”面板中，选择要向其中添加路径操作的形状组，然后从“工具”面板或“时间线”面板的“添加”菜单中选择相应的路径操作。

（1）合并路径：将一个形状图层中的多个路径合并为一个复合路径。“合并路径”指令将其上方的所有路径进行合并并输出为单条路径。被合并的每条路径在“时间线”面板中仍然可见，但它们实质上已从形状图层的渲染中移除，因此不会单独显示在“合成”面板中，合并后的路径作为一个整体可以重新设置填充和描边参数。

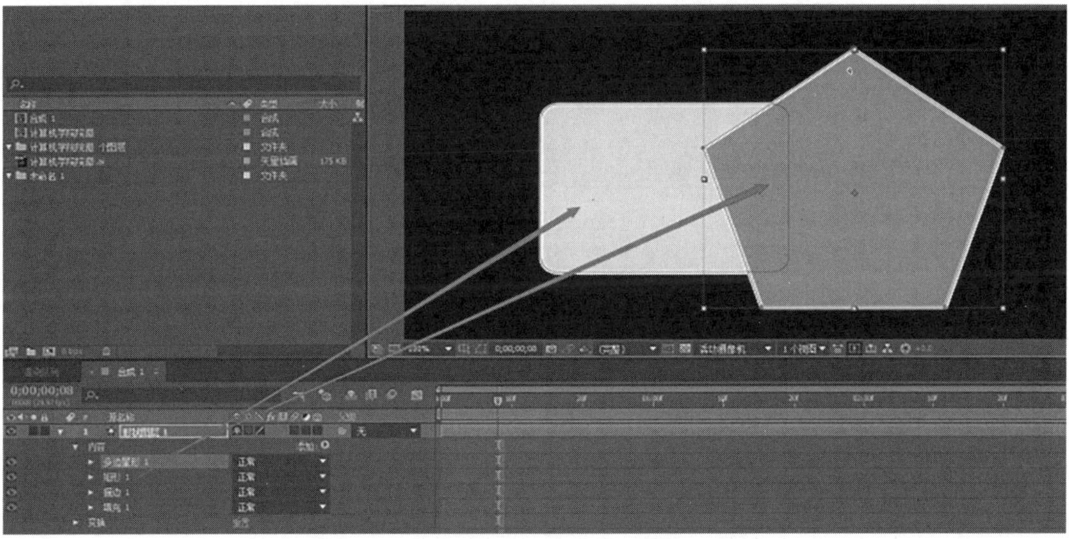

（1）绘制两个不同的形状

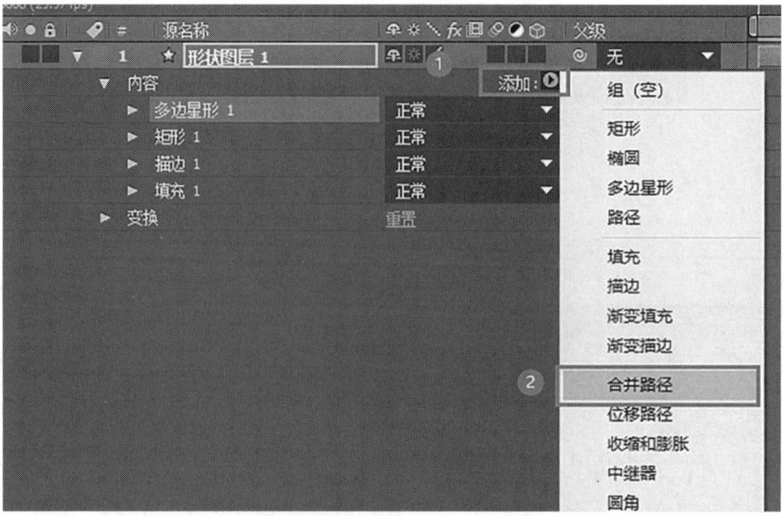

（2）添加“合并路径”操作

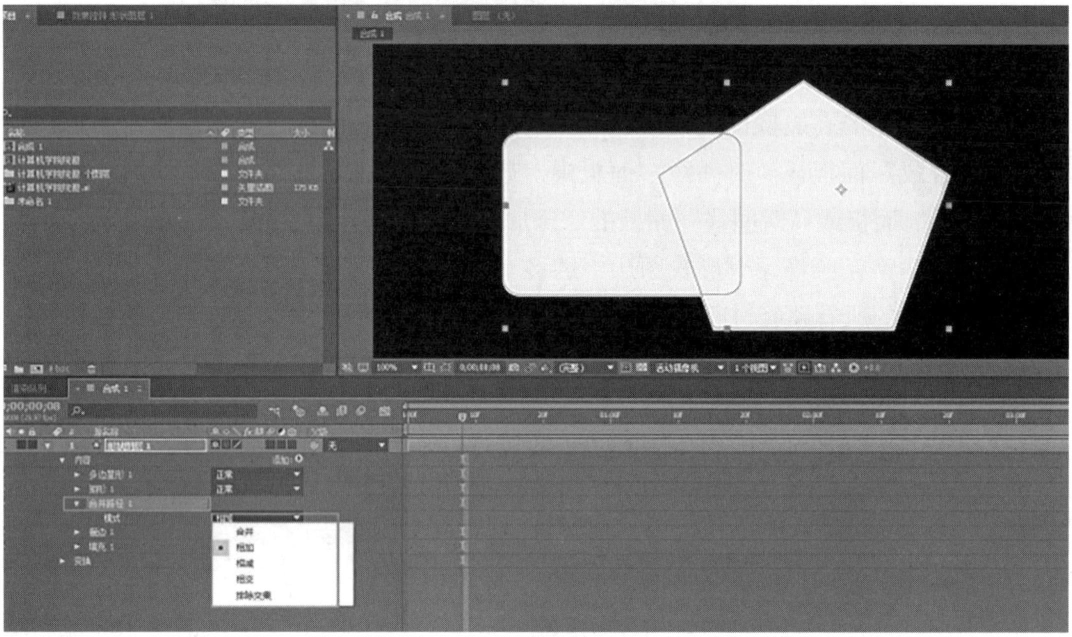

（3）选择合并模式

图 4.5-10 合并路径操作过程

“合并路径”操作有下列选项，每个选项均执行不同的计算以确定输出路径：

合并：将所有输入路径合并为单个复合路径。

相加：创建环绕输入路径的区域的并集的路径。

相减：创建仅环绕由最上面的路径定义的区域，减去由下面的路径定义的区域的路径。

相交：创建仅环绕由所有输入路径的交集定义的区域的路径。

排除交集：创建由所有输入路径定义的区域的并集减去所有输入路径之间的交集

定义的区域的路径。

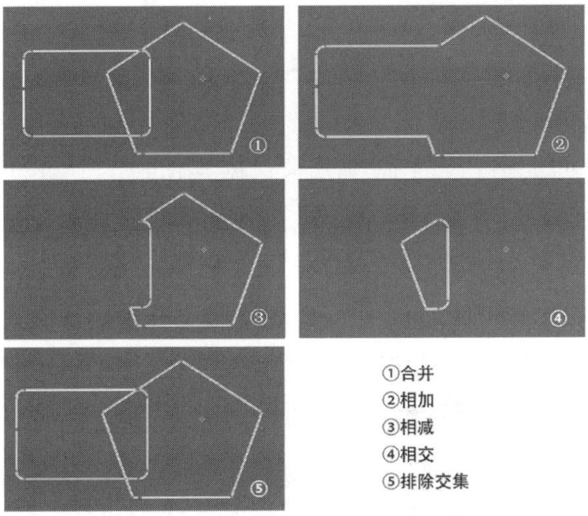

图 4.5-11 合并路径的五种合并效果示意图

在实际制作过程中，合并路径的具体操作包括两种类型的合并形式：一种形式是不同图形组之间的合并，另一种形式是同一图形组内的复合路径的合并。

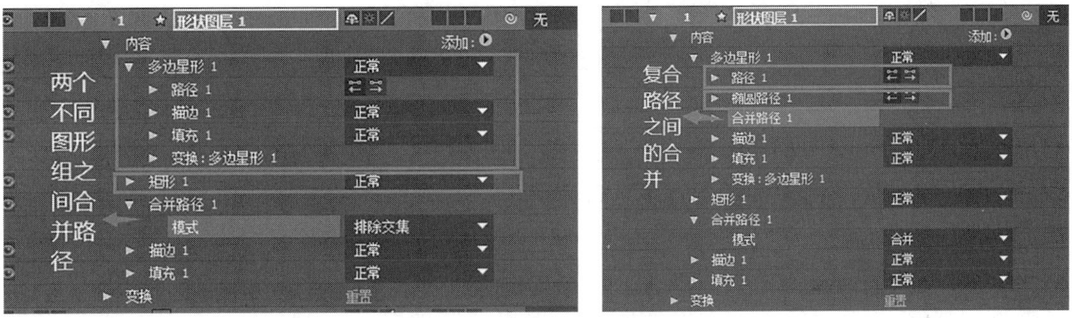

图 4.5-12 合并路径的两种形式

（2）位移路径：通过使路径与原始路径发生位移来扩展或收缩形状。对于闭合路径，正“数量”值将扩展形状，负“数量”值将收缩形状。

（3）收缩和膨胀：对一个或多个路径进行操作，在向内弯曲路径段的同时将路径的顶点向外拉（收缩），或者在向外弯曲路径段的同时将路径的顶点向内拉（膨胀）。

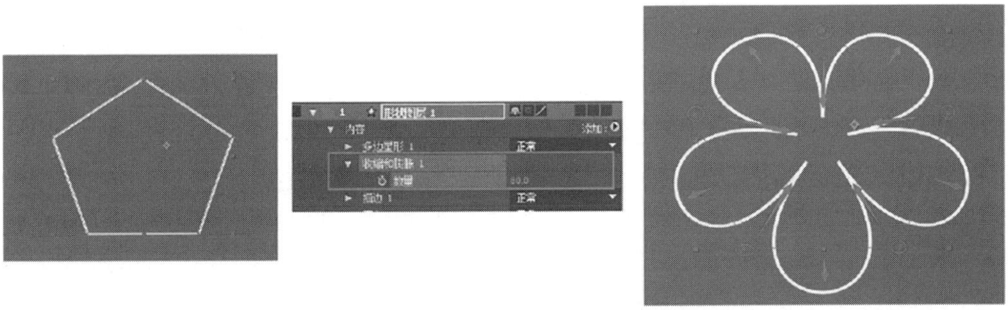

图 4.5-13 收缩和膨胀路径效果示意图

（4）中继器："中继器"类似于无线电波的中继，将路径一个一个地向外复制。通过"中继器"可以创建形状的多个副本，并能按照指定的锚点、位置、比例、旋转等变换依次应用于每个副本。"中继器"路径指令可以创建同一组中位于它上面的所有路径、描边和填充的虚拟副本。虚拟副本不作为单独的条目出现在"时间线"面板中，而是呈现在"合成"面板中。每个副本分别根据其在副本中的顺序以及该中继器实例的变换属性组的属性值进行变换。

如果原始形状的编号为 0，下一个副本的编号为 1，依此类推，则应用中继器指令的结果是将"变换"属性组中的每个变换向副本编号 n 应用 n 次。

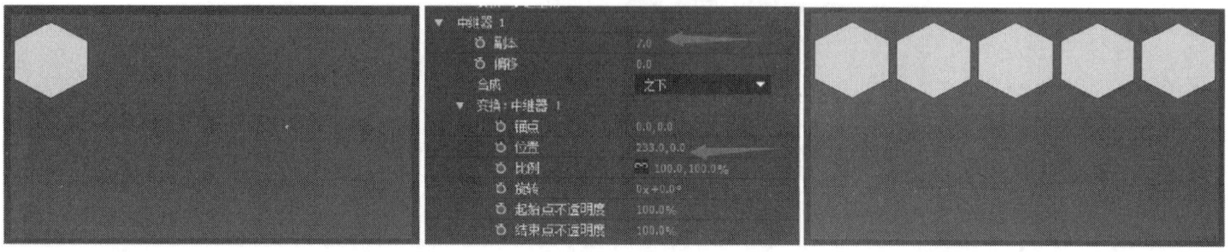

图 4.5–14　中继器效果示意图

利用"中继器"可以制作出很多特殊的效果，如让一幅画面平铺镜头、制作纹理背景灯等。

如果将中继器放置在形状的路径之下、填充和描边属性组之上，则这组虚拟副本将作为复合路径予以填充或描边。如果将中继器放在填充和描边下面，则每个副本将单独填充和描边。对于渐变填充和描边，两者之间的差异较为明显。

（5）圆角：路径的圆角。半径值越大，圆度越大。

（6）修剪路径：对动画显示的"开始""结束""偏移"属性进行设置，创建类似于使用绘画描边的"写入"设置的效果。如果"修剪路径"操作位于组中多个路径的下面，则可以同时修剪以上这些路径，或者将这些路径看作复合路径并单独修剪。可以用"修剪路径"操作来动画显示跟随地图上某个路径的线条。

（7）扭转：旋转路径，中心的旋转幅度比边缘的旋转幅度大。输入正值将顺时针扭转，输入负值将逆时针扭转。

（8）摆动路径：通过将路径转换为一系列大小不等的锯齿状尖峰和凹谷，随机分布（摆动）路径。扭曲是自动进行动画显示的，这意味着它随时间推移而更改，无须设置任何关键帧或添加表达式。"关联"属性指定顶点的运动与其相邻点的运动之间的相似程度值越小，锯齿效果越明显，因为顶点的位置对其相邻点位置的依赖程度更小。"大小"用来设置锯齿摆动的幅度，"详细信息"用来设置锯齿的多少，"点"用来设置锯齿的形状，设置为"平滑"会使锯齿的边缘圆滑，设置为"边角"会让锯齿边缘尖锐。

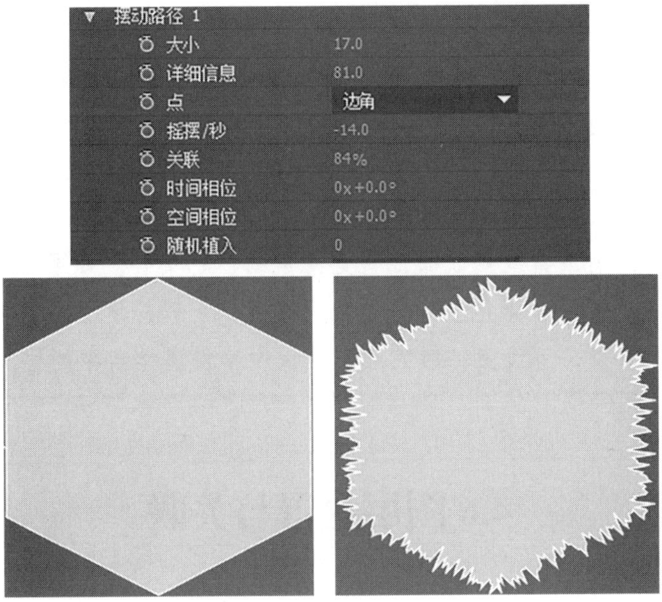

图 4.5-15　添加摆动路径后的效果

注意：动画显示“大小”属性可减弱上下摆动幅度。要平滑地增大或减小摆动速度，请将“摇摆 / 秒”设置为固定值 0，并动画显示“时间相位”属性。

（9）摆动变换：随机分布（摆动）路径的位置、锚点、缩放和旋转变换的任意组合。

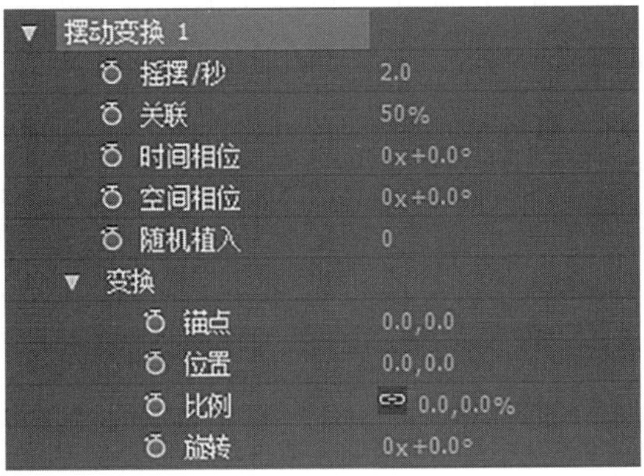

图 4.5-16　摆动变换参数

通过摆动变换的各参数设置每一个变换所需的摆动幅度，方法是在“摆动变换”的“变换”属性组中设置一个值。摆动变换是自动进行动画显示的，这意味着它们随时间推移而更改，无须设置任何关键帧或添加表达式。“摆动变换”操作在中继器操作之后尤其有用，它能单独随机分布每个重复的形状的变换。如在“中继器”操作之后添加“摆动变换”路径操作，便可以随机分布（摆动）中继器实例内重复副本的位置、缩放、锚点或旋转。如果“摆动变换”路径操作先于（高于）“中继器”路径操作，则所有重复形状将以相同方式摆动（随机分布）。如果“中继器”路径操作先于（高于）“摆动变换”路径操作，则每个重复的形状都将独立摆动（随机分布）。

阅读与任务

路径是AE中矢量格式的表达方式，路径自身在渲染输出中其实没有视觉外观，它本质上是关于如何放置或修改其他视觉元素的信息集合。如果要使路径可视，应对其所在的应用进行描边操作。如果是蒙版路径，可以应用“描边”效果。如果是形状图层对象的路径，可设置“时间线”面板中路径属性组中的描边属性。

4.6 图层遮罩与关联

蒙版与遮罩是PS和AE中相当常见的两个重要概念，虽然“蒙版”与“遮罩”在字面上有所差异，但它们最终能形成的结果基本相似，它们都是利用某一个对象中的黑白灰来控制另一个对象的显示或隐藏，类似于传统电视制作中的“抠像”键控特效。

键控是利用一个视频信号中不同部位参量（例如亮度和色度）的不同，经过处理形成高/低双值键控信号，由此控制电子开关，使待合成的两路视频信号交替输出，形成一个画面的一部分被抠掉而填进另一画面的效果，俗称“抠像”。

“键控”一词是从电视制作中得来的，英文为“Key”，意思是吸取画面中的某一种颜色作为透明色，画面中所包含的这种透明色将被清除，从而使位于该画面之下的背景画面显现出来，这样就形成了两层画面的叠加合成。通过这样的方式，单独拍摄的角色经抠像后可以与各种景物叠加在一起，由此形成丰富而神奇的艺术效果。

通常，“蒙版”是英文“mask”的翻译词，其效果是作用在同一层内，而“遮罩”是英文“matte”的翻译词，其效果是作用在两个图层间。

4.6.1 蒙版与遮罩

1. 图层蒙版与形状图层

用过PS的人基本都知道实现抠像的方法之一是应用蒙版，蒙版有时也称遮罩，PS的蒙版分为图层内蒙版和图层间蒙版（剪贴蒙版），图层内蒙版是在一个图层内建立黑白蒙版，而图层间蒙版是利用两个图层的关系来建立蒙版，其中上层为素材图层，下层为蒙版层。

图 4.6-1 PS 蒙版类型（左侧：层间遮罩，右侧：层内遮罩）

在 AE 中，同样存在蒙版的概念。AE 中的蒙版与 PS 一样，也具有抠像作用，并同时具有图形绘制功能，从原理上讲，形状图层是图层内蒙版的结果。AE 蒙版也有层内蒙版和层间蒙版的区别，其中，层内蒙版的应用较为广泛，以下的介绍以层内蒙版为主，层间蒙版在后续内容中将以案例的方式进行介绍。

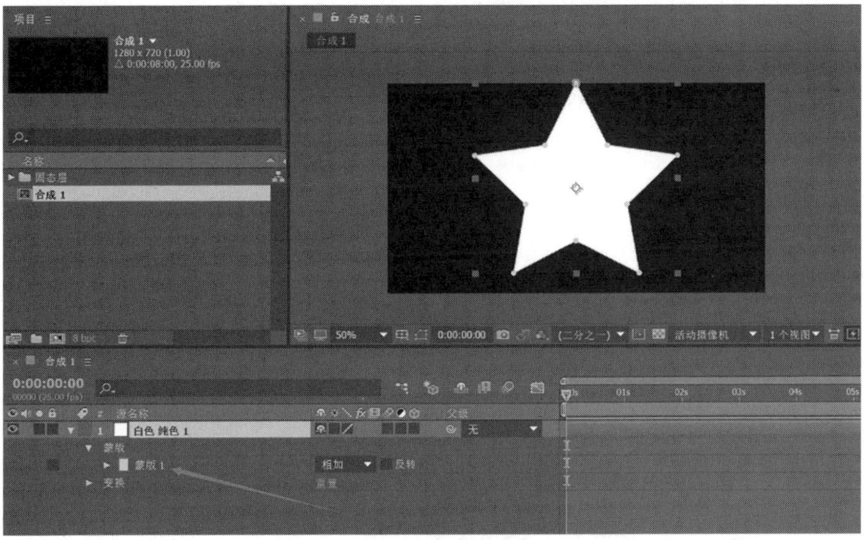

图 4.6-2 AE 蒙版——层内蒙版（遮罩）

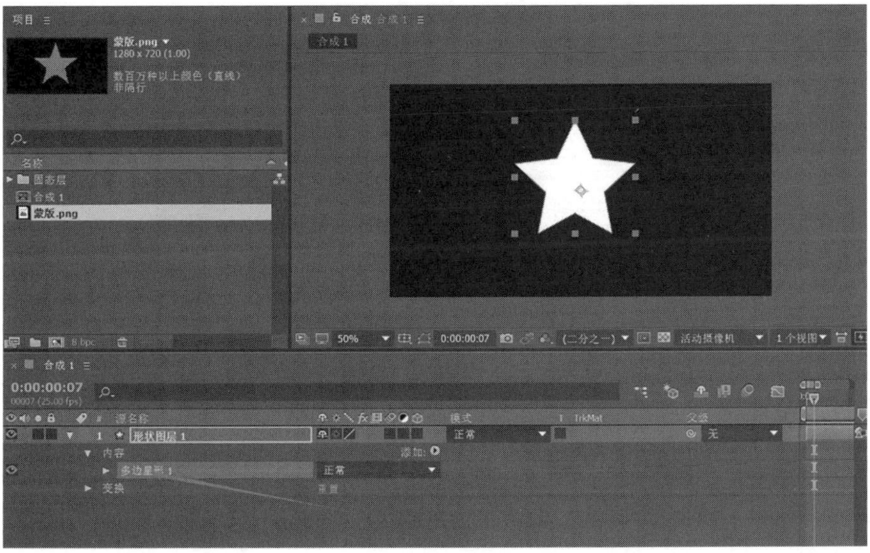

图 4.6-3 AE 形状图层

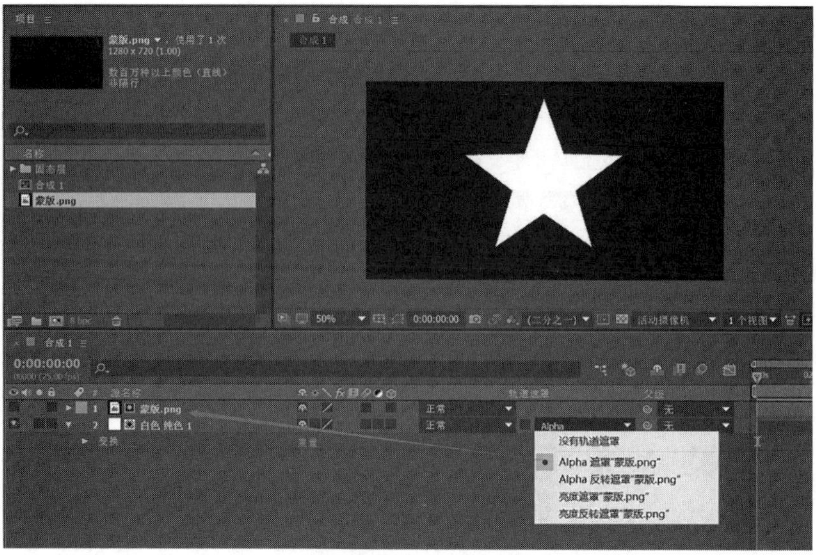

图 4.6-4 AE 蒙版——层间遮罩蒙版（遮罩）

2. 蒙版工具

蒙版工具位于快捷工具栏中，有图形工具和钢笔工具两种，其功能与 PS 的矢量工具相同。

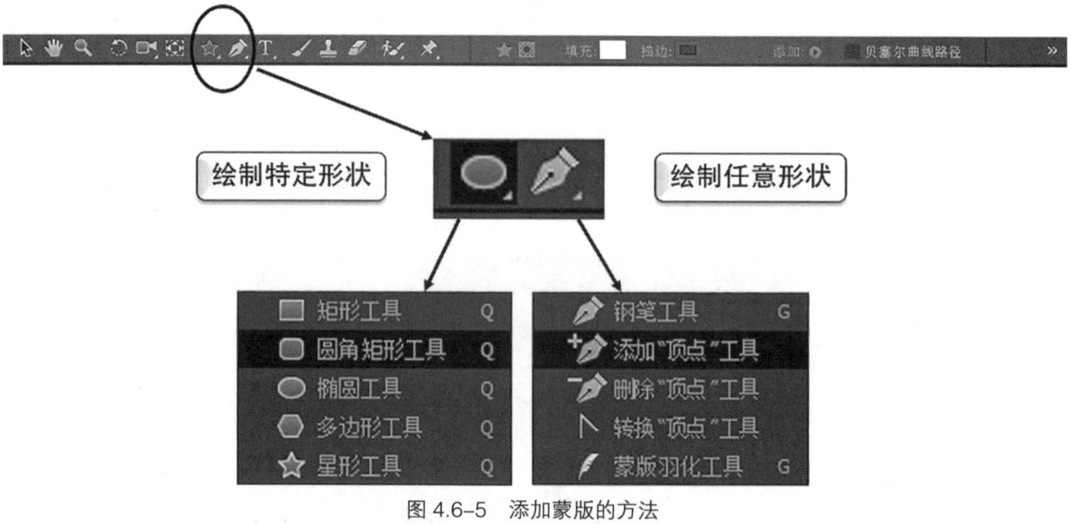

图 4.6-5 添加蒙版的方法

AE 中的蒙版工具与形状图层的绘制工具相同，但使用方法不同，它们的区别在于：蒙版是基于图层得以实现的，因此，要添加蒙版首先必须选择一个图层，然后再选择图形工具或钢笔工具，这时可以对该图像进行抠像或绘制图形；如果想建立形状图层，则必须首先取消选择图层，即在不选择任何图层的情况下，选择图形工具或钢笔工具，系统则自动新建一个形状图层，当然如果先新建一个形状图层，则可以直接使用图形工具或钢笔工具绘制各种图形。

我们来看图 4.6–6 中这个图形，如何绘制这样的图形呢？

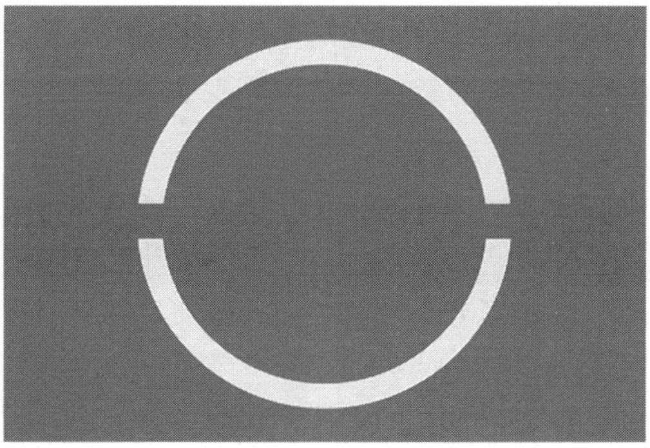

图 4.6–6 案例结果

方法如下：

（1）新建 1280×720 像素、方形像素的合成；

（2）创建颜色为“#017BAD”的纯色层，作为背景层；

（3）新建白色纯色层；

（4）在白色纯色层中心添加圆形蒙版，并将蒙版名称重命名为“圆形蒙版”。

若要以画面内某个点为中心创建蒙版，首先应选择蒙版类型（本案例中选择圆形图形工具），将光标放在该中心位置，先按下鼠标并拖动鼠标，待出现蒙版后，在鼠标未松开的情况下，按下键盘的 Ctrl 键，或按下 Ctrl+Shift 组合键，再继续拖动鼠标，即可以此点为中心创建蒙版。

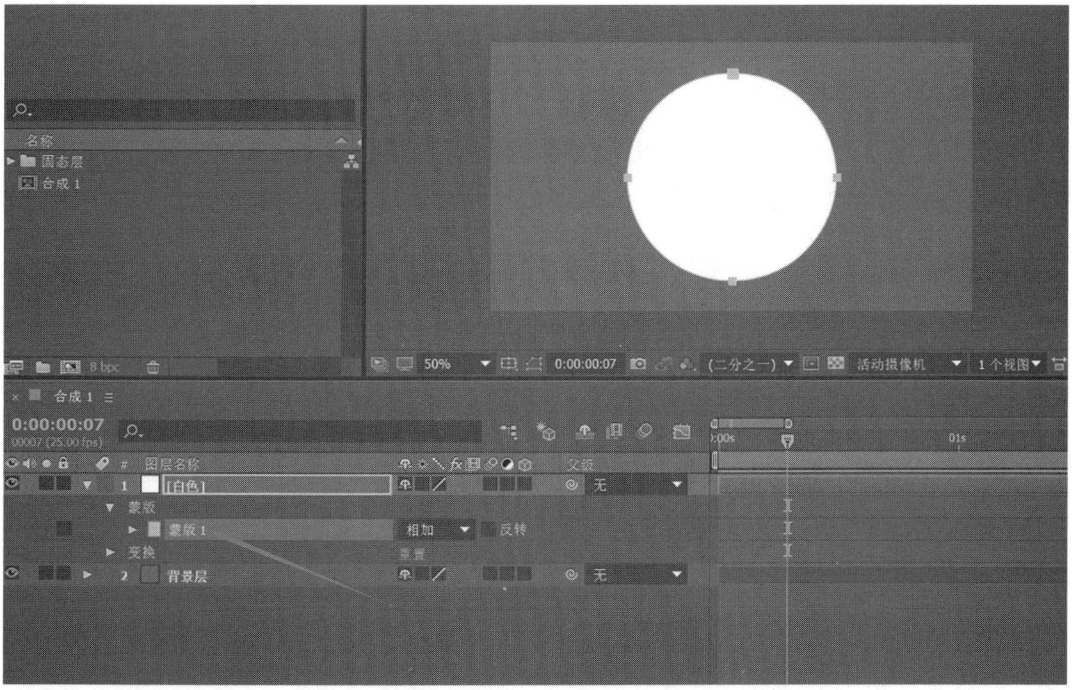

图 4.6–7 添加蒙版

（5）选择“圆形蒙版”，按下“Ctrl+D”键，将“圆形蒙版”复制为“圆形蒙版 2”，将“圆形蒙版 2”右侧的布尔运算模式设置为“相减”，然后点击“圆形蒙版 2”左侧的三角形，打开蒙版子菜单命令，调整“蒙版扩展”参数为“-35”，此时原来的圆形对象便变成了一个圆环，圆环宽度就是 35 像素。

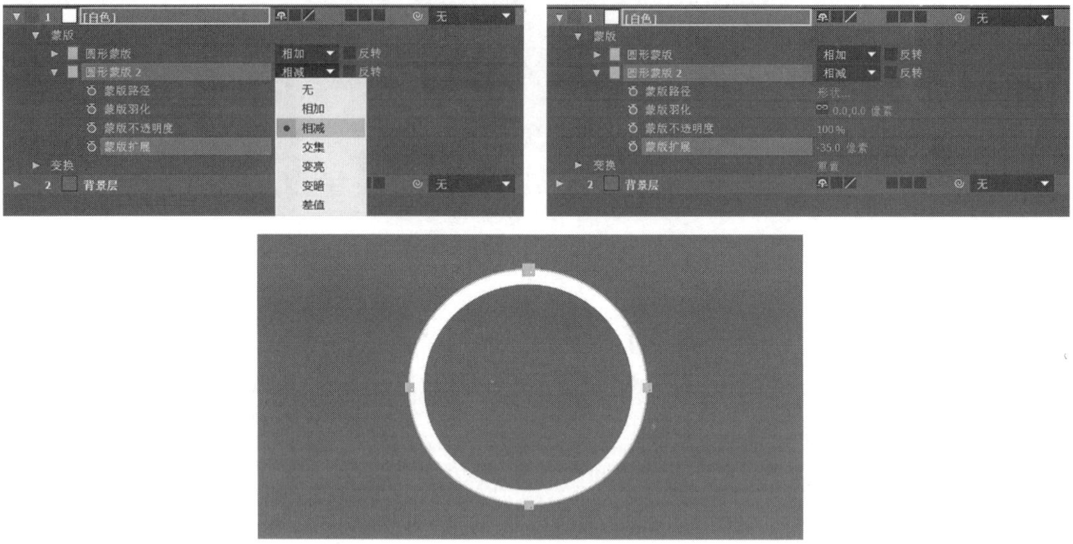

图 4.6-8　设置蒙版间的布尔关系

（6）在白色纯色层被选中的状态下，继续选择矩形图形工具，在视图内绘制一个长方形蒙版。

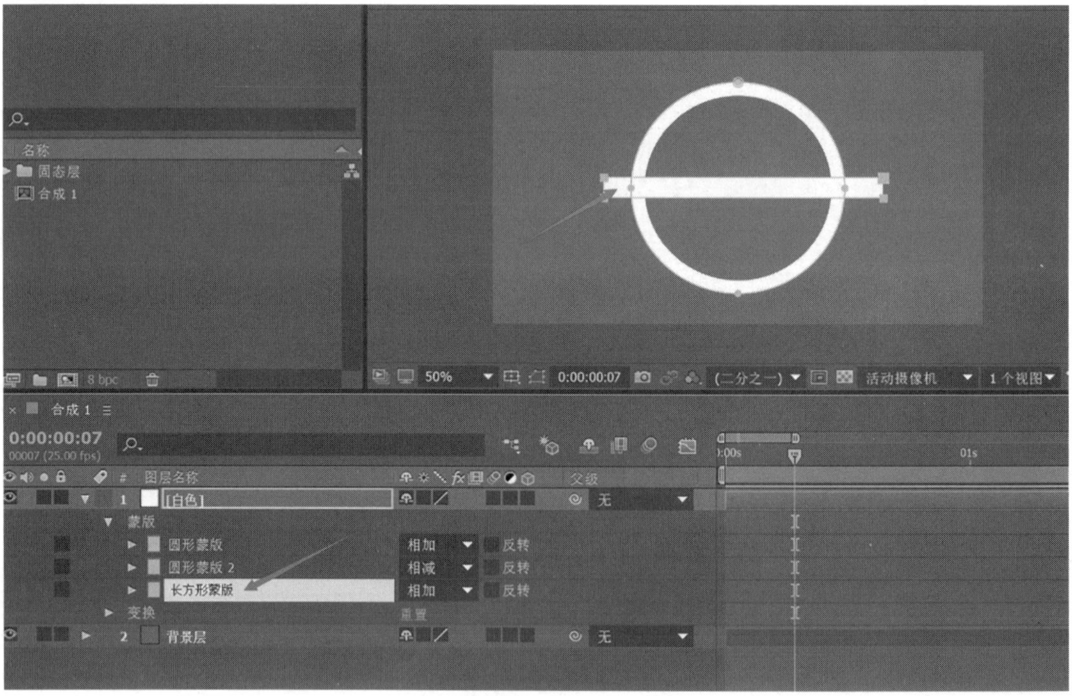

图 4.6-9　继续新建蒙版

（7）将“长方形蒙版”右侧的蒙版布尔运算模式设置为“相减”，用长方形蒙版减去圆环蒙版，最终形成带有缺口的圆环。

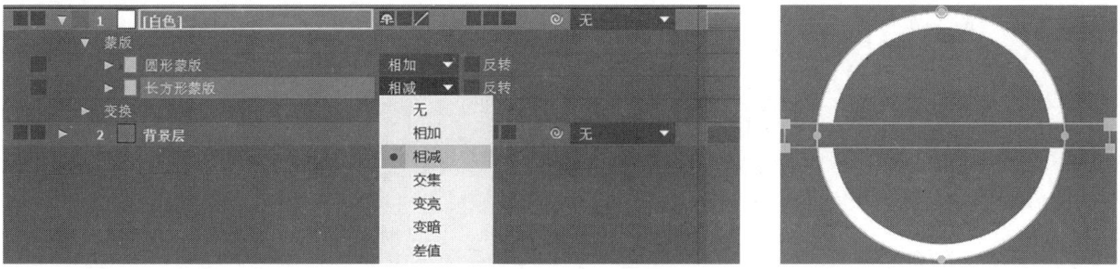

图 4.6-10　再次调整蒙版的布尔关系

4.6.2 蒙版案例——圆环旋转

结合上述蒙版案例，看看图 4.6-11 中的图形如何制作。

图 4.6-11　圆环旋转案例示意图

案例视频 4.6-1：圆环旋转

案例视频 4.6-2：圆环旋转制作演示

制作要点：

（1）制作单个圆环（具体方法同上）：首先新建合成，然后创建蓝色背景，再绘制一个白色纯色层，命名为“圆环 1”，通过标尺和参考线，找出圆环的中心点，以圆环中心点为圆心，利用圆形工具绘制一个圆形蒙版；将该圆形蒙版复制一次，然后修改蒙版布尔运算模式为相减，再修改下层蒙版中的扩展数值为负数，即缩小该蒙版，接下来继续在该图层上增加一个水平方向的矩形蒙版，并设置该蒙版的布尔运算模式为相减，从而得到所需要的图形。

（2）复制形成多个圆环蒙版，通过调整“缩放”属性，调整其他圆环的大小。

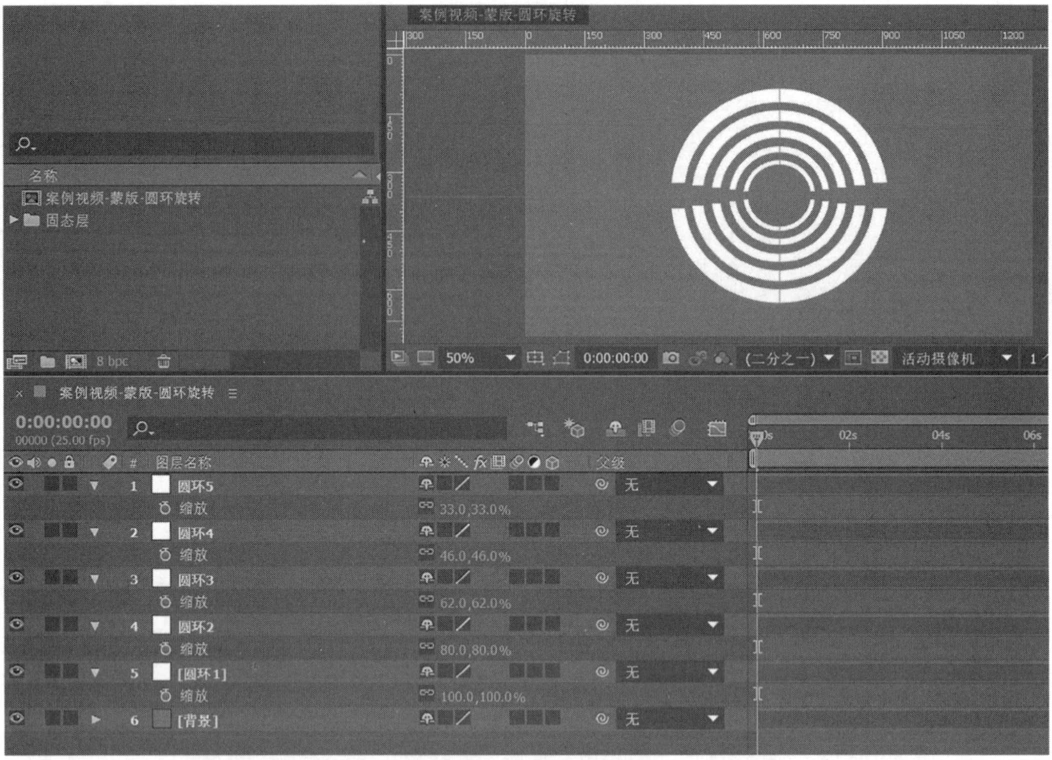

图 4.6–12　创建多个圆环

（3）为每个圆环设置旋转动画，使每个圆环的旋转方向和速度均有所变化。

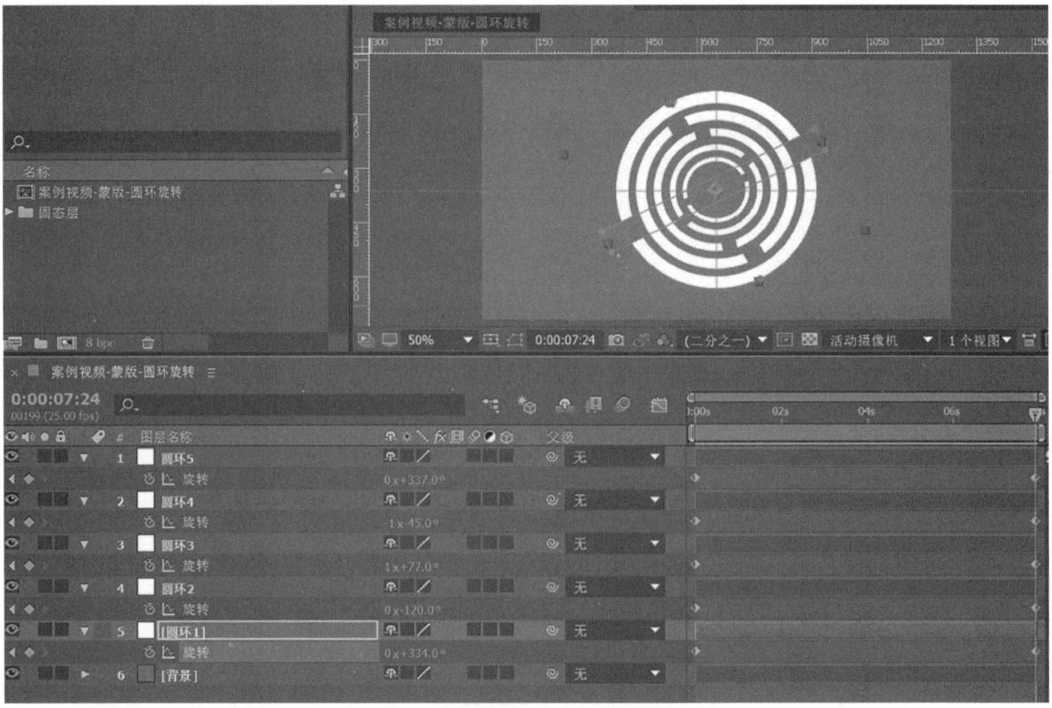

图 4.6–13　设置各圆环旋转参数和关键帧

（4）完成案例制作，最终得到一个差异性旋转的多个圆环动画。

4.6.3 蒙版案例——雷达扫描

根据 4.5.2 的案例制作方法，我们来看一个类似于雷达扫描的动画案例。

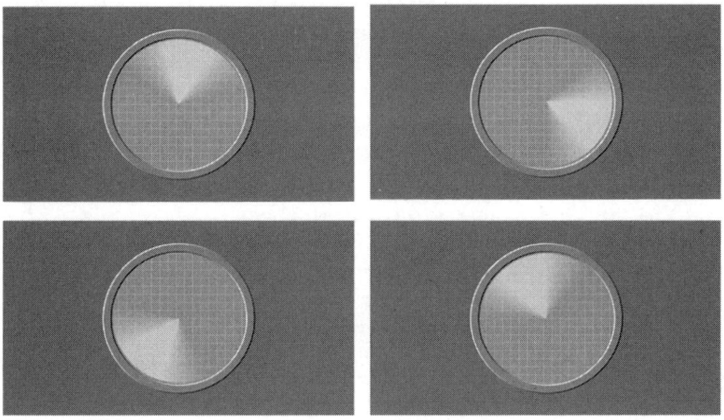

图 4.6–14　雷达扫描案例演示

案例视频 4.6–3：雷达扫描

案例视频 4.6–4：雷达扫描制作演示

本案例是一个相对综合的案例，会涉及后续知识点，读者可以先记录一下。这也是本教材后续所有综合案例的典型特征，即一个案例涉及的知识和技能具有相对的综合性，但关键要点有一定侧重，希望在学习中有所体会。

本案例的基本步骤包括如下方面：

（1）新建 1280×720 像素、方形像素的合成。

（2）创建蓝色纯色层作为背景。

（3）新建颜色为“#03AD67”的纯色层，作为模拟雷达的绿色背景。

（4）在“雷达背景”图层上添加圆形蒙版，形成图 4.6–15 的效果。

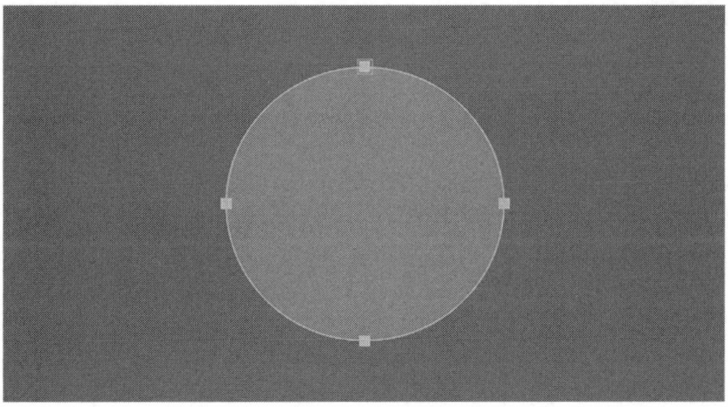

图 4.6–15　绘制圆形蒙版

（5）将“雷达背景”图层复制两次，分别命名为“雷达边框”和“扫描光线”，并在两个图层左侧的“隐藏 / 显示”开关位置点击鼠标左键，将“眼睛”标志隐藏，即先把“雷达边框”和“扫描光线”两个图层隐藏起来，以备后用。

图 4.6-16　利用复制图层的方法制作雷达边框和扫描光线

思考：第五步中复制两个图层的目的是什么？为什么要这样？

（6）在时间线上选择“雷达背景”图层，点击鼠标右键，在弹出的菜单中选择“效果>生成>网格”，此时在项目面板右侧自动出现了“效果控件”面板，且刚才添加的特效在“效果控件”面板中显示了出来，此时，按照图 4.6-18 中的参数对“网格”特效进行设置，从设置中我们可以看出，网格大小为 30 像素，网格线条为 1 像素，网格与图层的混合模式为“相加”。

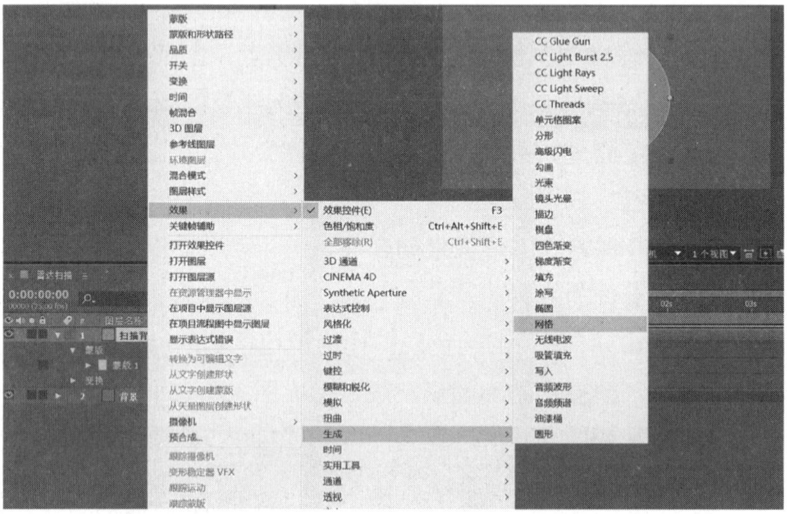

图 4.6-17　添加网格特效

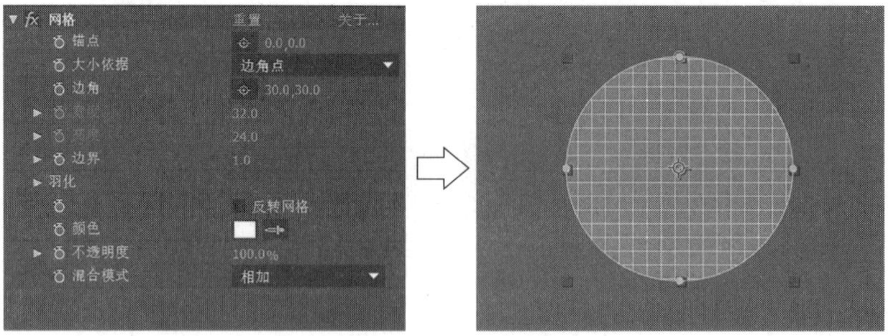

图 4.6-18　设置网络特效参数

（7）在时间线上选择“雷达边框”图层，点击其左侧的“隐藏 / 显示”开关，使其显现出来，用鼠标点击该图层标签左侧的向右三角形标志位置，打开图层属性，之后，继续打开蒙版属性、蒙版 1 属性，我们可以看到此时“雷达边框”图层仅有一个蒙版。

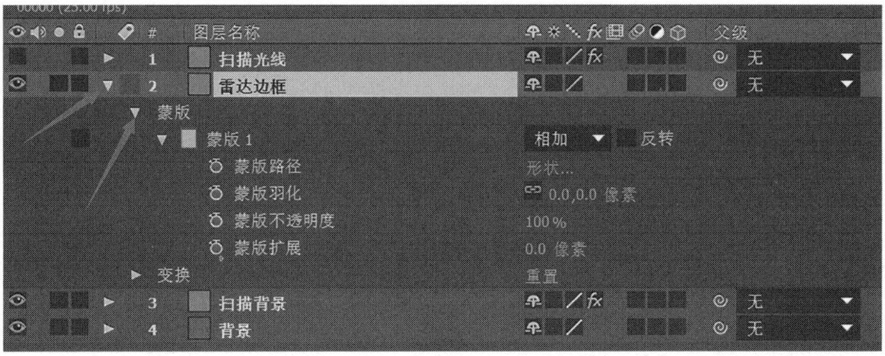

图 4.6–19　打开雷达边框的图层属性

（8）继续选择“雷达边框”图层，按下“Ctrl+Shift+Y”组合快捷键，打开“雷达边框”纯色层设置，将其背景颜色调整为浅灰色。

（9）在“雷达边框”图层的“蒙版 1”位置点击鼠标，选择“蒙版 1”蒙版，按下“Ctrl+D”组合快捷键，将“蒙版 1”复制生成“蒙版 2”。之后，将“蒙版 1”的“蒙版扩展”参数调整为“34”，即将蒙版 1 的边界向外放大 34 像素。然后再把“蒙版 2”的布尔运算模式设置为“相减”。由此，得到一个浅灰色的圆环，以此作为雷达的边框。

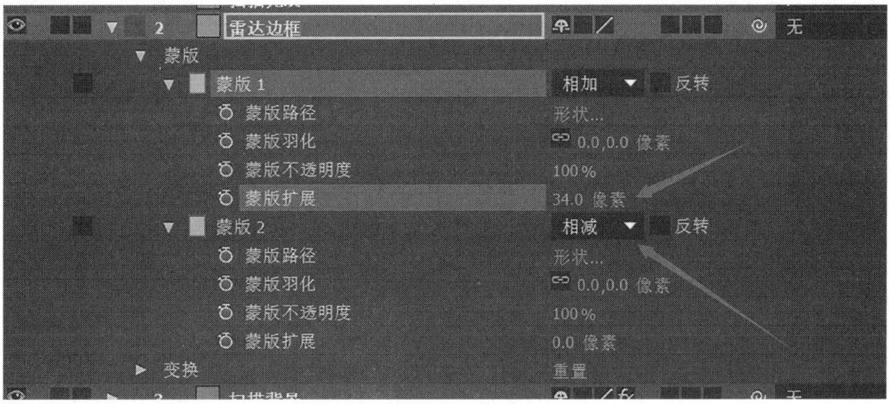

图 4.6–20　设置雷达边框蒙版参数

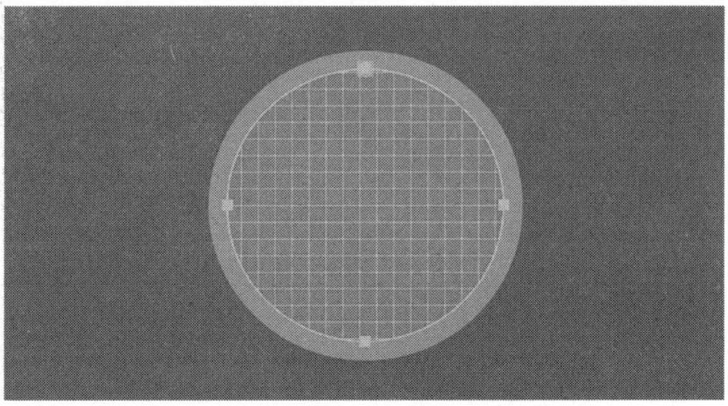

图 4.6–21　调整蒙版参数后的效果

（10）选择“雷达边框”图层，点击鼠标右键，在弹出的菜单中选择“效果＞透视＞斜面 Alpha”，在“效果控件”面板中设置“斜面 Alpha”的参数，该特效的作用是使边框产生立体效果。

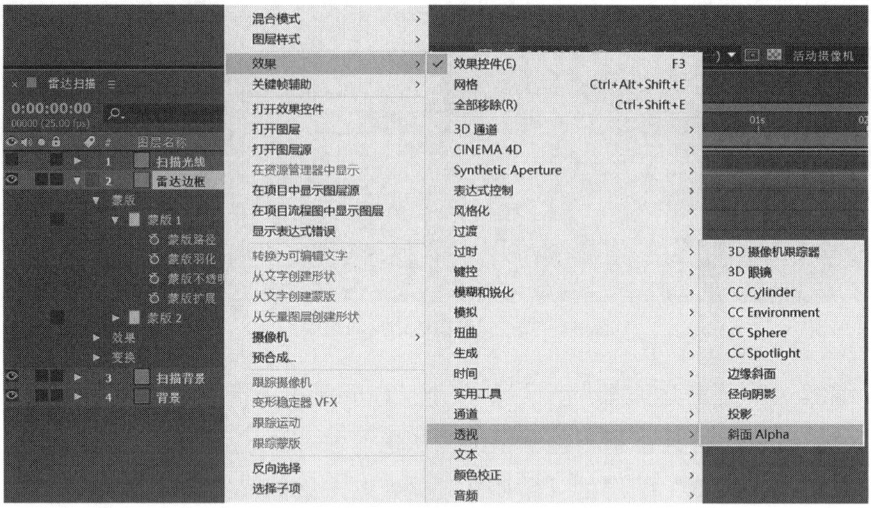

图 4.6–22 添加斜面 Alpha 特效

图 4.6–23 设置斜面 Alpha 参数

（11）在时间线上选择“扫描光线”图层，按下“Ctrl+Shift+Y”组合快捷键，打开“扫描光线”纯色层设置，将其背景颜色调整为白色；打开该图层的“蒙版 1”，将“蒙版扩展”参数调整为“–8”，即缩小扫描光线的范围，比雷达背景稍微小一点即可。

（12）在“扫描光线”图层被选中的情况下，选择工具栏中的“矩形”工具，在图层右下角绘制出“蒙版 2”（见图 4.6–24）。

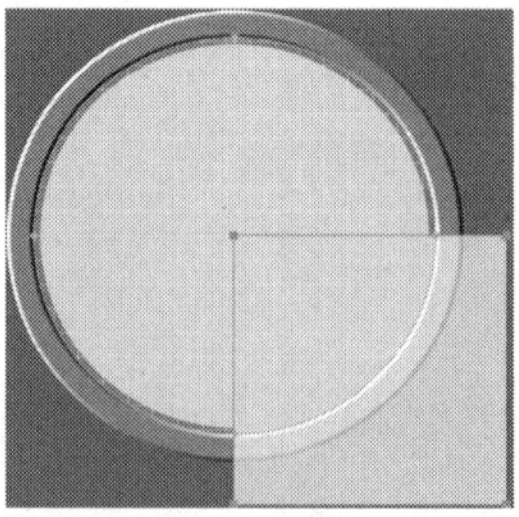

图 4.6–24 绘制雷达光线

（13）将“扫描光线”图层的“蒙版 2”布尔运算模式设置为“交集”，使该图层的两个蒙版运算后只剩下右下角的 1/4 圆弧；打开该图层的旋转属性，调整图层旋转参数为“–135”度，使 1/4 圆弧旋转到画面上部（这是绘制 1/4 圆弧最快的方法）。

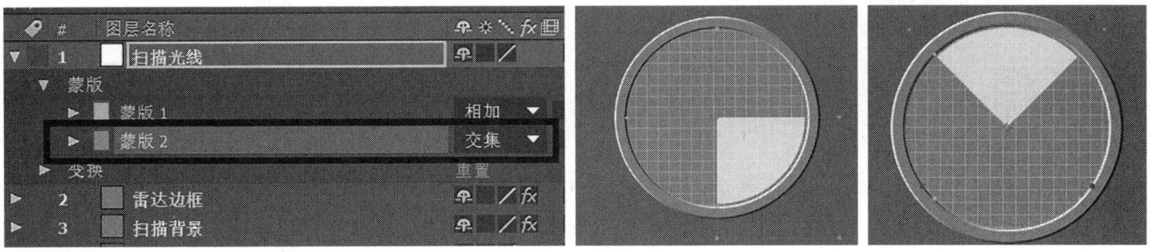

图 4.6–25 旋转雷达光线

（14）为“扫描光线”图层添加“径向模糊”特效，在效果控件面板中设置模糊“数量”为 86。

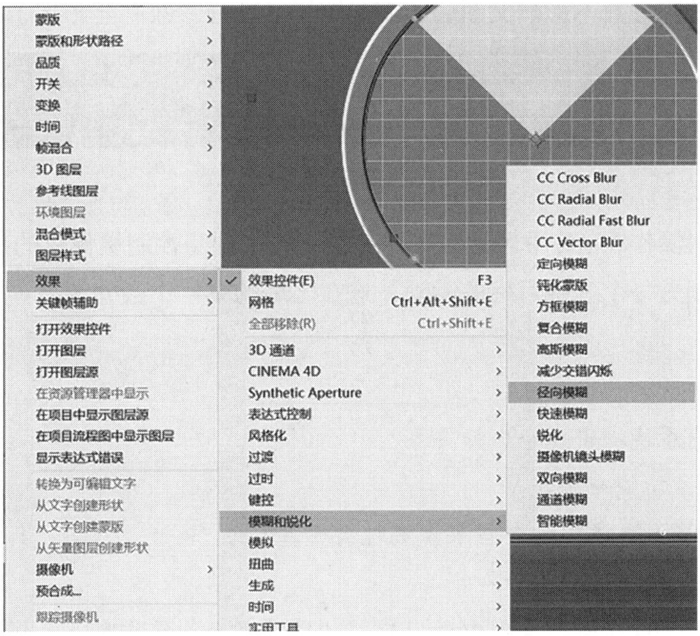

图 4.6–26 添加径向模糊效果

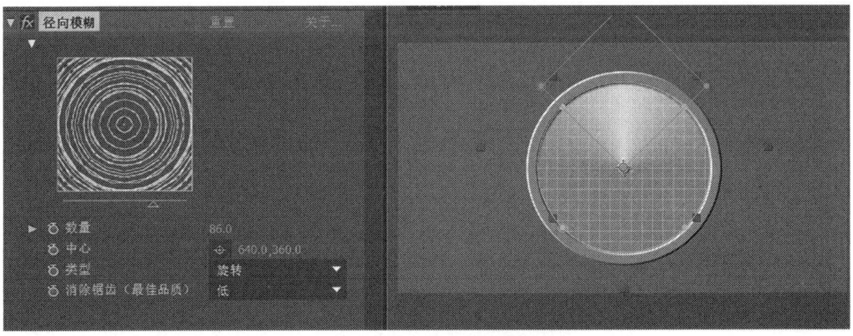

图 4.6–27 设置径向模糊后的效果

（15）为“扫描光线”图层添加旋转属性动画，形成光线围绕中心做旋转的动画效果。

4.6.4 图层关联

案例视频 4.6-5：图层关联

在视频作品创意中，有的时候需要将某个物体跟随另一个物体做同步运动，有的时候需要在某个物体或视频中贴上另一个活动视频，如在一本相册中出现了一段活动视频。这些效果的实现，可以借助于 AE 中的图层关联操作，这种关联操作类似于图层之间的跟踪运动。

图层的关联主要是通过图层的子父级关系进行设置（见图 4.6-28），在设置了子父级关系的多个图层中，子图层的基本属性参数会受到父图层的基本属性参数影响，但图层特效的参数并不会受到影响。这里要注意的是子图层跟随父图层运动，子图层的动画参数不影响父图层，而父图层的动画参数则会影响子图层。

图 4.6-28　图层子父级关系设置

图层的关联操作在 AE 中经常用于通过空物体来同步控制摄像机的参数，或者用一个空物体去控制另一个三维目标的运动，这在之后的案例中会介绍。

本章作业

1. 如何正确看待编辑与合成的关系？
2. AE 的基本功能有哪些？
3. AE 的主要对象类型和各自基本属性有哪些？
4. AE 的常见操作流程是什么？
5. 结合实际阐述在路径操作中如何应用“摆动变换”操作？
6. AE 蒙版和遮罩有何异同？
7. 模仿完成本章中相关演示案例的文字效果。
8. 完成中国大学 MOOC 中本课程中的本章测验，参与学习讨论。

5 After Effects的文字制作与特效

学习目标

1. 基本内容：字幕在影视作品中的作用，文字的基本属性，文字的高级属性动画设置方法，范围选择器和摆动器形成动画的原理，随机文字、路径文字、手写字等各种文字效果的制作方法。
2. 重点：文字的高级属性动画制作，各种文字效果的设置要点。
3. 难点：范围选择器、摆动器的作用和设置方法，手写字的生成原理。
4. 知识目标：掌握字幕在影视作品中的作用，掌握文字的属性设置，掌握各种文字效果生成的基本原理。
5. 能力目标：能运用各种技巧制作文字效果，在制作过程中逐渐体会特效创意的基本思路。

本章导读

字幕是影视作品的必要元素，字幕与画面相辅相成。字幕在影视作品中可简、可繁。简单的文字效果可以是一幅画面仅有黑底白字，复杂的文字效果可以表现为将文字作为重要表达元素展现空间变化。AE 的默认文字图层与一般图层一样，都具有五个基本属性；同时文字图层也是矢量图层，可以被任意放大和缩小；可以将文字整体做动画，也可以拆分文字后将其逐个制作动画，还可以制作各种随机效果。

5.1 字幕在影视作品的作用

在影视发展初期，由于技术限制，只能播放画面，没有配音和解说，为了能让观众了解作品表现的主题，只能依靠字幕，艾森斯坦的著名作品《战舰波将金号》就是一个典型，这个作品中只有画面、音乐和字幕，作品将事件的发展过程和主要情节通过“字幕”来加以说明，让观众能看得懂埃森斯坦的创作意图。可见，字幕在影视发展初期就发挥了极其重要的作用，字幕能辅助观众了解作品的背景和情节，从而准确地表达导演或创作者的意图，以及影视作品的幕后信息等。

目前，我们看到的所有影视作品都包含字幕，每部作品至少都包含有标题、创作者信息、职员表，没有标题和创作者信息的作品被认为是不完整的作品。因此，字幕是影视作品表达主题和进行交流的重要元素。

总体上讲，字幕在影视作品中的作用可以归纳为六个方面，即标题说明、信息提示、内容解释、强调说明、主题叙事以及造型与构图。

5.1.1 标题说明

影视作品作为一种传播媒介，必须明确告诉观众它所表达的主题或要点是什么，即用最简短的文字或词语高度概括表达作品的主题，这就是标题文字。标题文字要求形式醒目、有冲击力、容易记忆。如图 5.1–1 中的《互联网时代》专题片，它的标题就使用了粗壮的字体，加上光线效果，可有效地抓住观众眼球，从而强化观众的记忆。

图 5.1–1　各类标题字幕

5.1.2 信息提示

信息提示这类文字主要用于辅助画面或声音，比如一部英文原版作品，如果没有翻译字幕，那么大多数人在观看的时候就可能看不懂，这种字幕的作用就是一种提示；再比如，每一个作品的结尾都会显示作品的创作团队信息，如职员表，一方面是为了告诉观众作品的创作团队是谁，另一方面这也是知识产权的重要体现。

图 5.1–2 《象牙塔》影片字幕截图

图 5.1–3 《互联网时代》专题片片尾字幕

5.1.3 内容解释

字幕的第三个作用是内容解释。这类字幕多见于电视教材，通过字幕来表现某个原理图、流程图等。这类字幕内容本身就是作品的表达主体，其作用并不是辅助画面或声音，甚至声音反而成为字幕的辅助元素。

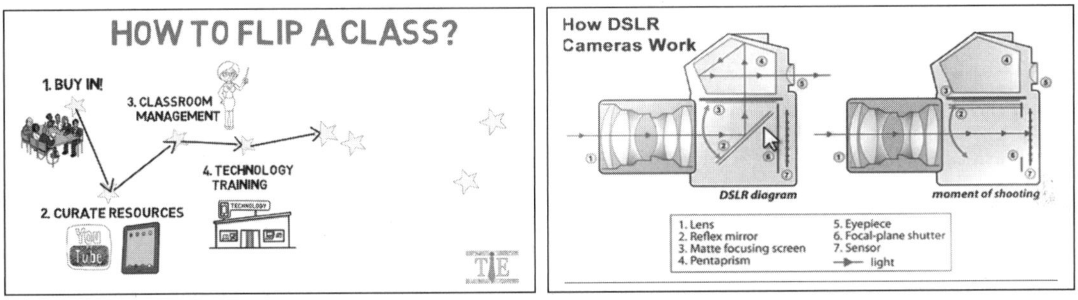

图 5.1–4 内容解释字幕

5.1.4 强调说明

字幕的第四个作用是强调说明：就是利用文字对画面内某个内容进行强调，或者是对画面内人物的身份进行标注说明等。

如《江苏一分钟》宣传片中，通过文字来突出说明一分钟内发生在江苏省境内的若干事件，这些字幕对解说起到补充和强调作用（见图 5.1–5）。

图 5.1–5 《江苏一分钟》中的字幕

再看看《互联网时代》中的部分采访画面，画面中利用文字对人物姓名、职务等信息进行了标注，这在新闻和纪录片的采访类镜头中经常被使用。

图 5.1–6 《互联网时代》专题片的身份字幕

5.1.5 主题叙事

字幕的第五个作用是主题叙事，主要用在当影视作品没有足够的画面或者无法使用画面来表达的场合，此时只能用字幕来说明，经常采用的方法是黑底白字或者是在某个画面上叠加文字。

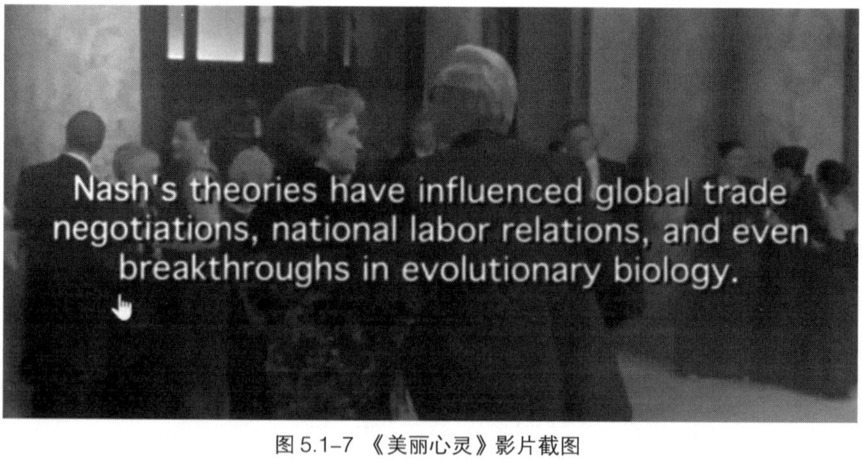

图 5.1–7 《美丽心灵》影片截图

如电影《1942》的结尾部分，通过几屏文字交代了作品中主要人物的后续命运。可见，这类文字能简洁地将作品的时间、地点、人物命运等信息进行概要性叙述，这种情况多用于作品的开始、结尾，或者在中间做过场性介绍等。

图 5.1-8 《1942》影片截图

5.1.6 造型与构图

字幕的第六个作用是造型与构图，这种情况主要存在于作品的片头或在一些广告作品中，这类字幕是画面构图的重要元素，甚至画面内没有其他要素而只有文字。这类字幕通常会采用各种技巧进行展示，如线条引导、三维空间、虚实结合等。

综上所述，字幕是影视作品创作中不可缺少的表现元素，主要有六个方面的作用。从表现形式方面来看，这六个作用可以归为两类：

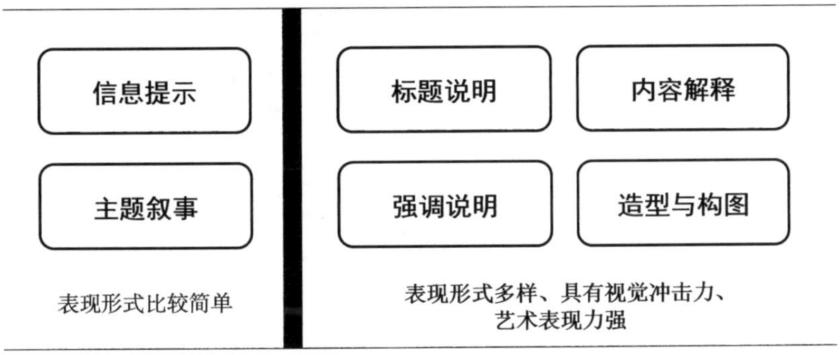

图 5.1-9 字幕各种作用之间的关系图

一类是信息提示和主题叙事；另一类是标题说明、内容解释、强调说明和造型与构图。第一类字幕表现形式比较简单，以“能看清”为目标；第二类字幕则不同，它们要求表现形式多样、具有视觉冲击力、艺术表现力强。

因此，在今后的影视创作中，我们要恰当地使用字幕，根据字幕的不同用途来设计和创作。

5.2 After Effects 的文字基本制作与属性动画

文字是影视作品中不可缺少的要素，也是在后期编辑和特效处理中基本的、相对简单的要素。在 AE 中，文字与其他对象一样，也存在五种属性，同时也有文字自身的特殊参数。

5.2.1 创建和修饰文字

首先，我们来看一下如何创建和修饰文字。文字的创建可以通过以下四种方法进行。

一是使用工具面板的横向文字工具或者纵向文字工具在合成窗口中某个位置单击鼠标右键，输入文字内容，单击选择工具或者按下数字键盘的回车键完成输入。

二是选择“图层>新建>文字”菜单命令，新建文字图层。

三是在时间线窗口空白处单击鼠标右键，在弹出的右键菜单中选择“新建>文字”菜单命令，新建文字图层。

四是在合成窗口中单击鼠标右键，在弹出菜单中选择“新建>文字”菜单命令，新建文字图层。

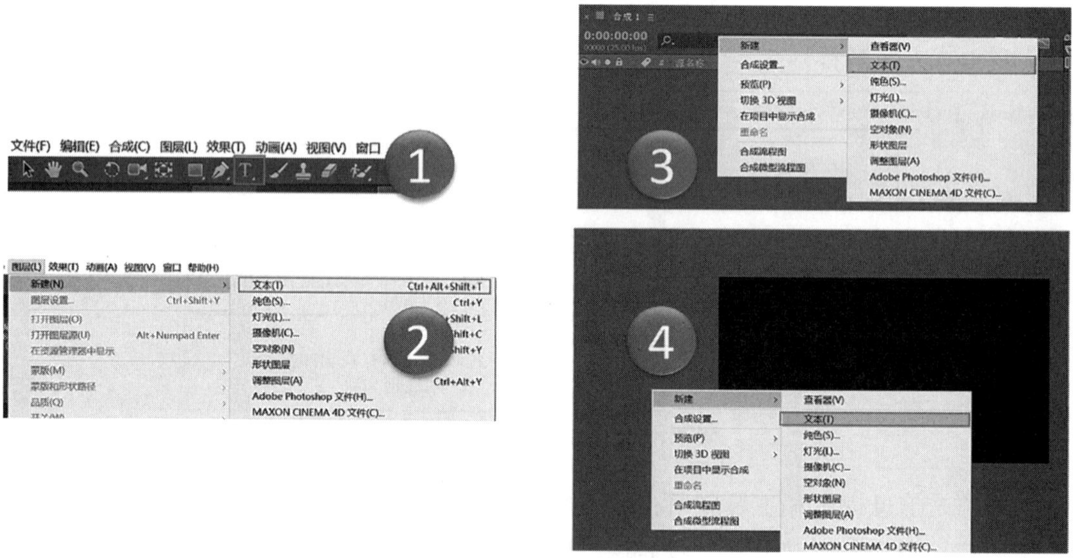

图 5.2–1　创建文字图层的方法

修改文字内容的方法有三种：

一是在时间线窗口上双击文字图层进入文本编辑状态。

二是使用文字工具在合成窗口中单击要修改的文字后直接修改。

三是使用选择工具在合成窗口中双击要修改的文字进入文字编辑状态。

5.2.2 文本格式化处理

当我们创建好一个文字图层后，可以通过字符面板和段落面板对文本进行格式化设置。

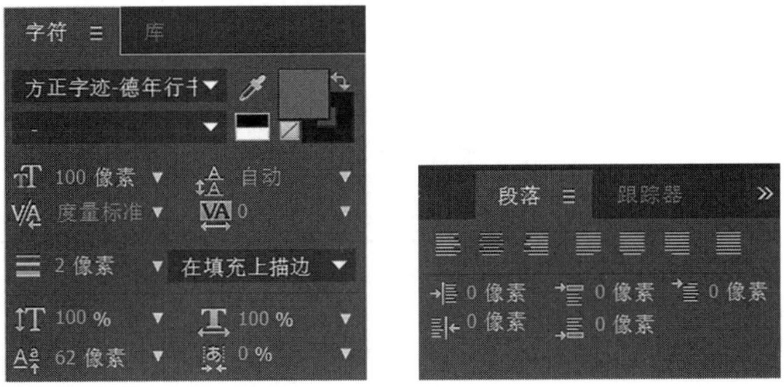

图 5.2-2　与文字相关的面板

如果工作区内没有出现这两个面板，可以在菜单栏中选择“窗口”菜单，再选择“字符”和“段落”，可将“字符”和“段落”两个面板打开。

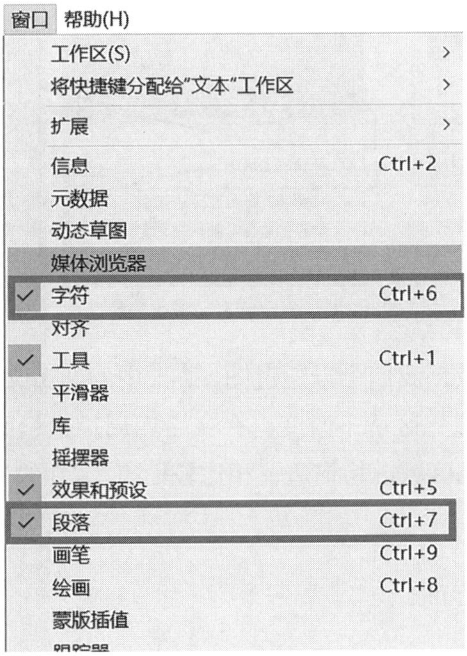

图 5.2-3　菜单栏中的字符与段落面板

在字符面板中，可以设置文本的字体、填充色、描边色、字体大小、行间距、字间距、描边宽度、描边方式等。

在段落面板中，可以设置文字的对齐方式、缩进方式等。

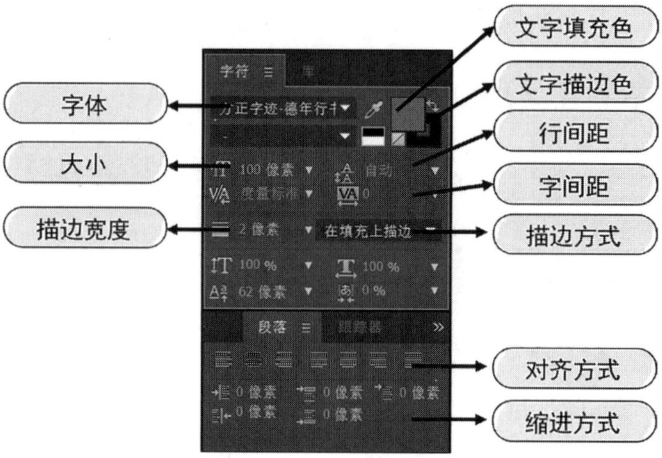

图 5.2–4　字符面板

需要强调说明的是：默认状态下，文字没有描边，如果要为文字增加描边，需要设置描边；当文字设置了描边，则可以设置不同的描边方式。AE 提供了两个描边方式：在描边上填充和在填充上描边。

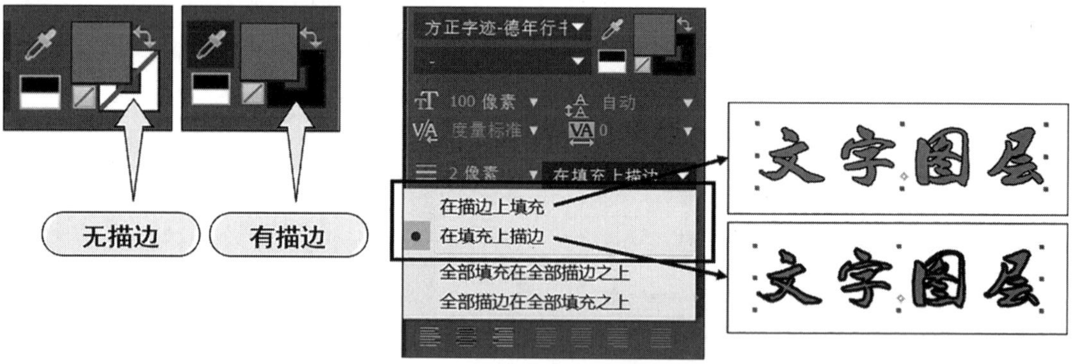

图 5.2–5　文字填充和描边参数设置

这两个方式的不同点，我们可以通过图 5.2–5 中的两组文字来作比较，“在描边上填充”方式下，文字的填充区域不改变，在文字四周描边；而“在填充上描边”方式下，会在文字四周和填充区域内均描边，相比较而言，“在描边上填充”更加符合实际需求。

5.2.3 文字属性动画

作为一种图层，文字层与纯色层一样，同样能设置属性动画。

但文字图层与纯色图层有区别，我们打开文字图层的下拉属性可以看到，文字图层下可以设置“文本”和“变换”两类参数。

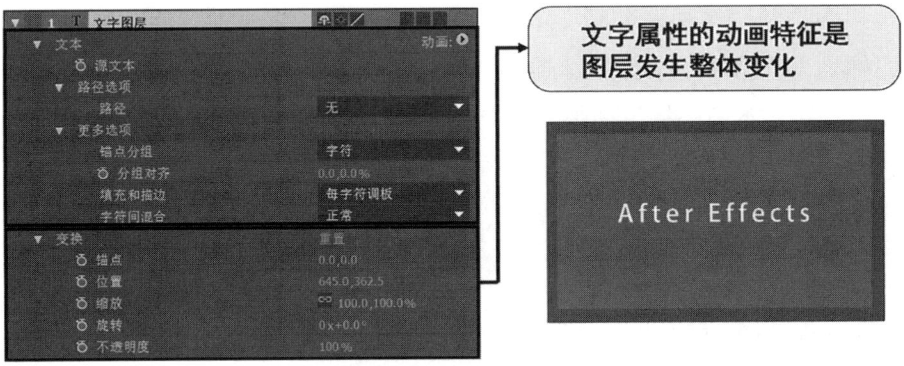

图 5.2-6 文字图层属性

其中，“变换”与纯色图层一样，包含锚点、位置、缩放、旋转和不透明度参数。

“文本”属性中还包含“源文本”、路径等参数。

文字图层的属性动画与其他图层的属性动画有一个共同的属性，即文字图层发生整体的变化。如在一个动画效果中，After Effects 整体从左侧入画，然后放大，再缩小后从右侧整体出画。

如果要让 After Effects 的所有单词分别从左侧逐个入画，通过刚才的属性动画就难以实现。除非把这些单词逐个拆成若干个图层独立制作，然后再调整相对的位置关系才能制作而成，但这样制作的效率就会大大降低。

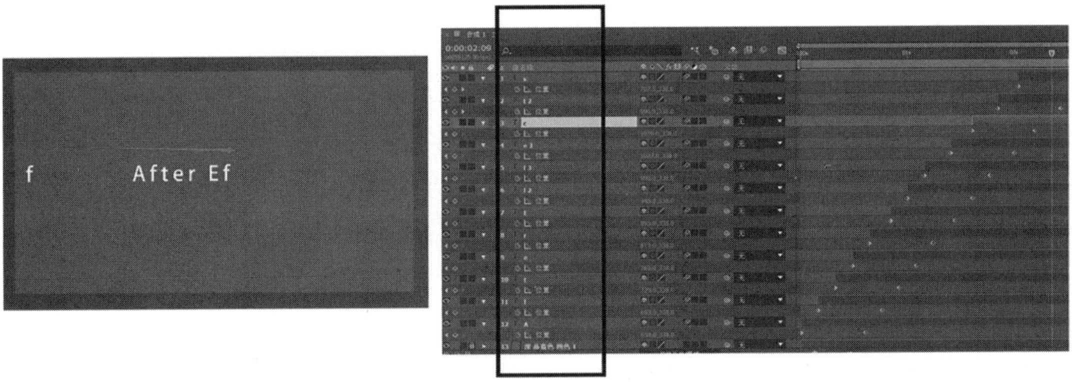

图 5.2-7 使用多层制作复杂文字效果

如何快速制作类似的动画效果呢？这就需要应用文字的高级动画。

5.2.4 文字高级动画

我们可以通过文字的高级动画来制作分层、单独显示的文字动画效果等。文字高级动画通过文字图层的“动画制作器”来完成。

1. 动画制作器添加方法

要向文字图层中添加高级动画，首先在“时间线”面板中选择某一文字图层，然后在菜单栏中选择“动画>动画文本”命令，或选择“文本”属性右侧的“动画”标记（我们称之为“动画制作器”），通过这个标记可以制作文字的高级动画。

为便于理解，本书中将“动画制作器”效果称为“文字高级动画”。

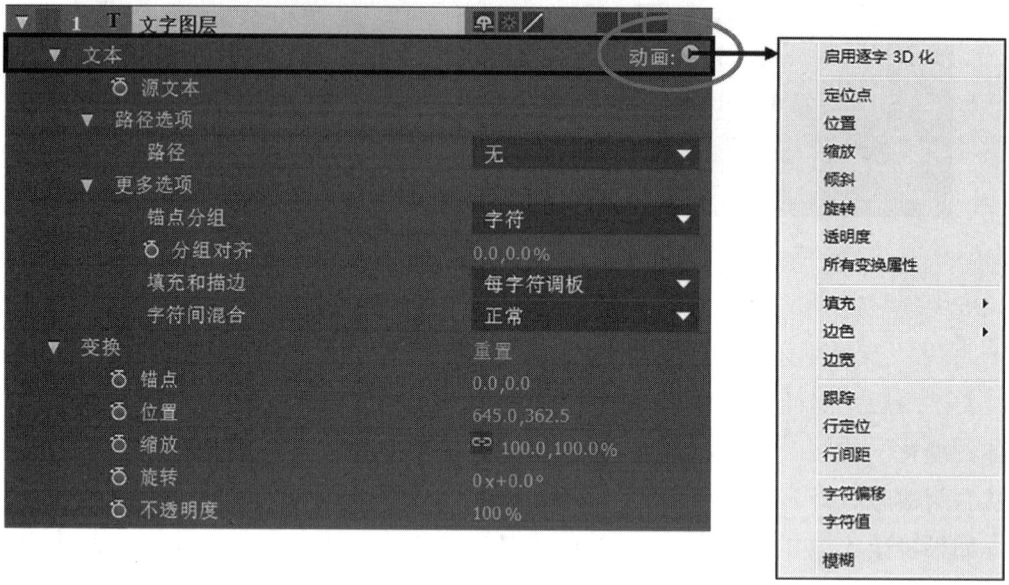

图 5.2-8　向文字图层中添加高级动画

动画制作器属性包括定位点（即锚点）、位置、缩放、旋转、不透明度、填充颜色、描边颜色、描边宽度、行距、字符位移、模糊等。动画制作器属性的工作方式与其他图层属性动画非常类似，只是它们的值只影响由动画制作器组的“选择器”选择的字符。如果选择“启用逐字符 3D 化”，则向文字图层中添加 3D 属性，动画制作器中的这些属性与图层属性动画有很大区别。我们可以从下面的例子中体会一下。

当我们通过文本右侧的“动画”标记打开动画制作器并选择其中一个属性时，在文本子参数内就会添加一个“动画制作工具”组；如果再通过“动画”标记打开动画制作器添加另一个属性，就会在文本子参数内再添加一个“动画制作工具”组。

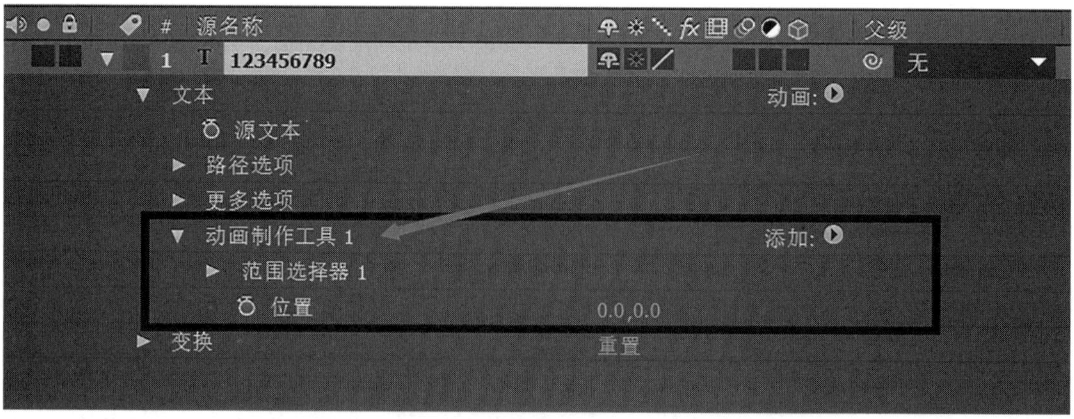

图 5.2-9　向文字图层中添加“位置”动画制作工具组

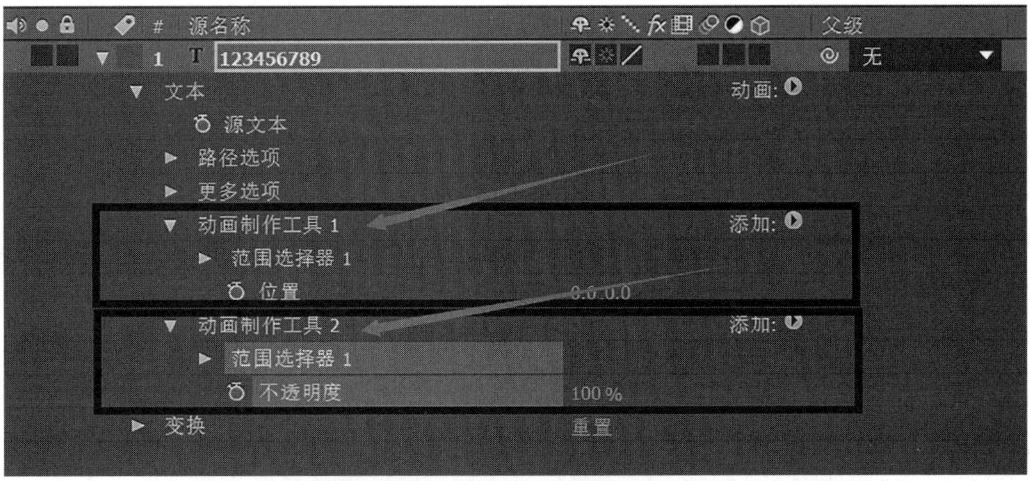

图 5.2-10 向文字图层中添加“位置”和“不透明度”两个动画制作工具组

通过“动画制作器”添加的动画属性不会向“动画制作工具”组中添加属性。

2. 动画制作器属性

锚点：设置文本对象的中点，锚点值决定了文本的旋转和缩放中心，同时也能调整文本在画面内的绝对位置。

位置：设置文本相对于锚点的位置偏移参数。

缩放：因为缩放是相对于锚点而言的，因此更改缩放的 Z 值不会产生明显结果，除非文本也具有包含非零 Z 值的锚点动画制作器。

倾斜：“倾斜轴”指定字符沿其倾斜的轴。

旋转：默认为 X 轴和 Y 轴的二维旋转。

全部变换属性：所有的“变换”属性一次性添加到动画制作器组。

行锚点：每行文本的字符间距对齐方式。值 0% 指定左对齐，50% 指定居中对齐，100% 指定右对齐。

行距：多行文字图层中文本行之间的距离。

字符位移：将选定字符偏移的 Unicode 值数。例如，值为 5 时，按字母顺序将单词中的字符前进五步，因此单词 offset 将变成 tkkxjy。

字符值：选定字符的新 Unicode 值，将每个字符替换为由新值表示的一个字符。例如，值为 65 时，会将单词中的所有字符替换为第 65 个 Unicode 字符（A），因此单词 value 将变为 AAAAA。

字符范围：指定对字符的限制。每次向图层中添加“字符位移”或“字符值”属性时，都会出现此属性。选择“保留大小写及数位”可将字符保留在其各自的组中。组包括大写罗马字、小写罗马字、数字、符号、日语片假名，等等。选择“完整的 Unicode”可允许无限制的字符更改。

模糊：要添加到字符中的高斯模糊量，可以分别指定水平和垂直模糊量。

3. 动画制作工具组

当我们添加了“动画制作器”属性后，在该文字图层内会自动形成“动画制作工具”组。一个文字图层可以有多个“动画制作工具”组，一个“动画制作工具”组可以有多个动画属性。如果要想向“动画制作工具”组添加多个属性，可以先选择该“动画制作工具”组，然后在菜单栏中选择“动画>动画文本”命令；也可以直接点击该“动画制作工具”组右侧“添加”后的三角形标志，然后根据需要选择相应属性。

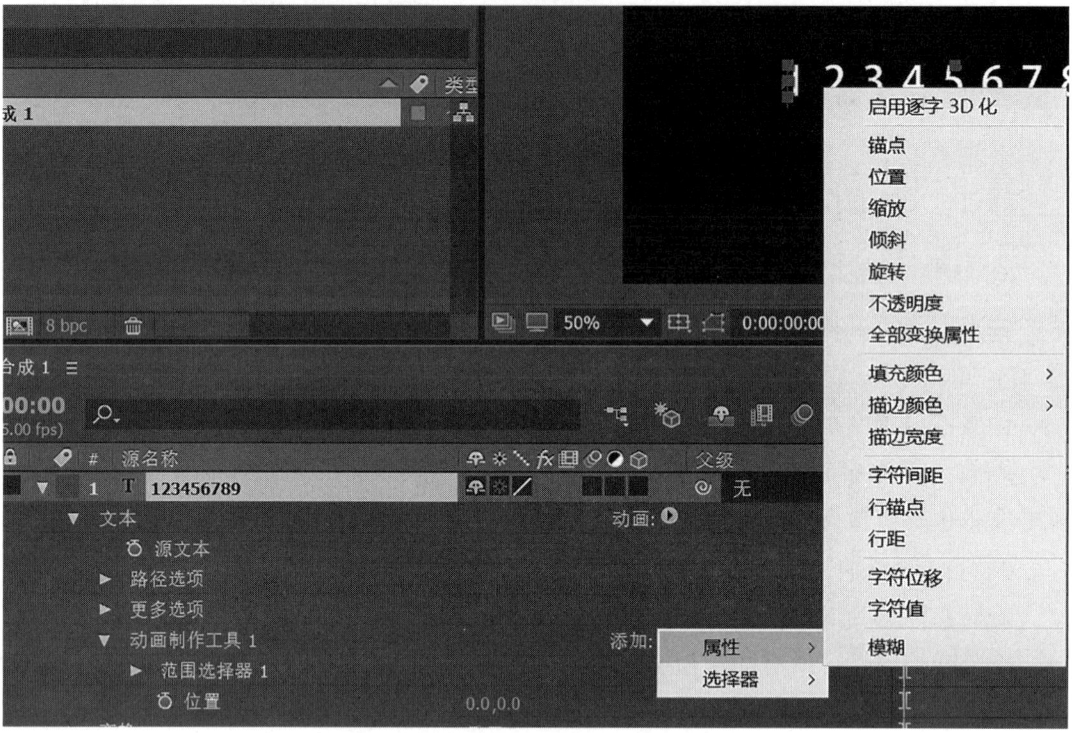

图 5.2-11　文字图层“动画制作工具”组属性

“动画制作工具”组右侧“添加”菜单中除了“属性”外，还有一个“选择器”菜单，用来设置该“动画制作工具”组的作用范围。在实际动画制作过程中，既可以直接对“动画制作工具”组的属性设置动画，也可以对选择器中的参数设置动画。

图 5.2-12　文字图层“动画制作工具”组选择器

4. 选择器

选择器有范围选择器、摆动选择器和表达式选择器三种类型。

“范围选择器”最为普遍，用来设置在“起始”和“结束”范围内的字符变化；

“摆动选择器”主要用来制作文字随机变化的动画效果；

“表达式选择器”则是要利用程序编码来控制文字动画效果。

我们可以使用多个选择器，并为每个选择器指定一个“模式”，以确定它如何与文本以及同一动画制作工具组中的其他选择器进行交互。如果只有一个选择器，“模式”指定选择器与文本之间的默认交互行为为“相加”，如果选择“相减”，则会反转选择器的影响。

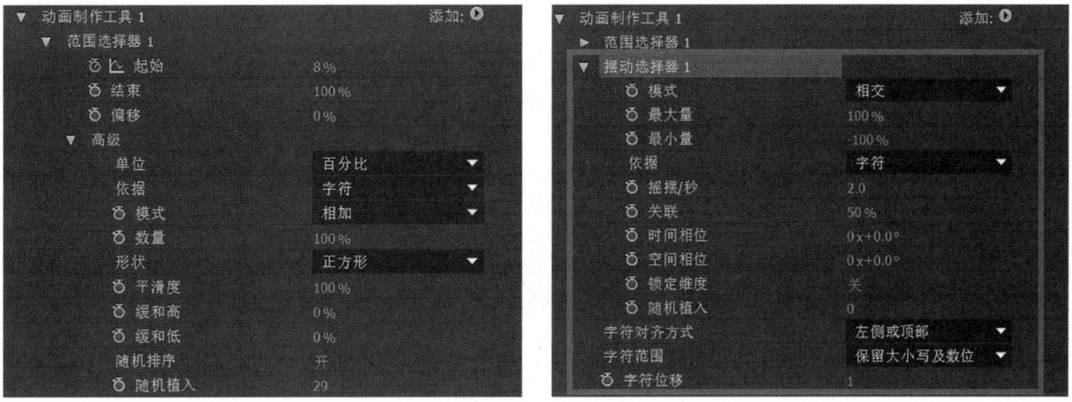

图 5.2-13 文字图层高级动画选择器类型

上文中提到的“模式”是选择器的一个参数项，用来指定每个选择器如何与文本以及它上方的选择器进行组合，这类似于在应用蒙版模式时确定多个蒙版如何进行组合。例如，现有“123456789”文字图层，已经添加了位置参数，设置 Y 轴参数为 100，如果只想摆动其中的“5”，此时应在原有范围选择器的基础上，调整起点和结束参数，使其作为范围在“5”字左右，然后再添加摆动选择器并将它的模式设置为“交集”模式。

（1）范围选择器

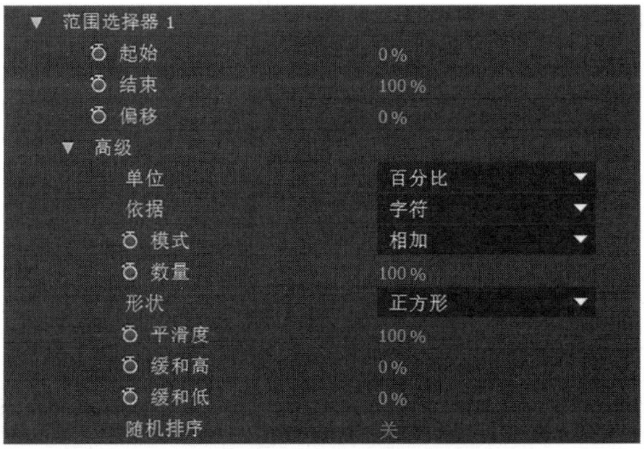

图 5.2-14 范围选择器

范围选择器的作用是设置该“动画制作工具”组中的动画作用的范围，用0—100来标记文本动画的范围。范围选择器各参数项的说明如下：

【开始】和【结束】：选择项的开始和结束。可以修改“开始”和“结束”属性，方法是在“时间线”面板中选择了选择器后，在“合成”面板中拖动选择器条。

【偏移】：从“开始”到“结束”属性指定的选择项偏移的量。

【单位】和【依据】：“开始”“结束”“位移”的单位，可以使用百分比或索引单位，并基于字符、不包含空格的字符、词或行进行选择。如果选择“字符”，AE会将空格计算在内，并且在为单词之间的空格设置动画时，它实际上会暂停单词之间的动画。

【数量】：指定字符范围受动画制作器属性影响的程度。值为0%时，动画制作工具组参数不会影响到字符。值为50%时，每个属性值的一半影响字符。此选项可用于随时间的推移为动画制作器属性的结果设置动画。借助表达式选择器，可以使用表达式来动态设置此选项。

【形状】：控制如何在开始和结束范围内选择字符。每个选项均通过使用所选形状在选定字符之间创建过渡来修改选择项。例如，在使用“下斜坡”为文本字符的Y位置值设置动画时，字符按一定的角度逐渐从左下角移动到右上角。可以指定“正方形”“上斜坡”“下斜坡”“三角形”“圆形”“平滑”这几种方式。通过使用不同的形状选项，可以大大改变动画的外观。

【缓和高】和【缓和低】：确定选择项的值从完全包含（高）更改为完全排除（低）时的变化速度。例如，在“缓和高”为100%时，当字符从完全选定变为部分选定时，它以一种更为循序渐进的方式变化（缓和更改）；在“缓和高”为-100%时，当字符从完全选定变为部分选定时，它迅速变化。在“缓和低”为100%时，当字符从部分选定变为未选定时，它以一种更为循序渐进的方式变化（缓和更改）；在“缓和低”为-100%时，当字符从部分选定变为未选定时，它迅速变化。

【随机排序】：以随机顺序向范围选择器指定的字符应用属性（在使用摆动选择器时，动画制作器属性的值会被随机分布）。

【随机植入】：在“随机植入”选项设置为“打开”时，可通过“随机排序”的值影响“范围选择器”中参数的随机顺序，这种随机变化效果需在动画制作器中设置动画后才能看到。

（2）摆动选择器

摆动选择器的基本原理是以文字初始状态为中心，根据选择的属性类型，设置分别向正负两个方向偏移的参数。如文字初始位置为（0，0），如果添加了“位置”高级动画，并设位置偏移到（0，100），则添加摆动选择器后，默认状态下，系统会让文字的垂直方向向上最大偏移100像素，向下也最大偏移100像素，即在垂直方向200像素范围内随机变化。

下面详细讲解“摆动选择器”的主要参数，“摆动选择器”除了与“范围选择器”共有属性外，还包括以下属性：

【最大量】和【最小量】：用百分比来表示与选择项相比变化的量，其中最大值为100%，最小值为 –100%，初始状态的值为 0%。例如，若文字初始值为 5，我们设置【字符位移】属性值为 3，则摆动的最大值 100% 为 8，最小值 –100% 为 2，即此时数字动画会在 2 到 8 之间随机变化，但如果把最小值设定为 0%，则数字动画会在 5 到 8 之间随机变化，因为 0% 表示初始值为 5。

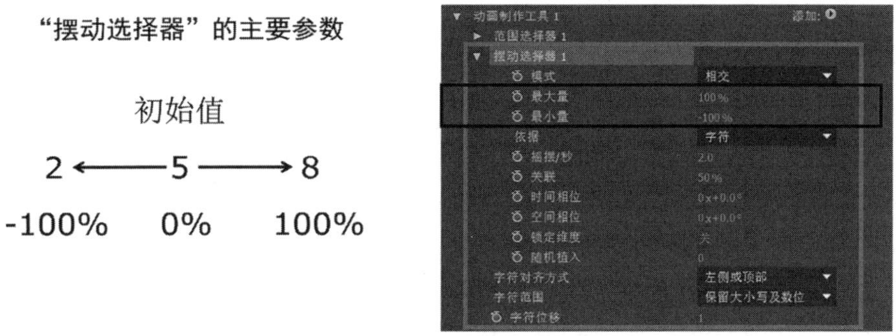

图 5.2–15 摆动选择器的主要参数

【摇摆 / 秒】：设置选择项每秒发生的变化量，即设置随机变化的速度。

【关联】：设置相邻字符变化之间的关联。设置为 100% 时，所有字符同时摆动相同的量，设置为 0% 时，所有字符完全独立摆动。

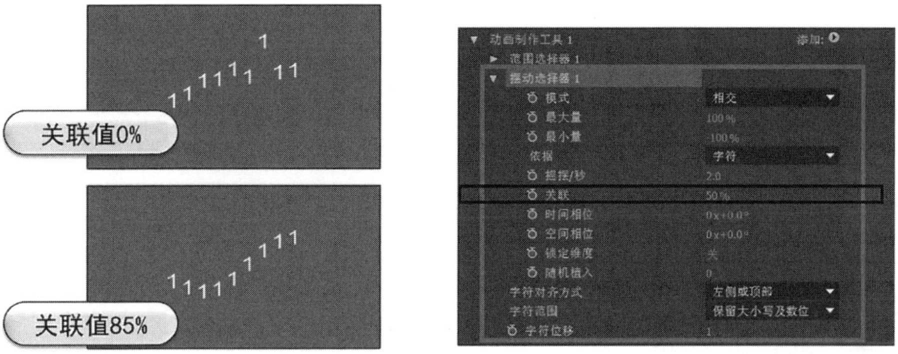

图 5.2–16 摆动选择器的“关联”值

【锁定维度】：有“开”和“关”两个状态，默认为“关”，即文字的 X、Y 或 Z 每个维度独立摆动不同的值。如果设置为“开”，则可以保证每个维度同步摆动，当设置“缩放”属性动画时，这个选项非常有用。

注意：选择器不能独立发挥作用，必须添加并设置相应的文字“属性”动画才能发挥作用。

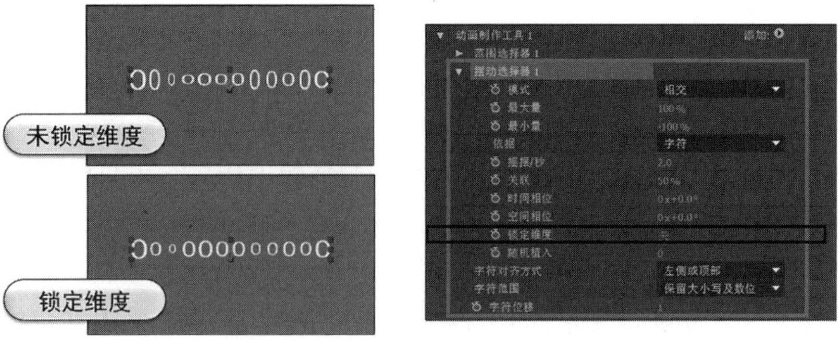

图 5.2-17　摆动选择器的“锁定维度”

5.2.5 文字高级动画案例

1. 案例 1

分析：在这个案例中，我们可以看到文字从上方逐个掉到画面中间，在下落的过程中文字发生了位置变化、大小变化、颜色变化。可见，这个动画中应该包括位置、缩放、填充色等属性的设置。

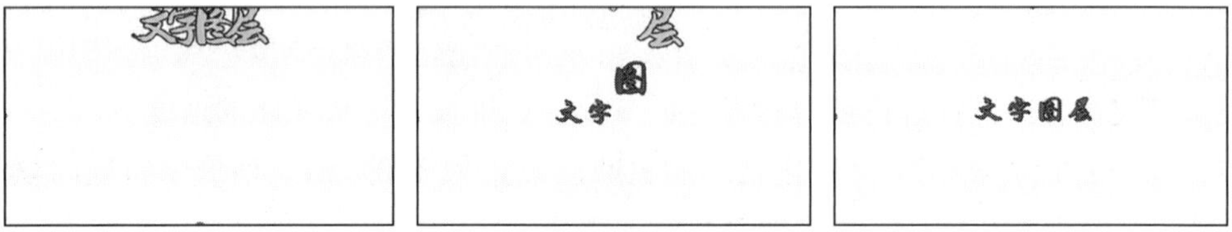

图 5.2-18　文字动画案例 1 过程示意图

制作步骤：

（1）新建合成，创建白色背景，添加文字图层，文字填充颜色为黑色、描边颜色为红色。

图 5.2-19　创建文字图层

（2）打开文字图层的“动画制作器”（高级动画）开关，先添加“位置”动画，然后在“动画制作工具1”组中再添加“缩放”“填充颜色＞RGB”两个属性，即为文字添加“位置”“缩放”“RGB填充颜色”三个属性，这三个属性均在一个动画制作工具组内，它们同步产生动画。

图5.2-20　为文字添加“位置”“缩放”“RGB填充颜色”三个属性

（3）在“动画制作工具1”组内，调整“位置”“缩放”“RGB填充颜色”三个属性的值。

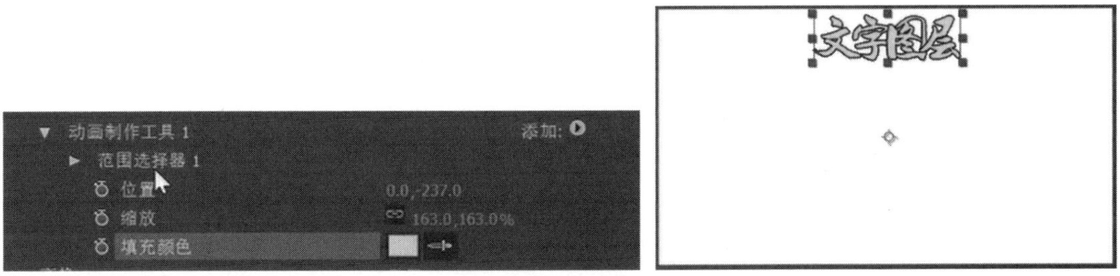

图5.2-21　动画制作工具组初始状态

（4）调整“动画制作工具1”组下的“起始”参数值，观察预览画面效果，了解和思考动画产生的现象。

（5）设置“动画制作工具 1”组下的“起始”参数为关键帧，第 0 秒的“起始”值为 0%，最后关键帧的值为“100%”。

（6）预览并完成动画制作。

总结：在这个案例的制作过程中，我们可以发现，当我们添加了“位置”高级动画后，在文字的“文本”属性下，就自动增加了一个“动画制作工具 1”，且在其右侧有一个“添加”工具，在“动画制作工具 1”内，出现了“位置”属性，同时还有“起始”“结束”“偏移”“高级”等，因为本例中还需要有缩放和颜色变化，因此，还要在“动画制作工具 1”右侧点击“添加”后，选择“属性”，再继续选择“缩放”和“填充颜色＞RGB”两个动画参数。此时，合成的文字并没有任何变化，我们需要设置位置、缩放和颜色参数，使之与前面的文字动画起始参数差不多，调整这些参数后，可以利用“范围选择器”下的“起始”来设置关键帧，“起始”是一个数值范围，从 0% 到 100%，其中 0% 是指动画设置的开始参数状态，即刚刚设置的位置、缩放和颜色的状态，而 100% 是指文字最原始的状态，即没有添加高级动画时的状态；同样，“范围选择器”中的“结束”的 0% 和 100% 与“开始”的含义相反。大多数情况下，直接设置“起始”关键帧就能实现效果。

案例视频 5.2–1：文字高级动画案例 1

案例视频 5.2–2：文字高级动画案例 1 制作演示

2. 案例 2

我们再来看另一个案例（见案例视频 5.2–2），思考一下这个文字动画是如何完成的？想一想这个案例与刚才的案例有什么不同？

分析：案例 2 与案例 1 的不同点，首先是两个动画效果不一样，案例 2 中应该有三个动画效果：（1）缩放，（2）不透明度，（3）字间距。

案例 2 中的动画有一个与案例 1 明显不同的地方，那就是案例 2 开始的文字入画方式是缩放 + 不透明度，出画方式是增加字间距，入画和出画的动画不是同时出现的，而是在不同时间出现的。

注意：这是一个非常重要的信息，是 AE 文字高级动画制作的关键问题，即动画的变量是否同时出现。

案例视频 5.2–3：文字高级动画案例 2

案例视频 5.2–4：文字高级动画案例 2 制作演示

阅读与任务

请读者自行观看“文字高级动画案例 2”视频，分析和记录具体的制作方法。

学习记录：

总结：

本案例的文字动画中，文字图层的属性出现了两个“动画制作工具”，分别对应入画动画和出画动画。

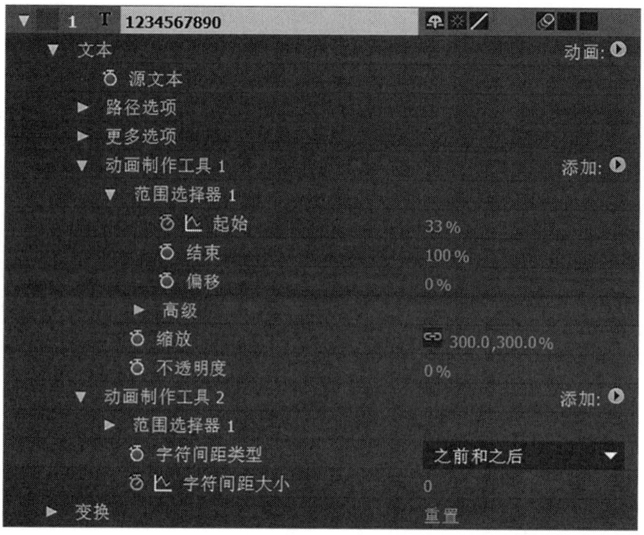

图 5.2-22　文字图层中多个“动画制作工具”组

因此，如果需要对同一个文字设置不同时间的动画效果，必须通过添加多个“动画制作工具”来实现。注意：添加新的“动画制作工具”的方法是，当添加并设置完一个“动画制作工具”后，把光标放到外层的“文本”行上，然后点击“动画”右侧的三角形标记，添加相关动画属性。

阅读与任务

在实际效果制作的过程中：

（1）如果需要让一组文字的每个字都按照某种动画方式逐个出现，就必须要设置“范围选择器”中的“起始”或“结束”，如果所有文字同时做同样的动画效果，则不需要设置“范围选择器”，而直接在相应的属性中设置关键帧。

（2）如果一个或多个动画效果同时出现，也就是说动画在同一时刻有多个参数变化，则这些同时变化的参数应该位于同一个“动画制作工具”内，如果多个动画效果在不同的时间出现，则必须添加多个“动画制作工具”。

3. 案例 3

继续看案例 3，这个案例中有一串不断变化的数字，这些数字总体上是 0、1、2 三个数字不断变化，它表现的重要特征是随机性，如何制作这种效果呢？如果利用刚才讲过的方法，似乎没法实现这个效果。

这种随机产生的效果，在 AE 中可以通过摆动器（或称摇摆器）来实现。这个案例就是利用文本高级动画中的“选择器＞摆动”指令来实现。

主要制作过程：

（1）新建合成，创建蓝色背景纯色层，新建文字图层，输入 9 个 1 “111111111”。

图 5.2-23　输入文本“111111111”

（2）为文字图层添加“字符位移”高级动画。

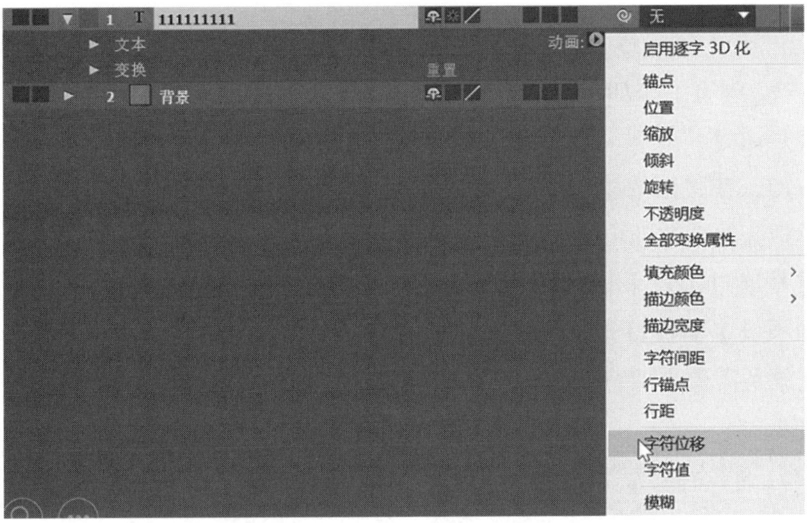

图 5.2-24　添加“字符位移”高级动画

（3）在“动画制作工具 1”中设置“字符位移”的值为“1”，此时 9 个 1 变成了 9 个 2。

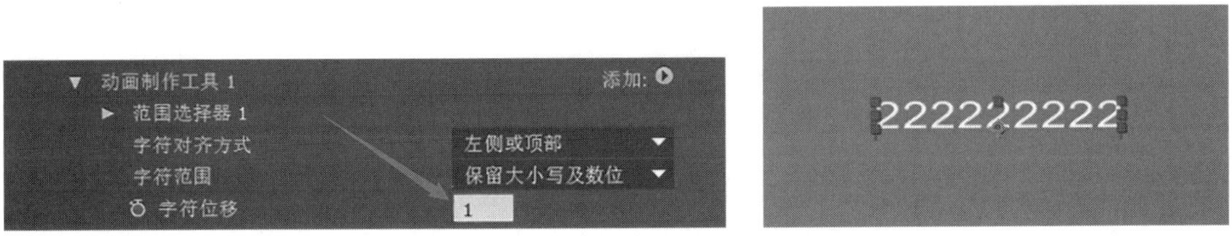

图 5.2-25　设置“字符位移”的值

（4）在“动画制作工具 1”右侧添加“选择器>摆动”指令，预览效果。

图 5.2-26　添加“选择器 > 摆动”指令

（5）保存并完成动画制作。

5.3 After Effects 文字特效

在 AE 中，为文字添加特效的方法主要有两类：

第一类是通过“效果”菜单添加，方法是：选择需要添加特效的文字图层，通过点击鼠标右键，在弹出的菜单中选择“效果”，或直接从菜单栏中选择“效果”菜单，然后再选择相应的特效即可。

第二类是通过【效果和预置】面板添加，首先要通过菜单栏中的“窗口”菜单，把【效果和预设】面板打开，然后从【效果和预置】面板中选择所需的预设效果，再将其直接拖放到需要添加特效的文字图层上。

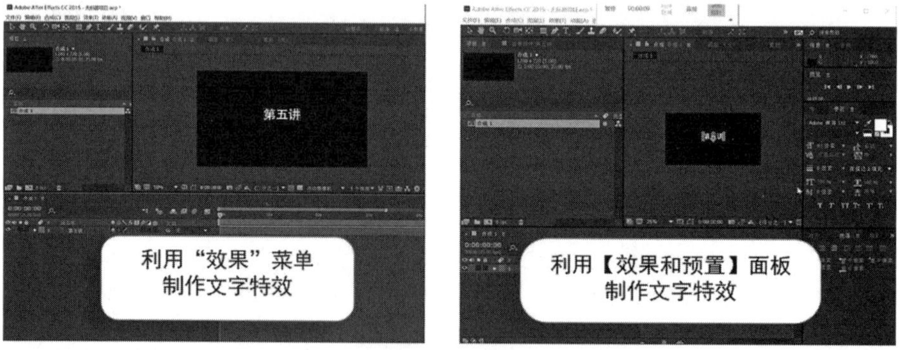

图 5.3-1　创建文字效果的两种方法

第一类方法属于自定义特效，第二类方法是直接使用系统预设特效，希望读者首先学会第一类方法，这是 AE 使用的基础。

下面，我们通过案例演示的形式，一起来看看颜色变化、文字描边、路径文字以及辉光文字等常见文字特效的制作方法。

5.3.1 颜色变化

我们首先来看如何制作文字颜色变化的特效。

关键方法：（1）新建合成，设置合成的相关参数；（2）新建文字图层并输入需要的文字；（3）设置 AE 文字颜色变化效果。

设置文字颜色变化可以有多种方法，这里介绍两种方法：

方法一是通过“效果”，即特效来实现，此时可以选择“效果＞颜色校正＞色相 / 饱和度”指令，在“色相 / 饱和度”控件中，勾选色相 / 饱和度的“彩色化”，适当调整降低着色亮度，增加着色饱和度，再调整“着色色相”，观察色彩变化，最后为“着色色相”添加关键帧。

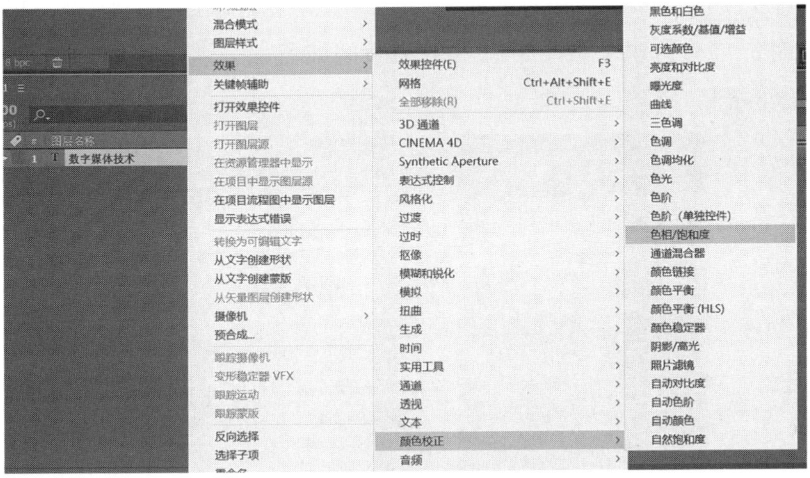

图 5.3–2 添加“色相 / 饱和度”特效

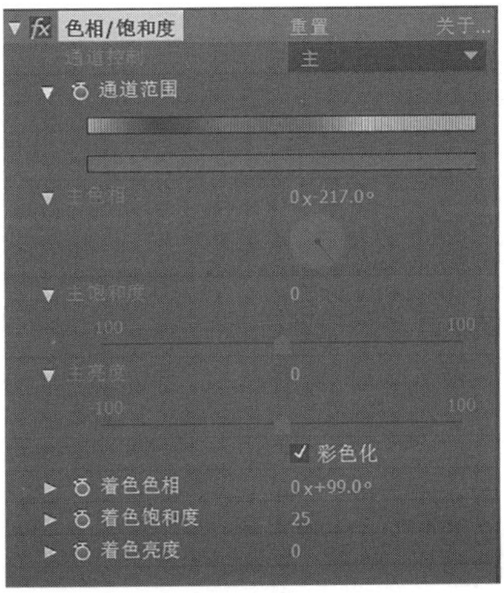

图 5.3–3 “色相 / 饱和度”特效主要参数

除了“色相/饱和度”控件，其他如“颜色平衡”“通道混合器”“三色调”“色阶”等控件都能改变文字的颜色。

方法二是通过文字图层高级动画，在文字图层中点击“动画”右侧的三角形，选择其中的“填充颜色/RGB”，图层中会自动增加“动画制作工具1”，并且出现RGB的颜色；然后设置关键帧，调整不同的颜色，最终形成颜色变化的动画效果。

5.3.2 文字描边

与上文的颜色变化相同，文字描边也有两个方法：一个是通过特效实现，另一个是通过文字图层高级动画实现。

1.“特效”方法

（1）新建合成，添加文字。

（2）选择文字图层，点击鼠标右键选择“从文字创建蒙版”。此时，文字图层自动被隐藏，同时，自动新建了一个带有若干蒙版的纯色层，这些蒙版由刚才的文字边缘创建（见图5.3-5）。

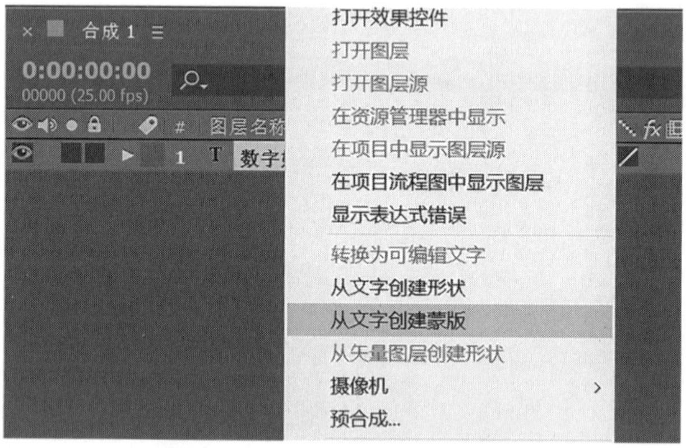

图5.3-4 “由文字创建蒙版”菜单

图5.3-5 执行“从文字创建蒙版”菜单后带有蒙版的纯色层

若打开这一层带有蒙版的图层蒙版，可以看到在该层上包含了很多蒙版（见图5.3–6）。

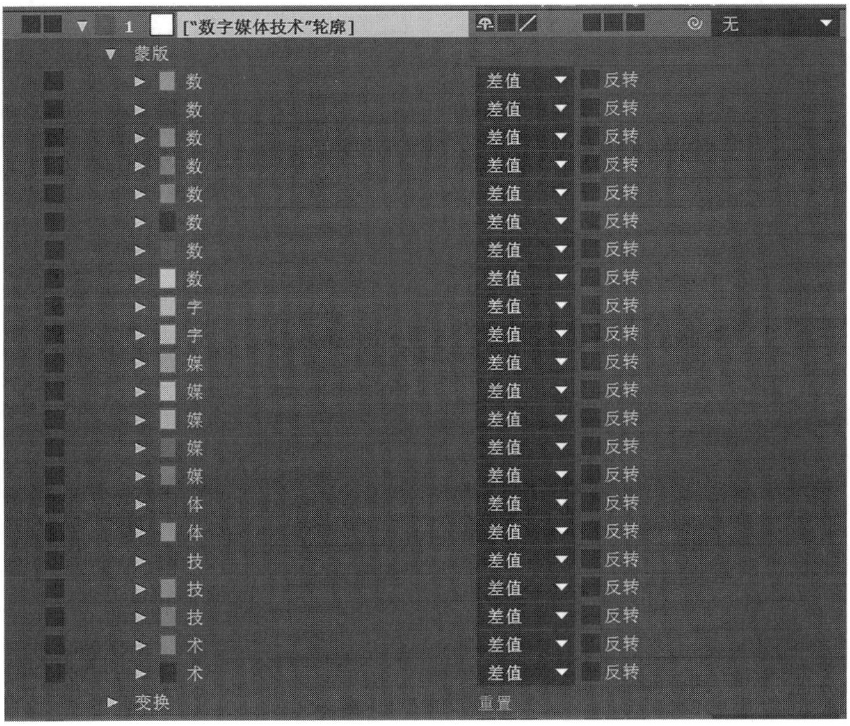

图 5.3–6 执行“从文字创建蒙版”菜单后的蒙版

（3）对该层添加“效果>生成>描边”特效，然后调整描边的颜色和宽度。

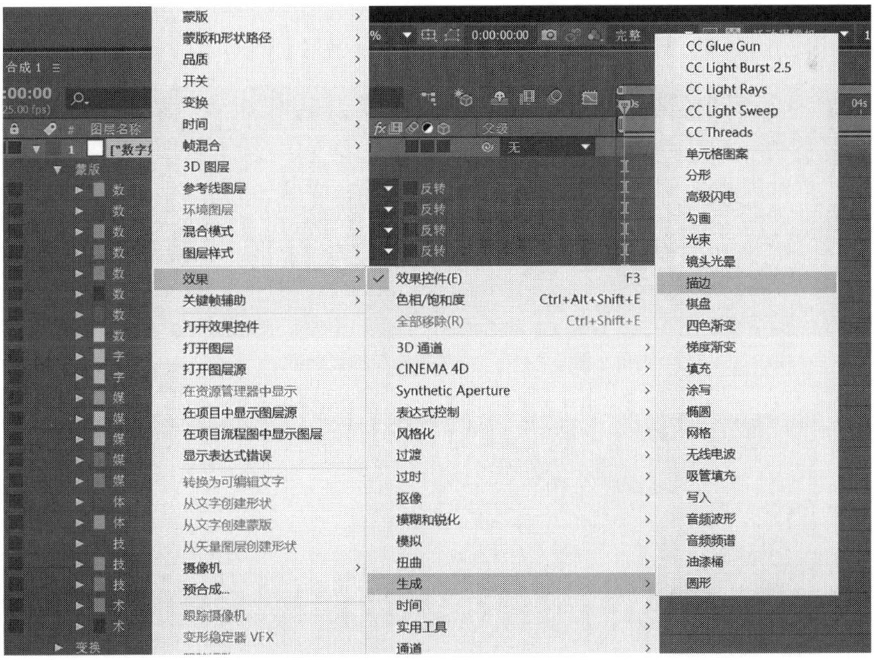

图 5.3–7 添加“效果 > 生成 > 描边”特效

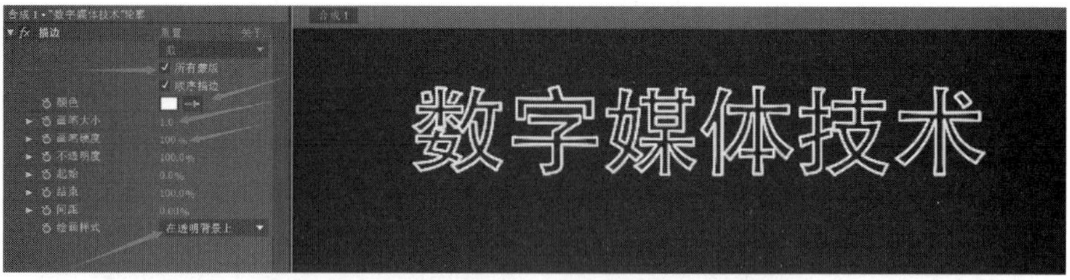

图 5.3–8　设置“效果 > 生成 > 描边”的参数

在本案例中，“描边”特效中需要勾选“所有蒙版”选项，否则每次只能对其中的一个笔画进行描边；可以通过“画笔大小”来设置描边粗细，设置“绘画样式”来决定是否包含填充色等。另外，如果把“间距”的数值调整变大，还能形成点状描边，如图 5.3–9 所示。

图 5.3–9　调整“间距”的数值形成点状描边

如果将“结束”作为关键帧参数，能形成“自左向右”逐渐描边的动画效果。

2. 文字图层高级动画

使用文字图层高级动画制作描边动画时，要先在“字符”面板中设置文字的描边，然后添加文字动画“描边颜色＞ RGB”，设置不同的描边颜色，再设置“起始”关键帧参数来获得动画效果。

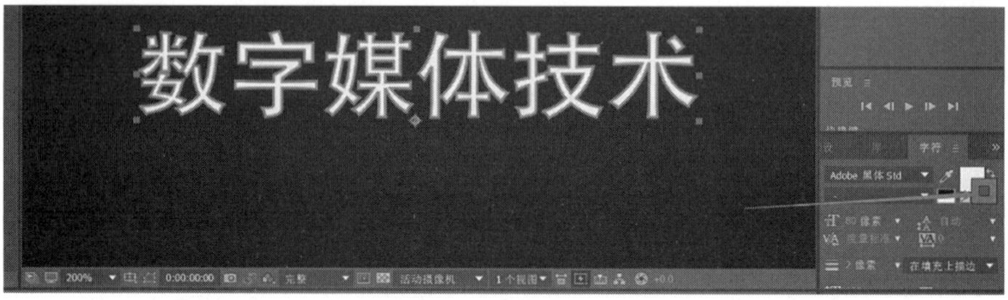

图 5.3–10　为文字添加描边参数

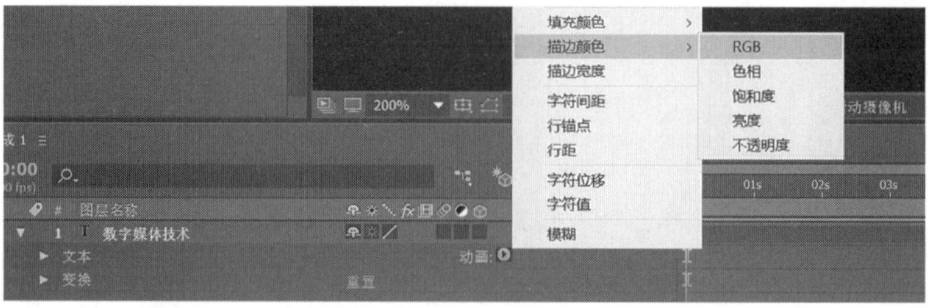

图 5.3–11　添加文字图层“描边颜色 > RGB”高级动画

5.3.3 路径文字

在 AE 中建立路径文字有两种方法：一种是建立了文字图层之后，将文字链接到路径上；另一种是通过特效菜单在固态图层上建立路径文字。

以下分别介绍这两种方法制作如图 5.3–12 中的路径文字的方法。

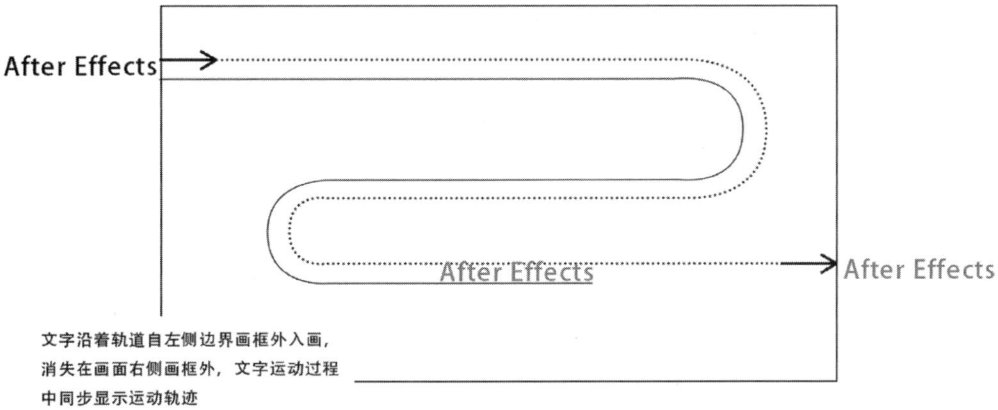

图 5.3–12　路径文字动画过程示意图

1. 图层路径文字

（1）新建合成，创建文字背景。

（2）输入文字“After Effects”，设置文字大小为 60，字间距为 100，填充色为白色，取消描边。

图 5.3–13　建立合成并设置文字参数

（3）在工具栏中选择钢笔工具，在“After Effects”文字图层上绘制如图 5.3–14 中的蒙版路径。

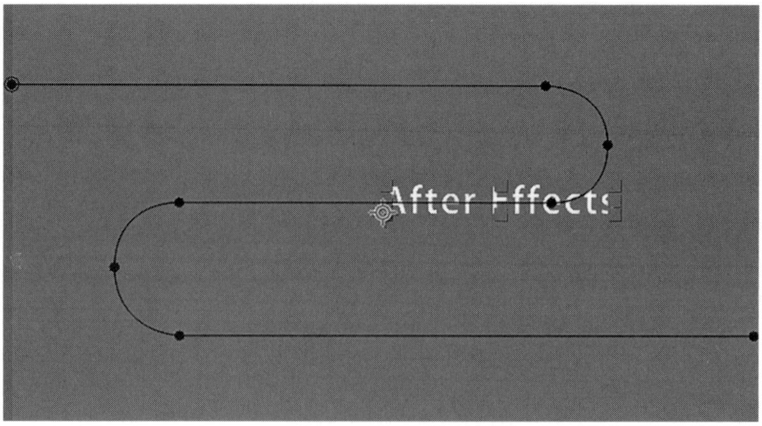

图 5.3-14　使用钢笔工具绘制蒙版路径

（4）打开“After Effects”文字图层下拉属性，选择其中的“路径选项”，在路径下选择“蒙版 1”，即将“After Effects”文字附加到刚才绘制的蒙版路径上，调整“路径选项”下的“首字边距”数值，观察文字如何变化；将“首字边距”变为初始值“0”，继续以下操作。

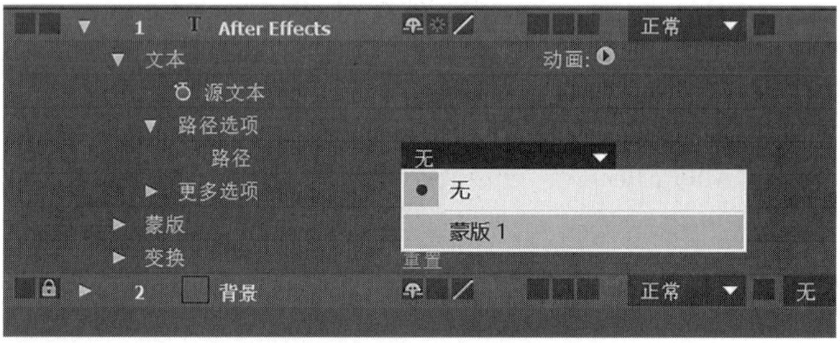

图 5.3-15　为文件添加路径选项

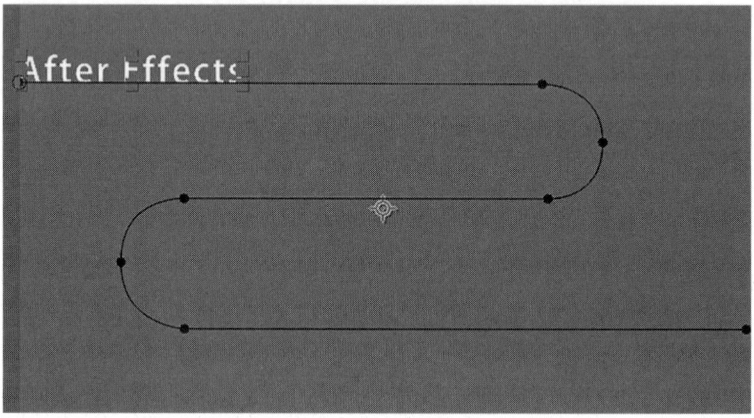

图 5.3-16　将文字附加到路径上

（5）为文字图层添加“生成>描边”特效，适当调整“画笔大小”参数值，使画面内能明显看到描边，调整其中的“起始”和“结束”参数值，观看描边变化；将

“起始”和“结束”值均变为“0”，继续以下操作。

（6）在时间线内将当前位置移动到起始位置，将文字图层“路径选项”下的“首字边距”设置为关键帧，并调整其数值，使文字刚好位于画面左边界外；同时，在效果控件面板内为“描边”特效中的“结束”选项设置关键帧。

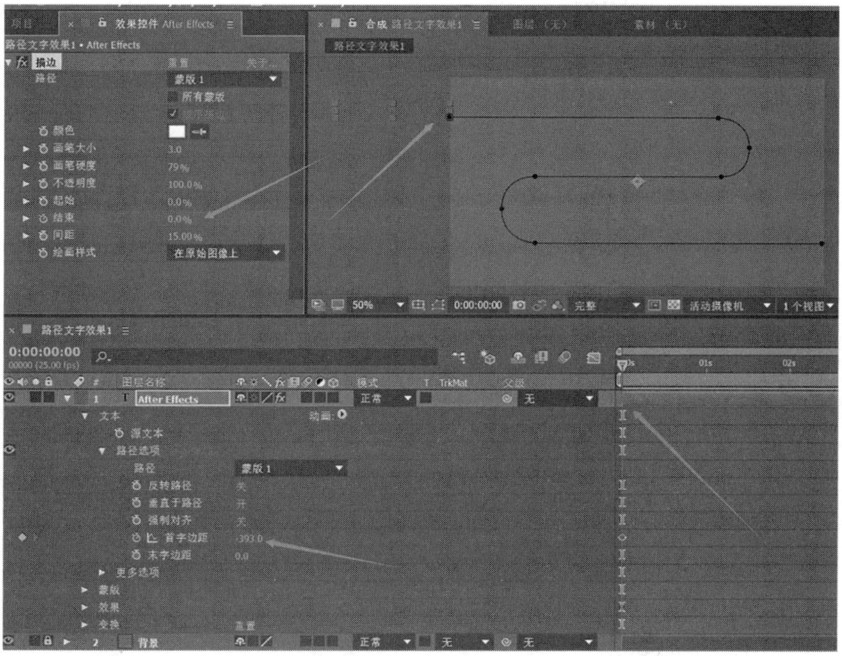

图 5.3–17　设置起始关键帧

（7）将时间线面板的当前位置调整到“0:00:03:00”位置，即第 3 秒位置，调整文字图层的“首字边距”参数，使文字沿着路径移动到画面右侧外界面（如图 5.3–18 所示）。

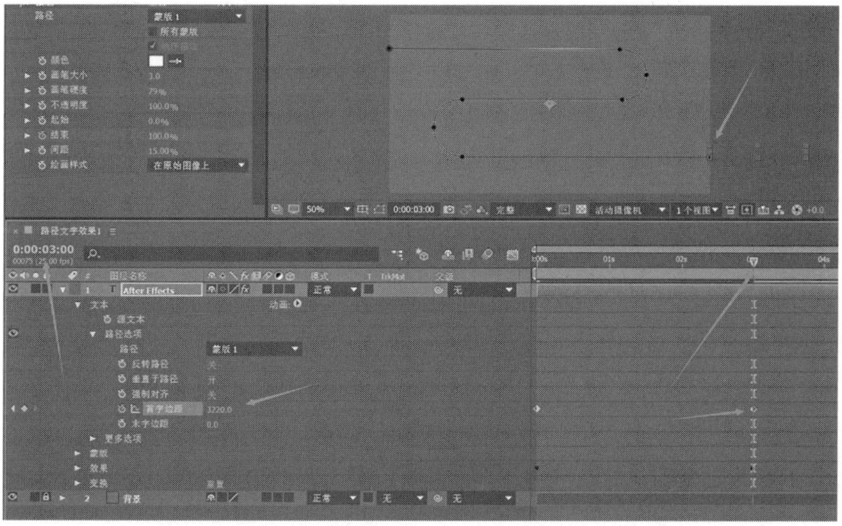

图 5.3–18　确定文字的“首字边距”关键帧

阅读与思考

此时文字在画面内的运动距离比路径的长度长，超出长度为“After Effects”文字的长度，为什么？

（8）在时间线上向左移动播放位置，观察“After Effects”文字，直到“After Effects”文字右边界与画面右边界基本重合。

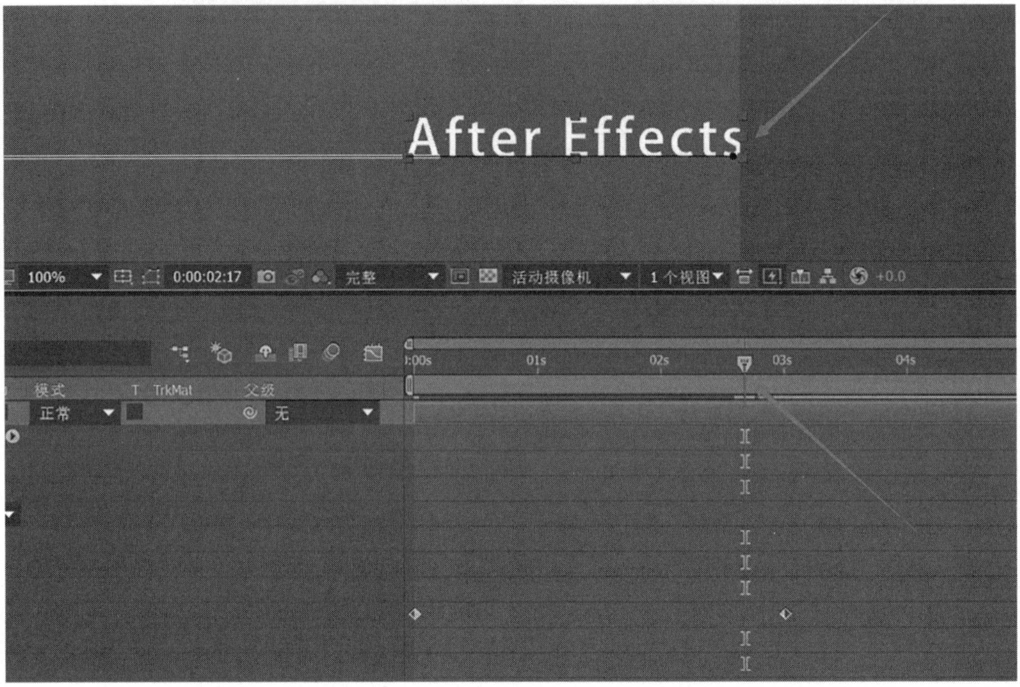

图 5.3–19　调整播放位置使文字图层右边界与画面右边界基本重合

（9）保持当前时间线播放位置，在效果控件面板内，调整“结束”参数为 100%。

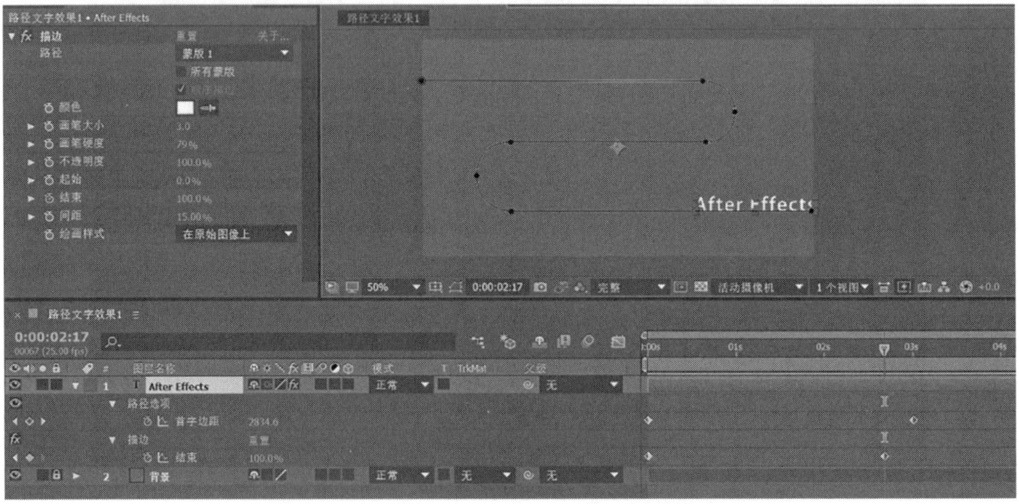

图 5.3–20　确定“描边”的“结束”关键帧参数

（10）预览时间线，观察描边是否与文字同步显示，根据需要调整关键帧位置，直到符合要求。

（11）保存文件。

2. 特效路径文字

（1）新建合成，创建背景纯色层。

（2）新建任意颜色纯色层，作为制作路径文字的图层，命名为“路径文字”，通过钢笔工具在该图层上绘制如图 5.3–21 中所示的蒙版路径，以备后用。

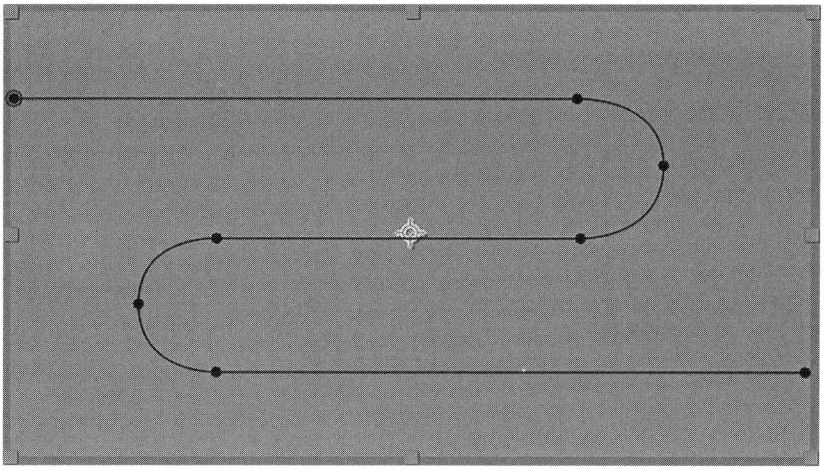

图 5.3–21 绘制路径

（3）选择“路径文字”层，添加“效果＞过时＞路径文本”特效，在弹出的窗口中输入“After Effects”文字，并设置字体为“Adobe Fan Heiti Std”，点击“确定”完成文本输入。此时，在效果控件面板内出现“路径文本”特效控件，同时预览面板内也呈现“路径文本”特效的可视化设置画面。

图 5.3–22 输入文本

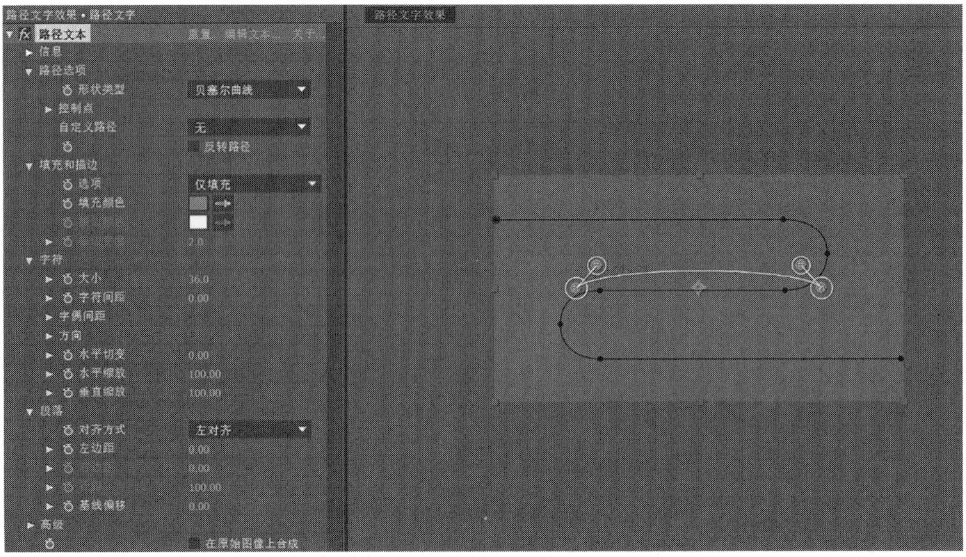

图 5.3-23 “路径文本”特效初始状态

（4）在“路径文本”特效内设置“自定义路径”为“蒙版 1”，填充颜色为白色，大小为 60 像素，字符间距为 5。

阅读与任务

“路径文本”特效是 AE 早期版本出现的特效，现在的版本路径均可以在文字图层中实现，但 AE 保留了这个功能。与其他所有特效一样，在学习过程中，我们可以任意调整特效中的各个参数以便观察和了解各参数的作用，当我们想返回到特效的初始状态，可以直接点击特效上部的“重置”按钮。“路径文本”特效被“重置”后，所有设置和输入内容会被清除，此时可以点击“编辑文本”，重复前面的输入文本过程。

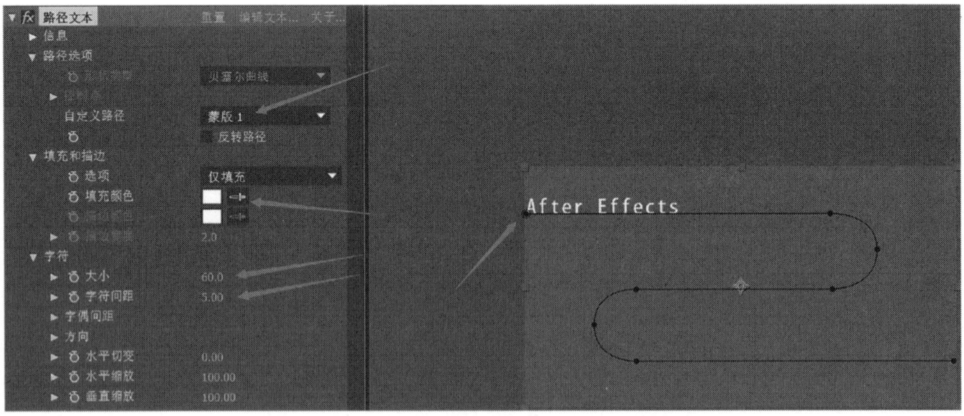

图 5.3-24 设置“路径文本”特效初始参数

（5）在效果控件面板内，点击“路径文本”左侧的向下三角形标志，将“路径文本”的子参数全部折叠起来，然后在效果控件面板内空白位置点击鼠标右键，在弹出的菜单中选择“生成>描边”，在“描边”特效内调整画笔颜色为白色，画笔大小为3。

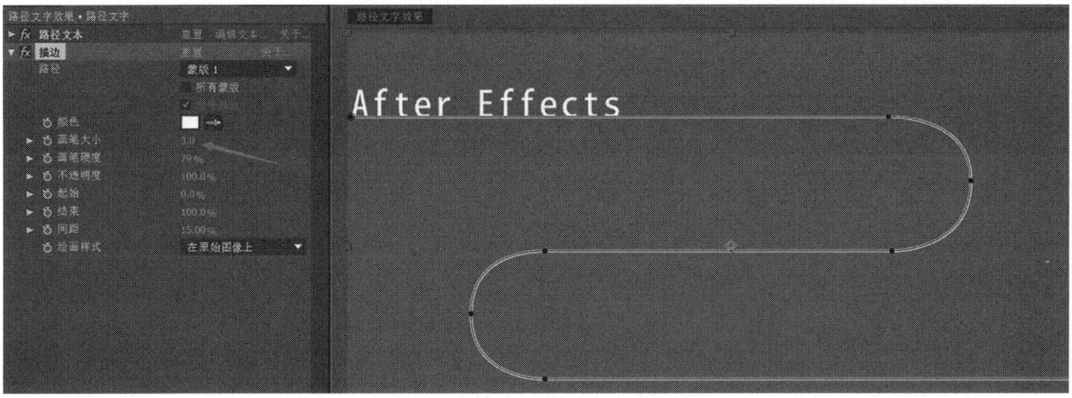

图5.3-25　设置“生成>描边”大小和颜色

阅读与思考

效果控件面板的所有特效左侧都有一个三角形标志，点击该标志，可以折叠或打开特效子参数，也可以点击特效左侧的“fx”标记来隐藏或显示该特效的结果。

为图层添加特效的方法有三种，第一种是在时间线内某一个图层中单击鼠标右键，在弹出的菜单内选择相应特效；第二种方法是先选择需要添加特效的图层，然后在效果控件面板内单击鼠标右键，在弹出的菜单内选择相应特效；第三种方法是先选择某一个图层，然后使用菜单栏中的“效果”菜单来添加特效。

（6）在时间线面板内，将当前播放位置移动到起始位置，在效果控件面板内设置关键帧：在“路径文本”特效中点击“左边距”左侧秒表标志设置关键帧，同时在“描边”特效中点击“结束”左侧秒表标志设置关键帧。

（7）回到时间线面板，选择“路径文字”图层，按下“U”快捷键，此时，“路径文字”图层的两个关键帧显示出来。

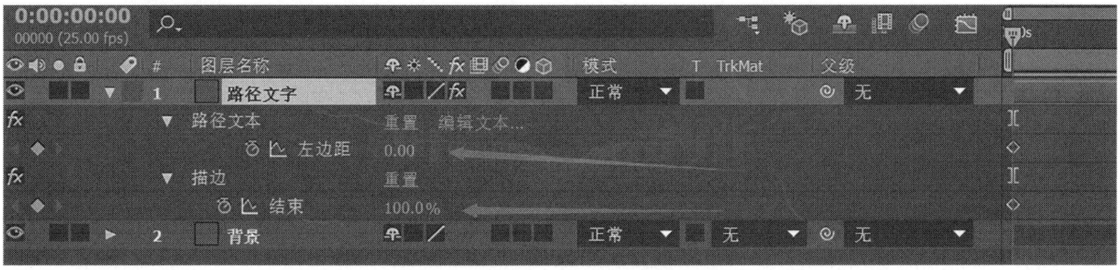

图5.3-26　显示图层的关键帧项

阅读与任务

由于实际创作过程中会设置多个关键帧，为了能一目了然地看到设置的关键帧标示，可选择各图层，然后通过“U”键来显示所有关键帧标示。

（8）在确保时间线当前播放位置在起始关键帧位置后，减小“路径文本>左边距”的参数值，使文字刚刚离开画面左边界；同时将“描边>结束”的参数值调整为0%。

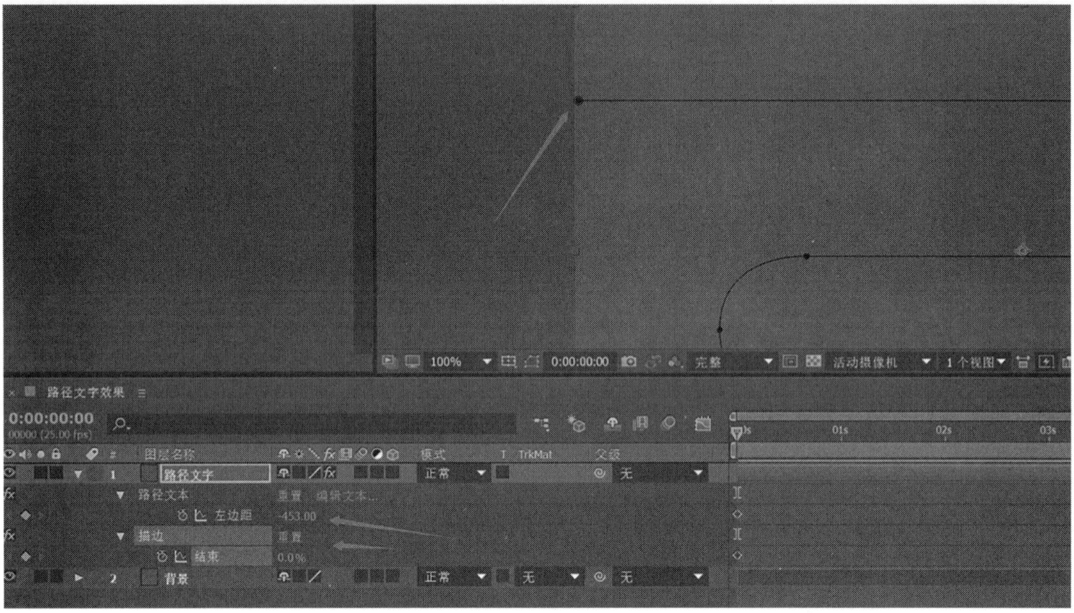

图 5.3-27　设置“路径文本 > 左边距”起始关键帧参数

（9）将时间线当前播放位置调整到0:00:03:00位置，增加“路径文本>左边距”的参数值，使文字刚刚离开画面左边界。

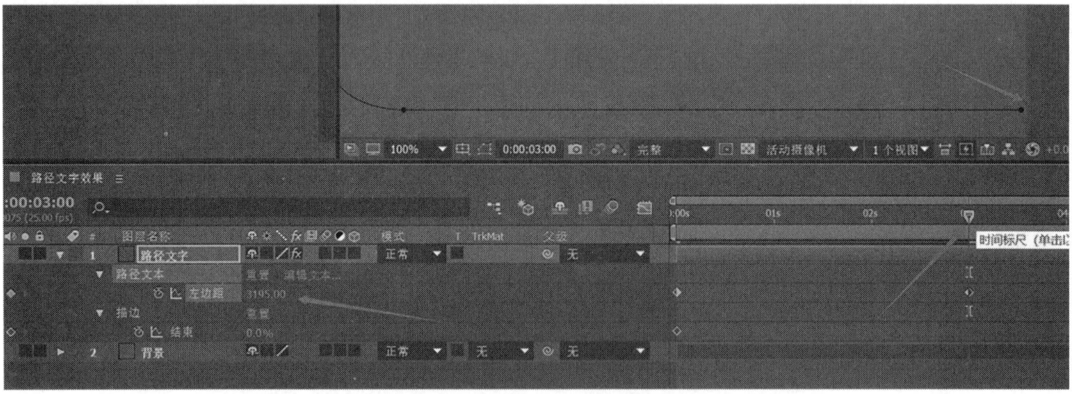

图 5.3-28　设置“路径文本 > 左边距”结束关键帧参数

（10）拖动时间线播放头，使文本右边界与画面右边界基本重合，在当前位置，增加“描边>结束”的参数值，使描边刚好位于文字最右侧，此时描边不一定刚好能达到“100%”，如果没有达到“100%”，则将时间线播放头先后移动一帧，然后设置“描边>结束”的参数值为100%。

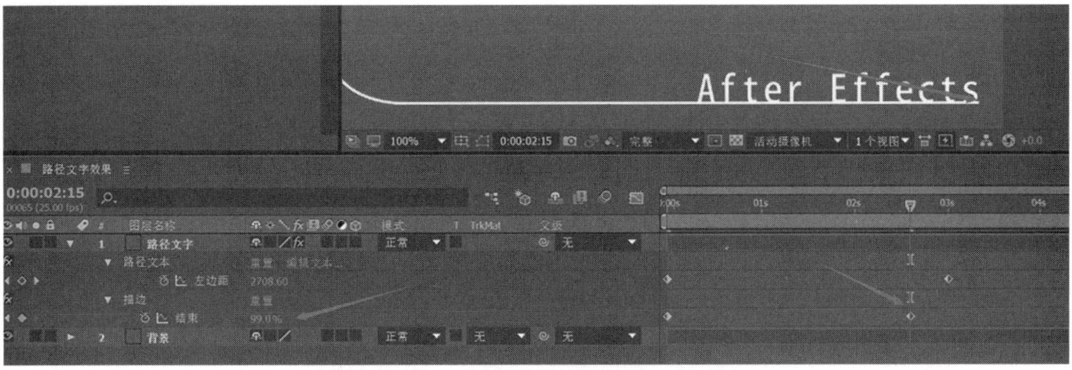

图 5.3–29　设置“描边>结束”关键帧参数

（11）预览效果，完善关键帧参数，保存文件。

阅读与思考

比较两种路径文字制作方法的异同点。

5.3.4 辉光文字

辉光文字在影视中主要用于美化文字，突出画面的设计感。AE 制作辉光文字需要使用到“光线爆炸”和“发光”特效。下面以一个案例说明辉光文字的制作方法和过程。

1. 辉光文字效果样图

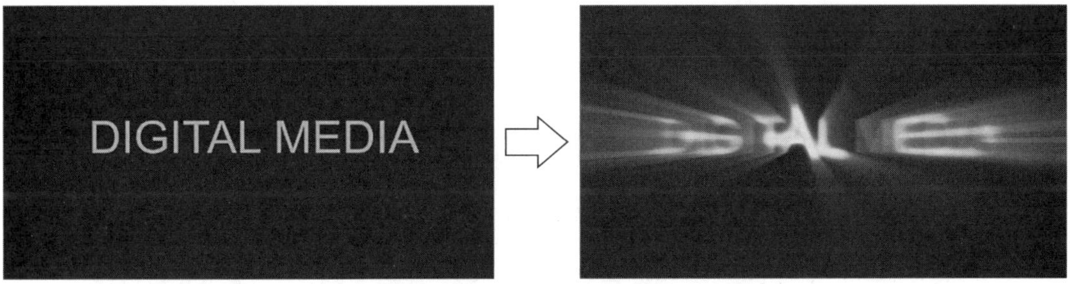

图 5.3–30　辉光文字效果示意图

2. 制作要点和步骤

（1）新建合成。

（2）在时间线面板内新建文字图层，输入“DIGITAL MEDIA”，文字大小为 120，字体为 Arial。

（3）为“DIGITAL MEDIA”文字图层添加“生成＞ CC Light Burst 2.5 ”特效。

（4）在效果控件面板内调整“CC Light Burst 2.5”特效参数，增加亮度和射线长度。

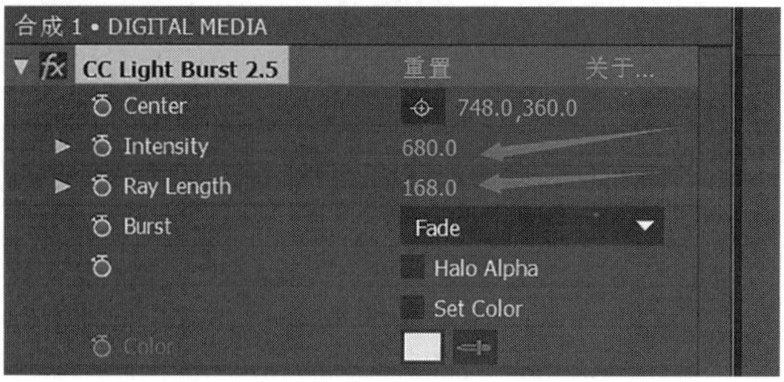

图 5.3-31　调整“CC Light Burst 2.5”特效参数

（5）继续添加“风格化＞发光”特效。

（6）调整“风格化＞发光”特效参数。将“发光基于”选项设置为“Alpha 通道”，减小“发光阈值”“发光半径”参数，增加“发光强度”参数，观察合成预览效果。

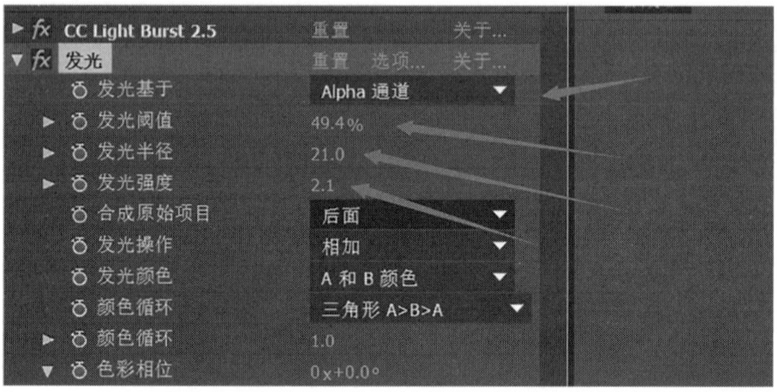

图 5.3-32　设置“发光强度”参数

（7）将时间线播放头移动到 0 秒位置，打开“CC Light Burst 2.5”特效下的中心点“Center”选项，点击其左侧的时钟标志，添加中心点关键帧，移动中心点的 X 轴参数，使中心点移动到文字最左侧。

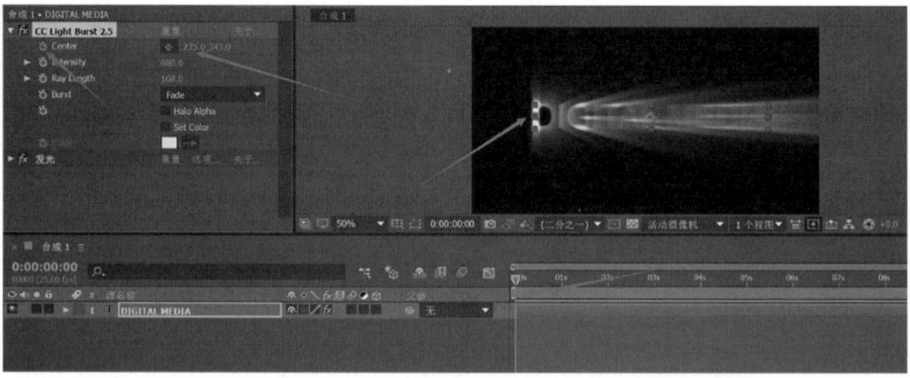

图 5.3-33　设置“CC Light Burst 2.5”的中心点起始关键帧参数

（8）将时间线播放头移动到3秒位置，增加“CC Light Burst 2.5”特效下的中心点“Center”的X轴参数，使中心点移动到文字最右侧。

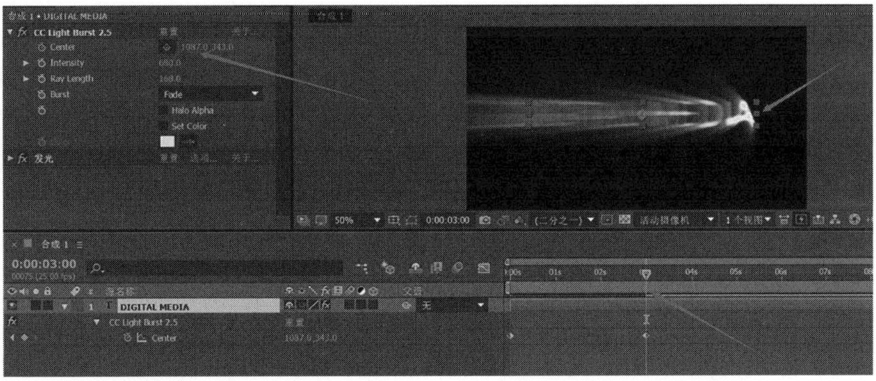

图5.3–34 设置“CC Light Burst 2.5”的中心点结束关键帧参数

（9）选择“DIGITAL MEDIA”文字图层，按下快捷键“U”，查看图层的关键帧，再观看效果，对关键帧参数做适当调整，直到符合要求，最后保存文件。

本章作业

1. 选择一部你比较熟悉的影视作品，分析该作品中字幕的作用？
2. 结合AE的制作特点，分析AE更适合哪类字幕的制作？
3. 模仿完成本章中相关演示案例的文字效果。
4. 完成中国大学MOOC中本书对应课程的本章测验，参与学习讨论。

6 After Effects的生成、调整与键控类特效

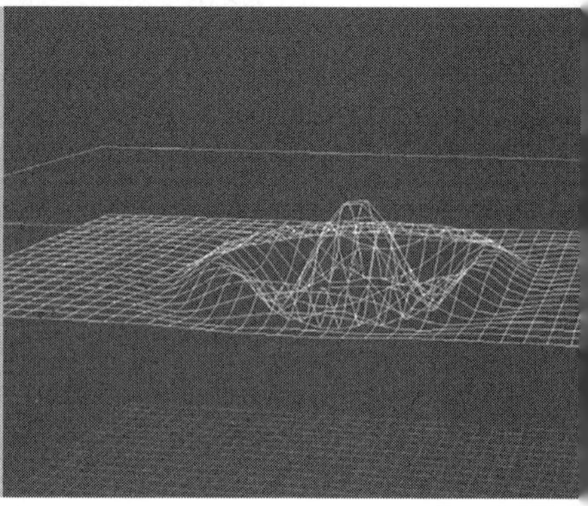

学习目标

1. 基本内容：学会使用生成类特效、模拟仿真类特效、“杂色与颗粒”类特效、透视类特效、其他调整类特效。
2. 重点：生成类、模拟仿真类和分型杂色特效的使用方法。
3. 难点：各类特效的原理，在操作中发现特效设置的规律。
4. 知识目标：掌握各类特效的基本功能、原理和常规参数含义。
5. 能力目标：能应用生成类特效、模拟仿真类特效、“杂色与颗粒”类特效、透视类特效生成各类特技效果。

本章导读

创作者为什么能利用 After Effects 创作形成众多包装效果，是因为该软件中包含了丰富而有趣的特技效果，利用它们能够创建出各种炫目的视觉画面，通过添加一定的关键帧，能够制作各种特效动画；再调整不同的配置和参数，便可以按照创作者的需要创作出形形色色的特殊效果。很过初学者在学习 After Effects 时，经常会因为众多特效以及众多的设置而烦恼、胆怯。对于 After Effects 默认的特效，不必一个一个全部死记硬背，可以将它们进行分类记忆，分类归纳，再辅以不断操作实践，便可以记住各特效的作用；再根据各类效果形成的基本原理加强记忆每类特效的基本特征，从而达到事半功倍的作用。

本讲主要介绍生成和调整类特效，包括 Generate 生成、Perspective 透视、Simulation 模拟仿真、Noise & Grain 杂色与颗粒、Blur & Sharpen 模糊与锐化、Color Correction 色彩校正图像控制。

6.1 生成类特效

首先来看生成类特效，生成类特效的总体特征是：不需要任何素材，直接由计算机通过各种运算生成各类动画素材。

生成类特效包括音频频谱与波形、发光与扫光、网络、光晕、渐变、描边、勾画和书写等方面的特效。本节内容并不一一介绍每个效果的各种参数含义，仅通过一些案例来说明它们的应用效果。

表 6.1-1　生成类特效英文与中文对照表

4-Color Gradient	四色渐变
Advanced Lightning	高级闪电
Audio Spectrum	音频频谱
Audio Waveform	音频波形
Beam	光束
CC Glue Gun	CC 喷胶枪
CC Light Burst 2.5	CC 突发光 2.5
CC Light Rays	CC 光线
CC Light Sweep	CC 扫光
Cell Pattern	蜂巢图案
Checkerboard	棋盘
Circle	圆
Ellipse	椭圆
Eyedropper Fill	吸色管填充
Fill	填充
Fractal	分形

续表

Grid	网格
Lens Flare	镜头光晕
Paint Bucket	油漆桶
Radio Waves	电波
Ramp	梯度渐变
Scribble	涂鸦
Stroke	描边
Vegas	勾画
Write-on	书写

下面看看心电图扫描效果、扫光效果、空间文字炫光效果等的制作方法和过程。

6.1.1 心电图扫描效果制作

1. 效果分析

要制作心电图效果，首先需找到一个真实的心电图图形，从中找到典型图形，然后整形调整变成可用形状，之后在 AE 中绘制心电图，并模拟心电图的跳动和扫描过程，此外，心电图仪器中，在运动的心电图前方有一个引导亮度点，这个点也要勾画出来。为此，心电图扫描效果案例需要运用网格、描边、勾画等生成特效。

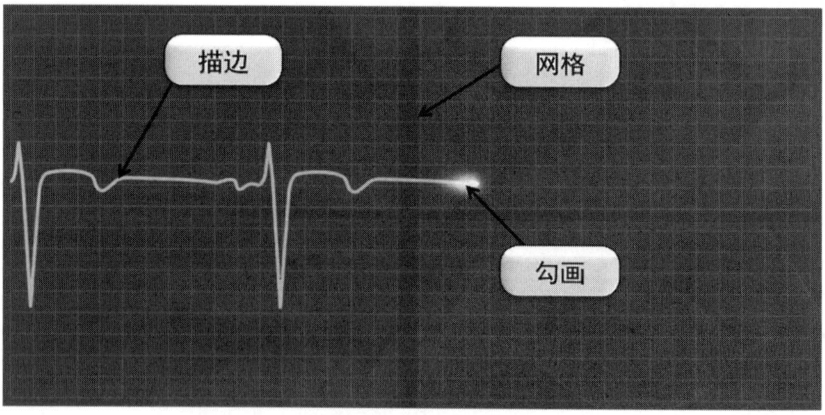

图 6.1-1　心电图扫描效果案例特效分析

2. 素材准备与制作

根据选取的素材图片，在 PS 中进行调整，放大操作。

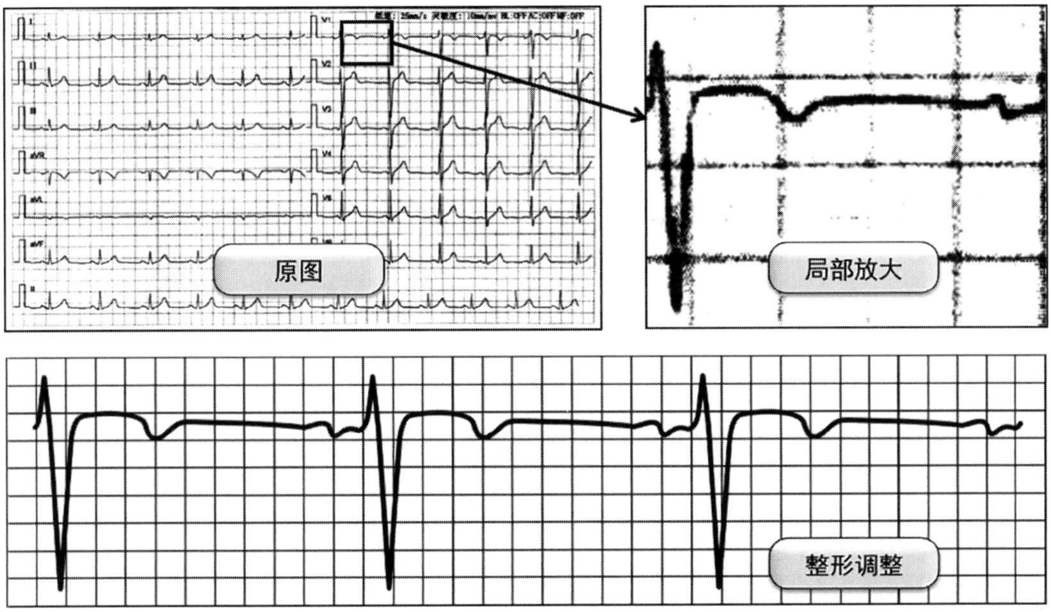

图 6.1-2 心电图素材整理过程

3. “勾画”特效说明

勾画特效是在对象周围生成导航线条或类似于基于路径的脉冲动画。通过“勾画”特效可以勾画所选择的对象的轮廓，使用光照或更长的脉冲围绕此对象，然后为其设置动画，以创建在对象周围追光的效果。

【描边】设置描边基于的对象，有“图像等高线”“蒙版 / 路径”两个选项。

【图像等高线】将图像等高线作为描边对象。

【输入图层】设置确定等高线图层，默认为本图层，也可以自定义能产生等高线的图层。

【反转输入】创建描边前反转输入图层。

【调整图层大小】当输入图层的大小与应用有勾画效果的图层的大小不同时，需要调整图层。“居中”用于将输入图层以其原始大小居中放置在合成图层中。“伸缩以适合”用于伸缩输入图层以匹配应用有勾画效果的图层。

【通道】用于定义等高线的输入图层的颜色属性。

【阈值】将低于或高于操作对象的值映射到白色或黑色所使用的百分比值。此属性对确定效果描边的边缘位置很重要。

【预模糊】在对阈值采样之前使输入图层平滑。如果有高对比度图像，并希望描边非常严密地遵循边缘界定，则将此选项设置为 0。

【容差】定义描边适合输入图层的紧密程度。参数值越高越容易形成锐化转角，而参数值越低使描边对杂波越敏感。

【渲染】指定将效果应用到图层中的所选等高线还是所有等高线。

【选定等高线】指定在“渲染”菜单中选择“选定等高线”时使用的等高线。等高线将按从左上角到右下角的顺序编号；最高点的等高线编号为 1，第二高点的等高线编号为 2，等等。

【设置较短的等高线】指定较短等高线的分段。默认情况下，该效果将每段等高线分为相同数量的分段。例如，如果将效果应用到 R 字母，则外部等高线使用 32 段可能看起来得当，但内部等高线使用同样的分段则可能几乎没有中空。要解决此问题，请选择“少数片段”选项。

【蒙版 / 路径】指定用于描边的对象是蒙版或路径，可以使用闭合或断开的蒙版。

【区段】指定创建各描边所用的段数。例如，如果将效果应用到 Vegas 文本上，并将“区段”设置为 10，则 V、e、g、a 和 s 每个字母的轮廓等高线均分为 10 段。

【长度】确定每一段描边长度的相对值。最大值为 1，最小值为 0；如果设置为 1，则每段描边的最大长度是围绕对象轮廓移动一周的完整长度除以段数，例如“区段”设置为 5，则区段的最大长度是总轮廓的 1/5；如果“长度”设置为 0，表示每段长度均为 0，即没有描边；如果“长度”设置为 0.5，则每段的长度均为其最大长度的一半。

【片段分布】确定区段的间距。其中，“成簇分布”是指每个区段首尾相连（像火车车厢一样），每个区段长度值越小，总体长度就越短。“均匀分布”用于在等高线周围均匀间隔区段。

图 6.1–3【片段分布】的“成簇分布”和“均匀分布”的区别

【旋转】决定了每个区段的起始位置，系统将整个轮廓的长度假定为一周，即 360 度。

【随机相位】指定每个区段的描边起始点都不同。默认情况下，在屏幕上的最高点对等高线开端描边。如果高度相同，则从最左边的最高点开始。

【混合模式】确定描边应用到图层的方式。“透明”用于在透明背景上创建效果；“上面”用于将描边放置在现有图层上面；“下面”用于将描边放置在现有图层下面；“模板”用于使用描边作为 Alpha 通道蒙版，并使用原始图层的像素填充描边。

【颜色】指定描边的颜色。

【宽度】指定描边的宽度，以像素为单位。

【硬度】确定描边边缘的锐化程度或模糊程度，类似于设置边缘羽化值。值为 1，基本无模糊效果；值为 0，描边线条变得最模糊。

【起始点不透明度】和【结束点不透明度】指定描边起始点或结束点的不透明度。

【中点不透明度】指定描边中点的不透明度。此控件适用于相对不透明度，而不适用于绝对不透明度。将其设置为 0，可使不透明度从起始点平滑地转变到结束点，就像根本没有中点一样。

【中点位置】指定区段内中点的位置：值越低，中点越接近起始点；值越高，中点越接近结束点。使用此控件可从描边中心移动中点不透明度。

4. 制作方法和过程

（1）创建新合成，时长为 10 秒，命名为“心电图”，保存文件名也为“心电图”。

（2）导入“第六讲 素材—心电图 .png”心电图样例图片。

（3）创建颜色色值为 #065E62 的纯色层作为背景。

（4）将“第六讲 素材—心电图 .png”心电图样例图片拖放至时间线内，重命名为“心电图底图”，调整“缩放”参数，使心电图充满画面。

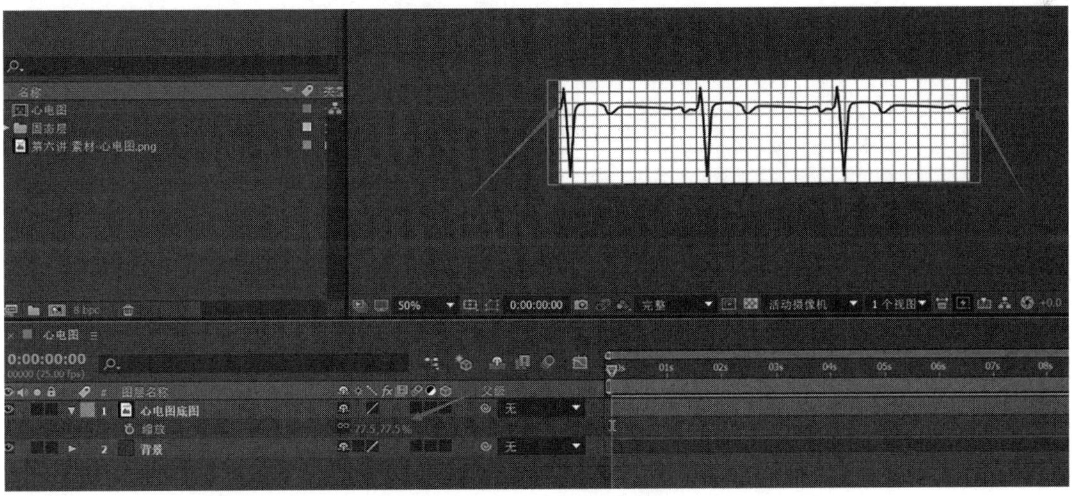

图 6.1–4　导入心电图样例图片

（5）新建一个任意颜色纯色层，命名为“心电图模拟”。

（6）降低“心电图模拟”图层的不透明度，使“心电图底图”的心电图轨迹能隐约被看到；然后在该图层上使用“钢笔”工具沿着“心电图底图”的心电图轨迹绘制蒙版路径。

绘制蒙版路径的过程中，如需要精确绘制图形，可以通过“Ctrl++”或“Ctrl+–”组合快捷键放大和缩小视图，以便于观察，并配合空格键来移动视图。

案例中绘制的蒙版路径建议起始和结束位置均超出原有范围，如图 6.1–5 中①和②位置。

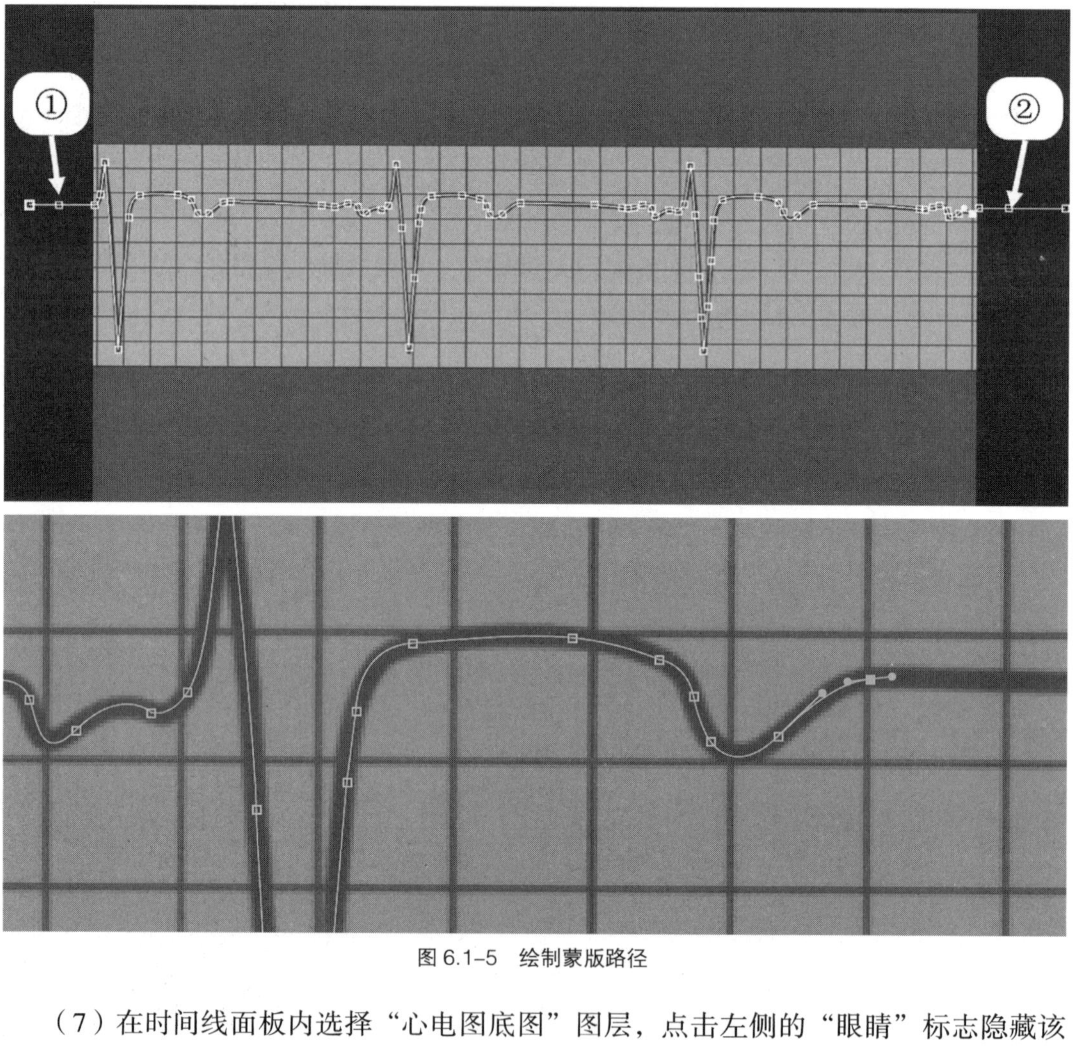

图 6.1–5　绘制蒙版路径

（7）在时间线面板内选择“心电图底图”图层，点击左侧的“眼睛”标志隐藏该图层。

（8）选择“心电图模拟”图层，将其“不透明度”恢复为 100%，添加“生成>描边”特效，调整描边的“画笔大小”为 3，“绘画样式”为“在透明背景上”。

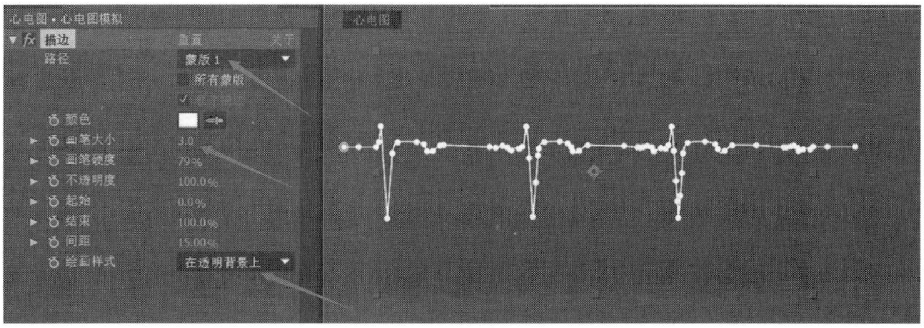

图 6.1–6 调整描边特效参数

（9）复制“心电图模拟”图层以形成一个新的图层，将新图层命名为“引导点”，在效果控件面板中删除“描边”特效，重新添加“生成＞勾画”特效，试着调整勾画特效的每个参数，注意边调整、边观察、边记录每个参数的作用。

（10）重置“勾画”参数后，参照如图 6.1–7 中的参数对“勾画”特效参数进行设置，在设置时，应把描边形式选为“蒙版 / 路径”，然后增加勾画“宽度”，将“旋转”调至能看清勾画的笔画，然后再调整其他参数。

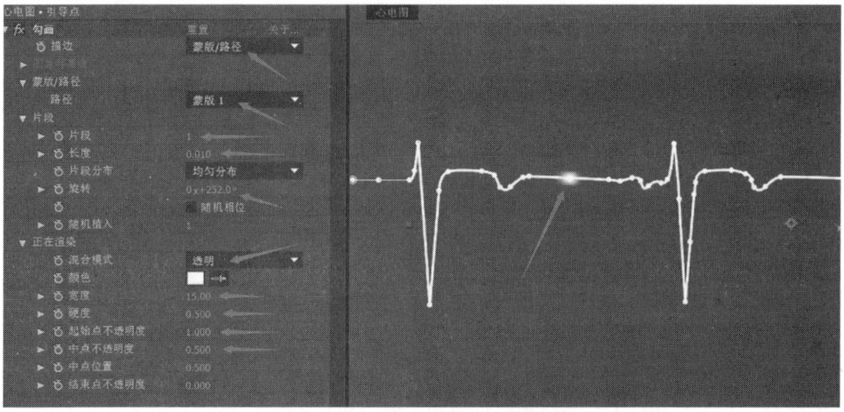

图 6.1–7 设置“勾画”特效参数

（11）将时间线面板播放头移动到 0 秒位置，选择“引导点”图层，在效果控件面板中设置“旋转”为关键帧，并调整旋转参数值，把引导点放在画面左边界上。

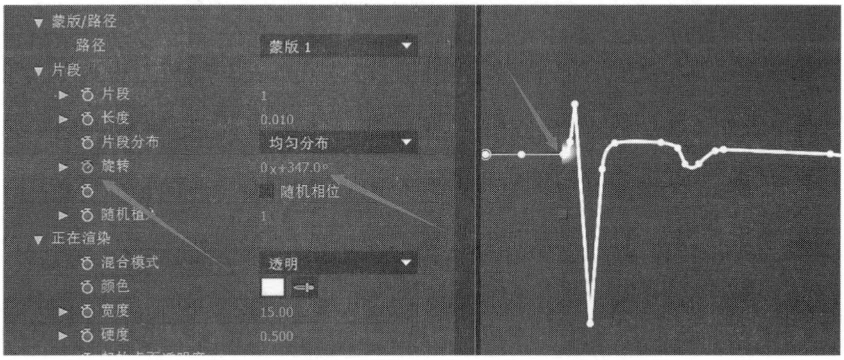

图 6.1–8 调整“勾画”特效的初始关键帧参数

（12）选择“心电图模拟”图层，在效果控件面板中，将“描边”特效的“结束”设置为关键帧，减小“结束”的参数，使描边刚刚离开左边界（为了能看清本图层的调整效果，可先将“引导点”图层隐藏，待本图层的参数设置完毕，再将“引导点”图层显示出来）。

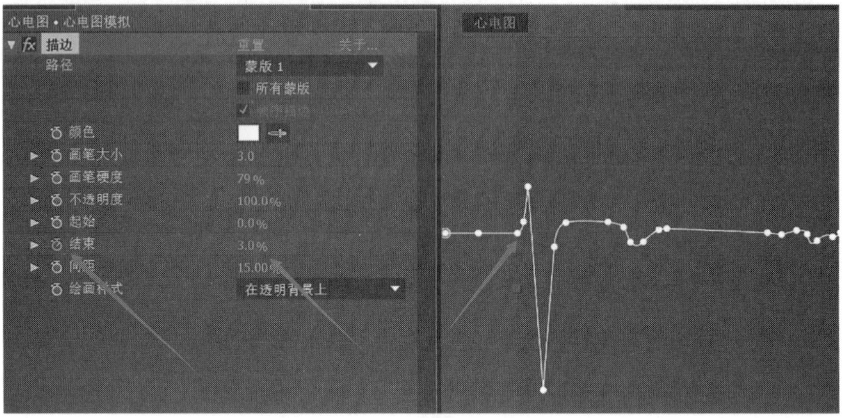

图 6.1–9　调整描边特效的起始关键帧参数

（13）将当前播放的位置调整到 8 秒的位置，依据前面的方法调整“引导点”和“心电图模拟”图层的结束关键帧参数，保证在第 8 秒位置的引导点刚好在有边框的位置，心电图的描边也刚刚到达右边界，即保证两个图层的动画同步。

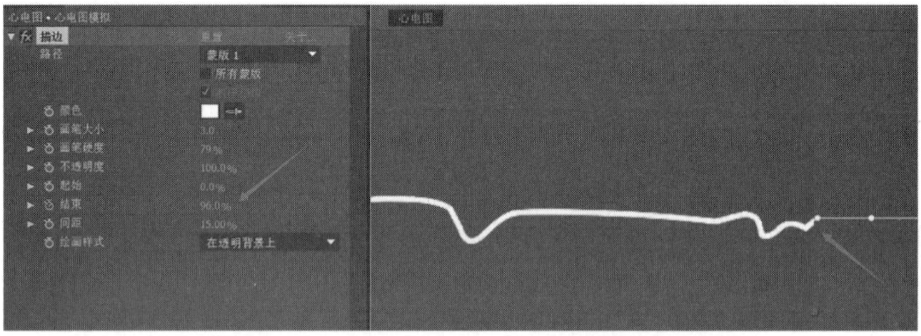
图 6.1–10　调整“描边”结束关键帧参数

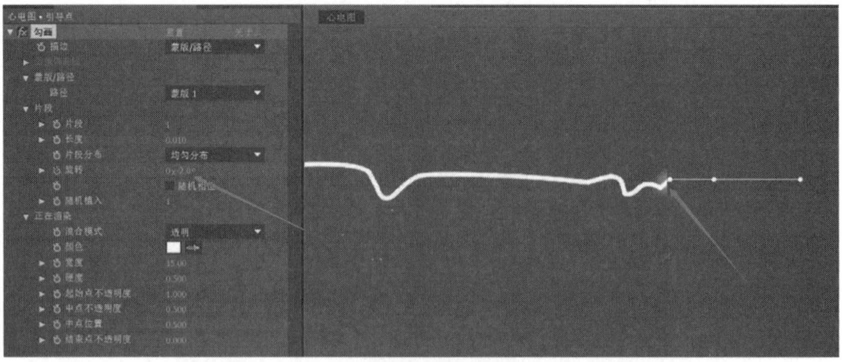
图 6.1–11　调整“勾画”结束关键帧参数

（14）新建任意颜色纯色层，命名为“背景网格”，将其移动到“背景”图层之上。

（15）在“背景网格”上添加“生成＞网格”特效，参照如图 6.1–12 中的参数进行设置。

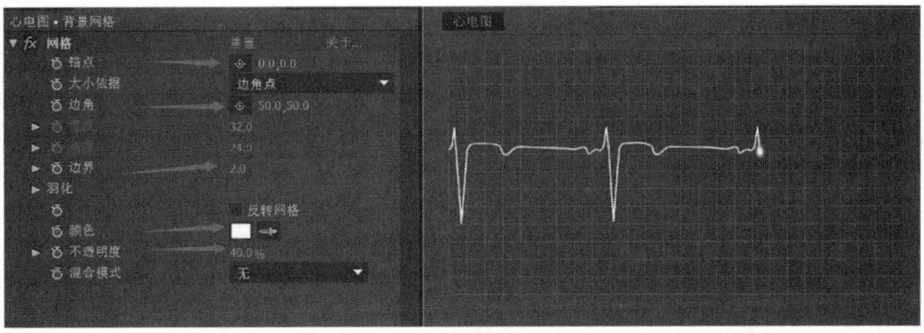

图 6.1–12　设置网格特效参数

（16）完成操作，进一步调整各参数，使效果更加符合实际，保存文件。

总结：本案例中使用到了“网格”“描边”“勾画”三个特效，都属于 AE 最基本的生成类特效，“网格”一般用于添加具有典型特征的背景，如网格状地面、平面坐标等，“描边”和“勾画”两个特效都属于描边，但“描边”特效是用于蒙版路径或图像整体全部描边，不能描边规定的长度，而“勾画”却可以分段描边，且可以自由定义分段位置，更加灵活。

6.1.2 扫光效果案例

1. 案例分析

扫光效果案例主要运用到蒙版叠加、斜面 Alpha、扫光效果等。

图 6.1–13　扫光效果分析示意图

运用蒙版叠加制作边框，再用运动斜面 Alpha 为边框添加倒角和立体效果，最后用运动扫光效果用来增强画面的视觉效果。

提示：在实际制作过程中边框效果可以利用矩形形状图层来制作，只需要调整边线的描边宽度，去掉形状图层的填充色即可。本例中，将意使用蒙版制作边框，目的是拓宽创作思路。

2. 主要制作过程和方法

（1）新建项目和合成，创建一个蓝色纯色层作为背景。

（2）创建一个深灰色纯色层，命名为“边框”。

（3）利用矩形工具在“边框”图层内绘制一个矩形蒙版，然后复制这个蒙版，修改下层蒙版的布尔关系为“相减”，并将蒙版的扩展设置为负数。

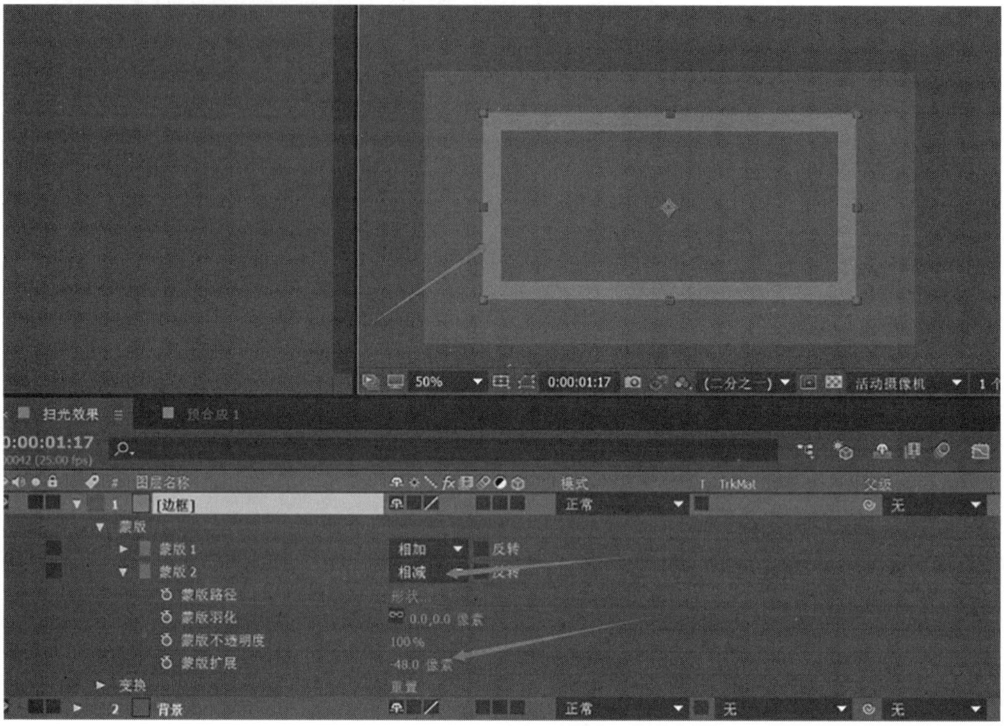

图 6.1–14　运用蒙版制作边框

（4）为边框图层添加“透视＞斜面 Alpha”指令，设置“斜面 Alpha”特效参数中的边缘厚度和灯光亮度，使其具有立体感。

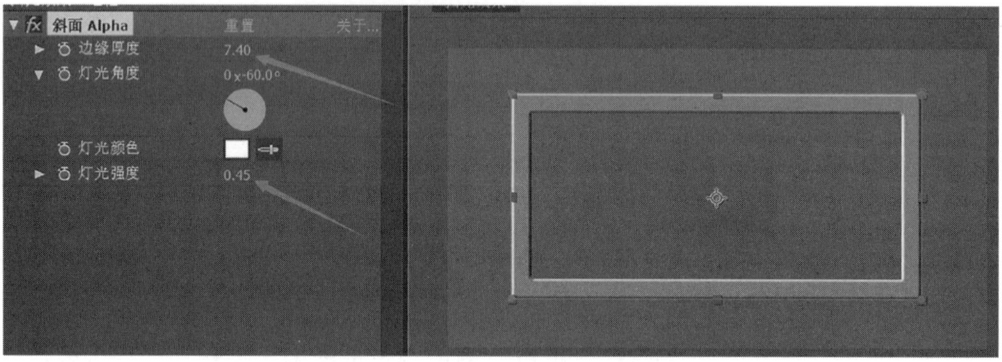

图 6.1–15　设置“斜面 Alpha”特效

（5）新建文字图层，输入“AFTER EFFECTS”，设置文字颜色、大小和位置。

（6）同时选中边框和文字图层，按下 Ctrl+Shift+C（或单击鼠标右键，在菜单中选择“预合成”菜单），将边框和文字复合形成一个预合成，命名为“文字及边框”。

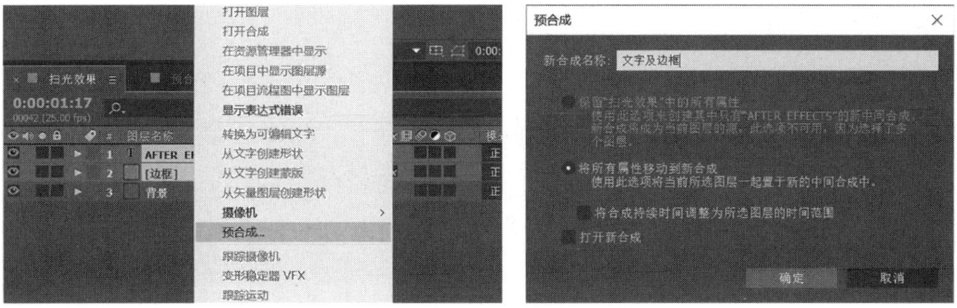

图 6.1-16　将文字及边框两个图层合并为一个预合成

（7）在“文字及边框”预合成上添加“生成＞ CC Light Sweep”指令，调整其中的方向、宽度、扫光亮度、边界亮度、边界宽度以及颜色等参数直到合适。

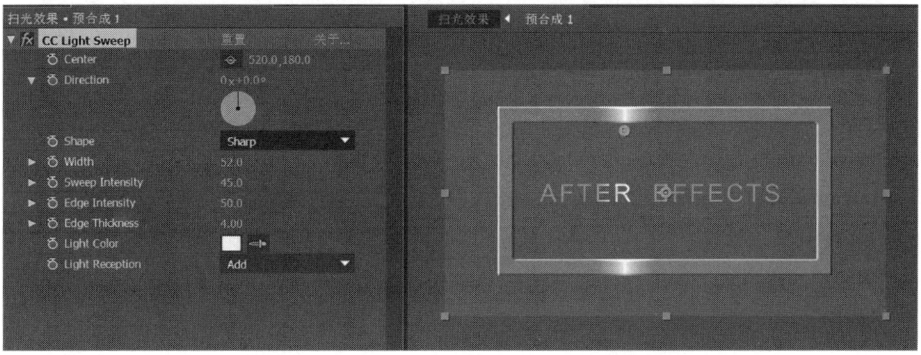

图 6.1-17　调整“CC Light Sweep”特效参数

（8）设置扫光“中心（Center）”为关键帧，通过调整关键帧使光线从左侧移动到右侧。

6.1.3 空间文字炫光效果

1. 案例分析

空间文字炫光效果主要运用到径向渐变、梯度渐变、星爆效果、斜面 Alpha、镜头光晕、光线制作等方法。

图 6.1-18　空间文字炫光效果分析

2. 主要制作过程

第一步，制作渐变背景。

（1）新建文件和合成，命名为“空间文字光晕”，创建任意颜色纯色层作为背景颜色。

（2）添加梯度渐变特效，设置渐变方式为径向渐变，制作生成深灰到黑色径向渐变的背景。

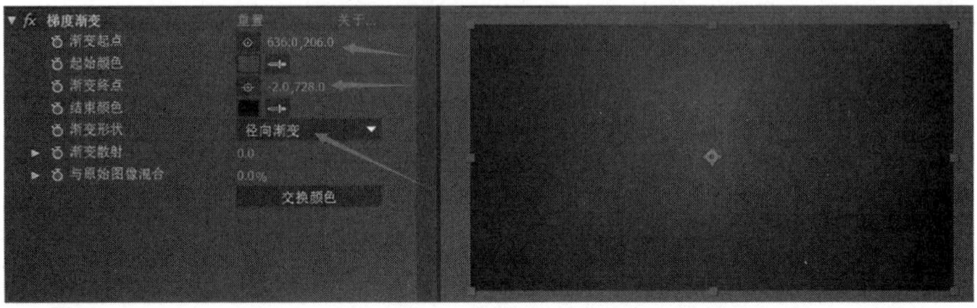

图 6.1–19　设置“梯度渐变”特效参数

第二步，制作空中飘动粒子效果。

（3）创建白色纯色层，添加“模拟> CC Star Burst”星爆效果，增加“发散（Scatter）”的数值，减小爆炸“速度（Speed）”值，使其接近 0，使粒子运动速度较为缓慢。

图 6.1–20　设置“CC Star Burst”星爆的发散数量和速度参数

第三步，制作文字效果。

（4）创建文本图层，输入文字“DIGITAL MOVIE”，调整文字大小和位置。

图 6.1–21　添加文字“DIGITAL MOVIE”

（5）为文字图层添加“梯度渐变”特效，设置“渐变形状”为“线性渐变”，“起始颜色”为浅蓝色，“结束颜色”为深蓝色，即渐变颜色为浅蓝色到深蓝色，渐变区域为文字上边到下边。

图 6.1–22　设置文字图层“梯度渐变”参数

（6）继续为文字图层添加“透视>斜面 Alpha”指令，适当调整边缘厚度和灯光强度。

图 6.1–23　添加并设置“斜面 Alpha”特效

第四步，制作光线效果。

（7）新建“光线”合成，合成参数同“空间文字光晕”主合成，创建黑色纯色层，添加“生成>镜头光晕”特效。

（8）设置“镜头光晕”特效参数值，调整光晕中心到图层中心，设置镜头类型为35毫米定焦，适当调整镜头亮度。

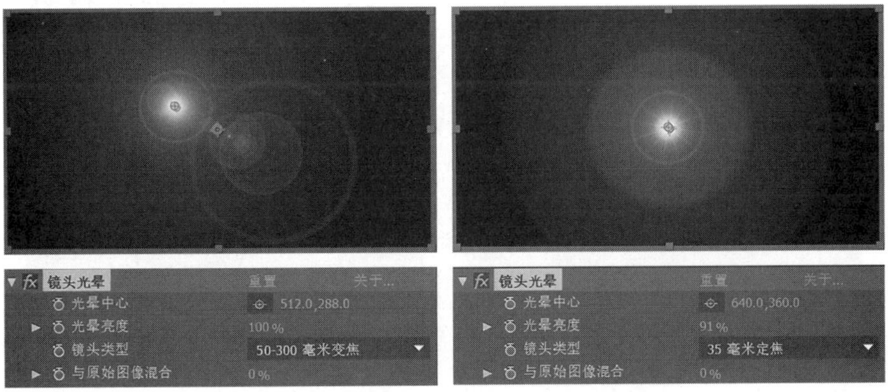

图 6.1–24　调整“生成>镜头光晕”特效参数

（9）新建白色纯色层，利用圆形工具为纯色层添加圆形蒙版，调整蒙版的羽化值。

图 6.1–25　添加圆形蒙版

图 6.1–26　调整蒙版羽化值

（10）按下键盘的“S”键，将白色纯色层的缩放开关打开，去掉 X、Y 缩放链接标志，将白色纯色层纵向缩小到原来的 1%，适当增加横向缩放比例，由此，便在画面中形成了一条两头尖的细线条。

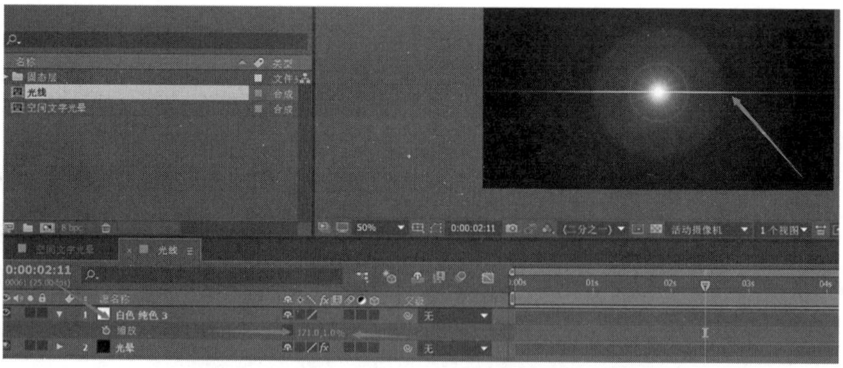

图 6.1–27　利用白色纯色层制作两头尖的细线条

（11）连续复制白色纯色层 3 次，全部选中这三个复制后的纯色层，按下“S”键同时打开它们的缩放参数，然后参照图 6.1-28 中上排右图的参数逐一增加纵向高度，同时缩小横向长度，最终形成下图的纺锤形水平光线效果。

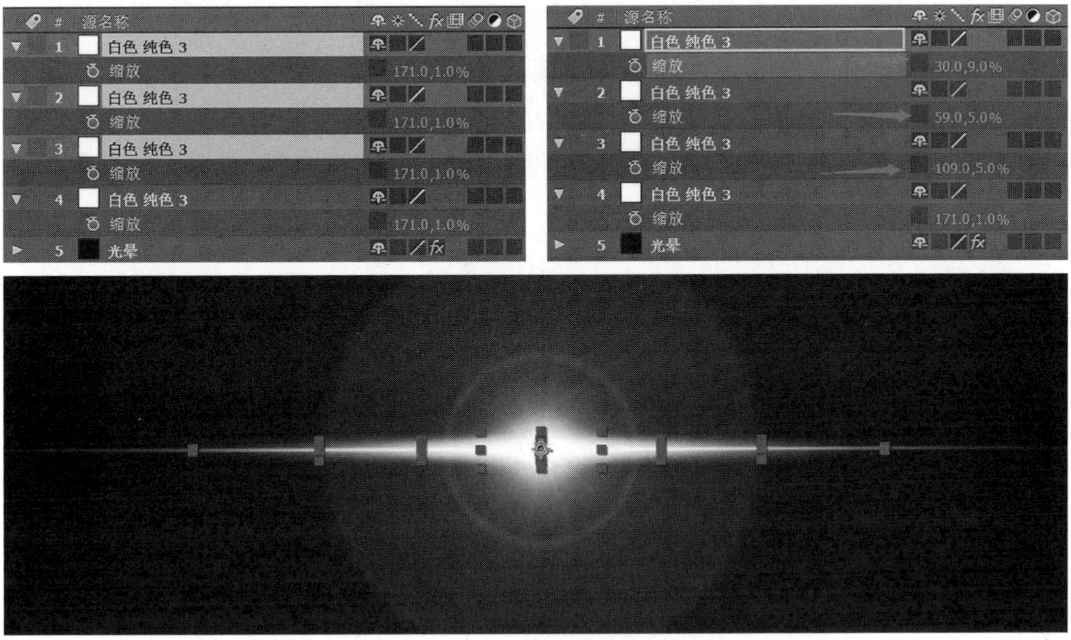

图 6.1-28　制作光线运动效果

（12）在时间线窗口中选择“空间文字光晕”合成，从项目素材窗口内将“光线”合成拖放到“空间文字光晕”合成内，同时打开时间线面板的显示模式选项，设置“光线”合成的显示模式为“屏幕”，结果如图 6.1-29 所示。

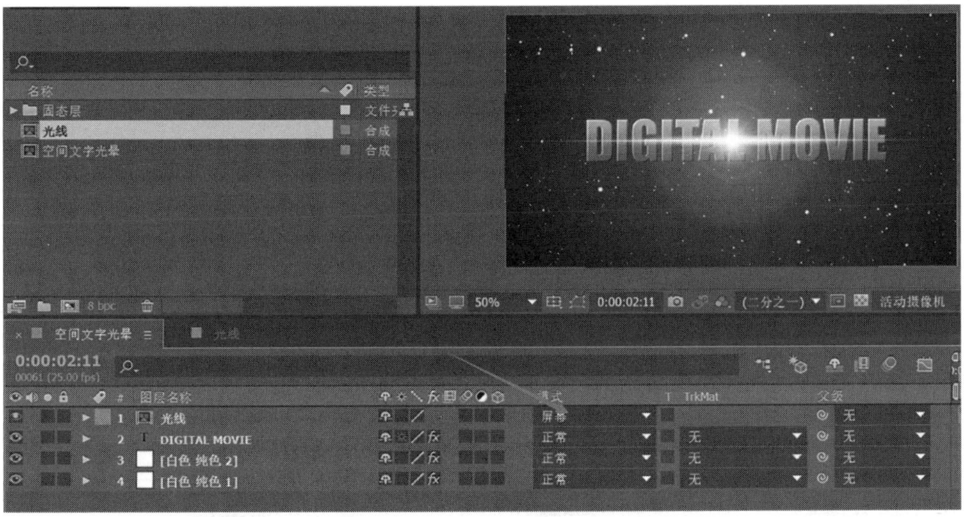

图 6.1-29　将“光线”合成放到“空间文字光晕”合成内

（13）选择“光线”合成，按下 P 键，设置位置移动动画，形成从左侧入画、右侧出画的效果，关键帧为 0 秒和 5 秒，然后在 2 秒和 3 秒位置各加上关键帧。

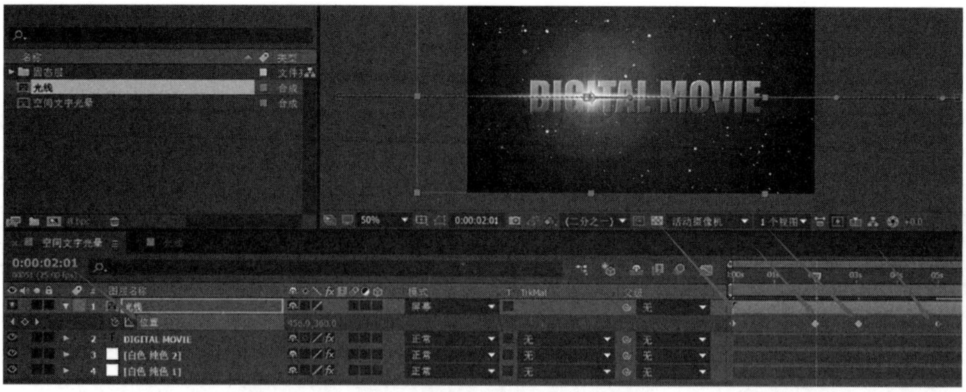

图 6.1–30 设置光线移动关键帧动画

（14）在时间线面板内，将 2 秒位置的关键帧向左移动到 0.5 秒的位置，将 3 秒位置的关键帧移动到 4.5 秒的位置，由于各关键帧的“位置”参数没有变化，但时间发生了变化，最终就形成了光线先快、再慢、再快的效果。

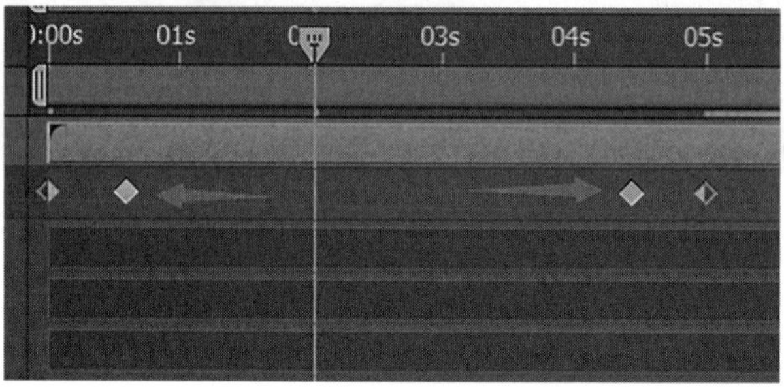

图 6.1–31 调整关键帧位置，改变动画速度

（15）播放效果，微调各参数直至符合要求，保存文件。

阅读与思考

为什么各关键帧的“位置”参数没有变化，但时间发生了变化，最终就形成了光线先快、再慢、再快的效果？

6.2 模拟仿真类特效

模拟仿真类特效的原理是利用计算机对生活中的某些现象进行仿真显示，如毛发、雨滴、下雪、爆炸、粒子效果等，其中，粒子效果的应用最为广泛，关于粒子效果的详细使用方法，将与三维效果合并讲解。本节主要介绍滚珠效果、卡片动画、破碎化、碎片爆炸等效果，其中破碎化、碎片爆炸在视觉上有点类似于爆炸效果。

表 6.2–1　仿真类特效

Card Dance	卡片舞蹈
Caustics	焦散
CC Ball Action	CC 滚珠操作
CC Bubbles	CC 吹泡泡
CC Particle Systems Ⅱ	CC 粒子仿真系统Ⅱ
CC Particle World	CC 粒子仿真世界
CC Pixel Polly	CC 像素多边形
CC Rain	CC 下雨
CC Scatterize	CC 破碎效果
CC Snow	CC 下雪
CC Star Burst	CC 星爆
Foam	泡沫
Particle Playground	粒子运动
Shatter	爆炸
Wave World	水波世界

6.2.1“滚珠”及“波形环境”特效

1.“滚珠”特效

第一种模拟仿真特效是滚珠效果，可以用来制作随机正弦波粒子。

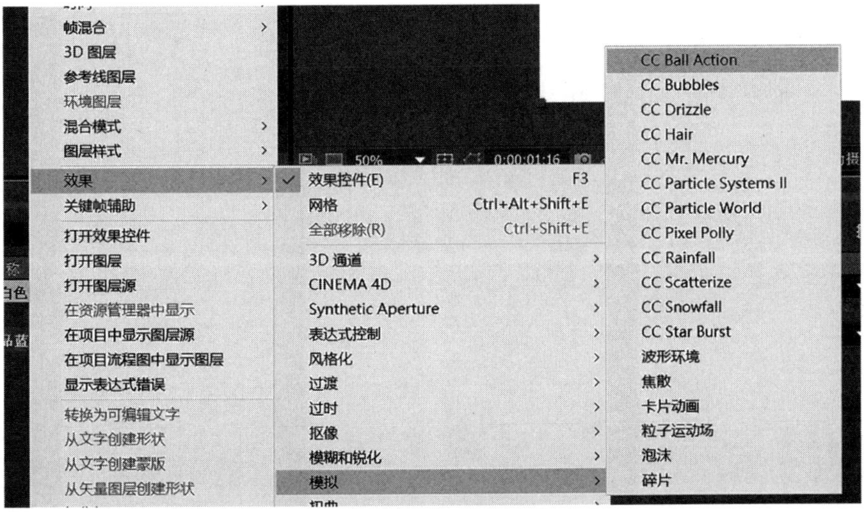

图 6.2–1　添加“滚珠”特效

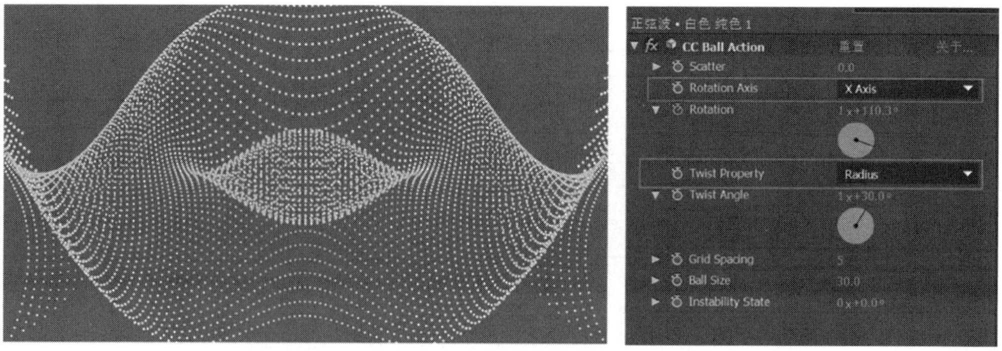

图 6.2-2 滚珠特效模拟正弦波粒子效果示意图

滚珠特效的参数主要有：

【Scatter】分散：用来设置滚珠的分散程度，默认值为 0，数值越大，分散程度越明显，在屏幕内的滚珠数量也会越少。

【Rotation Axis】旋转轴：用来设置滚珠旋转方向，可以是单一的 X\Y\Z 方向，也可以是复合方向。

【Rotation】旋转角度：调整滚珠的旋转角度。

【Twist Property】扭曲属性：调整本层特效扭曲的方向，可以是单一方向，也可以是复合方向。

【Twist Angle】扭曲角度：调整滚珠的扭曲角度。

【Grid Spacing】滚珠间距：调整滚珠的间距。

【Ball Size】滚珠大小：调整滚珠的大小。

实际案例简介：本案例中，Scatter 分散数值为 0、旋转轴为 X 轴、扭曲属性为“Radius”，扭曲角度为 390 度、滚珠间距保持默认值 5，滚珠大小为 30，同时设置旋转角度 Rotation 关键帧动画。

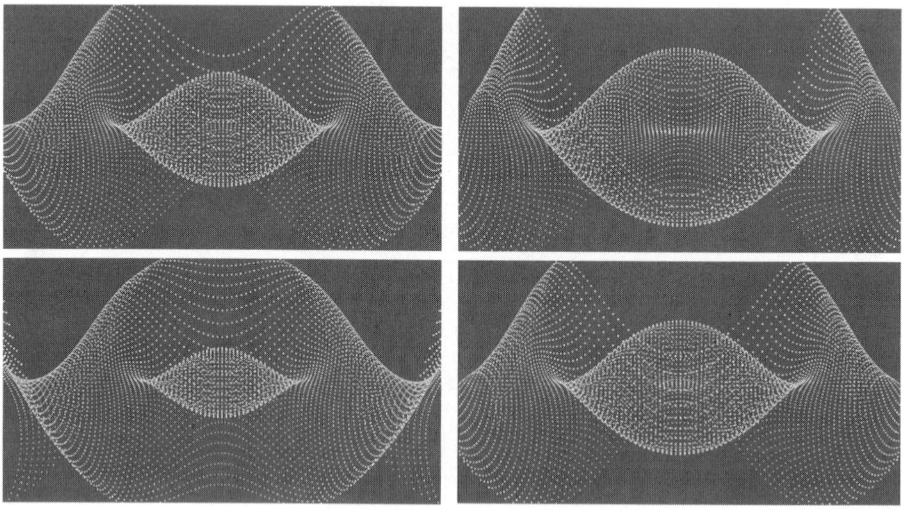

图 6.2-3 滚珠案例示意图

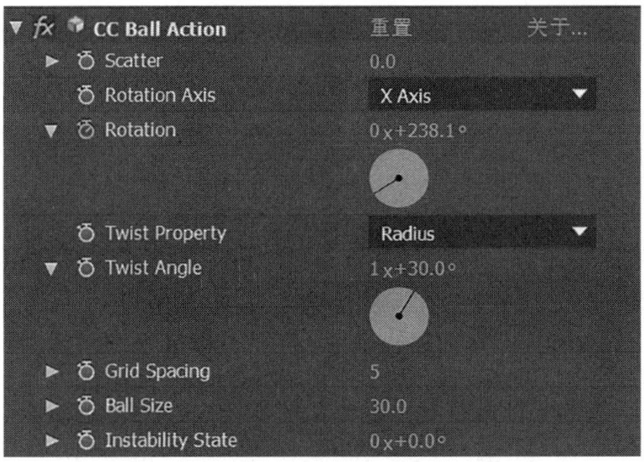

图 6.2–4 滚珠特效制作正弦波粒子效果参数

2. “波形环境”特效

与滚珠形成的模拟正弦波效果相似的是“波形环境”特效。

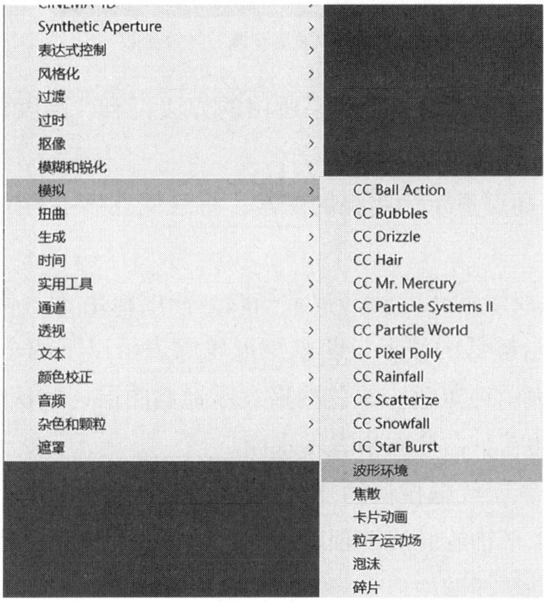

图 6.2–5 添加“波形环境”特效

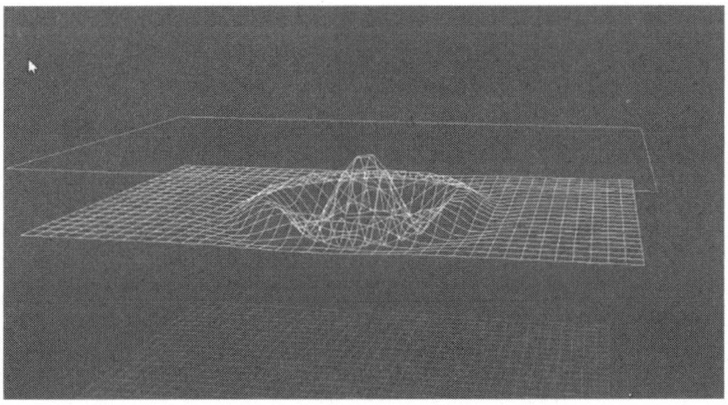
图 6.2–6 “波形环境”效果示意图

“波形环境”特效的工作原理是基于波形物理学的原理：波由波峰和波谷组成，波的振幅是波峰和波谷之间的高度或距离，波长是从一个波峰到下一个波峰的距离，“频率”是波形每秒通过固定点的次数。“波形环境”效果可创建灰度置换图，以便用于其他效果，如焦散或色光效果。使用“波形环境”特效可创建徽标的俯视视图，同时波形会反映徽标和图层的边。

“波形环境”特效主要包括视图、线框控制、高度映射控制、模拟、地面、创建程序等控件，它们各自又有诸多子参数项。

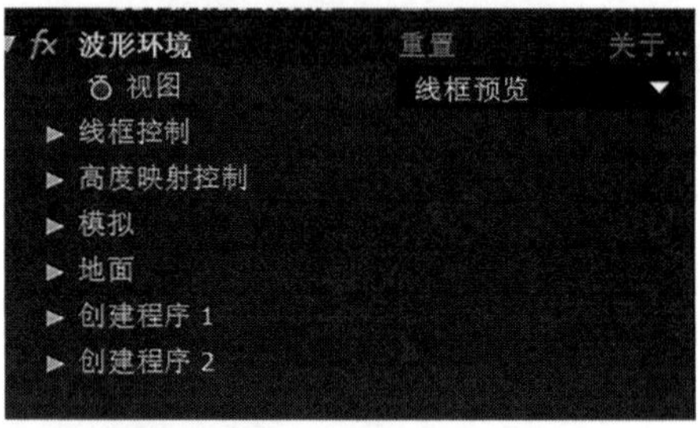

图 6.2-7 “波形环境”特效参数

【视图】用于指定预览波形环境效果所用的方法，有“高度地图”和“线框预览”两个选项。

“高度地图”将最高点显示为明亮的像素，将最低点显示为黑暗的像素。在创建置换图时使用此视图。

“线框预览”提供波形创建方式的视觉描绘。灰度输出表示高度地图，白色表示最高的波形，而黑色表示最低的波形。两个矩形轮廓表示以下两个极端值：青色矩形表示纯白色，紫色矩形表示纯黑色。绿色网格表示地面图层，默认情况下，它是平直的，但使用灰度图像可扭曲它。白色网格表示水面。

【线框控制】用于微调线框模型的外观。这些控件不会影响灰度输出。

水平旋转：围绕水平轴旋转线框预览（左右）。当调整此控件时，扭曲线框模型可使整个线框模型位于完整视图中。

垂直旋转：围绕垂直轴旋转线框预览（上下）。

垂直缩放：垂直扭曲线框预览，以使操作者可以更轻松地看到高度。

【高度映射控制】用于指定高度地图的外观。

注意：在调整“亮度”和“对比度”时，使波面图层位于青色和紫色矩形之间。如果波峰穿过青色矩形，则会被修剪为纯白色；如果波谷穿过紫色矩形的底部，则会被修剪为纯黑色。如果要创建置换图，请尽量避免修剪，因为这样会显示看似反常的平峰和平谷。

亮度：调整水面的整体高度。调整此控件可使整体灰度输出变亮或变暗。如果将波形环境效果用于置换，则此控件可上下移动水面。

对比度：更改波峰和波谷的灰色之间的差值，以使差值更极端或不太极端。较低的值可使灰色变均匀，较高的值可使黑色到白色的范围更宽（直至修剪）。

灰度系数调整：控制波形的亮度斜度，结果仅在“高度地图”视图中可见。较高的值会使波峰较圆，使波谷较窄，而较低的值会使波谷较平滑，使波峰较尖。

渲染采光井：指定存在采光井时渲染水面的方式。在一部分地面图层高出水面时，可创建采光井。此控件可用于将波形环境效果合成到场景中。例如，可以使用预合成的具有透明度的波形环境场景作为焦散效果的置换图，也可以将其作为效果图层的轨道遮罩。

透明度：通过调整较浅区域 Alpha 通道的不透明度来控制水的透明度。此控件最适用于将波形环境效果合成到其他场景中。例如，可以使用波形环境合成作为焦散效果的源图层，也可以将其作为效果图层的轨道遮罩。

【模拟】用于指定水面和地面网格的分辨率。

网格分辨率：指定构成波面和地面网格的水平和垂直分界线的数量。较高的值可显著增加模拟的精确度，但需要更多的内存，并会增加渲染时间。

网格分辨率降低采样：在输出分辨率降低时，降低内部模拟的分辨率，从而加快渲染速度。但是，结果可能会使输出作品看起来不寻常。

波形速度：指定波形从起始点开始移动的速度。

阻尼：指定通过波形的液体吸收波形能量的速度。值越高，吸收波能的速度越快，波形移动的距离越短。

波形速度、阻尼：指定液体的表观黏度，以及液体的表观大小。例如，水波比蜂蜜波移动得更快更远；与湖波相比，池波移动得更快，淡出的速度也快得多。

注意：波形环境效果已针对中小型水体（从茶杯到小壶）进行了优化。大片水域（如海洋）包括汹涌 / 宽广、无明显减速的平稳的波形。即使使用最低设置，波形环境效果也不会生成汹涌的波形，因为这些波形的淡出速度相对较快。

反射边缘：指定波形弹离图层边缘并弹回场景的方式。

预滚动（秒）：指定波形开始移动的时间。默认情况下，此效果从没有波形或波纹的静止表面开始。使用此控件可在图层开始移动之前使波形开始移动。在预滚动期间，会将此效果第一帧的设置应用到图层中。

【地面】用于指定地面图层的外观。

地面：指定显示在水底的图层。如果为地面使用动画图层，则波形环境效果仅对第一帧采样。波形环境效果可确定水面与地面边缘的交集，计算弹离水岸的波形，并可根据深度适当调整波形速度。图层的亮度可确定地面：白色表示高海拔，黑色表示低海拔。

陡度：通过扩大和缩小置换线框的高度，调整地面的陡度。网格在黑色阶已锁定，这样它始终从底部向上增大。换句话说，无法将波谷底部调整得更深；但可以将边缘调整得更高。要使波谷更深，请将更高的“陡度”设置与更低的“高度”设置结合使用。

高度：控制水面和地面最深点之间的距离。使用此控件可使水域更深或更浅。在更改水的深度时，波形会相应地改变：深水中的波形移动得较快，浅水中的波形移动得较慢。

波形强度：控制为地面高度或陡度设置动画时结果波形的大小，值为 0 时不产生任何波形。

注意：可以创建脉冲波效果，具体方法是为地面的陡度设置动画，以使地面穿过水体，产生波形。随后可使用“波形强度”控件来增强此效果。

【创建程序 1】和【创建程序 2】：用于指定波形开始的点。

类型：指定创建程序的类型。“环形”创建的波形就像将石头投入池塘产生的波形一样；波形在圆形（或椭圆形，具体取决于效果点的大小设置）中向外扩散。“线”用于创建从线形而非椭圆形的创建程序位置发出的波形。此设置创建的波形像从很远的位置生成出来的一样，产生的波形与线边缘垂直，线的长度基于“高度 / 长度”设置。

位置：指定波形创建程序的中心的位置。

高度 / 长度：指定“环形”创建程序的（垂直）高度，以及调整“线”创建程序的长度。

宽度：指定创建程序区域的（水平）宽度。

角度：指定“线”和“环形”类型的波形创建程序区域的角度。此控件用于设置线的方向，因而可控制波形的初始方向，波形从与其长度垂直的线的任意一个侧面发出。

振幅：控制产生的波形的高度。值越高，创建的波形越引人注目，但可能会导致出现修剪操作，可以使用“亮度”和“对比度”控件来修复修剪结果。

频率：控制每秒产生的波形数。值为 1，则每秒铺开波形一次。

相位：指定波形在波形相位中开始的位置。例如，使用默认设置 0° 时，液体中的首次扰动是凸波（从水面向上凸出）。“相位”设置为 180° 时，液体中的首次扰动是凹波。

6.2.2 “卡片动画”特效

1. 特效概述

“卡片动画”特效是模拟特效中较为复杂的一种，通过卡片动画可以将一个图层分成若干卡片，然后使用另外一个带有灰度变化的图层来控制这些卡片的运动情况和几何形状。

图 6.2-8 卡片动画将一幅原始图片拆分为若干小卡片

例如，一幅原始的浦东新区远景图，在一个水波纹的渐变图层控制下，可以形成图 6.2-9 中的这个动画卡片效果。

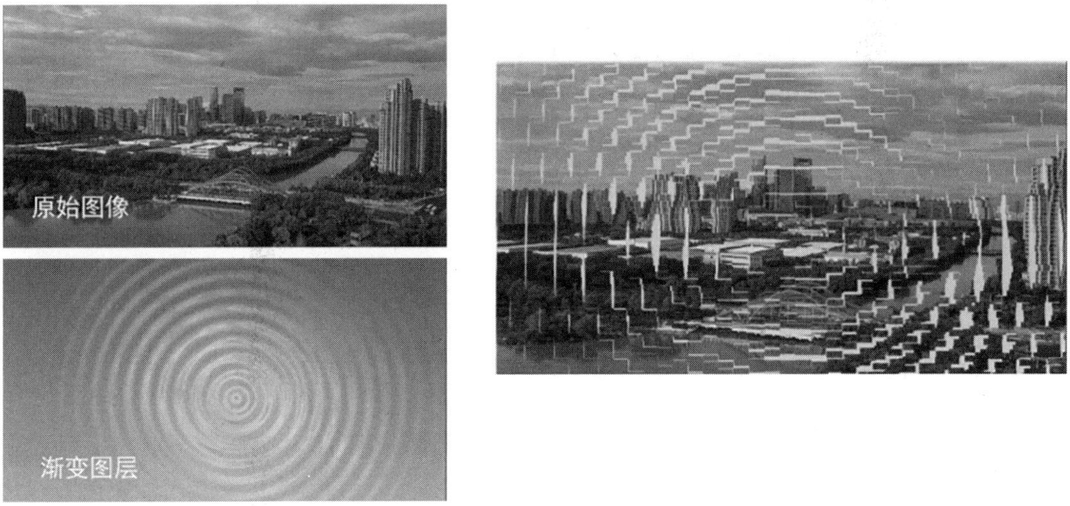

图 6.2-9 卡片动画案例示意图

2. 主要参数

卡片动画特效的主要参数有：卡片分割的行和列数值、卡片背景、产生影响作用的图层、卡片位置、旋转和缩放的参数变化（包括影响力和偏移幅度的设置）、摄像机位置、灯光和材质的调整，等等。

（1）“行数”、“列数”、“图层”和“顺序”控件

行数和列数：指定行数和列数的相互关系。“独立”可同时激活“行数”和“列数”滑块。“列数受行数控制”只激活“行数”滑块，如果选择此选项，则列数始终与行数相同。

行数：行的数量，最多 1000 行。

列数：列的数量，最多 1000 列，除非选择“列数受行数控制”。

注意：行和列始终均匀地分布在图层中，因此形状不规则的矩形拼贴不能沿图层边缘显示，除非使用 Alpha 通道。

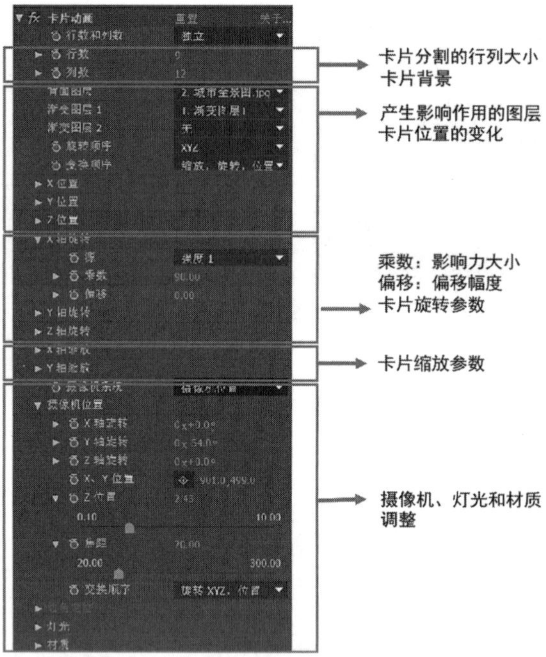

图 6.2-10　卡片动画参数

背面图层：在卡片背面分段显示的图层，可以使用合成中的任何图层。

渐变图层 1：用于生成卡片动画效果的第一个控件图层。可以使用任何图层，如果图层含有效果或蒙版，则先预合成此图层。灰度图层可产生最易预测的结果。渐变图层可充当卡片动画的置换图层。

渐变图层 2：第二个控件图层。

旋转顺序：在使用多个轴旋转时，卡片围绕多轴旋转的顺序。

变换顺序：执行变换（缩放、旋转和位置）的顺序。

（2）“位置”、“旋转”和“缩放”控件

“位置”（X，Y，Z）、“旋转”（X，Y，Z）和“缩放”（X，Y）用于指定要调整的变换属性。由于卡片动画效果是 3D 效果，因此可以为卡片的每个轴单独控制这些属性。但是，由于卡片本身仍然是 2D 图像，它们没有固有的深度，因此没有 Z 轴缩放。

源：指定要用于控制变换的渐变图层通道。例如，选择“强度 2”可使用“渐变图层 2”的强度。

加倍：应用到卡片的变换的数量。

偏移：变换开始时使用的基值。将其添加到变换值（卡片的中心像素值乘以“乘数”的数量）中，可以使操作对象从某些非 0 位置开始变换。

（3）“摄像机系统”和“摄像机位置”控件

摄像机系统：指定是使用效果的“摄像机位置”属性、效果的“边角定位”属性，还是默认的合成摄像机和光照位置来渲染卡片的 3D 图像。

X 轴旋转、Y 轴旋转、Z 轴旋转：围绕相应的轴旋转摄像机。使用这些控件可从上面、侧面、背面或其他任何角度查看卡片。

X、Y 位置：摄像机在 X 轴和 Y 轴上的位置。

Z 位置：摄像机在 Z 轴上的位置。较小的数值使摄像机更接近卡片，较大的数值使摄像机更远离卡片。

焦距：缩放系数。焦距越小视角越大。

变换顺序：摄像机围绕其三个轴旋转的顺序，以及摄像机是在使用其他“摄像机位置”控件定位之前还是之后旋转。

“边角定位”控件：边角定位是备用的摄像机控制系统。此控件可作为辅助控件，以便将效果的结果合成到相对于帧倾斜的平面上。

左上角、右上角、左下角、右下角：附加图层每个角的位置。

自动焦距：控制动画期间效果的透视。取消选择“自动焦距”时，程序将使用指定的焦距查找摄像机的位置和方向，以便在边角固定点放置图层的角（如果可能）。如果不能完成此操作，则此图层将被替换为在固定点之间绘制的轮廓。选择“自动焦距”时，将在可能的情况下使用匹配边角点所需的焦距。否则，程序将插入附近帧中正确的值。

焦距：如果已获得的结果不是所需结果，则覆盖其他设置。如果为“焦距”设置的值不等于固定点实际在该配置中时焦距本该使用的值，则图像可能看起来异常（例如，被奇怪地修剪）。但是，如果知道要试图匹配的焦距的具体值，则手动设置“焦距”是获得正确结果的最简单方法。

3. 制作要点说明

在实际使用时，我们首先需要准备一张用于制作卡片动画的原图，在 AE 中创建一个用于控制卡片动画效果的渐变图层（见图 6.2–11）。

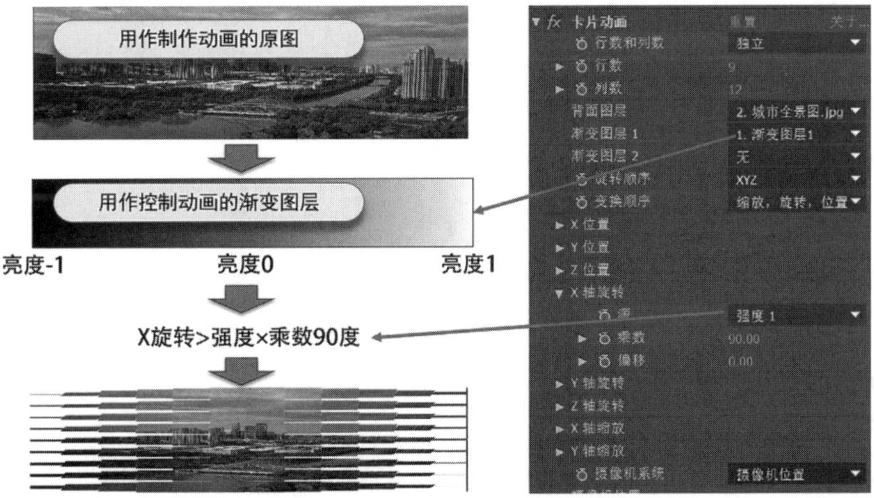

图 6.2–11　卡片动画制作要点示意图

当我们把卡片动画效果应用到某一图层时，可先调整“卡片动画”参数中的“摄像机系统”或“边角定位”使图层产生一定的透视效果（如图 6.2–12 所示），以便于观察。

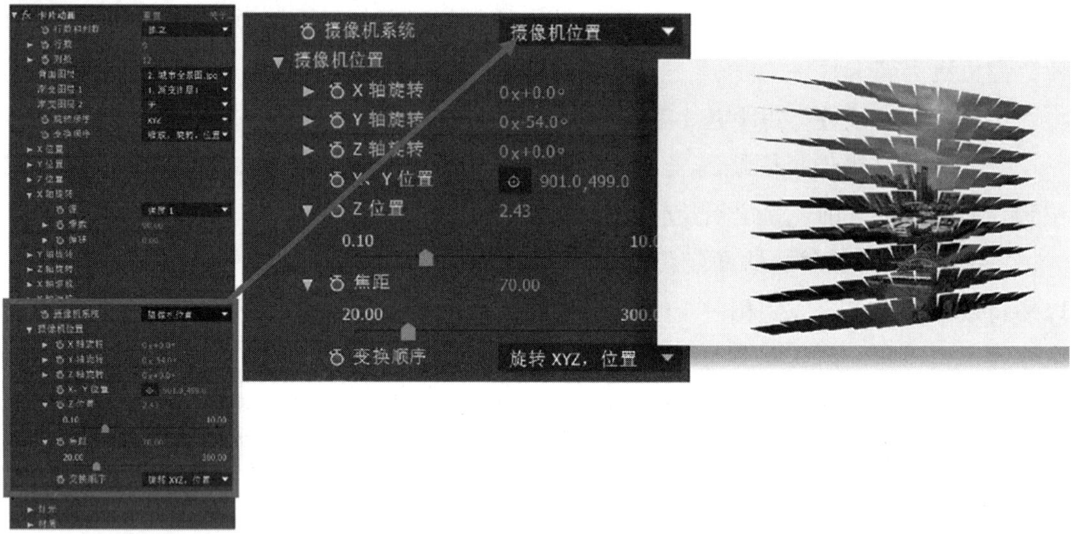

图 6.2–12　调整卡片动画的视角以便于观察

在此基础上，从“渐变图层 1”菜单中将已经制作好的渐变层设置为黑色在左，白色在右，然后从“X 轴旋转”的“源”菜单中选择“强度 1”。卡片动画效果通过渐变层中黑白代表的强度来设置每个卡片的 X 轴旋转角度。其中，纯白色的强度值为 1，纯黑色的强度值为 –1，而 50% 的灰色强度值等于 0。卡片动画效果自动将这个强度值乘以“X 轴旋转”的“乘数”值，并将每个卡片旋转该数量的角度。如果“X 轴旋转”的“乘数”设置为 90，则左侧的卡片列向后旋转 90°，右侧的卡片列向前旋转 90°，而中间列的卡片旋转较少的数量。50% 灰色区域的卡片不旋转。

如果希望图层中一半的卡片从右侧进入，而另一半的卡片从左侧进入，则创建一半黑色和一半白色的渐变图层。将渐变设置为“X 位置”的源，将“X 位置”的“乘数”设置为 5，并使其动态变化到 0。黑色区域的卡片最初显示在左侧，白色区域的卡片最初显示在右侧。

4. 实际案例制作

下面介绍一个较为复杂的卡片动画案例制作方法。

（1）案例描述：空间外一幅画面被分割为若干张卡片，各卡片自顶向下掉落到画面内形成完整的画面，同时画面逐步充满画幅。

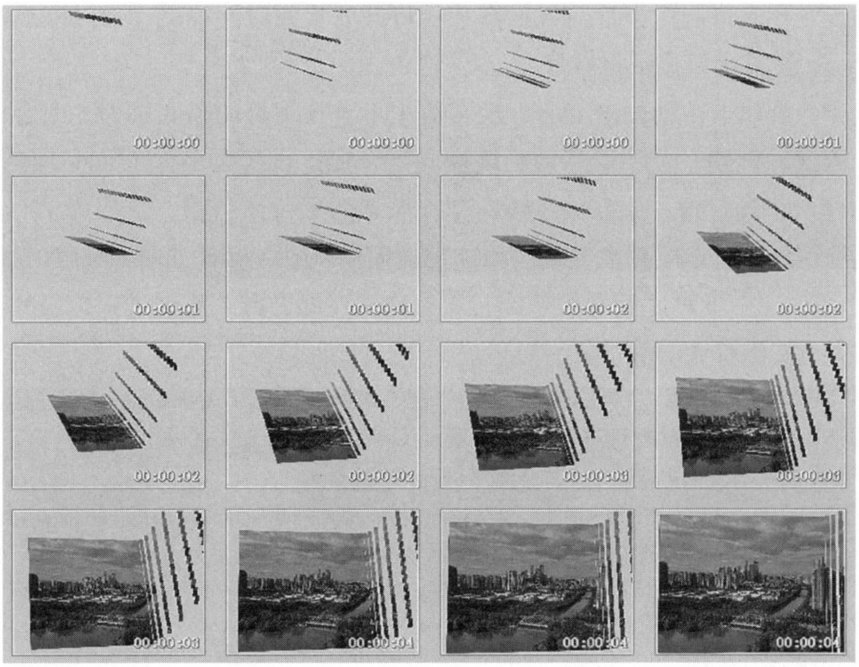

图 6.2-13　卡片动画综合案例内容示意图

（2）案例合成及相关特效：

图 6.2-14　卡片动画综合案例特效及时间线示意图

（3）主要步骤：

第一步，准备一个画幅大小为 1280×720 像素的待做卡片动画的图片。新建文件，创建大小为 1280×720 像素、长度为 5 秒的合成，创建浅蓝色渐变背景。

第二步，导入待制作卡片飞舞的图片，将其放置到时间线上，通过缩放调整图片素材的大小，使其满幅显示在屏幕内。

第三步，创建卡片动画渐变层，通常适用于卡片飞舞的渐变层为一个合成或预合成图层。因此，创建一个“卡片动画渐变层”合成，合成大小为 1280×720 像素，在合成内创建两个纯色层，上层为 1500×720 像素的黑色纯色层，下层为 1280×720 像素的白色纯色层；将上层黑色纯色层添加定向模糊特效，设置方向为 90 度、模糊长度为 150；然后在 1—5 秒之间将黑色纯色层制作从左向右方式移动进入画面的动画，在关键帧结束位置将画面全部设置为黑色。

图 6.2–15　制作渐变图层映射

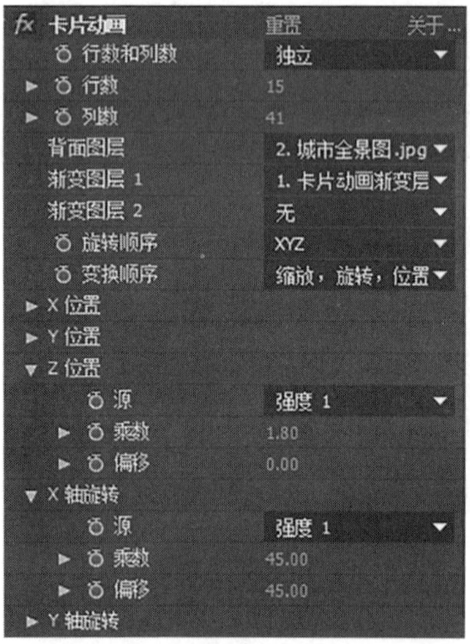

图 6.2–16　设置卡片动画的相关参数

第四步，回到主合成，创建卡片动画。将“卡片动画渐变层”合成投放到时间线内形成图层，隐藏该图层的显示。选择图片图层，添加“模拟＞卡片动画”特效。点击“渐变图层 1”右侧的下拉菜单选择“卡片动画渐变层”，打开 Z 位置，设置“源”为“强度 1”，设置乘数为 1.8，加大渐变图层亮度对卡片 Z 轴位置的影响因子；选择 X 轴旋转，设置“源”为“强度 1”、乘数为“45”、偏移为“45”，然后适当增加行数和列数的数值。

第五步，设置摄像机动画效果。在“卡片动画”特效中找到“摄像机位置”参数，设置摄像机关键帧动画：在第 5 秒位置，将 X 轴旋转、Y 轴旋转、XY 位置、Z 位置等参数设置为关键帧，调整 Z 轴参数，使画面在合成内容中满幅显示。将播放位置调回到 2 秒，设置 X 轴旋转角度为 –80 度、

Y 轴旋转角度为 -40 度、调整 XY 位置为“280，840”，使图片位于图层中部左右。

第六步，播放合成，观看效果，根据需要再做适当调整，直至符合要求。

6.2.3 “破碎化”特效

1. 特效说明

破碎化效果（CC Pixel Polly）的原理是将图层内容按照网格分割方式制造散裂效果。

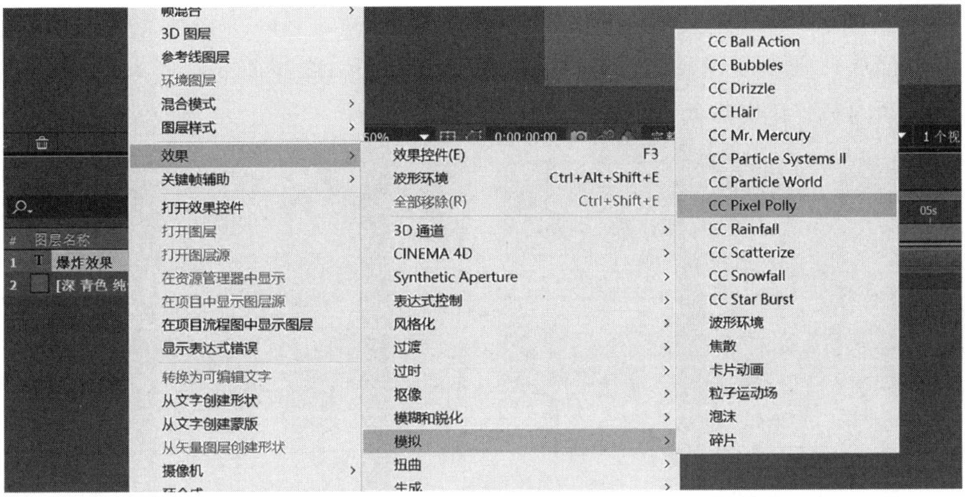

图 6.2-17　添加破碎化特效

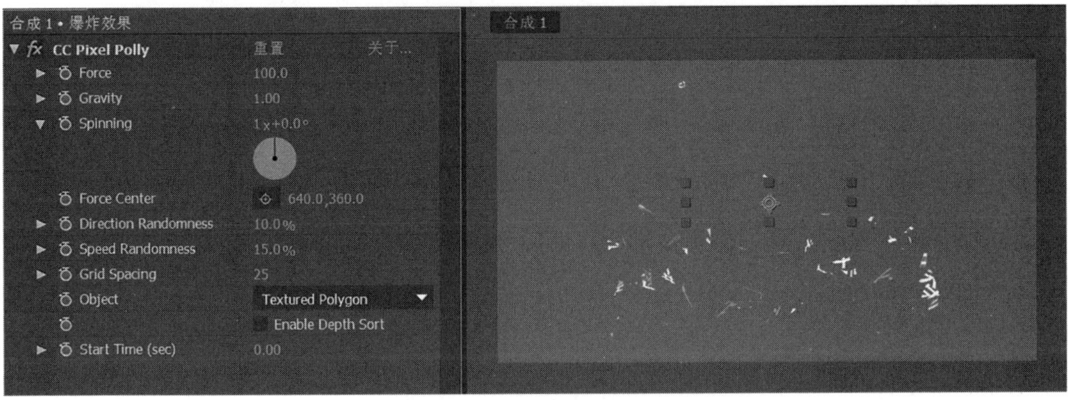

图 6.2-18　破碎化效果示意图

主要参数有：

Force：破碎力度，数值越大，发散效果越强烈。

Gravity：重力，控制碎片下落的方向。

Spinning：控制单个碎片的旋转。

Force Center：调整破碎中心点。

Direction Randomness：调整碎片飘散方向的随机程度。

Speed Randomness：调整碎片飘散速度的随机程度。

Grid Spacing：控制网格大小，网格越大，切割的碎片也越大。数值越小，碎片越小，但系统消耗资源会变大。建议在制作过程中，先设置大数值，待其他参数设置完成后再将该数值减小。

Object：选择碎片的形状以及材质。

Start Time：设置开始破碎的时间点。

2. 特效案例

案例描述：一个标题文字在画面内停留一段时间后逐步放大，放大到某一程度后文字在画面内破碎化爆炸而消失。

图 6.2–19　文字破碎案例内容示意图

制作要点：

（1）新建合成，时长为 4 秒，创建蓝色纯色为背景。

（2）创建文本图层，输入文字“破碎文字”，文字大小为 80 像素；图层重命名为“破碎文字”。

（3）为“破碎文字”图层在 1 秒和 2 秒位置设置“缩放”关键帧，1 秒位置的缩放值为 100%，2 秒位置的缩放值为 180%。

（4）将“破碎文字”图层复制形成新的文字图层“破碎文字 1”，按下“U”快捷键，显示该层的关键帧，点击文字属性“缩放”左侧的时钟标志，清除关键帧，同时设置缩放值为 180%，然后添加“CC Pixel Polly”特效。

图 6.2-20 添加“CC Pixel Polly”特效

（5）参照如图 6.2-21 中的参数设置“CC Pixel Polly”特效，设置破碎力度为 400，重力为 0，随机速度为 100%，网格大小为 3。由于“CC Pixel Polly”特效在起始位置看不到实际效果，因此，在查看特效效果时须将时间线的播放位置向后拖动一点。

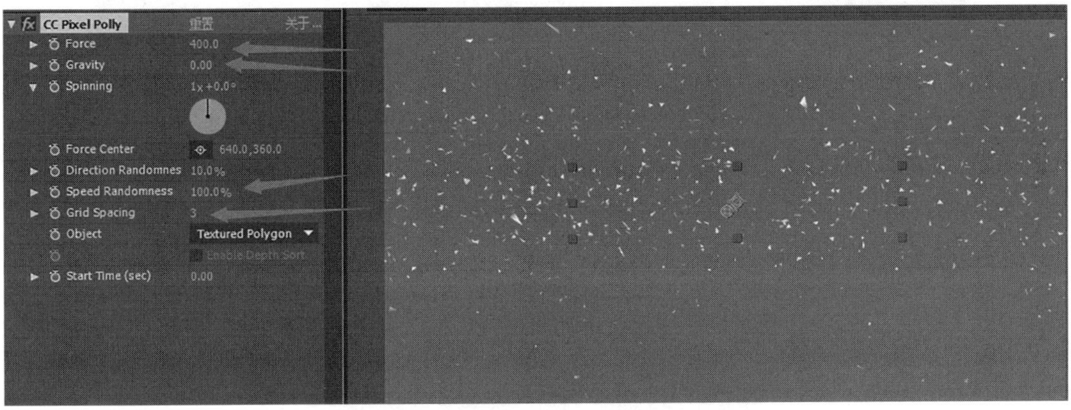

图 6.2-21 设置“CC Pixel Polly”特效

（6）在时间线上用鼠标拖动“破碎文字 1”图层，将它的起始位置右移到 2 秒位置。

（7）选择“破碎文字”图层，将图层在 2 秒位置截掉右边部分（快捷方式“Alt+]”）。

最终形成文字“破碎文字”在画面中停留 1 秒，然后在 1 秒后逐渐放大，至 2 秒位置放大到 180%，然后文字产生破碎化效果而消失。

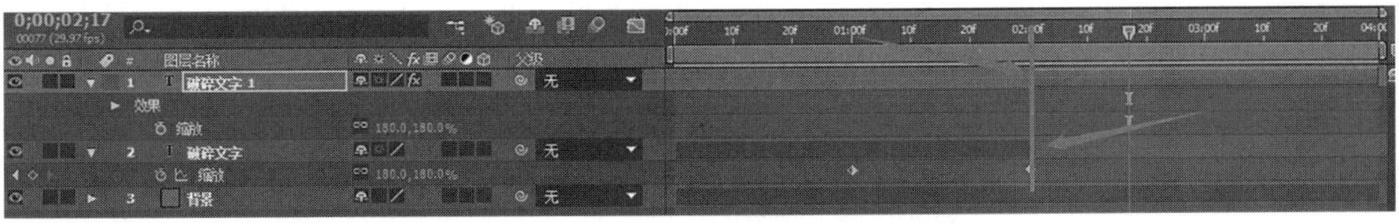

图 6.2-22 设置两个文字图层的长度和起始位置

思考：为什么要复制文字图层，且要设置两个文字图层的首尾位置？

6.2.4“碎片爆炸”特效

碎片爆炸效果，也是一种破碎效果，与前面的破碎化效果在画面效果上相类似。但这里的爆炸特效比破碎化特效的参数更加复杂，可控性更好。

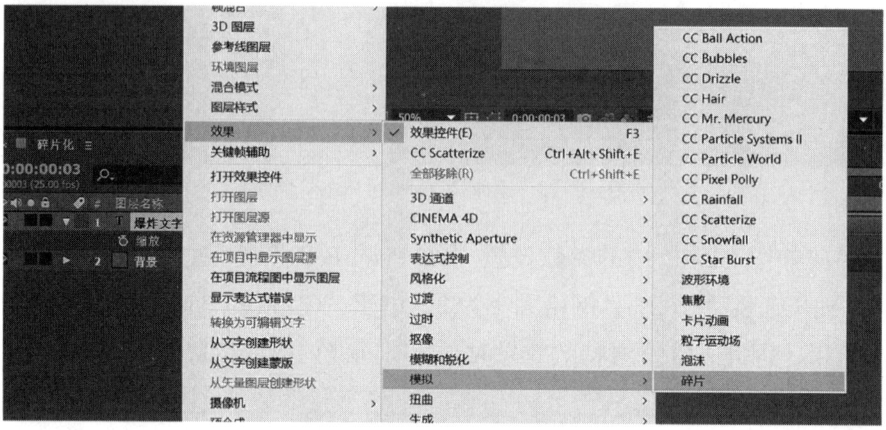

图 6.2–23　添加碎片爆炸效果

1. 碎片爆炸效果参数说明

碎片爆炸效果的参数包括：视图、渲染、形状、作用力、渐变、物理学、纹理、摄像机位置、灯光和材质等。

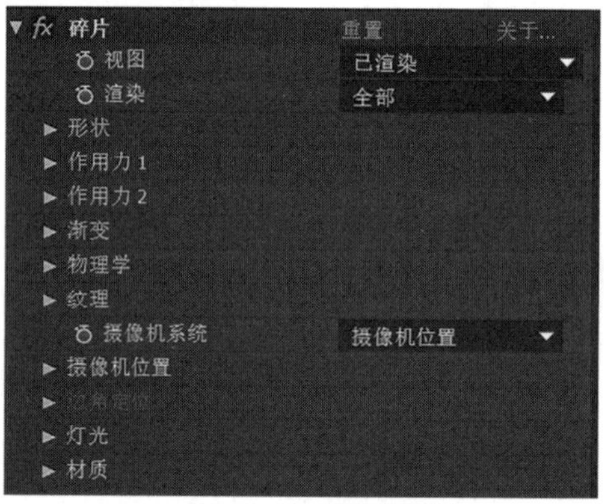

图 6.2–24　碎片爆炸效果的参数

【视图】用来设置界面中的渲染效果和辅助位置与坐标等，视图选项不影响最终结果，默认选项为“线框 + 作用力”，其他还有“已渲染”“线框正视图”“线框”“线框正视图 + 作用力”。通常先使用默认值，再选择“已渲染”，以便于能看到最终爆炸效果。

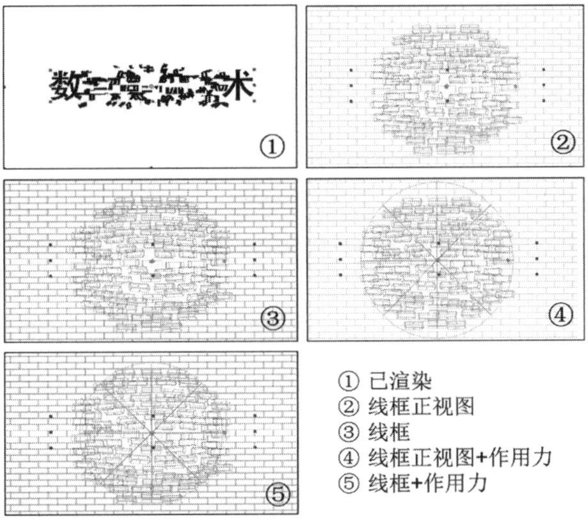

图 6.2-25 视图中的五个选项

【渲染】用来设置需要系统渲染的内容，有“全部”“图层”“块”三个选项，默认选项为“全部”。

【形状】设置碎片的形状，其中有“重复”“方向”“源点”“凸出深度”四个子参数，“重复”数值越大，碎片越小，系统运行速度也会越慢；“方向”表示碎片网格的旋转角度，“源点”是图层源的位置偏移，“凸出深度”表示每个碎片的厚度。

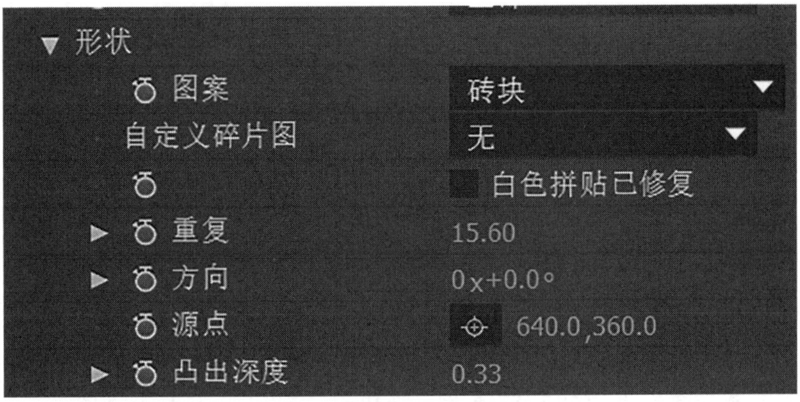

图 6.2-26 形状参数

【作用力】有两个:【作用力 1】和【作用力 2】，系统通过一个球形区域对图层产生破碎效果，通过设置球形区域与图层的相交区域来设置破碎效果的影响范围，有“位置”“深度”“半径”“强度”等子参数。

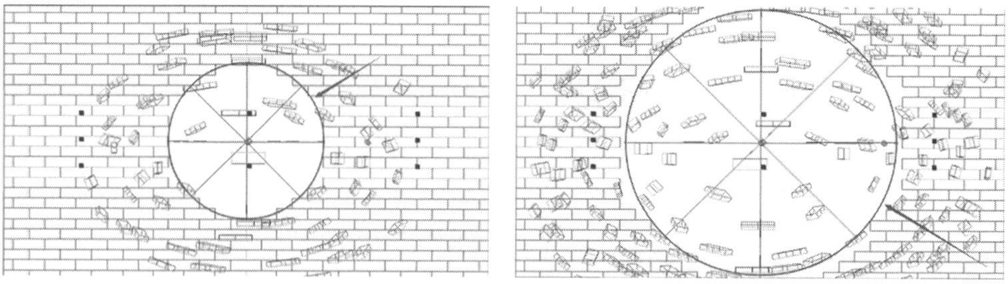

半径 0.20　　半径 0.27

图 6.2-27　作用力的“半径”大小比较

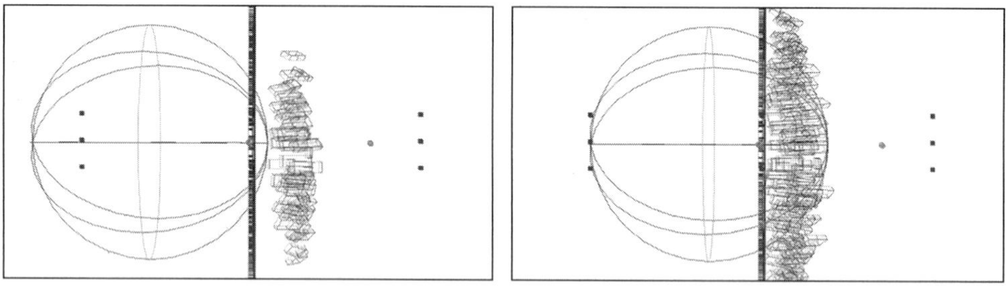

深度 –0.23　　深度 –0.17

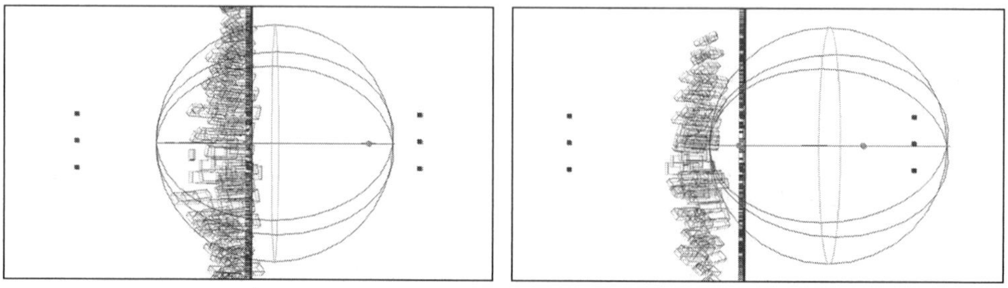

深度 0.06　　深度 0.22

图 6.2-28　作用力的“深度”大小比较

【渐变】类似于卡片动画一样，通过某一个图层的黑白灰亮度变化来控制破碎的影响范围，有“碎片阈值”和“渐变图层”两个子选项。通常用于渐变层的对象一般为一个合成或预合成图层。

【物理学】设置图层破碎的旋转速度、随机性、粘度、重力等物理学参数。

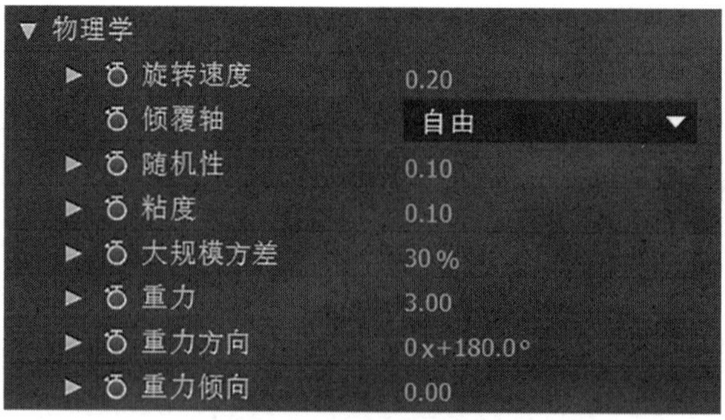

图 6.2-29　物理学参数

【纹理】设置每个碎片的颜色、不透明度，以及正面、侧面和背面的纹理内容。

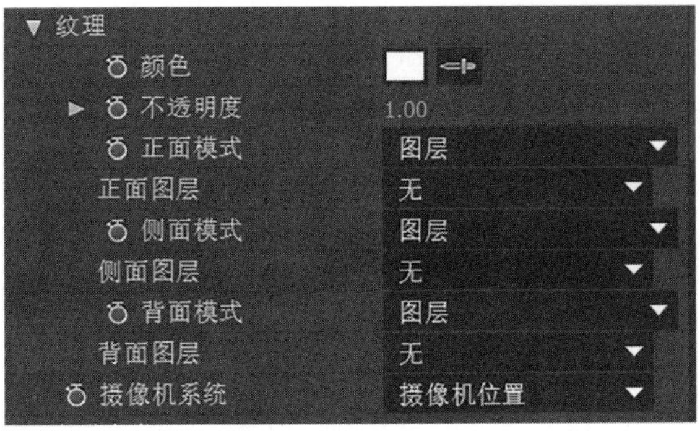

图 6.2-30 纹理参数

【摄像机位置】设置碎片所在场景的摄像机系统，可以选择特效中自带的摄像机，也可以选择该合成中的摄像机系统。如果选择的特效中自带的摄像机，则摄像机的位置、角度和焦距等参数则由特效中的“摄像机位置”参数来设置，如果选择“合成摄像机”，则该碎片爆炸特效的效果受到合成摄像机的影响，本特效中的“摄像机位置”则为灰色不可用。

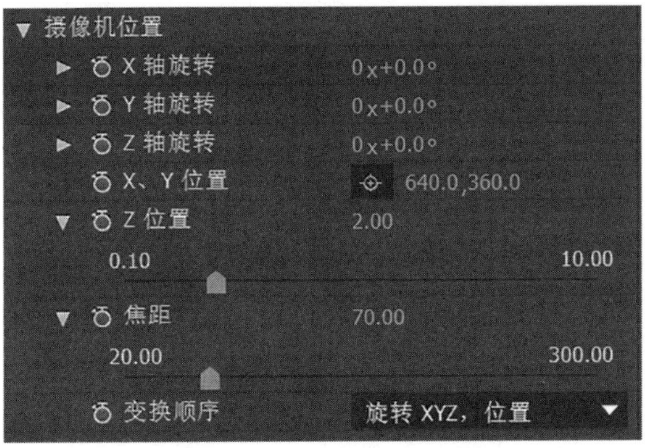

图 6.2-31 摄像机系统参数

【灯光】和【材质】由于碎片爆炸效果属于三维效果，因此，灯光和材质用来设置三维场景内灯光的位置、强度、环境光、反射系统等参数。

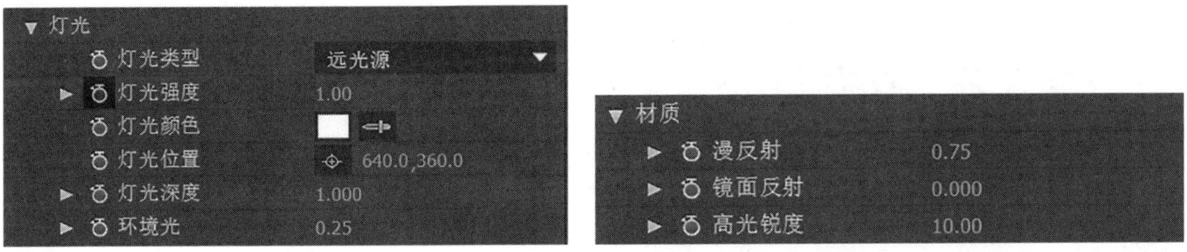

图 6.2-32 灯光和材质参数

提示：默认状态下，碎片爆炸效果形成的是自中心向四周扩散的爆炸，爆炸后的碎片会向下自然掉落。如果想在画面内营造自上而下或自左而右的扩散爆炸效果，则需要设置特效参数中的【渐变】参数。

2. 碎片爆炸特效案例——文字爆炸

下面结合一个简单的案例来说明碎片爆炸效果的使用方法，本案例演示结果如图 6.2–33 所示。

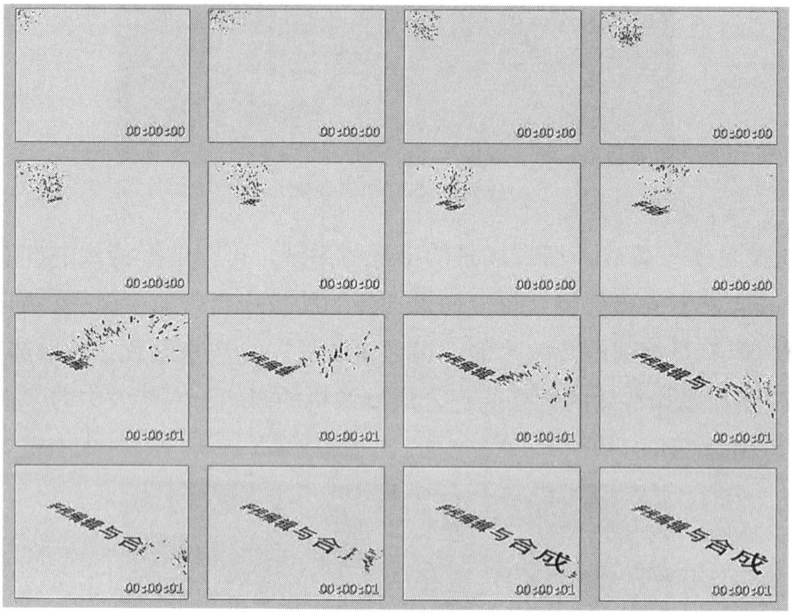

图 6.2–33　文字碎片爆炸效果示意图

具体的制作过程为：

（1）新建“碎片化爆炸案例”合成，创建白色纯色层作为背景。

（2）创建文字图层，输入文字“影视编辑与合成”，文字大小为 150，将图层重命名为“爆炸文字”，将文字移动到图层中心位置。

（3）为“爆炸文字”图层添加“碎片”特效，碎片特效的初始状态在预览面板内像一堵墙，拖动时间线播放头，可以看到砖块爆炸效果。

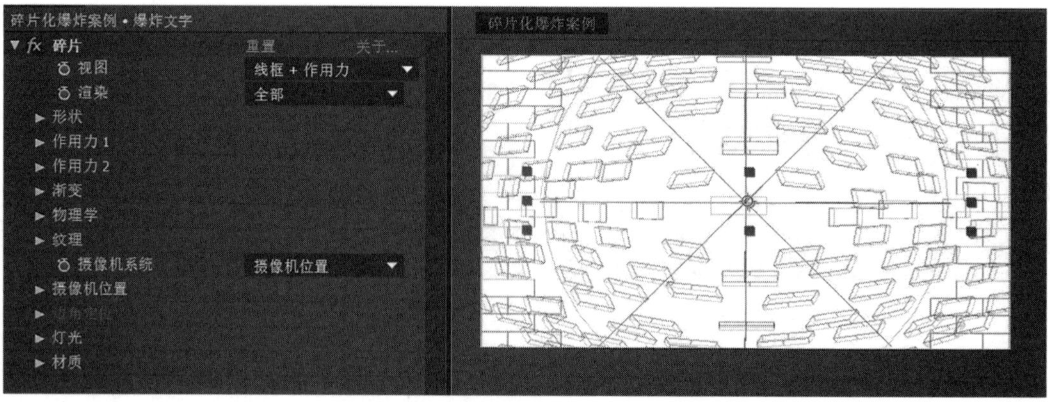

图 6.2–34　添加并观察“碎片 ”特效

（4）调整作用力 1 的半径数值，使作用力的作用范围略大于文本对象的外边界，即使文字全部产生爆炸效果。

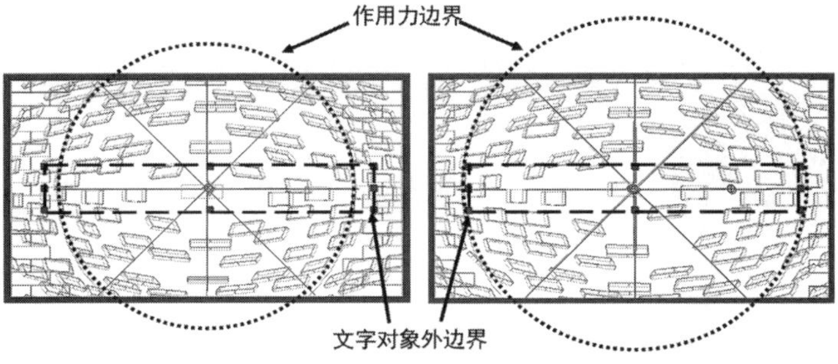

图 6.2–35 调整作用力 1 中的“半径”数值

（5）将【视图】选项调整为“已渲染”。

（6）新建任意颜色的纯色层，命名为“渐变背景”，将其转换为合成，并将预合成命名为“爆炸渐变图层”。双击“爆炸渐变图层”后，进入“爆炸渐变图层”合成面板，在其中的“渐变背景”层上添加“生成＞梯度渐变”。

（7）修改“梯度渐变”参数如图 6.2–36 所示，形成自左向右的由黑到白的渐变色。

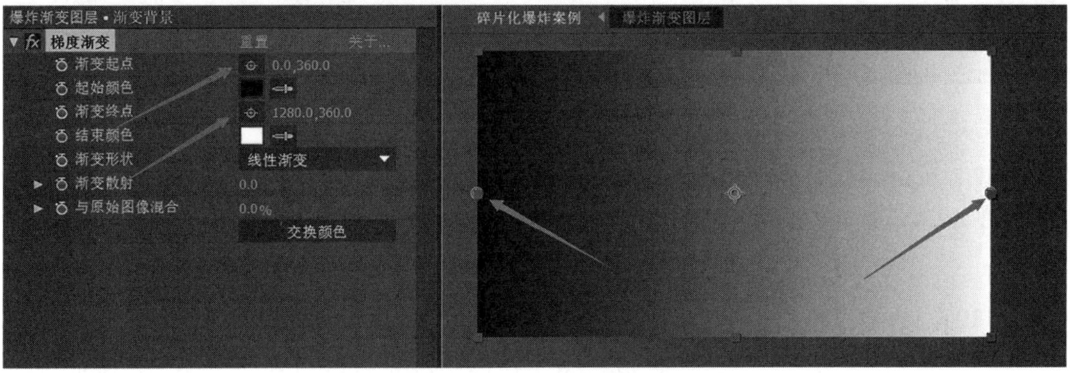

图 6.2–36 调整“梯度渐变”参数

（8）在时间线面板内点击“碎片化爆炸案例”面板，将其中的“爆炸渐变”图层左侧的眼睛标志关闭，即隐藏该图层。

（9）点击“爆炸文字”图层，在“效果控件”面板内对“碎片”爆炸效果参数进行再设置，首先打开【渐变】，在“渐变图层”的选项中，选择“爆炸渐变图层”，然后拖动鼠标将播放头放在 1 秒位置，再在【渐变】中调整“碎片阈值”参数，观看合成预览效果。

（10）稍微增加【作用力 1】的强度参数，让爆炸效果更加明显，再稍微增加【形状】中的“重复”数值，使爆炸的碎片更多。将【物理学】中的重力数值设为“0”，使爆炸粒子不向下掉落。

（11）在时间线面板内将时间线调整到 0 秒位置，设置“渐变＞碎片阈值”参数为关键帧参数，调整“碎片阈值”参数为 0%；再将播放头移动到 1 秒 12 帧，调整“碎片阈值”参数为 100%。

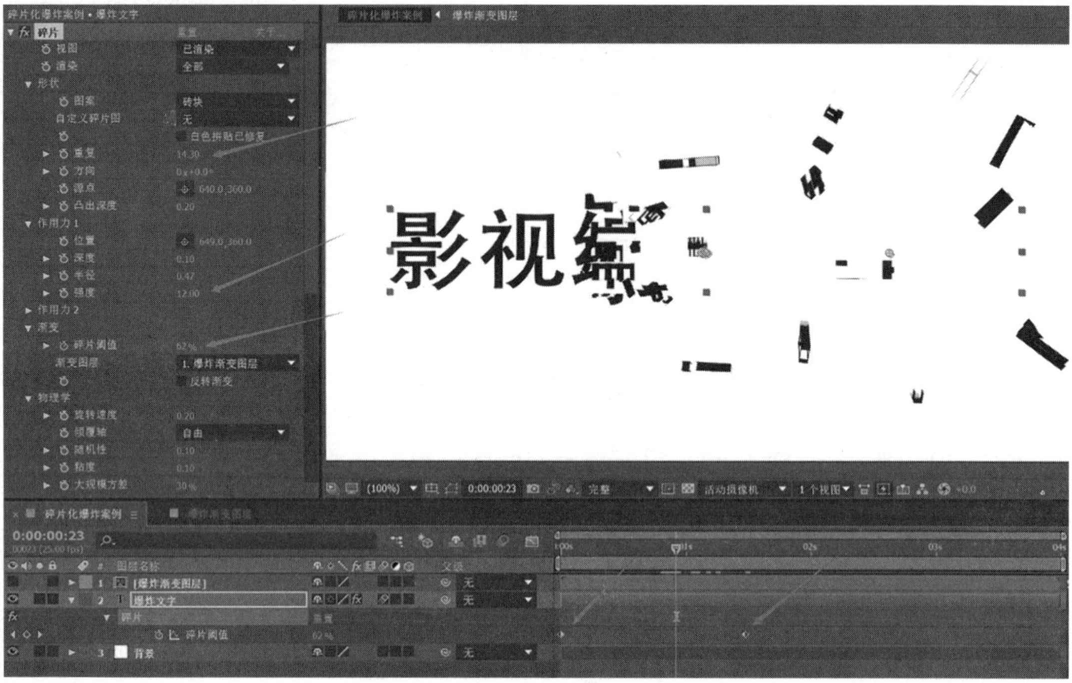

图 6.2–37　调整“碎片”爆炸效果参数

（12）按空格键，预览时间线效果，继续适当调整【作用力 1】的强度参数为 13、【形状】中“重复”参数为 70、【形状】中“凸出深度”参数为 0，使爆炸效果更具有可视性。

（13）调整摄像机位置参数，改变视角，使画面产生一定的立体效果，按空格键预览合成输出效果。至此，屏幕上形成了文字在屏幕内先后逐渐碎片化爆炸扩散而消失的效果。

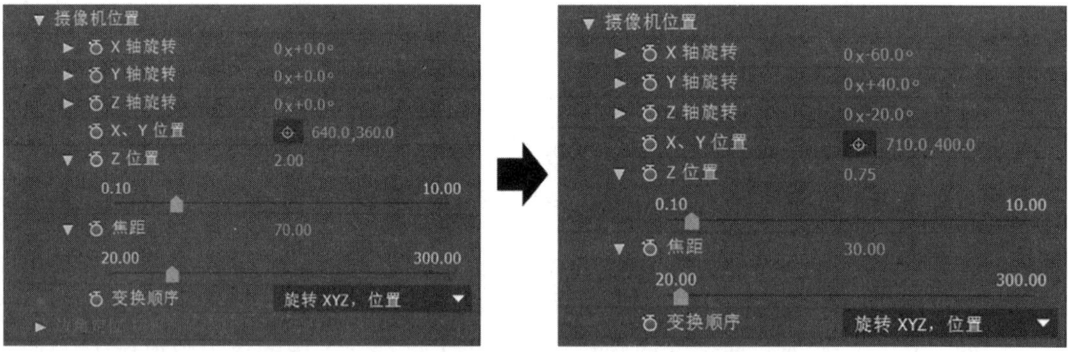

图 6.2–38　设置摄像机位置参数使画面产生三维立体效果

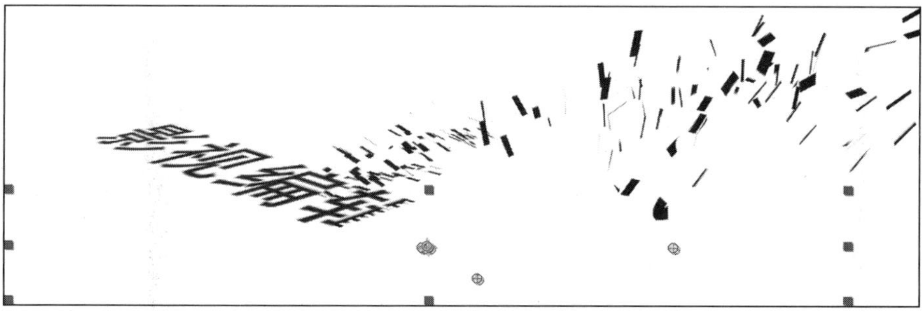

图 6.2-39 生成三维视角后的爆炸效果

（14）最后，在时间线面板内选择“爆炸文字”图层，点击鼠标右键，选择菜单中的“时间>时间反向图层”，使该图层产生倒放效果。

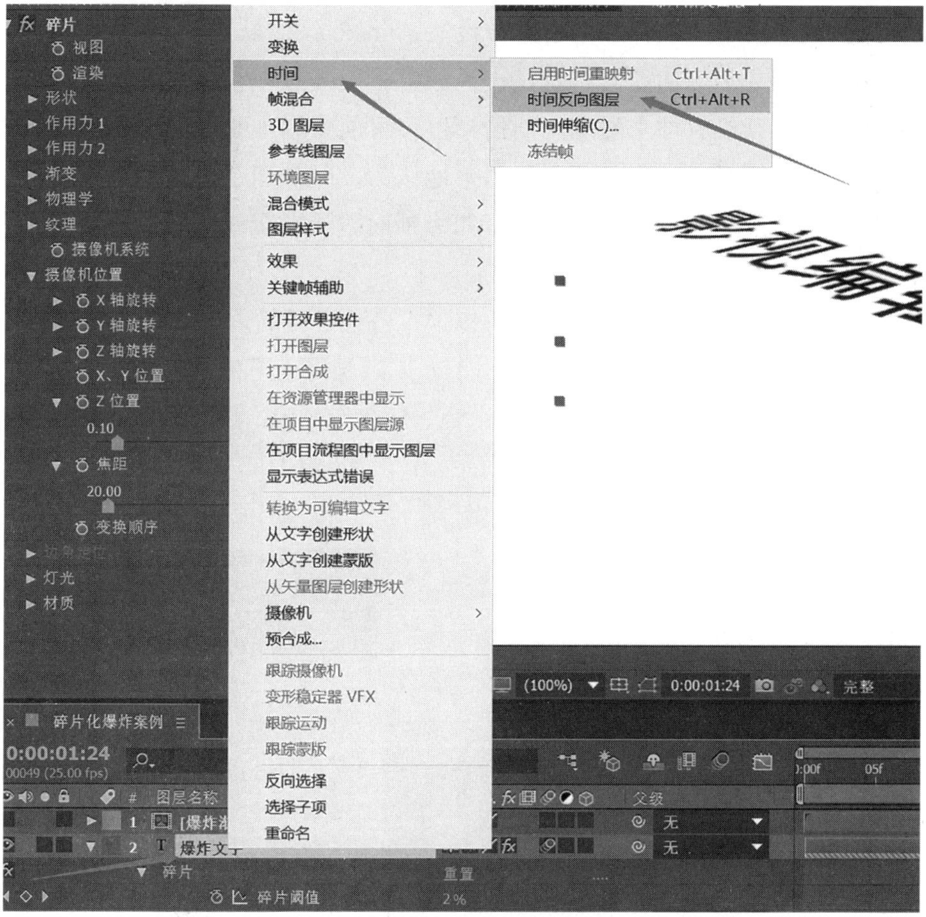

图 6.2-40 调整爆炸图层的播放方式

案例视频 6.2-1：文字碎片化爆炸

案例视频 6.2-2：文字碎片化爆炸制作演示

6.3“杂色与颗粒”类特效

颗粒或杂色是在实际拍摄过程中必然存在的现象，这些颗粒或杂色是在信号录制、编码、扫描或复制过程以及创建图像时由所使用的电子设备造成的，尤其存在于模拟设备中。

从画面生成原理来看，影视的每幅画面都是由若干像素组成的，每个像素都可以看成一个颗粒。如果这些像素颗粒组成了我们希望看到的图像形状，那么这些颗粒就是“有用的颗粒”，如果有些颗粒并没有组成我们需要的图像细节，那么它们就是无用的颗粒。大多数情况下，软件系统会想方设法清除图像颗粒，如手机或相机中的美颜功能就是这个原理。美颜功能其实就是去掉颗粒，但去掉颗粒会损失画面清晰度。相反，如果想通过计算机软件来增加画面清晰度，可能会增加画面的颗粒性。从这个意义上讲，颗粒感是相对的。因此，不能简单地认为，颗粒和杂色是不被需要的。有些场合，增加颗粒和杂色能产生创意效果，如将画面添加颗粒或杂色能营造“过去的时空”，形成“老电影”“回忆”的特殊效果。

AE 软件中，利用“杂色与颗粒”还可以模拟各种各样的现场效果，如光线、云层、做旧、古典特效等。“杂色与颗粒”特效用于在原有画面上产生画面噪波颗粒，或将原有画面形成各种模拟杂色形状，包括分形杂色、蒙尘与划痕、匹配颗粒、添加颗粒、湍流杂色、移除颗粒、杂色、杂色 Alpha、杂色 HLS、杂色 HLS 自动、中间值等。其中，“分形杂色”和“湍流杂色”可以模拟纹理图案、烟、云、水流、光线等效果。

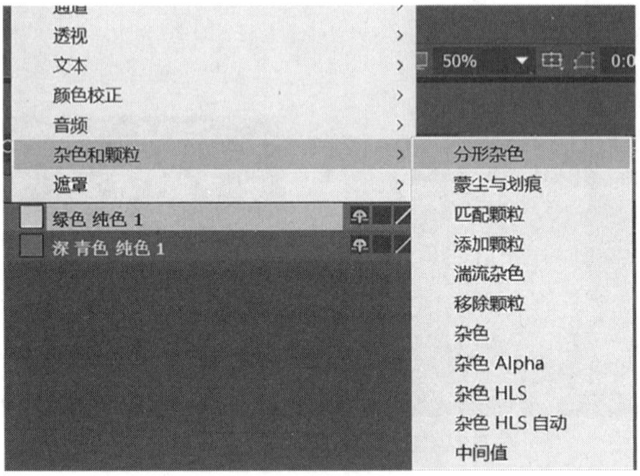

图 6.3–1“杂色与颗粒”类特效

本节主要介绍“分形杂色”特效的参数内容和案例，“湍流杂色”效果本质上是“分形杂色”效果的高性能实现。“湍流杂色”效果需要的渲染时间较短，且更易于用来创建平滑动画。“湍流杂色”效果还可以更准确地对湍流系统建模，并且较小的杂色要素比较大的杂色要素移动得更快。使用“分形杂色”效果代替“湍流杂色”效果的主要原因是前者适合创建循环动画，因为“湍流杂色”效果没有“循环”控件。

6.3.1 “分形杂色”特效

“分形杂色”特效是最常见的“杂色与颗粒”特效，可创建用于自然景观背景、置换图和纹理的灰度杂色，或模拟云、火、熔岩、蒸气、流水等事物。

它的主要参数包括图 6.3–2 中所示的内容。

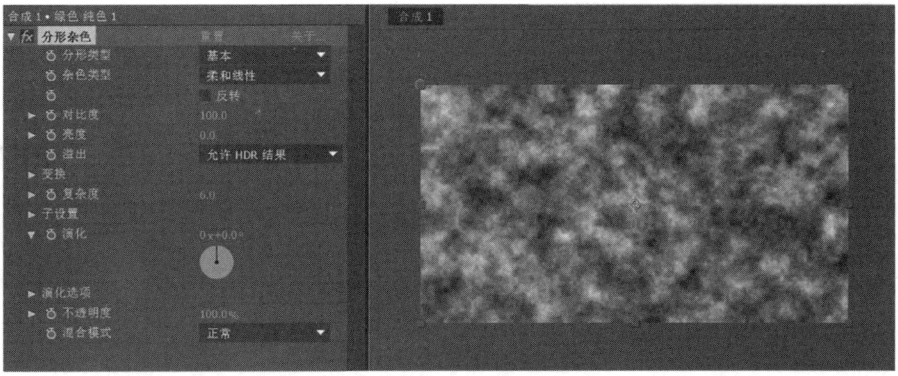

图 6.3–2 “分形杂色”特效参数

【分形类型】选择设置各类分形算法的方式，即分形杂色的形状（见图 6.3–3）。

【杂色类型】噪波类型，有块、线性、柔和线性、样条等（见图 6.3–4）。

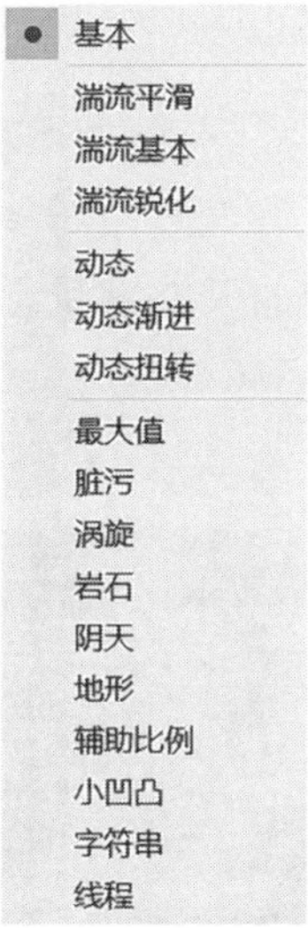

图 6.3–3 分形类型选项

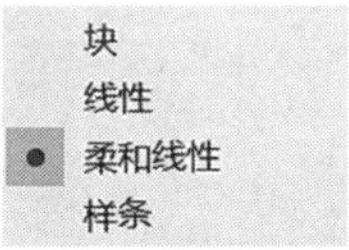

图 6.3–4 杂色类型选项

【反转】反向显示杂色的明暗。

【对比度】、【亮度】设置形成的杂色反差和亮度，反差越大，亮度越低，层次越少，明暗差异越明显。

【变换】对形成的杂色进行旋转、缩放、偏移等变换，可以设置长宽同时变换，也可以设置长宽分别变换（见图 6.3–5）。

【复杂度】设置杂色的复杂程度，复杂度越大，形成的杂色细节越丰富；最小值为 1。

【子设置】设置在杂色形成中的影响因子，包括旋转、缩放、偏移等（见图 6.3–6）。

【演化】设置噪波控制的变化相位，设置演化值不改变杂色的复杂度，但影响杂色的形状。

【不透明度】设置杂色与原图层之间的透明关系。

【混合模式】设置杂色与原图层内容之间的叠加模式。

在实际使用过程中，如果不设置关键帧，分形杂色不会产生动画效果，此时可以对其中的对比度、亮度、变换、演化等设置关键帧来形成各种效果。

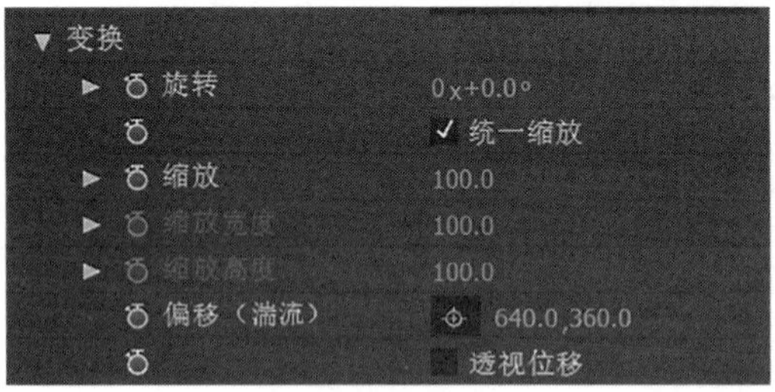

图 6.3–5 变换参数

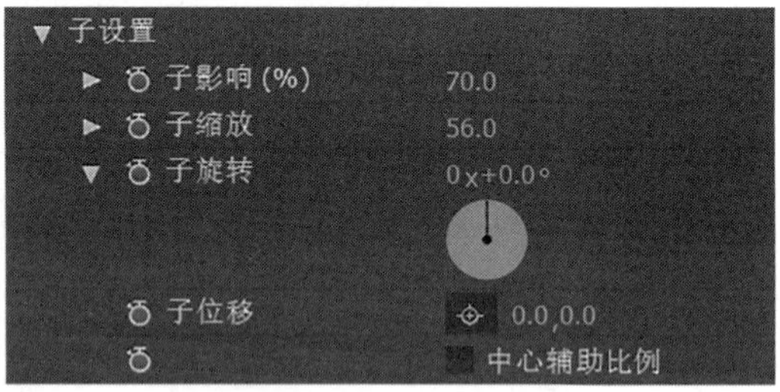

图 6.3–6 子设置参数

下面利用分形杂色制作云层、模拟光线等。

6.3.2 分型杂色案例一：模拟云层效果

1. 案例说明

利用原有的城市图片，将图片的天空部分抠除后，增加天空背景，并产生云层移动效果。

（1）源素材

图 6.3–7　模拟云层效果的案例源素材图片

（2）案例结果

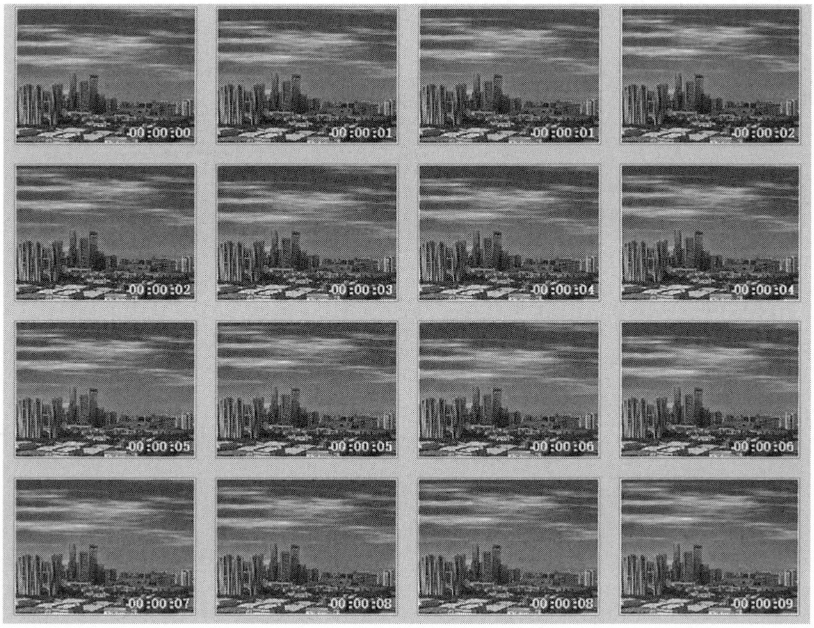

图 6.3–8 云层案例效果示意图

2. 主要制作过程

第一步，新建文件和合成，命名为“分形杂色案例 1”，大小为 1280 × 720 像素，导入一个城市全景图片素材。

第二步，将图片素材拖到时间线内，调整图片的位置和缩放属性，使其在画面中的范围大小和位置适中，按下“~”快捷键，将预览面板最大化后，利用钢笔工具沿着建筑物与其周边环境绘制蒙版，蒙版绘制完成后，适当增加蒙版的羽化值。

图 6.3–9　抠除图片中的天空部分

第三步，制作天空。首先创建一个与图片素材天空颜色相近的纯色层，将其图层名重命名为“BJ1”，把其移动到图片素材的下方，作为天空背景，按下“Ctrl+D”将这个背景复制形成一个新的图层“BJ2”，按下“Ctrl+Shift+Y”组合快捷键，修改“BJ2”的纯色层属性，修改其颜色，使颜色的明度降低、饱和度增加，然后按下确定按钮返回。通过绘制圆形蒙版，并反转蒙版，调整蒙版羽化值，从而形成一个渐变的天空背景。

图 6.3–10 制作天空渐变背景

第三步，制作云层，新建一个合成，命名为“云层”，大小为 1600 × 720 像素。

新建任意颜色的纯色层，添加“分形杂色”特效，调整其中的对比度、亮度、变换中的宽度和高度。

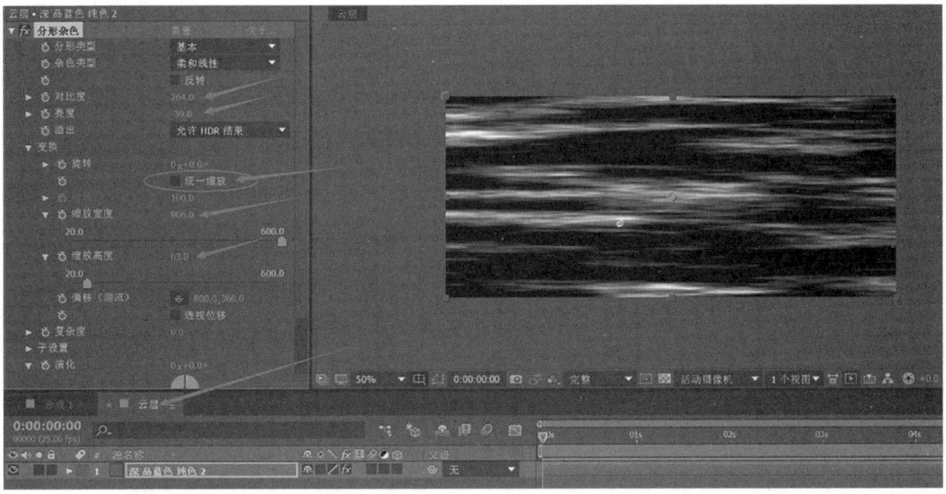

图 6.3–11 设置“分形杂色”参数模拟云层效果

在时间线中将播放位置拖放到最左侧，将“分形杂色”的“变换＞偏移”参数设置为关键帧，然后在时间线中将播放位置拖放到最后一帧，调整偏移参数中的 Y 参数，使杂色少许向上移动一点，模拟云层移动效果。

第四步，合成云层效果。将项目面板内的“云层”合成拖放到“分形杂色案例 1”合成的最上方，调整其位置，使其大致位于城市全景上方，添加矩形蒙版和羽化值，使云层与天空衔接自然，最后调整该图层的显示模式为“屏幕”，微调相关参数，使最终效果更加符合实际。

图 6.3-12　调整云层显示效果

6.3.3 分型杂色案例二：模拟光线效果

“分形杂色”除了能模拟云层效果外，还能模拟光线效果。下面，利用“分形杂色”特效制作一个旋转光线效果。

1. 案例描述

在一个由浅紫色到深紫色从中心向四周不规则渐变的背景上，自中上方向下撒下一束不断旋转的光线，效果如图 6.3-13 所示。

图 6.3-13　模拟光线效果示意图

2. 主要制作过程

第一步，新建文件和合成。

第二步，制作背景，利用“两层纯色层 + 蒙版 + 羽化”相结合的方法制作如图 6.3–14 中的渐变背景。

图 6.3–14 制作渐变背景

自我记录

请读者根据前述知识、案例自行填充本步骤内容。

第三步，制作光线层。

新建一个任意颜色的纯色层，命名为“光线”。添加“分形杂色”特效，适当增加对比度，降低亮度，将“变换”下拉参数打开，去掉其中“统一缩放”前面的勾选标记，将缩放高度设置为最大值 10 000，再适当调整对比度和亮度参数，使产生的纵向线条既有一定对比度，又有一定层次。

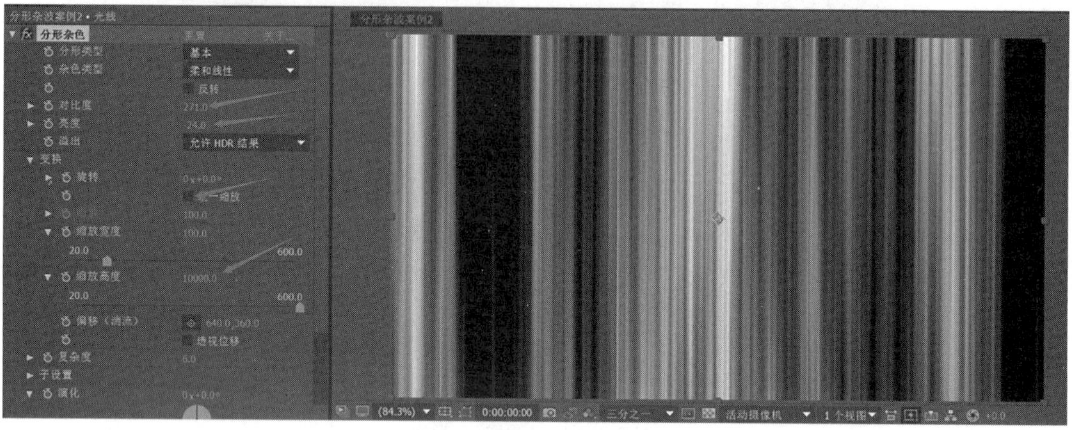

图 6.3–15　调整分形杂色特效参数

将“光线”层的显示模式设置为“屏幕”。

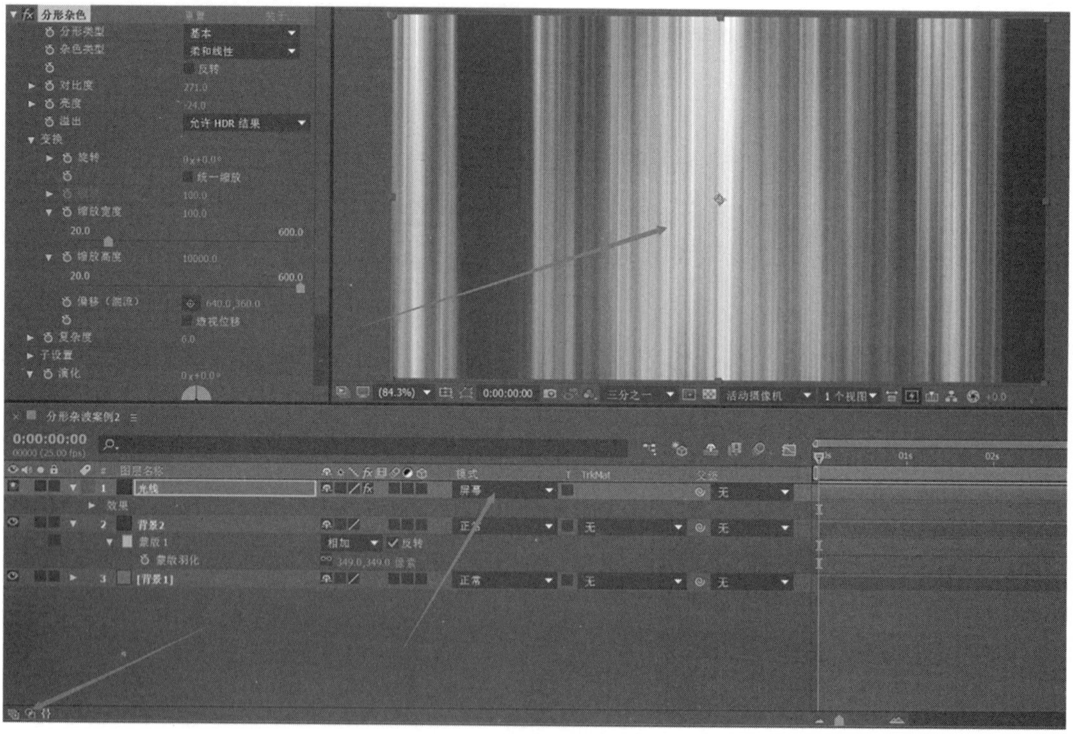

图 6.3–16　调整光线层的显示模式

为图层添加矩形蒙版，适当增加羽化值。

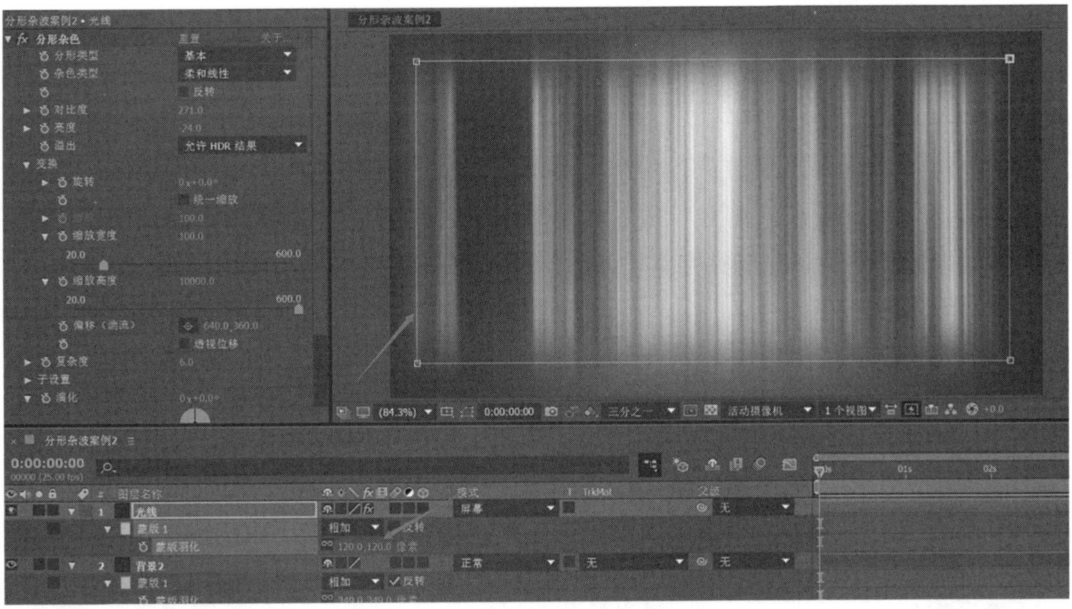

图 6.3-17 添加蒙版并羽化蒙版边缘

添加“扭曲＞ CC Power Pin”变形工具，分别调整“左上”“右上”“左下”“右下”四个角的位置，最终形成一个放射性的光线效果。

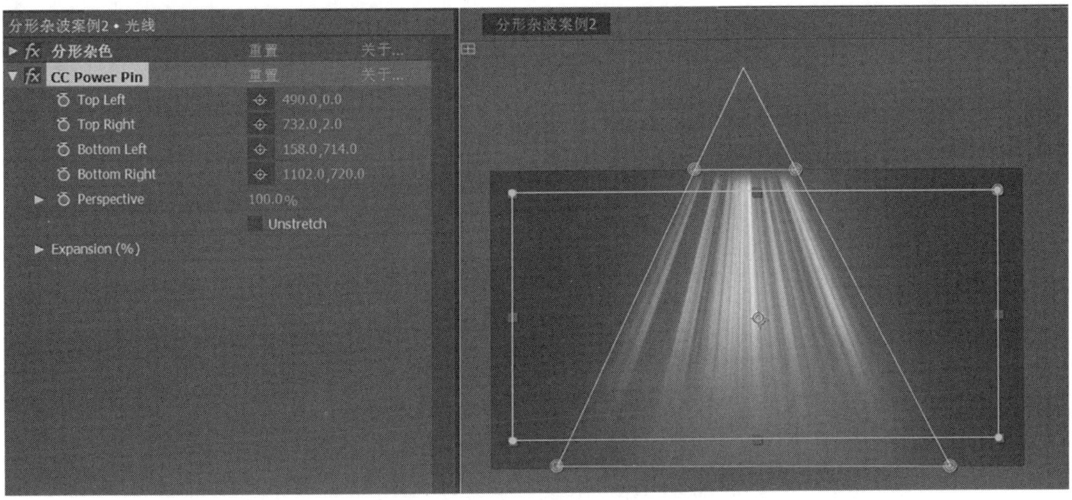

图 6.3-18 设置 Power Pin 变形参数

第四步，在第 0 帧位置将分形杂色的“演化”设置为关键帧，在最后一帧位置调整演化值让光线旋转起来。最后再微调对比度和亮度等相关参数，使效果更加逼真。

6.4 透视类特效

透视类特效主要是通过模拟倒角、生成阴影、二维变三维等方式产生三维特征，虽然“透视”特效能在视觉上产生三维效果，但它并不是真正的三维特效，这与“模拟”特效中的粒子、爆炸等具有本质的差别。

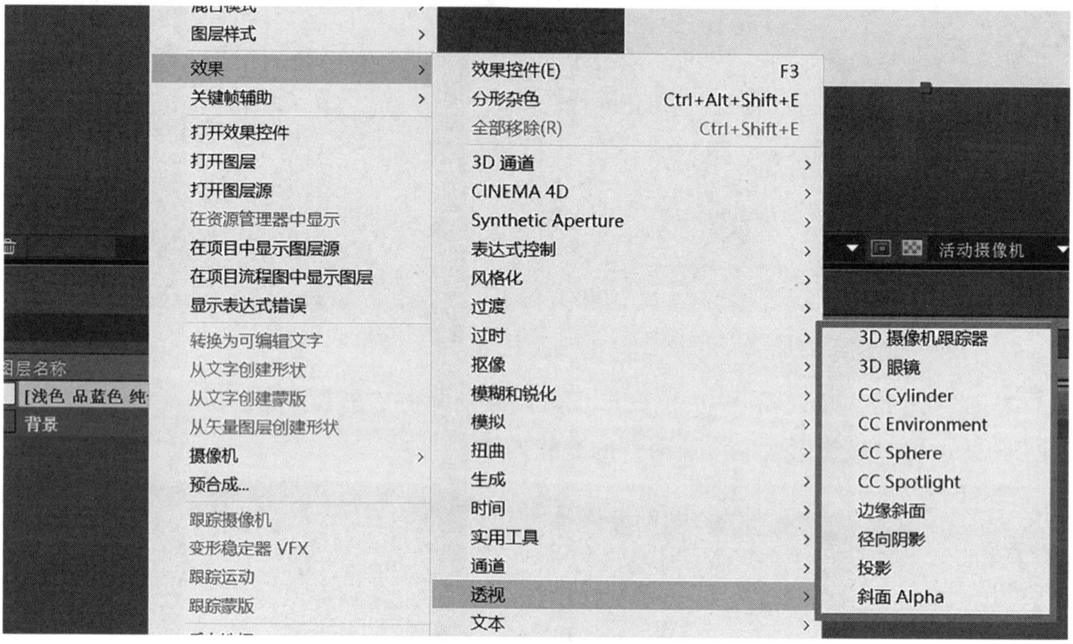

图 6.4–1 添加透视特效

6.4.1 倒角效果

倒角包括“斜面 Alpha”和“边缘斜面”两个特效，“斜面 Alpha”可以使图像出现分界或倒角，通过二维的 Alpha 通道效果形成三维外观。“斜面 Alpha”效果特别适合用来制作文本倒角效果。

“边缘斜面”用于在图像或图层的边缘产生立体倒角效果，使其看上去是三维的外观，“边缘斜面”只能应用于矩形的图像形状，不能应用在带有 Alpha 通道的图像上。

图 6.4–2 “斜面 Alpha”和“边缘斜面”效果比较

这两种效果都包含以下四个参数：边缘厚度、灯光角度、灯光颜色、灯光强度。

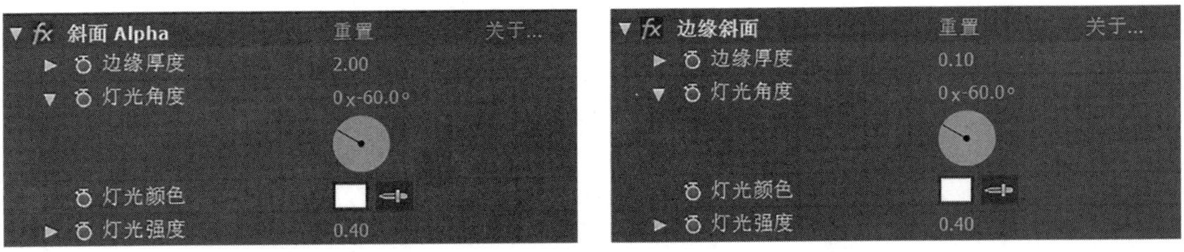

图 6.4–3 “斜面 Alpha”和“边缘斜面”参数比较

6.4.2 投影效果

投影效果包括“投影”和“径向阴影”两个情况，这两个效果基本相似，都包含阴影颜色、不透明度、投影距离、柔和度等参数，但“径向阴影”产生的阴影是纵深方向的阴影，阴影会随着距离变化产生大小变化。

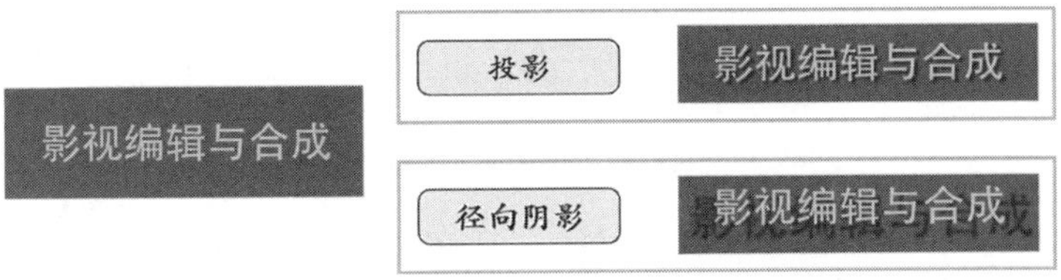

图 6.4–4 “投影”和“径向阴影”效果比较

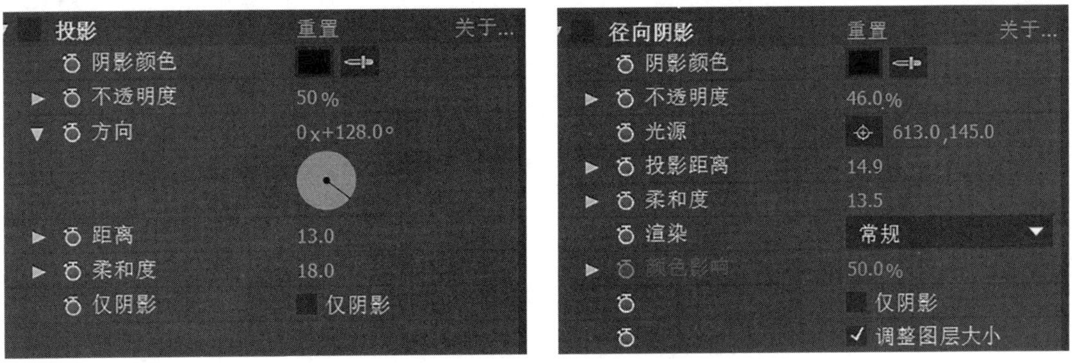

图 6.4–5 “投影”和“径向阴影”特效参数比较

6.5 其他调整类特效

AE 中的生成和调整类特效除了生成特效组、杂色与颗粒特效组、透视特效组等效果外，还有如“模糊与锐化”“色彩校正”“风格化”等效果，其中“色彩校正”是影视后期创作中的难点，本书仅利用其中的部分功能对素材和作品进行简单设置。

6.5.1 模糊和锐化类特效

模糊和锐化是一对相反的概念，模糊是把原来清晰的内容变成模糊状态，模拟摄像机聚焦、人眼朦胧、小景深效果，是一种简便易行的改变画面视觉效果的途径。动态的画面需要“虚实结合”，这样即使是平面合成，也能给人空间感和对比效果，更能让人产生联想。另外，使用模糊效果还可以提升画面质量，使原来比较粗糙的画面，变得让人赏心悦目，从而改善作品质量。而锐化则是把原来不够清晰的画面通过锐化边缘的方法使画面变得更加清晰，还可以针对各行扫描的视频，进行插值运算降低扫描闪烁现象。

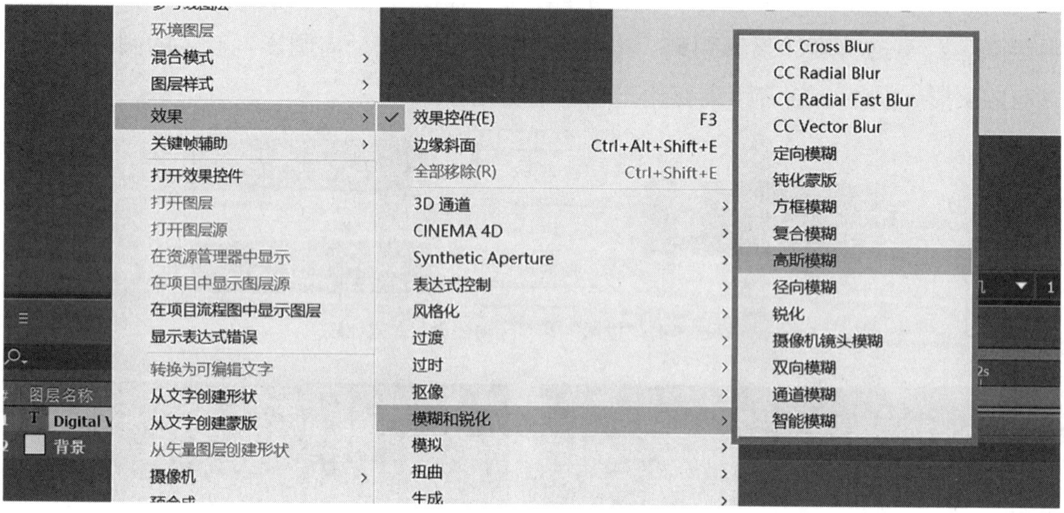

图 6.5-1 添加模糊特效

1. 复合模糊

“复合模糊”：依据某一层（可以在当前合成中选择）画面的亮度值对该层进行模糊处理，或者为此层设置模糊映射层，也就是用一个层的亮度变化去管控另一个层的模糊情况，如果模糊映射层含有特效或蒙版，则要将映射层及其特效或蒙版转换为预合成。

模糊映射层上的点亮度越高，模糊程度越大；亮度越低，模糊程度越小。当然，也可以通过“反选”设置反过来进行设置。可以用来模拟大气，如烟雾和火光，特别是当映射层为动画时，效果更生动；也可以用来模拟污点和指印，还可以和其他效果组合使用，特别是与 Displacement 组合时更为有效。

Blur Layer：用来指定当前合成中的那一层为模糊映射层，默认选择本层。

Maximum Blur：最大模糊，以像素为单位。

Stretch Map to Fit：如果模糊映射层和本层尺寸不同，伸缩映射层。

Invert Blur：反向模糊。

图 6.5-2　复合模糊特效的基本原理

2. 其他模糊

“高斯模糊”用于模糊和柔化图像，可以去除杂点，层的质量设置对高斯模糊没有影响。高斯模糊能产生更细腻的模糊效果，尤其是单独使用的时候。

“方向模糊”是一种具有动感的模糊效果，可以产生任何方向的运动幻觉（图 6.5-3 是方向为 0 度的模糊效果，图 6.5-4 是方向为 90 度的模糊效果）。当图层为草稿质量的时候，应用图像边缘的平均值；当图层为最高质量的时候，应用高斯模式的模糊，产生平滑、渐变的模糊效果。

图 6.5-3　纵向模糊

图 6.5-4　横向模糊

“径向模糊”在指定点产生环绕或发射的模糊效果，与指定点距离越远，模糊效果越明显。

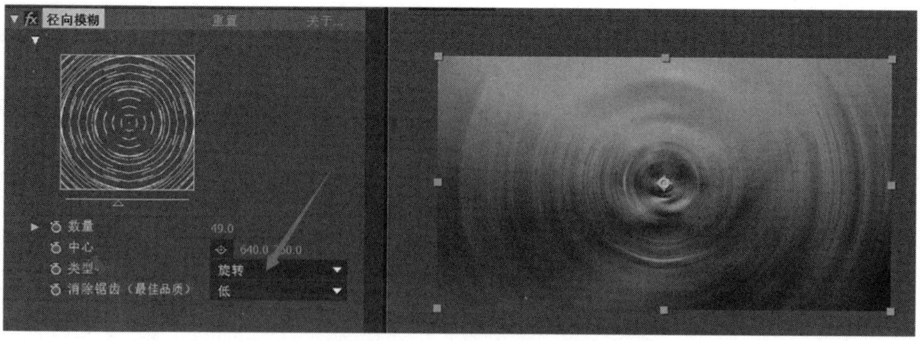

图 6.5–5 “环绕”径向模糊

图 6.5–6 “发射”径向模糊

3. 锐化效果

“锐化”效果用于在图像内亮度或颜色发生变化的地方提高对比度，图像整体对比度并没有发生变化。

“钝化遮罩”（USM）效果用于在一个颜色或亮度变化的边缘增加对比度。和“锐化”效果不同的是，它不对亮度或颜色边缘进行突出显示，看上去是使操作对象整体对比度增强。“钝化遮罩”特效中有数量、半径和阈值等参数。其中，“数量”参数值越大，对比度越高；随着“半径”的增大，图像的对比度逐渐变强，边缘越发明显；“阈值”用来调整边界的容限和对比度范围；“数量”参数的变化对结果的影响比其他两个参数更敏感。

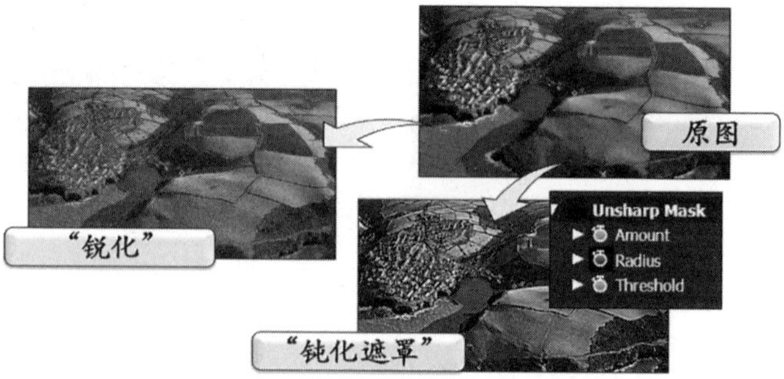

图 6.5–7 锐化特效效果示意图

6.5.2 色彩校正类特效

色彩校正类特效主要是对画面的色彩、明暗、反差、曝光等参数进行校正和调整，常用效果包括色彩平衡、色相 / 饱和度、曲线和色阶。

表 6.5–1 色彩校正类特效

Auto Color	自动颜色
Auto Contrast	自动对比度
Auto Levels	自动色阶
Black & White	黑白
Brightness & Contrast	亮度 / 对比度
Broadcast Colors	广播级颜色
CC Color Neutralizer	CC 颜色中和剂
CC Color offset	CC 颜色偏移
CC Kernel	CC 颜色内核
CC Toner	CC 调色
Change Color	更改颜色
Change to Color	更改为（某种）颜色
Channel Mixer	通道混合
Color Balance	色彩平衡
Color Balance（HLS）	色彩平衡（HLS）
Color Link	颜色链接
Color Stabilizer	颜色稳定器
Colorama	彩色光
Curves	曲线
Equalize	色调均化
Exposure	曝光度
Gamma/Pedestal/Gain	灰度系数 / 基值 / 增益
Hue/Saturation	色相 / 饱和度
Leave Color	保留颜色
Levels	色阶
Levels（Individual Controls）	色阶（单独控件）
Lumetri Color	颜色校正
Photo Filter	照片滤镜
PS Arbitrary Map	PS 任意映射
Selective Color	可选颜色
Shadow/Highlight	阴影 / 高光

续表

Tint	色调
Tritone	三色调
Vibrance	自然饱和度

扫码可看图 6.5-8

下面分别看几个特效效果：

（1）保留颜色。其作用是将源素材中某个范围内的颜色保留，其他颜色全部校色，可以通过容差或边缘柔和度来调整颜色范围。如图 6.5-8 中，将荷花的颜色保留，其他荷叶的颜色全部变成黑白，从而更加突出荷花的色彩。

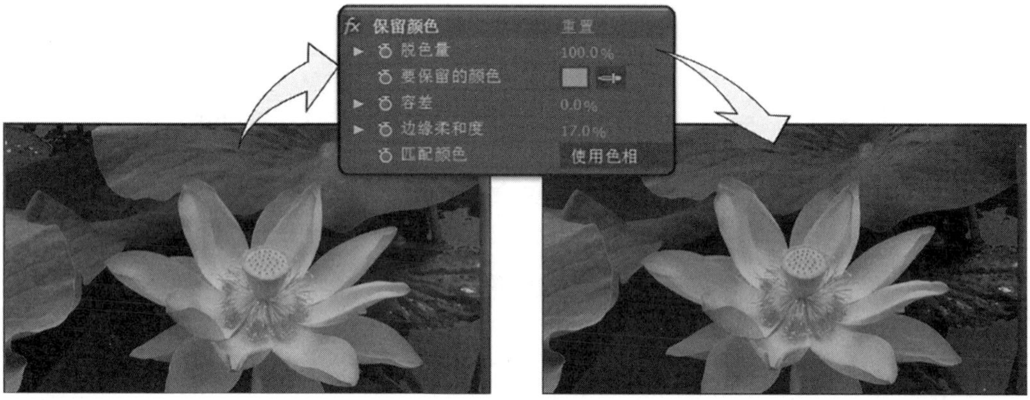

图 6.5-8 添加“保留颜色”特效前后效果比较

扫码可看图 6.5-9

（2）曲线。AE 中的曲线与 PS 中曲线的作用相同，将原图中的明暗或颜色分布以线条的形式进行调整。如图 6.5-9 中将曲线的中部调整为向上突起，从而将画面的中间层次提亮，使整个画面看起来更加明亮通透，该操作经常用来调整曝光不足或提升暗部亮度。

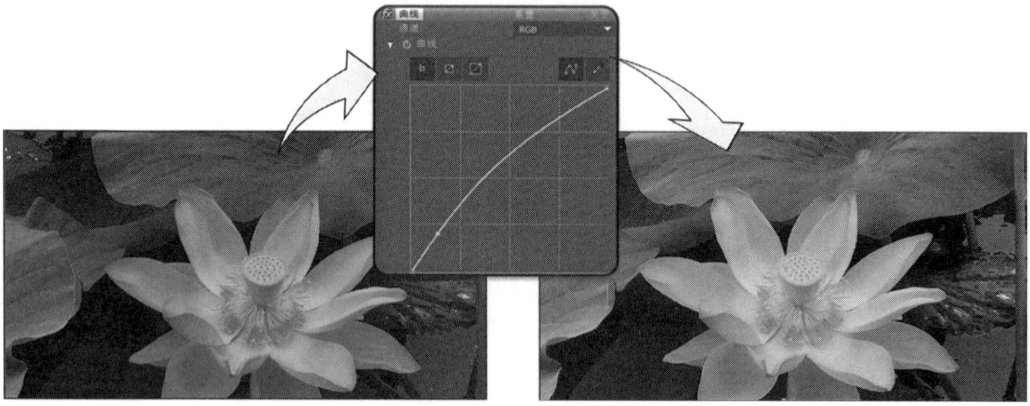

图 6.5-9 添加“曲线”特效前后效果比较

（3）更改颜色。该特效可将源素材中的某一个颜色范围的颜色更改为其他颜色，从而达到作品制作需求。利用这个特效可以制作成“红灯变绿灯的效果”。

扫码可看图 6.5-10

图 6.5-10 添加“更改颜色”特效前后效果比较

（4）色阶。与曲线相似，用于调整画面的明暗和色彩层次分布。如图 6.5-11 中，利用色阶将指示牌的颜色变成深绿色。

扫码可看图 6.5-11

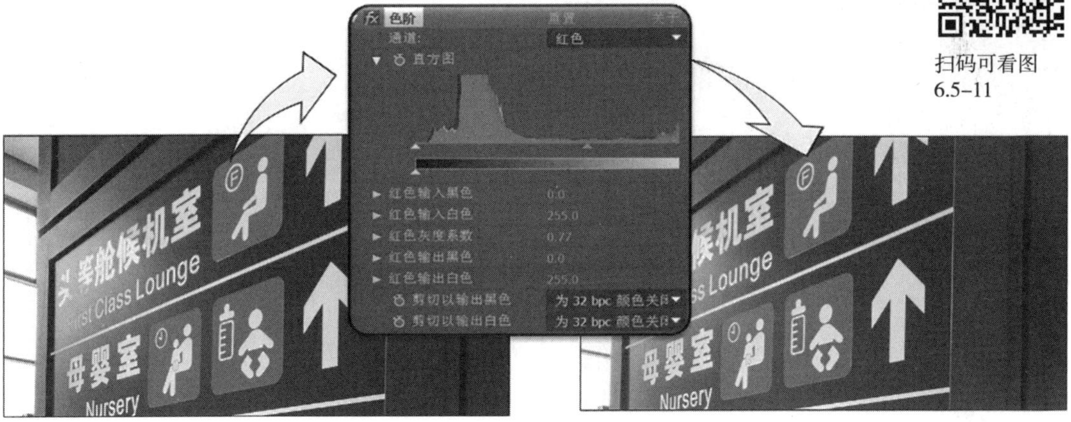

图 6.5-11 添加“色阶”特效前后效果比较

6.5.3 风格化特效

风格化特效的作用是对源素材像素按照某种算法进行重新组合，形成万花筒、平铺、马赛克等效果，也可以在源素材上叠加特殊效果从而产生浮雕、材质、绘画等风格化画面效果。

“画笔描边”特效也可称为“笔触效果”，可使图像产生类似水彩画的效果。

扫码可看图 6.5–12

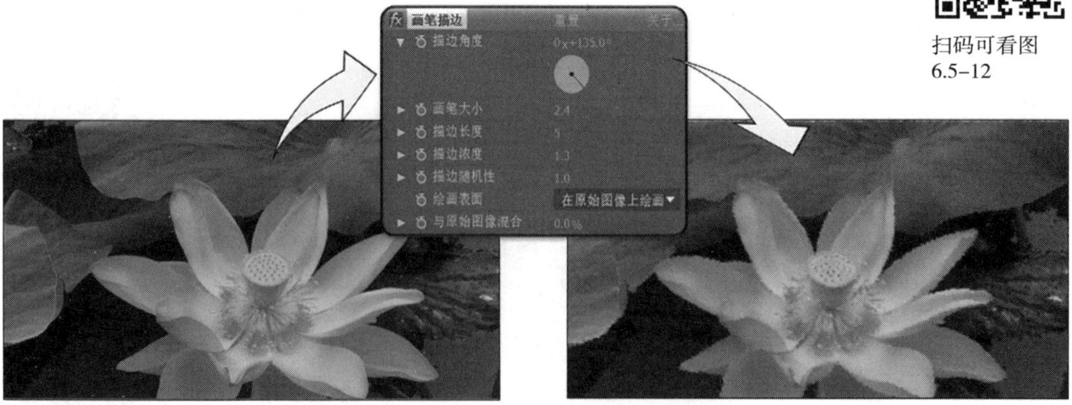

图 6.5–12　添加“画笔描边”特效前后效果比较

“查找边缘”特效也称“勾边效果”，通过强化过渡像素产生彩色线条。

扫码可看图 6.5–13

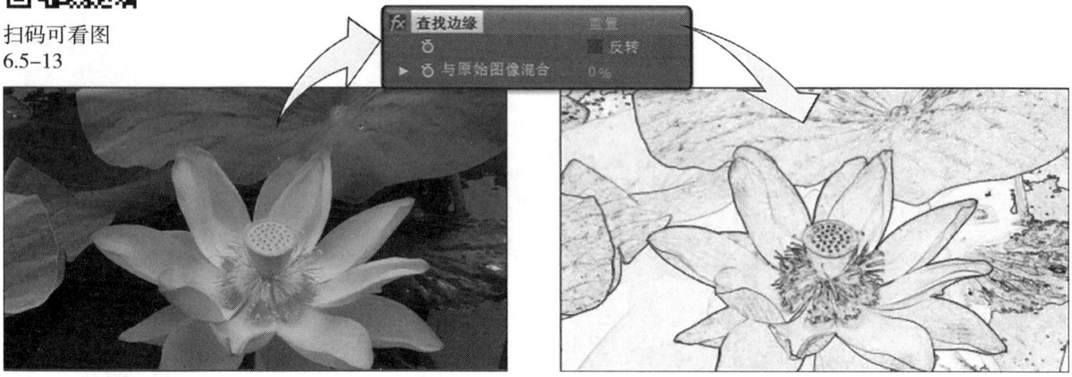

图 6.5–13　添加“查找边缘”特效前后效果比较

“发光”特效常用于图像中的文字和带有 Alpha 通道的图像，产生发光效果。

扫码可看图 6.5–14

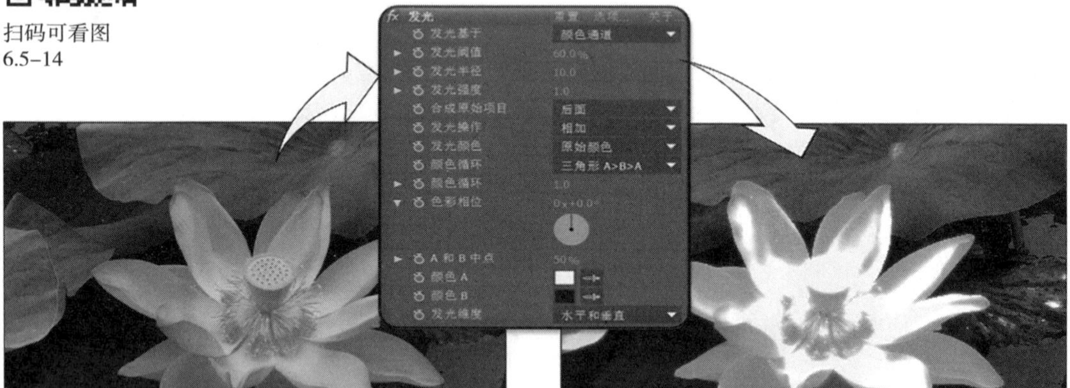

图 6.5–14　添加“发光”特效前后效果比较

“动态拼贴”特效可使画面中显示多个相同的画面，形成平铺效果。

图 6.5-15 添加“动态拼贴”特效前后效果比较

扫码可看图 6.5-15

使用“散布”特效后，像素被随机分散，可产生一种透过毛玻璃观察物体的效果。

扫码可看图 6.5-16

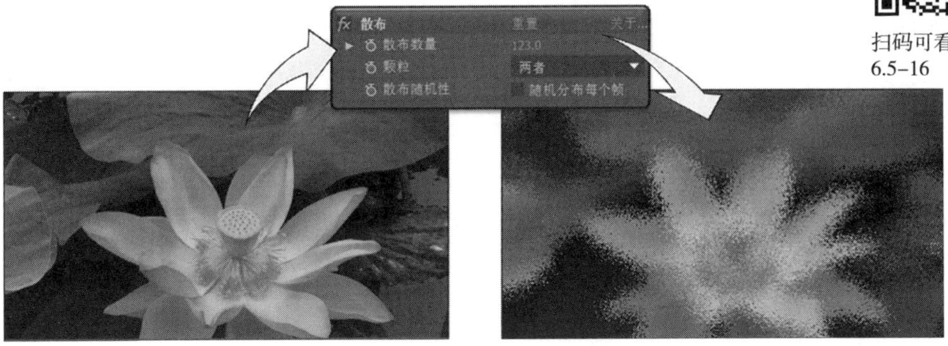

图 6.5-16 添加“散布”特效前后效果比较

“闪光灯”特效是一个随时间变化的效果，在一些画面中间不断地加入一帧闪白、其他颜色或应用一帧层模式，然后立刻恢复，可使连续画面产生闪烁的效果，可以用来模拟电脑屏幕的闪烁或配合音乐增强感染力。

扫码可看图 6.5-17

图 6.5-17 添加“闪光灯”特效前后效果比较

“纹理化”特效利用其他层对操作层产生浮雕形式的贴图效果。

扫码可看图
6.5-18

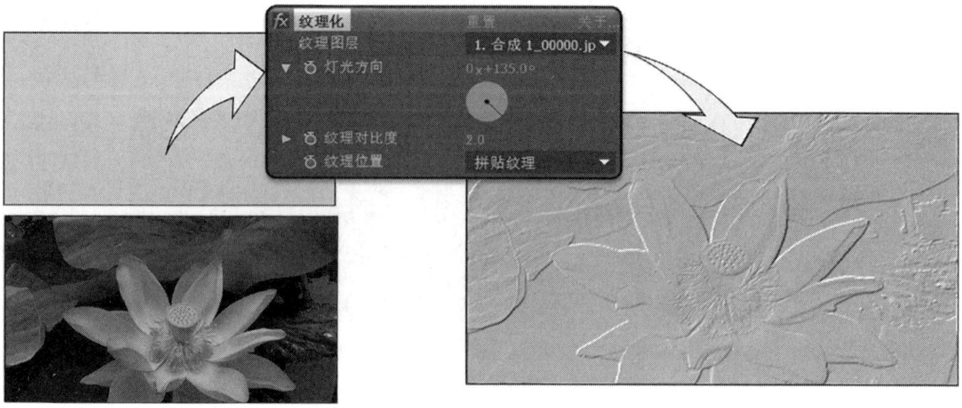

图 6.5–18　添加“纹理化”特效前后效果比较

6.6 键控类特效

我们经常会看到这样一个现象：一个演员在绿色或蓝色构成的背景前表演，但最终作品中该演员的背景不是绿色或蓝色，而变成了其他画面，原来的绿色或蓝色背景不见了，这就是运用了键控技术的结果。

“键控（key）”即“抠像”，是一种分割屏幕的特技，是影视制作领域广泛采用的技术手段。键控的本质是“抠”和“填”。“抠”就是利用前景物体轮廓作为遮挡控制电平，将背景画面的颜色沿该轮廓线抠掉，使背景变成透明的；“填”就是将所要叠加的视频或图像信号填到被抠掉的透明区域，而最终生成前景物体与叠加背景相合成的图像（见图 6.6–1）。

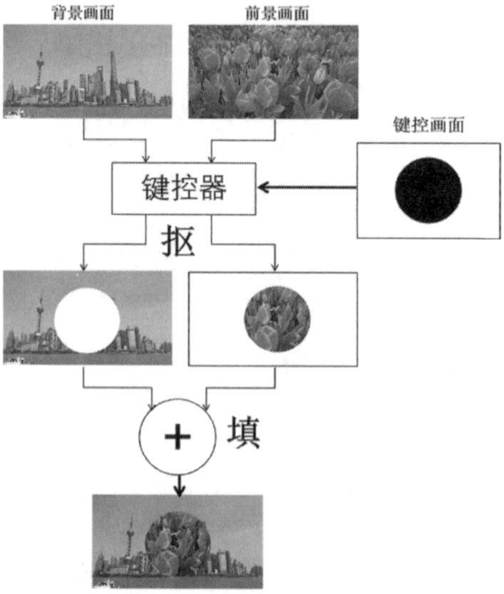

图 6.6–1　抠像原理和过程

键控特技的原理与画面扫换特技相似，键控特技也是用参与切换的两路视频信号在屏幕上分割画面。两者的区别在于，键控特技的分割形式可以是任意形状，可产生比画面扫换特技复杂得多的画面分割，所创造的艺术效果也更加丰富多彩。

一般情况下，被抠的图像是背景图像，填入的图像为前景图像。用来抠去图像的电信号称为键信号，形成这一信号的信号源为键源。

键控特技具有视频切换开关的性质，在有键信号的时候让前景图像通过，背景图像不能通过；没有键信号的时候则让背景图像通过，而前景图像不能通过。视频切换开关输出合成图像的背景和前景也就是被抠图像和填充图像。

从键控原理来看，键控技术包括自键、外键和色键三种。

（1）自键又叫内键，是以前景画面作为键信号来分割画面的特技，也就是说，键源与前景图像是同一个图像（见图 6.6–2）。它要求键源图像每点的亮度比较均匀而且亮度比较高，一般用于文字、图形的叠加，如在电视上看到的字幕、台标等。作为键源的信号只有高低两种电平，经相加混合后，在键源信号高电平时输出键源信号本身，在低电平时输出背景图像。

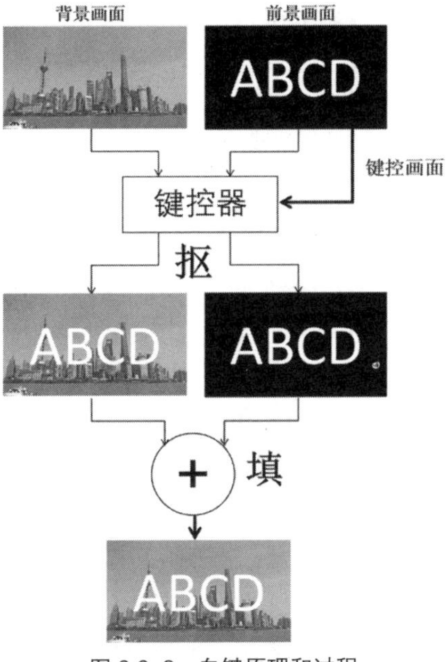

图 6.6–2　自键原理和过程

（2）外键，与内键相对而言，其键信号由第三路键源图像提供，而非参与键控特技的前景或背景图像。

内键和外键都是利用键源图像中的亮度信号成分来形成键信号的，所以又被称为亮度键。

（3）色键是利用前景图像的色度分量来形成健信号的。

色键在电视节目制作中得到广泛的应用。如天气预报以及一些电视剧中常用色键特技，可以将外景画面预先拍摄下来或利用三维软件模拟制作各种虚拟场景，然后演员在演播室内进行讲话或表演，再将演播室的单色背景替换为外景画面或虚拟场景，就能创造出演员在多种外景或虚拟环境中进行各种表演的场景。

用于键控的背景颜色一般选用与人的肤色具有明显差异的颜色，即蓝色或绿色。当然，能实现“抠像”的背景并不是只有绿色或蓝色，只要是单一的、比较纯净的颜色就可以，但必须与前景人物或演员的服装、肤色在色彩和亮度上有差异，且越大越好。

一般来说，为了能快速方便地从键控信号中得到键控源，可以使用纯净的单色作为背景。但实际上，多数情况下背景色不可能很纯净，为了能有效实现抠像，在非线性编辑软件中一般会有“容差”或“模糊”参数，目的是设置一定范围的颜色或亮度都能产生键控信号。随着非线性编辑系统在图形识别和处理技术方面的不断提升以及抠像适用性范围的不断扩大，抠像或键控已经成为非线性编辑软件中较为常见的功能。

在 AE 中，实现键控的工具都在特技效果中，主要包括 Color Key 颜色键、Luma Key 亮度键、Color Difference Key 颜色差值键、Linear Color Key 线性颜色键，Difference Matte 差值遮罩、Color Range 颜色范围、Extract 抽取等。

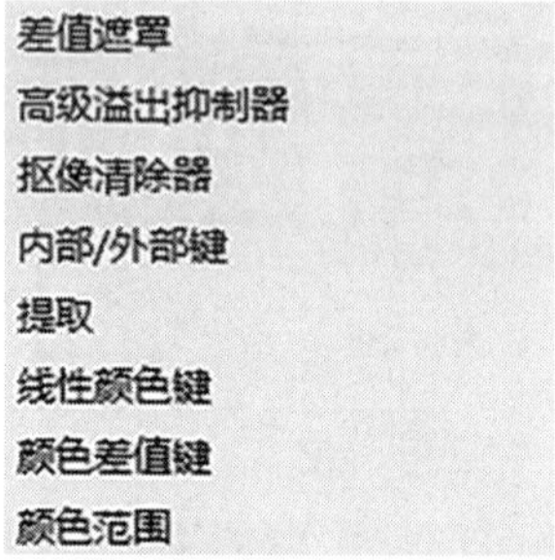

图 6.6-3　AE 的键控类特效

6.6.1 色键

1. Color Key 颜色键

Color Key 颜色键是利用画面内的单色进行抠像，其主要参数如图 6.6-4 所示。

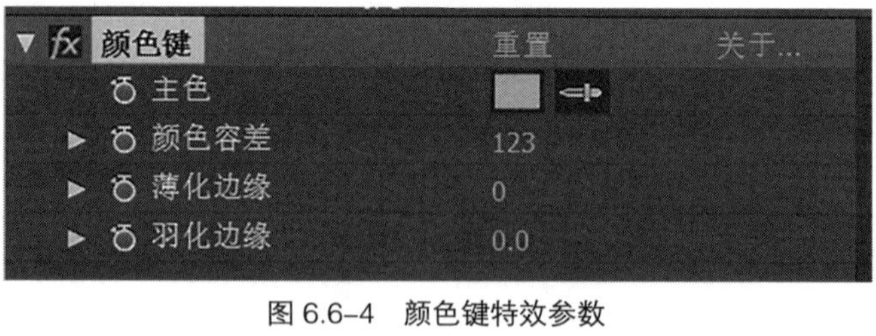

图 6.6-4　颜色键特效参数

主色：用来设置抠除的颜色。

颜色容差：设置在主色基础上可以变化的颜色范围。

薄化边缘：收缩抠除后的边界。

羽化边缘：在抠除后的边界产生模糊效果，淡化抠除痕迹。

2. Color Range 颜色范围

Color Range 颜色范围键控可以使指定的颜色范围产生透明，可以应用的色彩空间包括 Lab、YUV 和 RGB。这种键控方式主要利用画面内较为明显的单色背景，可以应用在背景包含多个颜色、背景亮度不均匀和包含相同颜色的阴影（如玻璃、烟雾等）的情况。

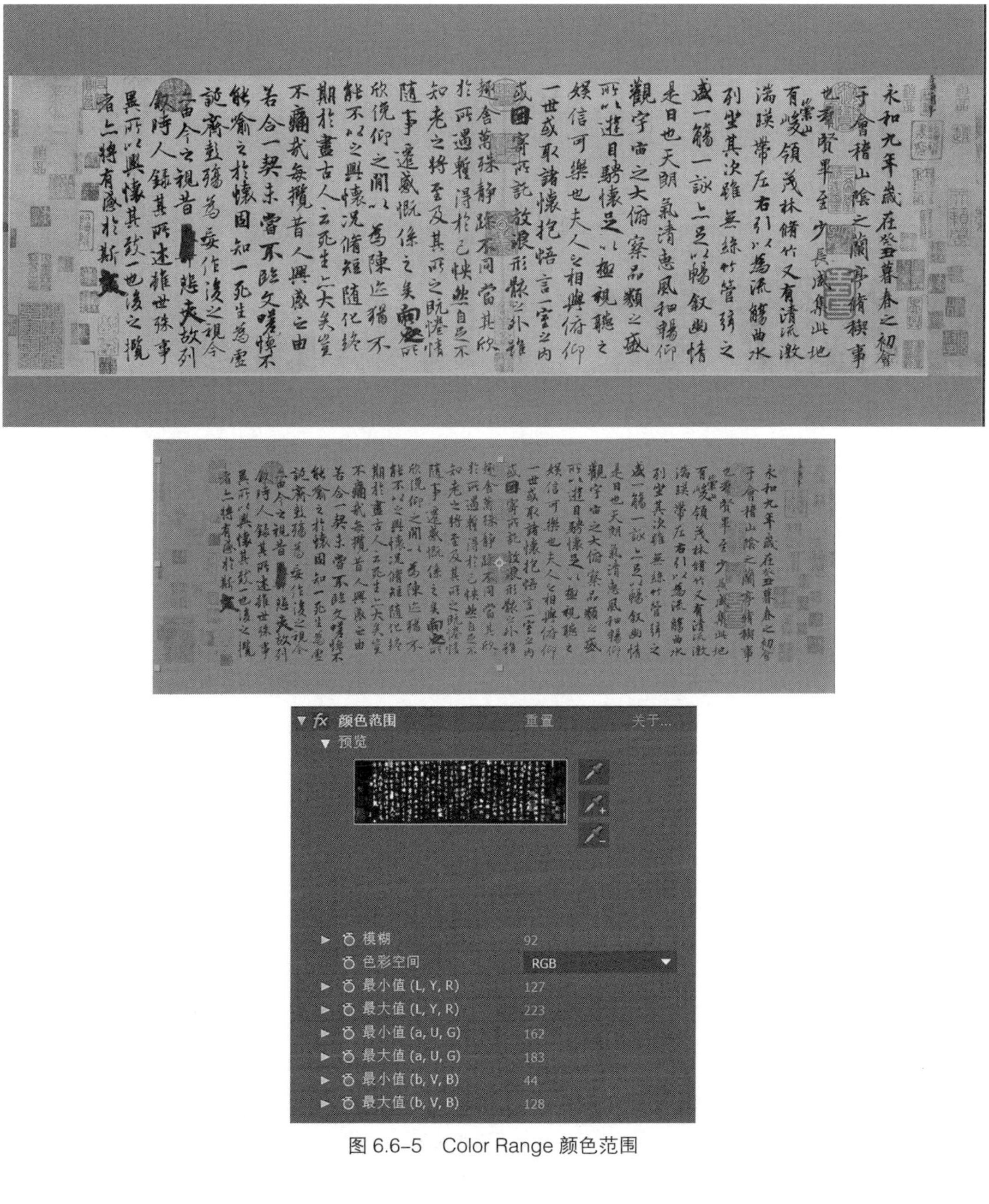

图 6.6-5 Color Range 颜色范围

遮罩视图：用于显示遮罩情况的略图。

键控滴管：用于在遮罩视图选择开始的键控色。

加滴管：增加键控色的颜色范围。

减滴管：减少键控色的颜色范围。

模糊：用于调整边缘柔化度。

色彩空间：选择颜色空间，有 Lab、YUV 和 RGB 可供选择。

最小值 / 最大值：精确调整颜色空间参数，LYR、aUG 和 bVB 代表颜色空间的三个分量的范围。

3. Difference Matte 差值遮罩

Difference Matte 差值遮罩键控通过比较两层画面，根据两个图层之间的差值实现抠像（见图 6.6–6）。这种抠像方法利用某场景的全景图片将在该场景内活动的人物抠出后，再移植到其他场景内。

图 6.6–6　差值遮罩键控使用示意图

View 试图：可以切换预览窗口和合成窗口的视图，有 Final Output 最终输出、Source Only 显示源素材和 Matte Only 显示遮罩视图三个选项，一般直接选择“最终输出”。

Difference Layer 差值图层：选择用于比较的差值层，None 表示没有层列表中的某一层。If Layer Sizes Differ 用于当两层尺寸不同的时候。可以选择 Center 将差值层放在源层中间比较，其他的地方用黑色填充，可以选择 Stretch to Fit 伸缩差值层，使两层尺寸一致，不过有可能使背景图像变形。

Matching Tolerance 匹配容差：用于调整匹配范围。

Matching Softness 匹配柔和度：用于调整匹配的柔和程度。

Blur Before Difference 差值前模糊：用于“模糊”比较的像素，从而清除合成图像中的杂点，而并不会使图像模糊。

4. Linear Color Key 线性颜色键

Linear Color Key 线性颜色键根据 RGB 彩色信息或色相以及饱和度信息，将操作对象与指定的键控色进行比较，使其产生透明区域。之所以被称为线性颜色键，是因为它可以指定一个色彩范围作为键控色，它适合用于大多数对象，不适合半透明对象。

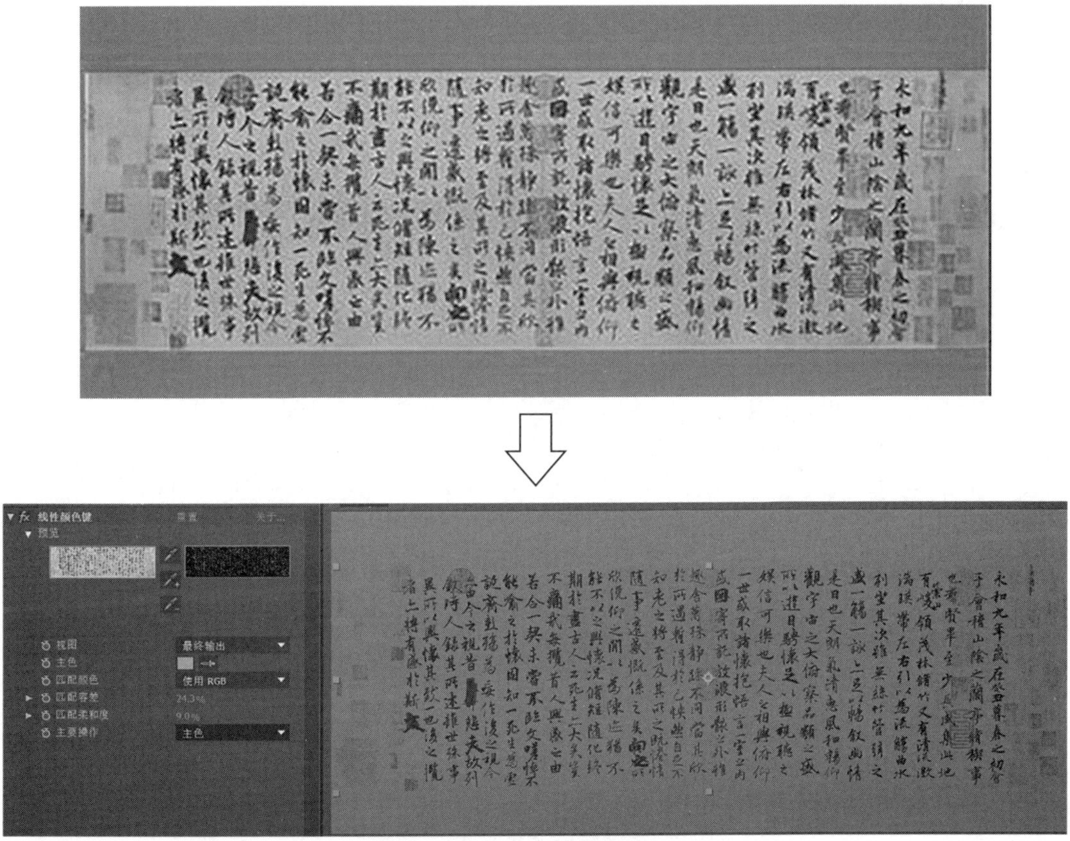

图 6.6-7 线性颜色键键控

素材视图：用于显示素材画面的略图。

预览视图：用于显示键控的效果。

键控滴管：用于在素材视图中选择键控色。

加滴管：用于为键控色增加颜色范围，从素材视图或预览视图中选择颜色。

减滴管：用于为键控色减去颜色范围，从素材视图或预览视图中选择颜色。

View 视图：用于切换预览窗口和合成窗口的视图，有 Final Output 最终输出、Source Only 显示源素材和 Matte Only 显示遮罩视图几个选项。

Key Color 主色：设置基本键控颜色，可以通过颜色方块自定义键控颜色，也可以使用滴管工具在合成窗中选择。

Match Colors 匹配颜色：用于选择匹配颜色空间，有 Using RGB 使用 RGB 彩色、Using Hue 使用色相和 Using Chorma 使用饱和度几个选项。

Matching Tolerance 匹配容差：用于调控匹配范围。

Matching Softness 匹配柔和度：用于调整匹配的柔和程度。

Key Operation 主要操作：用于选择 Key Colors 键出颜色和 Keep Colors 保留颜色。

5. Color Difference Key *颜色差值键*

Color Difference Key 颜色差值键键控有四个不同的遮罩（见图 6.6–8），即“遮罩A”“遮罩 B”“Alpha 遮罩”“最终遮罩”。其中，遮罩 B 是大于键控色区域的，而遮罩A 是键控色之外的遮罩区域，组合两个遮罩，得到第三个遮罩，称为 Alpha 遮罩，使用 Color Difference Key 颜色差值键控后，便会产生一个明确的最终遮罩。

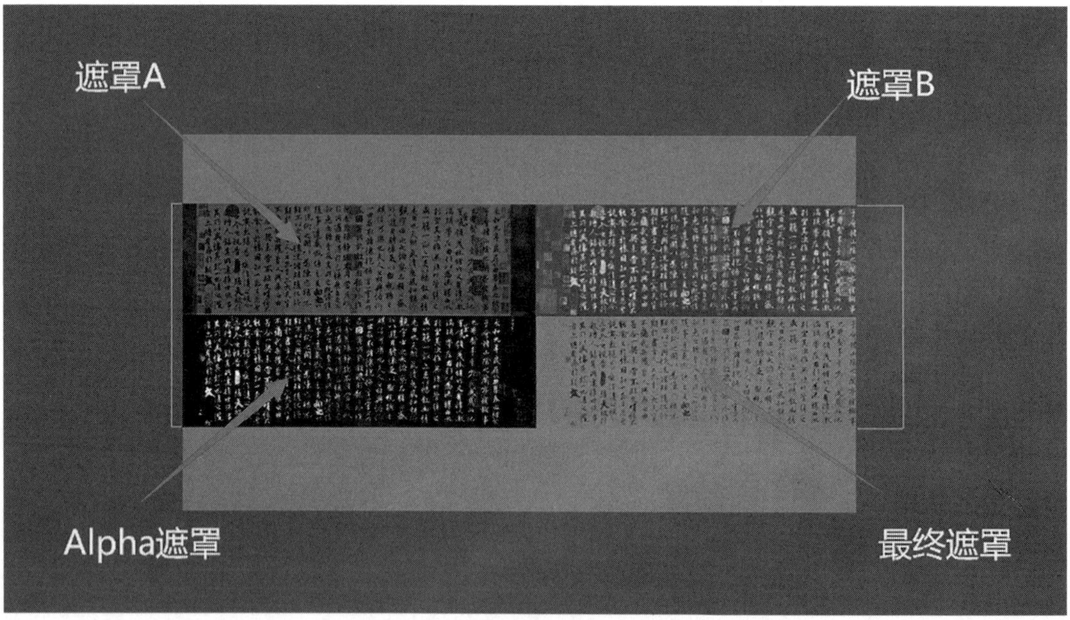

图 6.6–8　颜色差值键的四个不同遮罩

具体参数如图 6.6–9 所示。

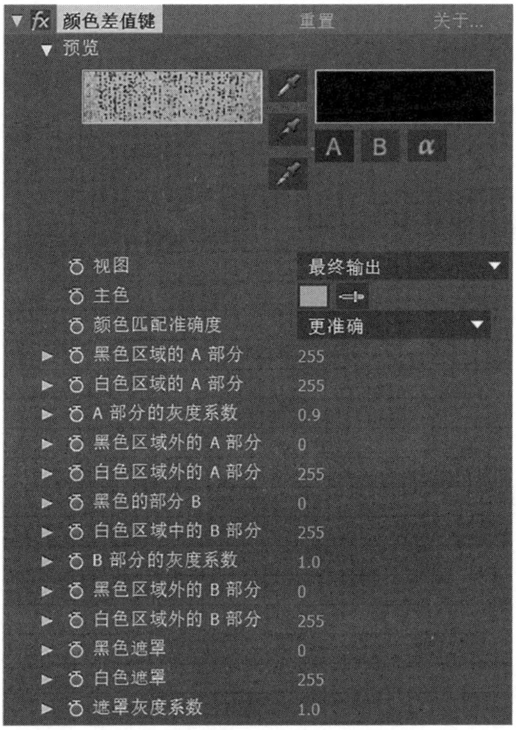

图 6.6–9 颜色差值键特效参数

素材视图：用于显示源素材画面的略图。

遮罩视图：用于显示调整的遮罩情况，点击下面的“A”“B”“α”分别查看“遮罩 A”“遮罩 B”“Alpha 遮罩”的情况。

键控滴管：用于从素材视图中选择键控色。

黑滴管：用于在遮罩视图中选择透明区域。

白滴管：用于在遮罩视图中选择不透明区域。

视图：用于切换合成窗口中的显示，可以选择多种视图。

主色：用于选择键控色。可以使用调色板，或用滴管在合成窗口或层窗口中选择。

颜色匹配准确度：用于设置颜色匹配精度，可选择 Fast 更快或 Accurate 更精确。

区域 A *：对遮罩 A 的参数进行精确调整。

区域 B *：对遮罩 B 的参数进行精确调整。

遮罩 *：对 Alpha 遮罩的参数进行精确调整。

6.6.2 亮度键

1. Extract 提取

Extract 提取键控根据指定的一个亮度范围来产生透明区域，一般用于画面内前景和背景在亮度上有明显差异的情况，亮度范围的选择基于通道的直方图（Histogram），提取键控适用于以白色或黑色为背景拍摄的素材，或者前、后背景亮度差异比较大的情况，也可消除阴影。控制参数如图 6.6–10 所示。

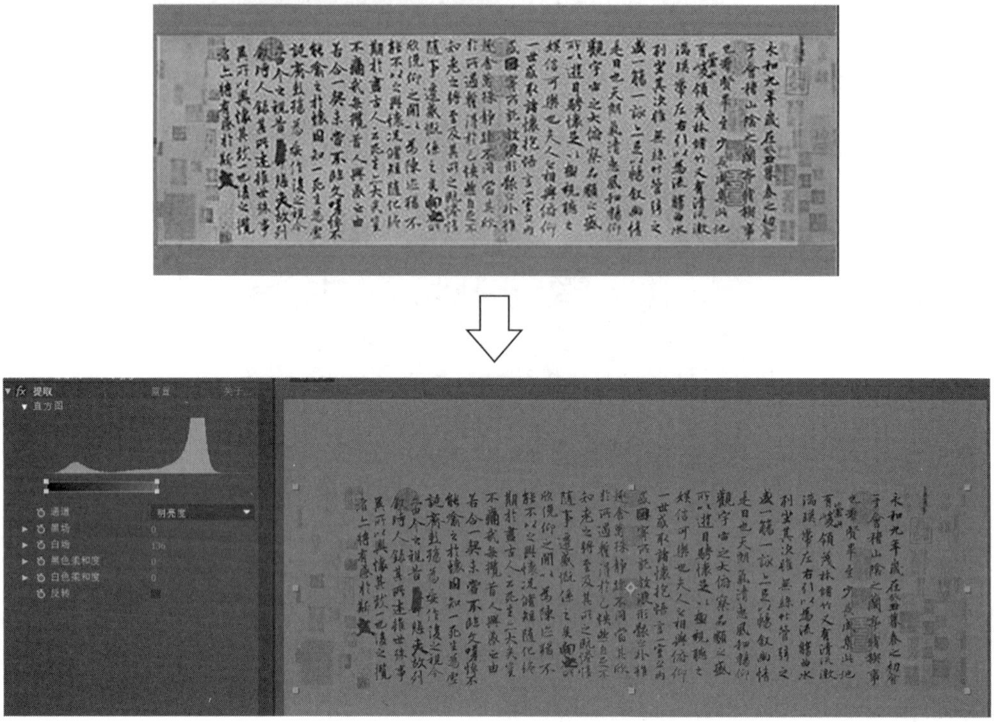

图 6.6–10 “提取”键控方式

直方图：用于显示从暗到亮的亮度标尺上分布的像素数量。

控制面板：用于调整透明区域的变化范围。

Channel 通道：用于选择应用提取键控的通道，可以选择 Luminance 亮度通道、Red 红色通道、Green 绿色通道、Blue 蓝色通道和 Alpha 透明通道。

Black Point 黑场：设置黑点，小于黑点的颜色透明。

White Point 白场：设置白点，大于白点的颜色透明。

黑色柔和度：用于设置左边暗区域的柔和度。

白色柔和度：用于设置右边亮区域的柔和度。

Lnvert 反向：用于反转键控区域。

在实际使用过程中，“提取键控”特效使用得较为广泛，如果想抠除某个镜头中的浅色部分，则调整“提取键控”特效参数中的“白场”参数；如果想抠除某个镜头中的深色部分，则调整其“黑场”参数。

2. Luma Key 亮度键

对于明暗反差很大的图像，可以应用亮度键，使背景透明，亮度键设置某个亮度值为“阀值”，低于或高于这个值的亮度设为透明（AE CC 2015 版本已经将亮度键移到了“过时”效果项中）。

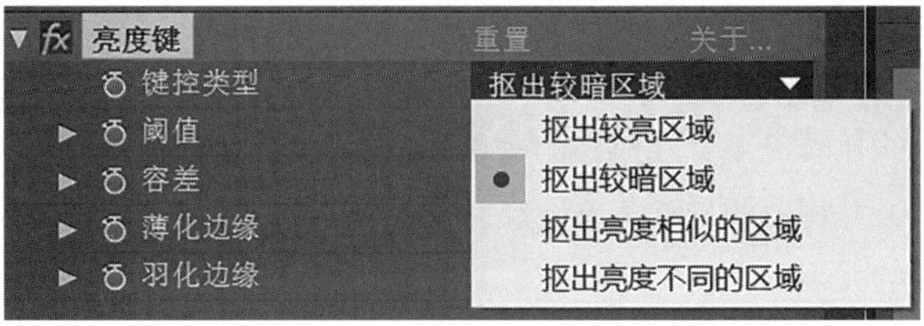

图 6.6-11　亮度键参数

使用 Luma Key 亮度键的方法：

Key Type 键控类型：有四种可以选择，Key Out Brighter 抠出较亮区域，Key Out Darker 抠出较暗区域，Key Out Similar 抠出亮度相近的区域，Key Out Dissimilar 抠出亮度不同的区域。

Threshold 阈值：用于设置阈值。

Tolerance 容差：用于控制容差范围。值越小，亮度范围越小。

Edge Thin 薄化边缘：用于调整键控边缘，正值扩大遮罩范围，负值缩小遮罩范围。

Edge Feather 羽化边缘：用于羽化键控边缘。

在 After Effects 标准版中，Color Key 色度键和 Luma Key 亮度键都是属于“二元键控”，即键控的图像或者完全透明，或者完全不透明，没有半透明的区域。

6.6.3 Inner Outer Key 内部 / 外部键

内部 / 外部键键控特效一般需要借助蒙版来实现，适用于动感不是很强的素材，用内部 / 外部键键控特效来处理毛发效果比较好。

内部 / 外部键键控参数如图 6.6-12 所示。

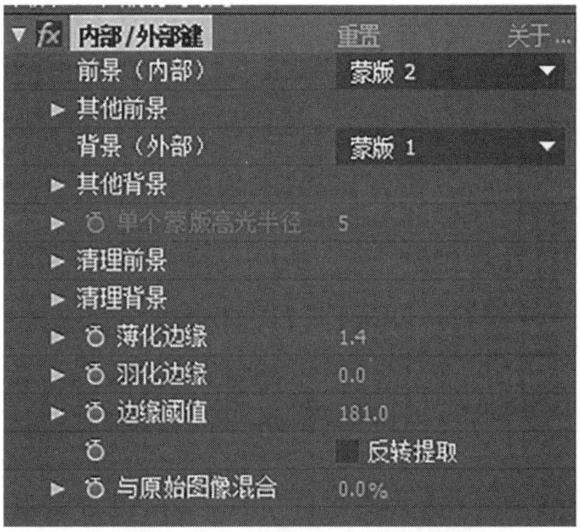

图 6.6-12　内部 / 外部键参数

显然，内部/外部键适用于被抠对象的边缘具有毛刺或毛发现象之时，使用其他键控方式难以抠出。除此之外，内部/外部键效果还会修改边界周围的像素和颜色，以清除前景中包含背景部分的像素。

在选择要抠出的对象的边界时，针对不同的情况，可采用不同的方法。

（1）对象边缘比较简单：在对象的边界附近绘制单个闭合的蒙版，然后从“前景”菜单中选择蒙版，并将“背景”菜单设置为“无”。调整“单个蒙版高光半径”以控制此蒙版周围边界的大小。

（2）对象边缘比较复杂：绘制两个闭合的蒙版，一个是对象内部的蒙版，另一个是对象外部的蒙版。绘制时，要确保对象的所有模糊或不确定的区域位于这两个蒙版内。然后从“前景”菜单中选择内部蒙版，从“背景”菜单中选择外部蒙版。

薄化边缘：指定受抠像影响的遮罩的边界数量。正值使边缘朝透明区域的相反方向移动，从而增大透明区域；负值使边缘朝透明区域移动，可增大前景区域的大小。

羽化边缘：柔化抠像区域的边缘，“羽化边缘”值越高，渲染时间越长。

边缘阈值：用于移除使图像背景产生不需要的杂色的低的不透明度像素。

反转提取：反转前景和背景区域。

与原始图像混合：指定生成的提取图像与原始图像混合的程度。

注意：确保所有蒙版的蒙版模式设置为“无”。

运用内部/外部键键控特效的基本过程如图 6.6–13 所示。

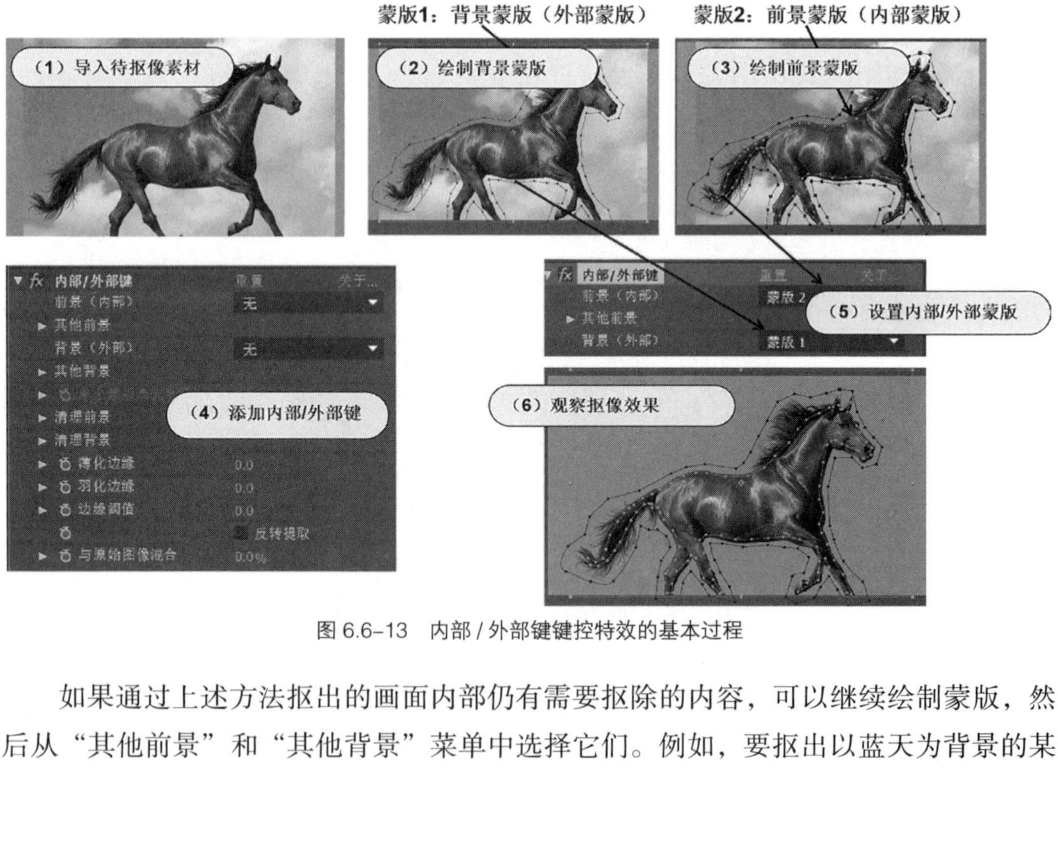

图 6.6–13　内部/外部键键控特效的基本过程

如果通过上述方法抠出的画面内部仍有需要抠除的内容，可以继续绘制蒙版，然后从“其他前景”和“其他背景”菜单中选择它们。例如，要抠出以蓝天为背景的某人随风飘动的头发，首先在其头部绘制内部蒙版，在头发的外部边缘周围绘制外部蒙版，然后在可以看到天空的头发间隙周围绘制其他蒙版，从“其他前景”菜单中选择其他蒙版，以提取间隙，并移除背景图像。

6.6.4 键控使用注意事项

（1）在高版本的 After Effects 中，传统的亮度键、颜色键和溢出抑制等特效已经移到“过时”特效项目中，它们的功能被 Keylight 抠像取代了。因此，在实现简单抠像时，可以首先考虑 Keylight 特效。

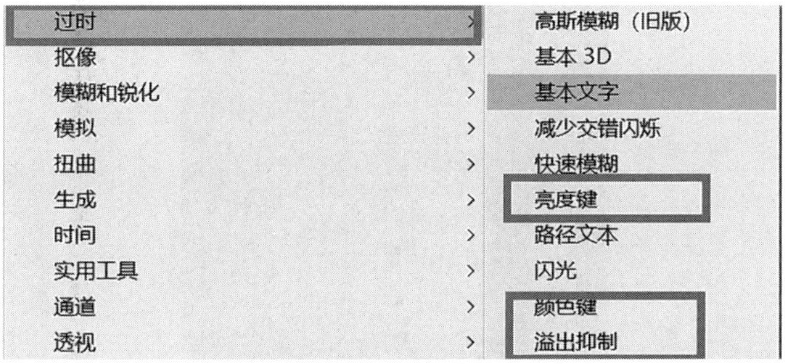

图 6.6–14　部分传统键控特效移到“过时”项目中

（2）多数情况下可以使用遮罩先将需要抠像的主体的轮廓进行初步抠像，以节省时间。

（3）为帮助查看抠像后的效果，特别是能看到抠出部分产生的透明度效果，可暂时更改合成的背景色，或者在抠出的图层下面创建一个背景图层。在对前景中的图层应用抠像效果时，合成背景（或背景图层）将显示出来，以便轻松查看透明区域。

（4）如果需要抠像的是视频素材，为保证每一帧画面都能按照要求进行准确抠像，可先选择场景中最复杂的帧，即包含丰富细节（例如头发，以及透明物体，或者烟或玻璃等半透明物体）的一个帧，然后根据实际情况进行进一步操作。如果光照不变，则接将应用于第一个帧的相同设置应用于后续所有帧。如果光照发生变化，需要调整对其他帧的抠像控制。此时建议在镜头的第一帧画面上为抠像特效的参数属性设置关键帧，如果光线变化比较自然，可以使用线性插值；如果光线变化虽然不自然，但具有一定特征，可以采用定格插值，即在重要的帧上面设置关键帧；如果抠像属性变化没有规律，则可能需要建立逐帧插值。

（5）如要对背景颜色相对单一且前后景色彩有一定差异的素材进行抠像，可首先使用“颜色差值抠像”或其他简单的抠像方式。添加“高级溢出抑制器”效果移除抠色的痕迹，然后视具体情况使用一个或多个其他遮罩效果。如果对结果不满意，可尝试再次从线性抠色开始。

（6）适当通过“抠像清除器”和“高级溢出抑制器”完善抠像效果。也可以直接使用“效果和预设>动画预设>图像应用> Keylight+ 抠像清除器 + 高级溢出抑制器”动画预设完善抠像效果（见图 6.6–15）。

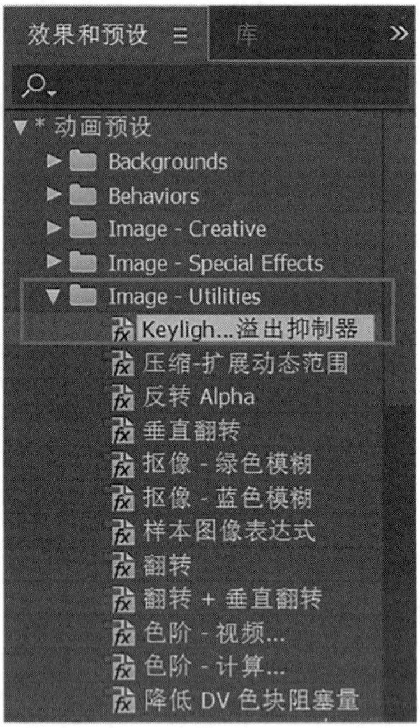

图 6.6–15　Keylight 动画预设

（7）如果素材的背景为黑色或白色，则可以使用 Extract 抽取键控方式，对其中的“白场”或“黑场”进行参数设置。

（8）根据具体不同的场景选取相应的键控类型，但背景有时会抠得不太干净，图像周围还有没抠干净的颜色，此时可以利用 Spill Suppressor（溢出抑制器）来对没有抠干净的颜色再进行一次抠像，移去操作对象周围的颜色。

（9）对于不同的实际情况，应该选择不同的键控方法。对于复杂的键控处理，可能要用到不同的键控效果才能得到令人满意的结果，可以组合使用两个或者更多的键控和遮罩。

（10）对于同一个素材，通过不同的抠像方式均可能达到理想的抠像效果。

本章作业

1. 请问 AE 中制作渐变背景的方法有哪些？
2. 分析 AE 中“描边”与“勾画”两个特效的异同点。
3. “F”“U”的快捷键作用是什么？
4. 键控的类型有哪些？ AE 中有哪些键控特效，说说它们的差异。
5. 模仿完成本章中相关演示案例的文字效果。
6. 完成中国大学 MOOC 中本书对应课程的本章测验，参与学习讨论。

7 三维合成与粒子特效

学习目标

1. 基本内容：摄像机层的作用和各参数含义，灯光类型及其特点，粒子特效基本原理和特效设置方法，三维图层和特效设置方法。
2. 重点：合成工具中与“三维”相关的设置要点。
3. 难点：景深的控制方法，粒子特效的参数设置。
4. 知识目标：掌握合成软件中摄像机的基本参数及其内涵，了解灯光类型及其基本应用，掌握粒子的生成原理和常见参数设置，掌握图层三维属性的参数设置和三维空间视图的含义。
5. 能力目标：能在实际案例中应用摄像机、灯光、三维图层制作形成三维动画效果，能运用粒子模拟制作各种特技效果。

本章导读

在运用 AE 软件制作影视合成效果时，通过“三维合成”效果能营造立体空间，增强画面表达要素，使画面具有强烈的真实感和现场感。与二维空间相比，三维空间的典型特征是具有纵深感。与手拿相机或摄像机拍摄实际场景一样，“三维合成”中可以设置画面的景深效果，可以模拟摄像机或人物在场景内进行寻迹和漫游的效果。另外，粒子特效是合成软件中制作各种特殊效果的重要工具，通过粒子效果可以在立体空间内增加各种空间要素，如模拟云雾、烟雾、光斑等。

本章案例相对复杂，读者可以结合传统摄像机拍摄中的相关概念进行比较和理解。

7.1 三维合成相关概念

7.1.1 三维空间特征

空间是与时间相对的一种物质客观存在形式，由长度、宽度、高度、大小表现出来。宇宙空间、网络空间、思想空间、数字空间、物理空间等，都属空间的范畴。我们这里提到的空间是指物理空间。物理空间可以用长度来度量和标记，物理空间可以分为一维空间、二维空间、三维空间等。

一维空间是指只由一条线内的点所组成的空间，它只有长度，没有宽度和高度，只能向两边无限延展。一维实际指的是一条线，也可理解为点动成线，指没有面积与体积的物体。

二维空间是指仅由长度和宽度（在几何学中为 X 轴和 Y 轴）两个要素组成的空间，二维空间可以看成是由一维空间组成的，二维空间也称平面空间（见图 7.1–1 左侧图）。

三维空间，也称为三次元、3D，日常生活中可指由长、宽、高三个维度所构成的空间。三维空间也称立体空间，在几何学中包括 X、Y、Z 三个方向轴（见图 7.1–1 右侧图）。

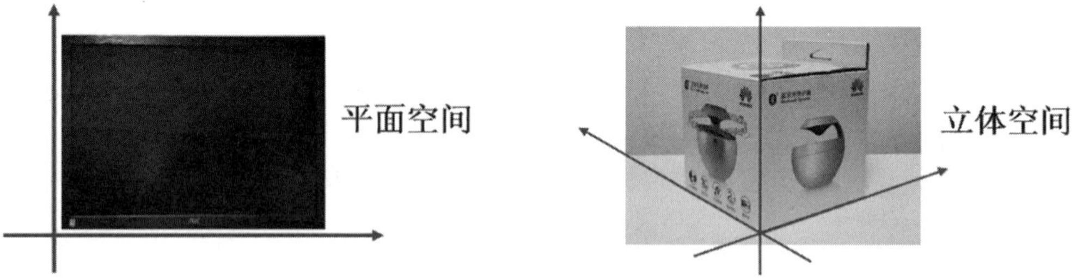

图 7.1–1　空间关系示意图

在计算机中，如果一个物体需要通过 X、Y、Z 三个方向轴才能表示，那么这个物体就是三维物体。

相应的，在 AE 中，若某属性或特效中包含 X、Y、Z 三个坐标轴参数设置，说明该对象或特效具有三维属性。

7.1.2 三维坐标系与三维空间

一般来说，为了定量描述物体的位置及位置的变化，需要建立适当的坐标系来标记一个空间的相对位置。在几何空间里，可以用一维坐标来标记一条无线长的线条，可以用二维坐标来标记一个平面结构，可以用三维坐标来标记一个空间关系。

那么，如何定义一个空间内的坐标系呢，即如何定义 X、Y、Z 的原点和方向，这就是坐标系的定义问题。

使用得最广泛的坐标系度量体系是笛卡尔坐标系。笛卡尔坐标系中三维空间有两种完全不同的表示方法：左手坐标系和右手坐标系。

（1）右手坐标系：X 轴向右，Y 轴向上，Z 轴是指向“自己”的。

（2）左手坐标系：X 轴向右，Y 轴向上，Z 轴正好相反，是背向“自己”的。

判定是左手还是右手坐标系的简单方式是：首先伸出左手，将大拇指朝向 Z 轴正方向，然后将其他四个指头朝向 X 轴正方向，弯曲四指后如果刚好是 Y 轴方向，则该坐标系就是左手坐标系，否则就是右手坐标系。

在计算机中通常使用的是左手坐标系，而数学中则通常使用右手坐标系。在 AE 中，坐标原点（0，0，0）在屏幕左上角，X 轴正向朝向右侧，Y 轴正向朝向下面，Z 轴正向朝向屏幕里面。由此，我们可以看出，AE 的坐标系是右手坐标系（见图 7.1–2）。

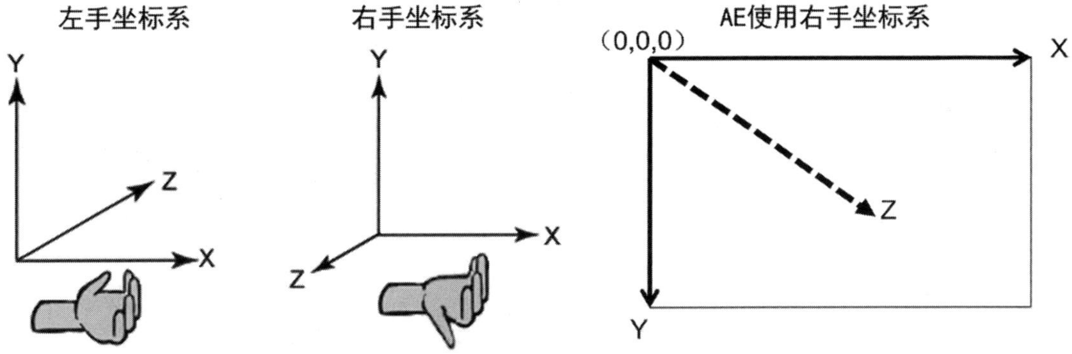

图 7.1–2 坐标系示意图

与其他三维软件差不多，AE 软件在设置三维对象时，有三个不同的坐标系工作方式，用来对不同情况下的物体进行坐标表达，AE 中可供设置的坐标模式有 Local Axis Mode（本地坐标模式）、World Axis Mode（世界坐标模式）和 View Axis Mode（视图坐标模式）三种（见图 7.1–3）。

本地坐标模式 Local Axis Mode 也称当前坐标模式，可以通过工具面板直接操作，与三维图层的表面对齐，三维图层旋转时，坐标轴也会跟着旋转。

世界坐标模式 World Axis Mode 是一个绝对坐标系，与合成的绝对坐标对齐，无论对图层执行什么旋转，坐标轴的方向都不会变，但当建立一个摄像机并调节其视角时，可直接看到世界坐标系的变化。

视图坐标模式 View Axis Mode：当前视图定位坐标系与所选择的视图对齐，基本是水平 x，竖直 y，当转动摄像机和三维图层时，坐标轴的方向都不会动。

当然，在 AE 中，必须在三维图层添加了摄像机后，这三个轴的切换才有意义。

图 7.1–3　AE 提供的三种坐标系

在 AE 中，若要生成三维效果，方法主要有两种。

（1）直接建立三维图层，在层与层之间建立三维关系。

这种情况是将层作为三维空间的任意一个对象（见图 7.1–4），当为该层设置了三维属性后，就可以认为该层已经是三维对象了。此时，层的属性中除了 X 和 Y 坐标外，增加了 Z 坐标，此时 Z 坐标就是三维图层的标志性参数，同时，在旋转属性中也增加了 Z 轴的角度。

图 7.1–4　不同三维图层间形成三维关系

当一个图层被设置为三维图层后，该图层属性中的“位置”“锚点”“旋转”“缩放”“方向”等均变成 X、Y、Z 三个坐标参数（见图 7.1–5），同时在属性中增加了材质选项。与 3DMax 或 Maya 等三维软件相似，三维物体除了能设置标记空间关系的 X、Y、Z 三个坐标外，还有材质、灯光、透视等概念，这在本章之后的内容中将陆续介绍。

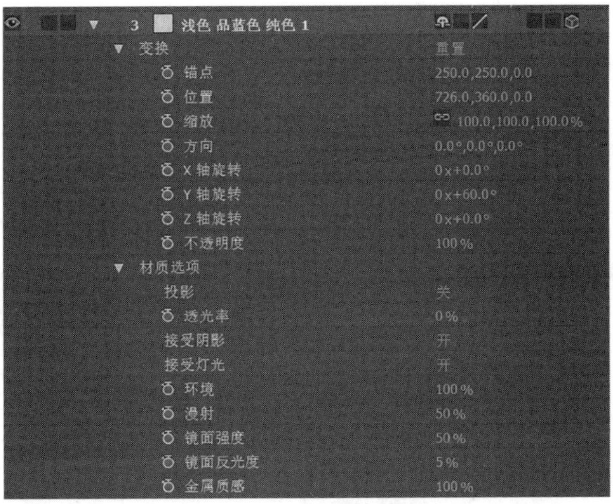

图 7.1–5　三维图层属性参数内容

然而，如果只有一个图层，虽然建立了三维属性，即使通过改变旋转角度形成一定的透视变化，但其三维效果也不会很明显。通常，如果增加三维空间关系，需要再增加一个或多个三维对象，让它们产生相对位置和角度变化，这样才能使三维效果更加明显。因此，若要建立三维空间，通常需要创建至少两个三维图层。

（2）通过创建三维特效在图层内建立三维关系。

这种方式通常是在某一个图层内由特殊的视频特效形成三维素材，如粒子效果、爆炸效果等（见图 7.1–6），这些特效的参数中都有 Z 轴坐标参数设置。

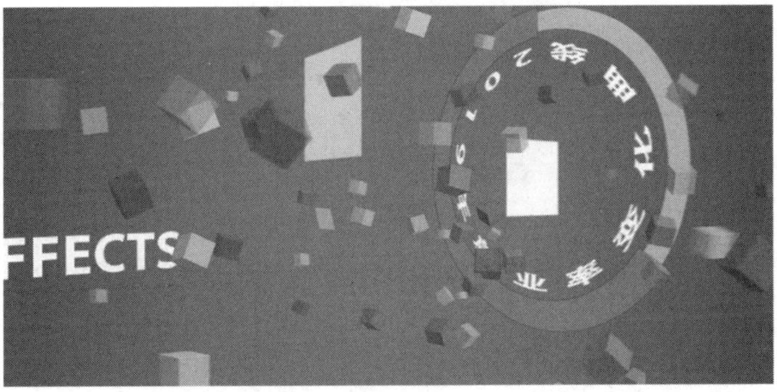

图 7.1–6　三维图层与三维特效混合形成的三维空间

以上方法用于将一个图层设置为三维效果。那么，如何把一个合成设置为三维效果呢？首先要厘清图层与合成的关系。简单地讲，合成内包含了多个图层，多个图层可以转换为一个合成，一个合成也可以看成是一个图层。

如果把一个合成看成是一个图层，即合成内容本身没有三维属性，此时可以利用前述方法设置合成的三维效果，也就是说通过设置该合成的三维属性或在合成上添加三维特效实现。

如果合成内的各图层本身已经形成了三维效果，即该合成内包含了三维对象，此时如果不做特殊设置，AE 也默认将该合成看成二维的平面效果（见图 7.1–7）。

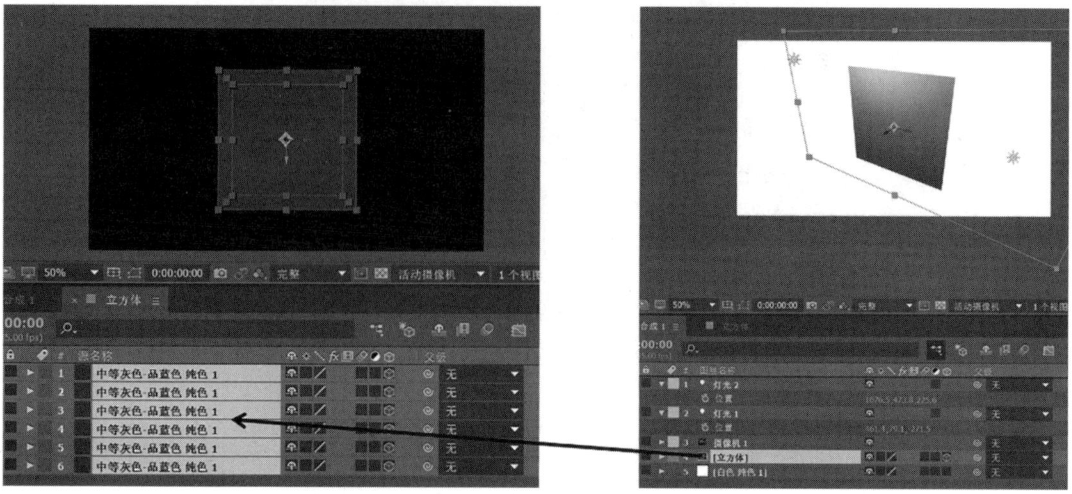

图 7.1–7　具有三维属性的合成图层，默认状态下不能看到内部的三维内容

此时如何实现三维效果呢？首先我们将该合成的三维开关打开，然后将图层上的折叠变换开关（“小太阳”标志）打开，将合成内的三维属性带到本层，从而实现合成三维转换（见图 7.1–8）。

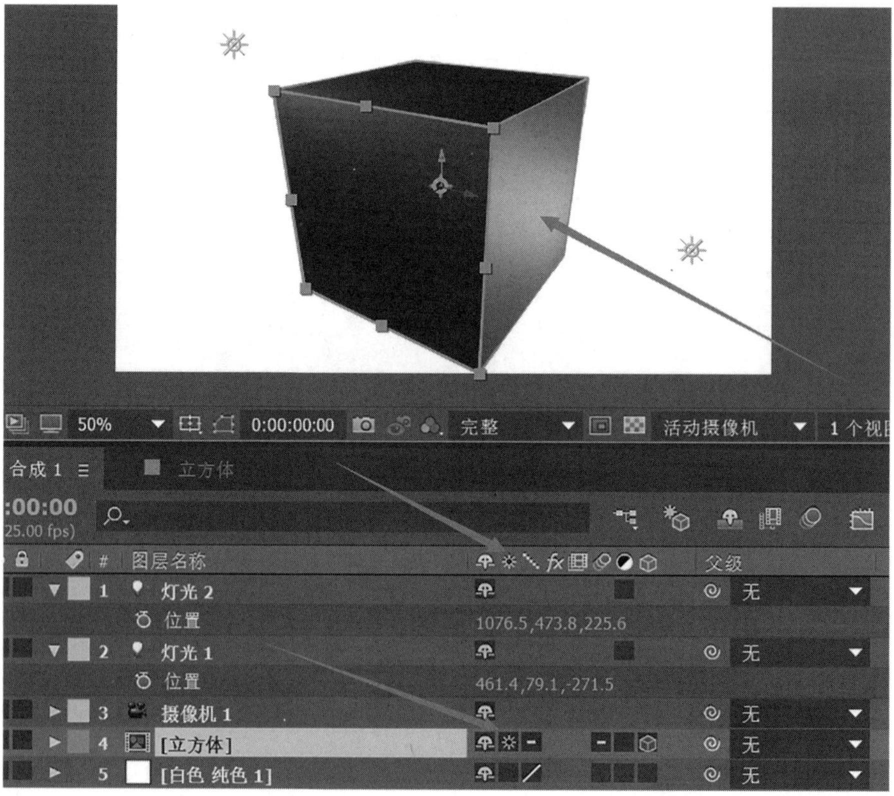

图 7.1–8　打开合成的折叠变换开关，引入内部的三维属性

当然，我们也可以忽略该合成内部的三维效果，将该合成看成普通图层，直接通过设置合成三维效果和添加三维特效等方法来实现三维效果，但这样方法在现实工作中是没有意义的。

7.1.3 三维合成视图

当我们将某对象设置了三维效果后，就可以在预览面板下面的视图中选择不同的视图选项，分别观看其不同角度的投影效果。此处的视图与一般软件的视图含义不一样，此处的视图（见图 7.1–10）是指观众观看三维空间的视点位置，常见的视图方向包括正面、左侧、顶部等。

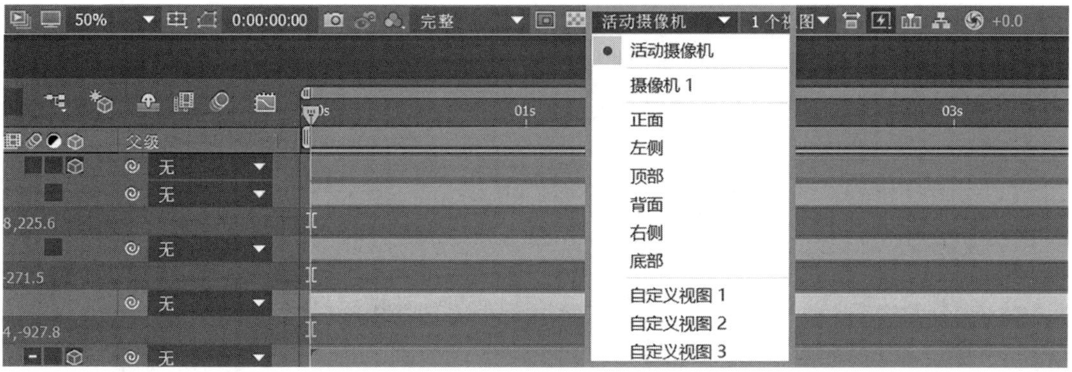

图 7.1–9　三维合成视图选项

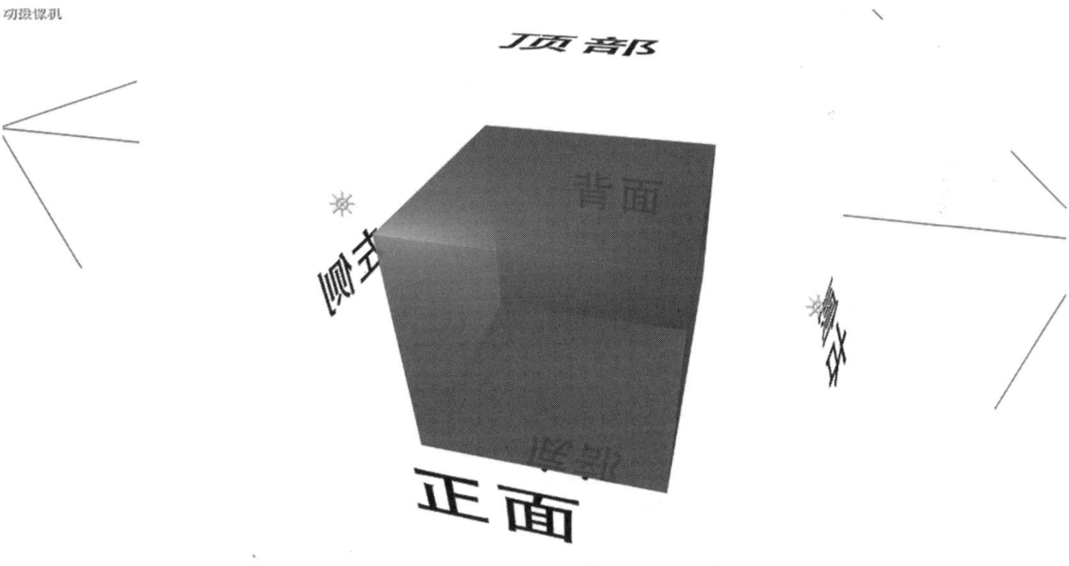

图 7.1–10　视图方向示意图

三维视图就是在三维空间中从不同视点方向上观察到的三维模型的投影，视图通常有前视图、左视图、右视图、顶视图、底视图和后视图等。在 AE 中，使用 4 类视图观察和表示三维空间中的合成对象：Active Camera 活动摄像视图、Camera 摄像机视图、六视图、Custom View 自定义视图。

Active Camera 活动摄像视图：在这个视图中可对所有的 3D 对象进行操作，其相当于是所有摄像机的总控制台。

Camera 摄像机视图：在默认情况下是没有这个视图的。在合成图像中新建多个摄像机后，可以在 Camera 视图中分别选择不同的摄像机视图，从而建立多机位效果（见图 7.1–11）。

六视图：分为 Top 顶部、Bottom 底部、Left 左侧、Right 右侧、Front 正面、Back 背面视图。

Custom View 自定义视图：通常用于对象的空间调整。它不使用任何透视，在该视图中，操作者可以直观地看到物体在三维空间中的位置，而不受透视产生的影响。

另外，在预览面板内还可以设置视图的分布，可以是常见的一个视图，也可以是多个视图，该选项在刚才的视图类型选项右侧（见图 7.1–12）。

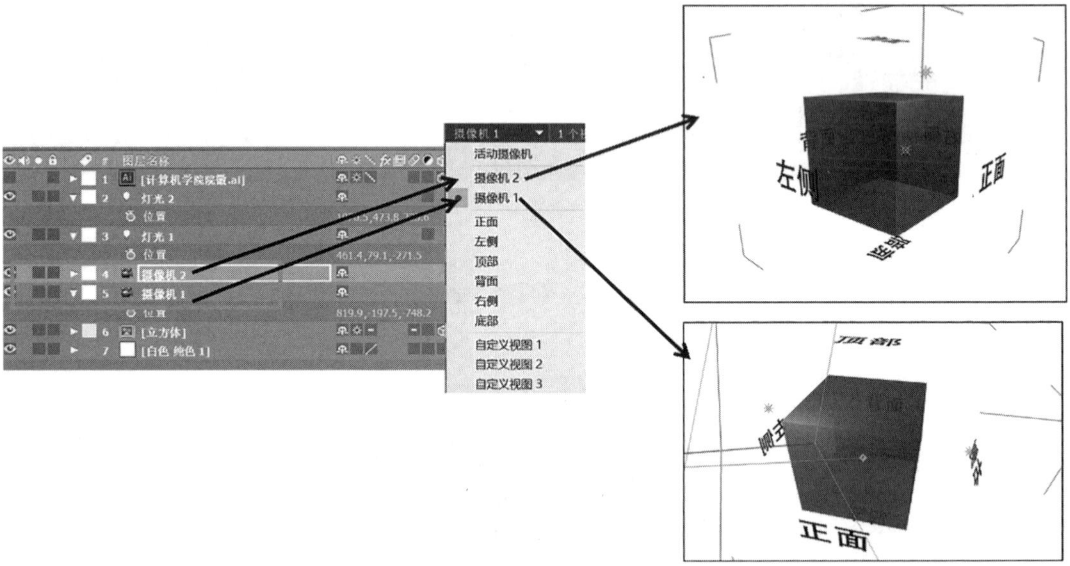

图 7.1–11　多摄像机视图

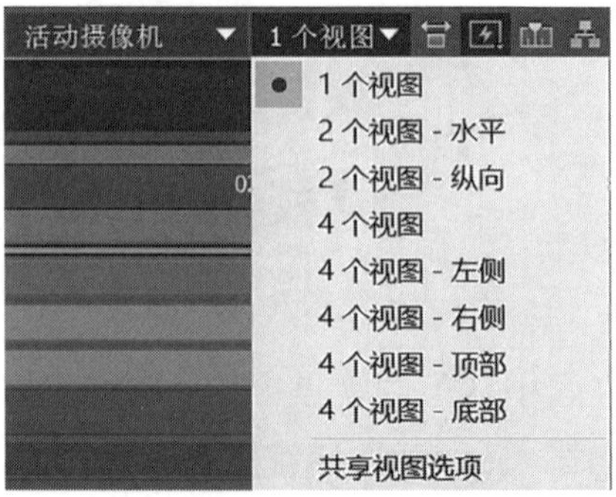

图 7.1–12　视图分布类型

其中，“2 个视图 – 水平”显示“活动摄像机”和“顶部”视图，如图 7.1–13 所示。

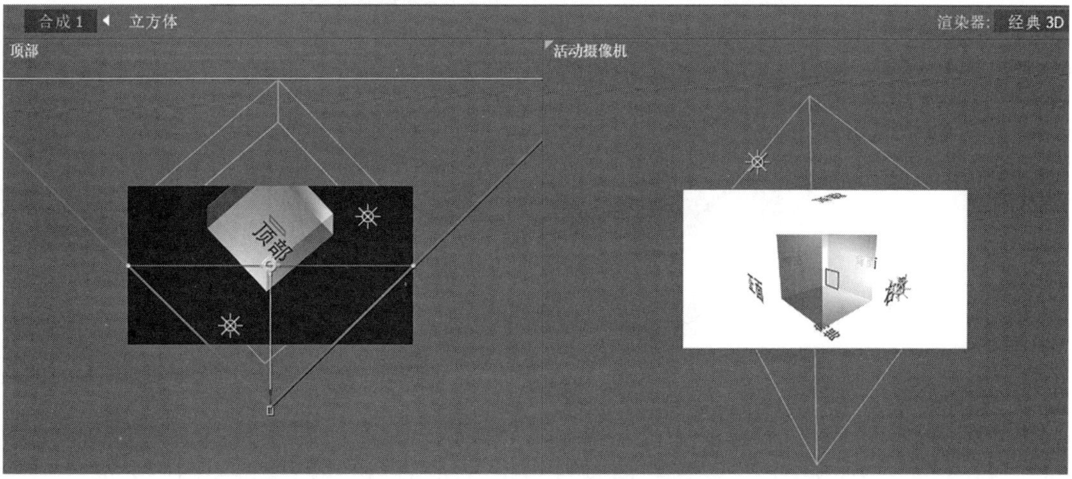

图 7.1–13　2 个视图显示的内容

4 个视图能同时显示“活动摄像机”“顶部”“正面”“右侧”四个视图（见图 7.1–14），并且“顶部”“正面”“右侧”三个视图的位置又分为左、右、顶、底四个类型。

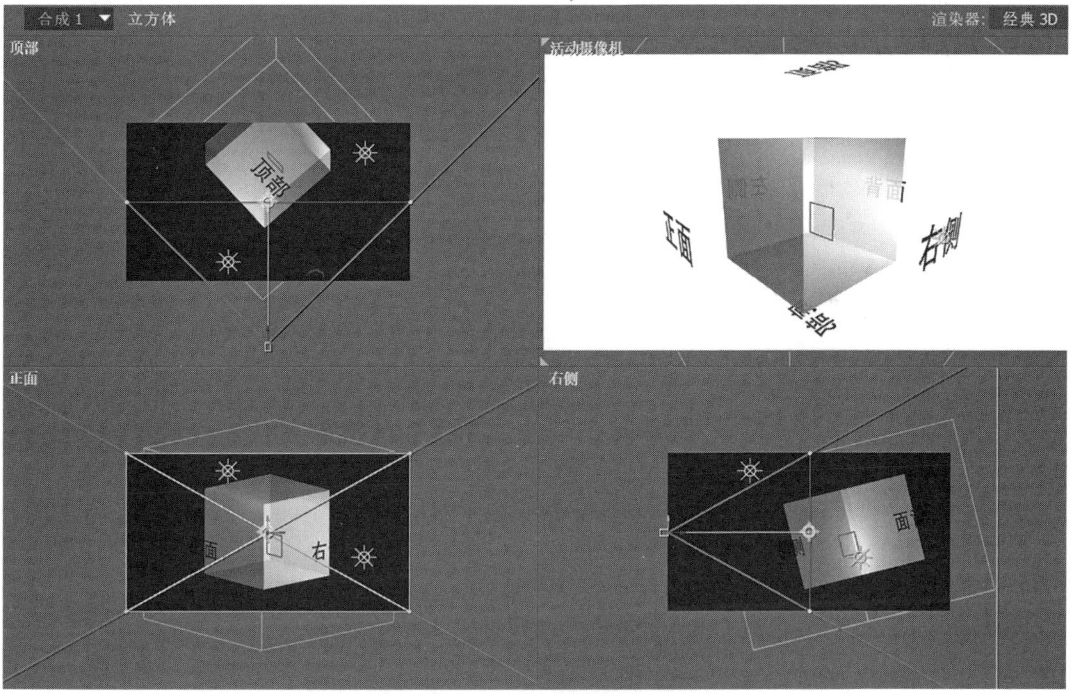

图 7.1–14　4 个视图显示的内容

在每一个视图区域中，如果想让该区域显示其他视图，也可以在该区域中点击鼠标右键，然后选择相应的视图（见图 7.1–15）。

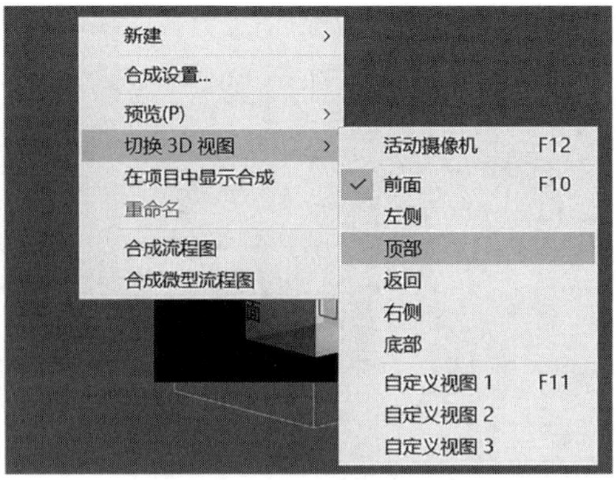

图 7.1–15　调整视图显示内容

需要强调说明的是：尽管在合成输出窗口始终有三维视图的选项，但这些选项仅对三维图层或三维效果产生影响；而且只有在活动摄像机和摄像机视图中才能看到三维效果，在其他视图中只能看到平面效果，看不到三维效果。这种现象在日常操作中尤其需要注意，假如在日常操作中遇到“明明设置或制作了三维参数，怎么在合成窗口中就是看不到三维效果”等问题，建议检查一下合成的视图是否是活动摄像机视图或摄像机视图。

7.1.4 三维空间案例

下面，我们来看一个案例。从这个案例的时间线中，我们可以看出，本案例共有两个对象，一个是包含三维对象的合成，另一个是设置了粒子效果的图层，而最终的播放效果是两个三维效果合并在一起，也就是实现了三维合并效果（见图 7.1–16）。这在 AE 三维应用中经常被使用到。

案例视频 7.1–1：
三维空间案例

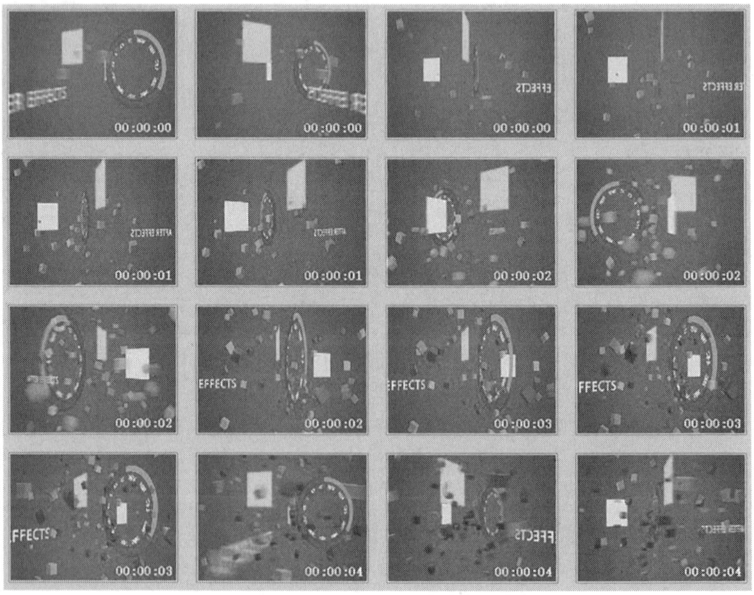

图 7.1–16　三维空间概念案例

在实际应用中，三维效果普遍存在，它有利于凸显镜头的视觉冲击力。为了能充分运用和理解三维效果，以下列出与三维效果相关的技术要点。

（1）创建三维图层：在图层的属性开关中有一个立方体的标志区，如果该区域显示为立方体标志（见图 7.1–17），则该图层为三维图层，否则为二维图层。当某一个图层被设置了三维属性后，该图层的属性中除了常规的变换属性外，增加了材质选项。

图 7.1–17　三维图层的标志

（2）摄像机视图：只有在摄像机视图中才能看到三维效果。

（3）摄像机对象：默认为添加摄像机的状态下，三维图层默认为使用标准镜头的摄像机，但没有摄像机的操作控制属性，只有添加了摄像机对象后才能调整摄像机属性。

（4）灯光：灯光用于对三维空间内的对象设置光线。

（5）有关的三维特效有滚珠效果、粒子、爆炸等。

7.2 摄像机

摄像机或照相机是创作影视作品必不可少的器材之一，影视画面必须通过摄像机或照相机的拍摄才能获取。在影视后期创作中，为了能模拟前期拍摄场景和效果，必须在软件中模拟真实摄像机进行创作。当然，几乎所有三维软件在输出成品前都需要利用摄像机来确定场景的视点（View Point），然后改变摄像机的各项参数形成摄像机动画。

在 AE 软件中，同样需要使用摄像机来对三维对象进行设置。

7.2.1 添加摄像机

对于摄像机而言，我们可以简单地把它看成是一个特殊图层。添加摄像机的方法有如下三种：

1. 在时间线内添加

在时间线面板内空白处点击鼠标右键，选择“新建＞摄像机”。

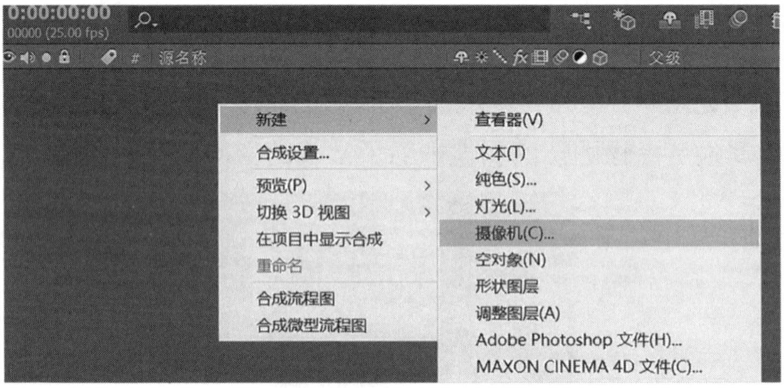

图 7.2–1　在时间线面板中添加摄像机的方法

2. 在预览面板内添加

在预览面板的预览窗口外空白处点击鼠标右键，选择“新建＞摄像机”。

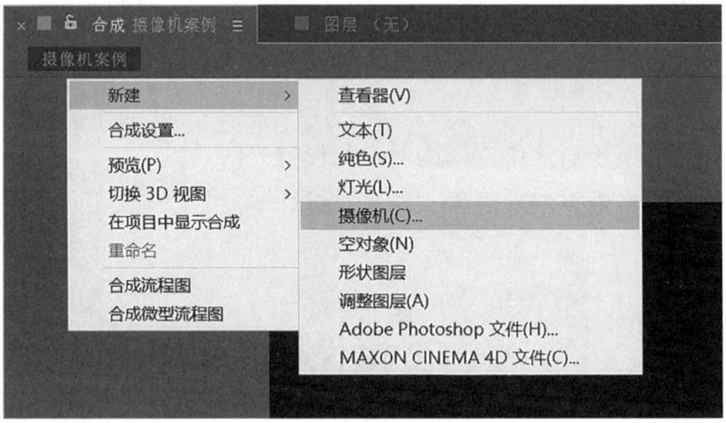

图 7.2–2　在预览面板中新建摄像机的方法

3. 从菜单栏中添加

在菜单栏中选择“图层＞新建＞摄像机”命令。

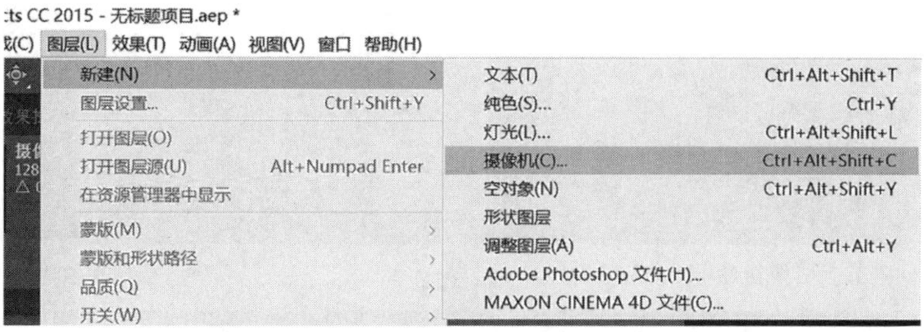

图 7.2–3 通过菜单命令功能添加摄像机的方法

7.2.2 摄像机的基本设置

当添加了摄像机图层后，系统首先会自动弹出摄像机设置窗口（见图 7.2–4）。

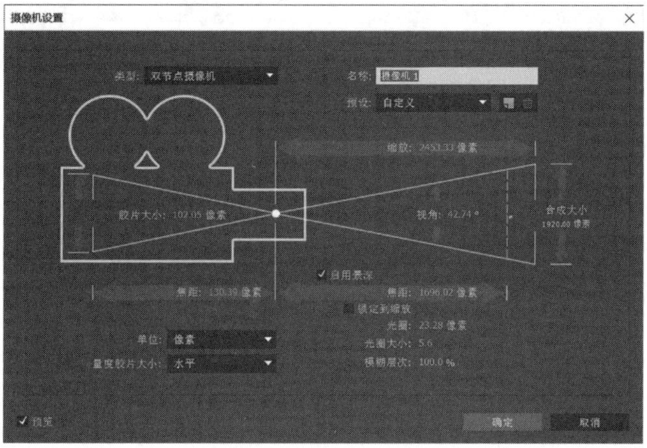

图 7.2–4 摄像机设置窗口

AE 中的摄像机与实际使用的摄像机的基本参数相似，下面我们逐一介绍。

图 7.2–5 实际摄像机

AE 摄像机设置主要参数如下：

（1）类型（Type）：有单节点摄像机和双节点摄像机两个选项，单节点摄像机的运动只围绕摄像机自身的参数进行控制，而双节点摄像机能围绕摄像机自身参数和目标点参数进行控制。

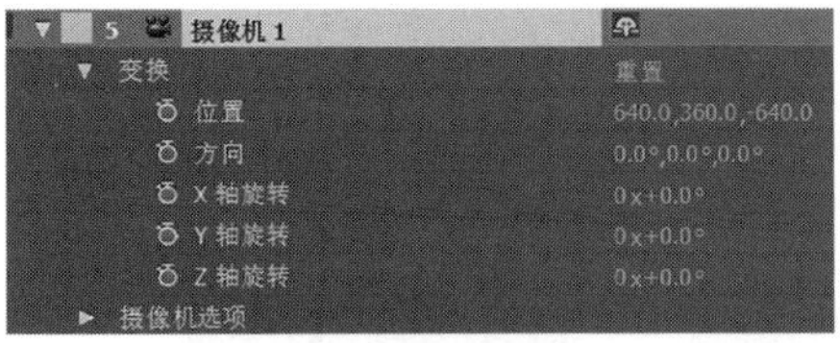

单节点摄像机参数

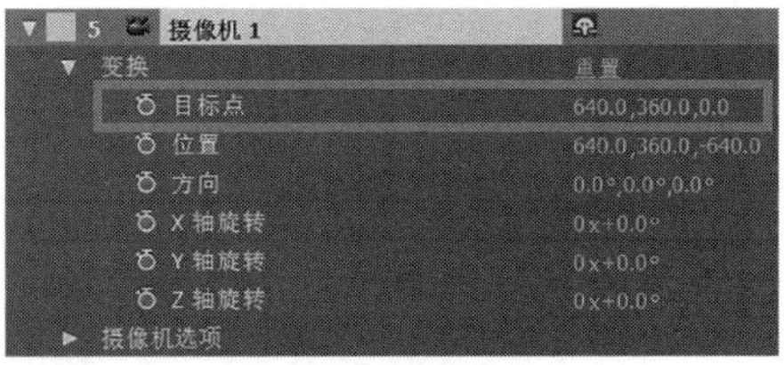

双节点摄像机参数

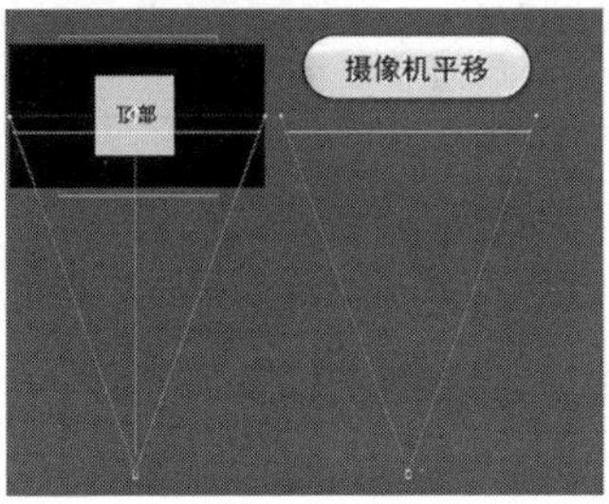

单节点摄像机位置移动

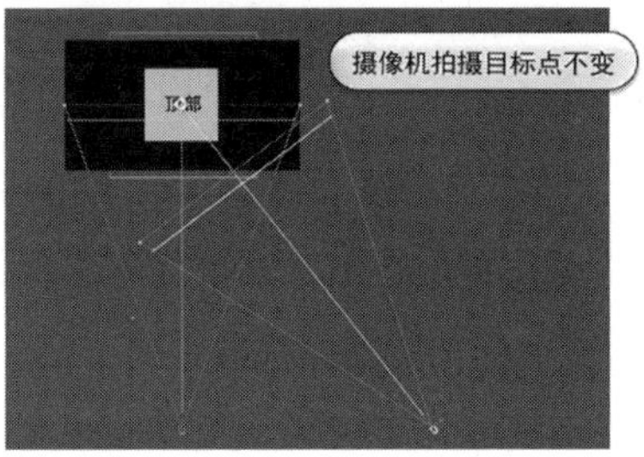

双节点摄像机位置移动

图 7.2-6　摄像机类型及其特点示意图

（2）名称（Name）：用来设置摄像机的名称，默认情况下，“摄像机 1”是在合成中创建的第一个摄像机的名称，并且后续所有摄像机按升序顺序编号，为多个摄像机选择不同的名称以便区分它们。当在时间线面板中添加了多个摄像机时，在视图中就会自动增加若干个以摄像机名命名的摄像机视图。

（3）预设（Preset）：系统预设的关于摄像机的参数选项。预设中，根据设定的焦距进行命名，主要有 15 毫米、20 毫米、24 毫米、28 毫米、35 毫米、50 毫米、80 毫米、135 毫米、200 毫米等（见图 7.2–7）。默认预设为 50 毫米，当我们选择其他预设时，同时也会改变“视角”“缩放”“对焦距离”“焦距”“光圈”的值。此处的预设其实与传统的摄像机焦距值基本相当，标准镜头为 50，几乎与人眼的视角相当；预设值小于 50，形成的效果趋向于广角镜头效果，即画面透视会增强、近大远小畸变现象明显；如果预设值大于 50，则形成的效果趋于长焦镜头，画面具有放大、空间压缩、景深变小的效果。

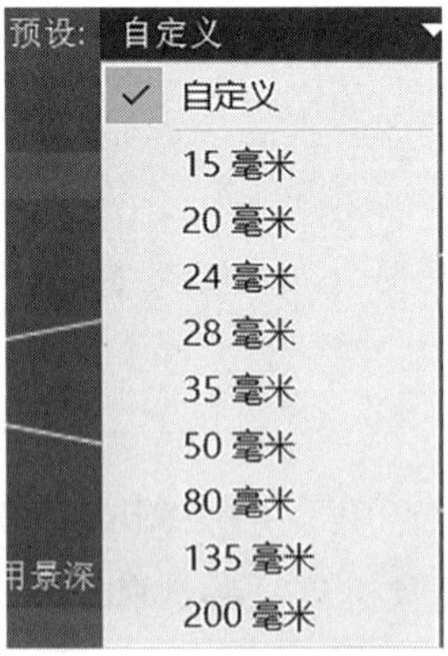

图 7.2–7　摄像机焦距选择

（4）缩放（Zoom）：从镜头中心到合成图像平面（即拍摄对象）的距离，这个数值对应传统摄像中的拍摄距离。拍摄距离越近，拍摄后的物体看起来越大；拍摄距离越远，拍摄后的物体看起来越小。“缩放”的结果实际是对拍摄对象的放大或缩小，因此，AE 系统中对摄像机设置的翻译中有的把“缩放”翻译为“变焦”。

（5）视角（Angle of View）：摄像机拍摄场景的角度，与传统摄像机一样，视角与“焦距 Focus Length”紧密相关，同时，“胶片大小 Film Size”和“缩放 Zoom”的值也会影响到视角。

（6）启用景深（Enable Depth of Field）：勾选该选项后可以

为 AE 摄像机启用景深功能，即创建更逼真的摄像机聚焦效果。此处的景深与现实摄像机和照相机的景深含义相同，都与拍摄距离、焦距和光圈有密切关系，但在 AE 中，景深除了受这三个因素影响外，还受模糊层次的影响，而且模糊层次的影响效果更加明显。

（7）焦距（Focus Length）：从胶片平面到摄像机镜头中心的距离。在 After Effects 中，摄像机的位置用镜头的中心表示，即改变摄像机的“位置”参数其实就是改变摄像机镜头中心的位置。在修改焦距时，“缩放”的值会随之更改以匹配真实摄像机的透视性。此外，“预设”“视角”“光圈”的值也会相应更改。

（8）对焦距离（Focus Distance）：从摄像机镜头中心点到对焦点的距离，在对焦点位置的对象成像最清晰，调整“对焦距离”的值类似于传统摄像中的“对焦”工作。

（9）光圈（Aperture）：镜头孔径的大小。“光圈”设置也影响景深，增加光圈会增加镜头模糊层次，即光圈越大，模糊层次越大，景深越小。当修改光圈时，F-Stop（光圈系数）的值会随之发生变化。F-Stop 光圈系数值表示焦距与光圈的比例。同样，当我们修改 F-Stop 光圈系数值时，光圈的值也会随之发生变化。

阅读与思考

在真实摄像机中，增大光圈会导致更多光线进入镜头，从而增加画面的曝光度。但在大多数 3D 和动画应用程序里，也包括 After Effects，忽略了光圈值对曝光度的影响，仅设置其对景深的影响。

（10）模糊层次（Blur Level）：设置图像中景深模糊的程度，设置为 100% 时表示摄像机产生的是自然模糊。“模糊层次”值越大，景深效果明显，景深越小；“模糊层次”值越低，景深效果越弱，景深越大。因此，降低“模糊层次”值可增加景深；反之，则减小景深。

（11）胶片大小（Film Size）：胶片的曝光区域的大小，它直接与视角和焦距相关。在修改胶片大小时，“缩放”值会更改以匹配真实摄像机的透视性。

（12）单位（Units）：表示摄像机设置值所采用的测量单位，有“英寸”“毫米”“像素”三个选项，默认为“毫米”，建议设置为“像素”。

（13）量度胶片大小（Measure Film Size）：用于测量胶片的大小，有“水平”“垂直”“对角线”三个选项。

当在摄像机设置窗口内设置完相关参数后，在时间线面板内就形成了一个摄像机图层，摄像机图层与其他图层一样，同样存在位置、锚点、旋转等常规属性；同时还有摄像机特有的相关“选项”属性。这些摄像机选项参数决定了摄像机的拍摄距离、景深、光圈、焦距等。

阅读与思考

为什么 AE 中要添加摄像机呢？摄像机可以模拟人的视角，使用摄像机图层可以从任何角度和距离查看 3D 图层。在现实世界中，如果我们拍摄或观察场景中的某个对象，我们可以移动该对象到摄像机前，也可以将摄像机移动到该对象前再拍摄。实际上，在场景之中移动摄像机比移动场景更加容易，因为摄像机的移动更加自由，不会改变场景内各对象的位置关系。因此，在 AE 中通常通过设置摄像机图层的位置或角度参数来生成不同的视图效果。

阅读与任务

请看看以下两个画面，分析哪一个包含摄像机效果？

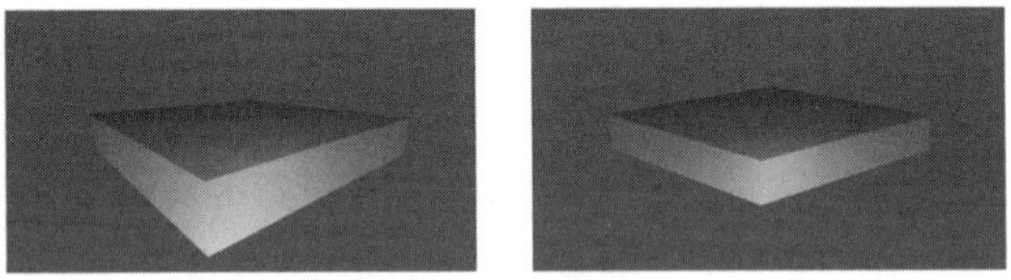

两个不同的画面效果

从上面的两个画面中我们可以看出：左边的画面明显存在近大远小的透视效果，而右边的透视效果不是很明显，几乎与我们正常看到的效果差不多。由此可见，左边的画面内包含有摄像机效果。因为普通的三维效果与 50mm 标准镜头摄像机效果一致，也就是说没有添加摄像机图层的三维效果相当于添加了 50mm 标准镜头摄像机的效果。

7.2.3 摄像机的基本操作

1. 快捷操作方法

为了能快捷地使用摄像机，AE 中设置了快捷方式。

一种是快捷工具，如图 7.2–8 所示，在 AE 工具栏的中部，点击“统一摄像机工具”后，会弹出下拉工具选项，增加“轨道摄像机工具”“跟踪 XY 摄像机工具”“跟踪 Z 摄像机工具”选项。

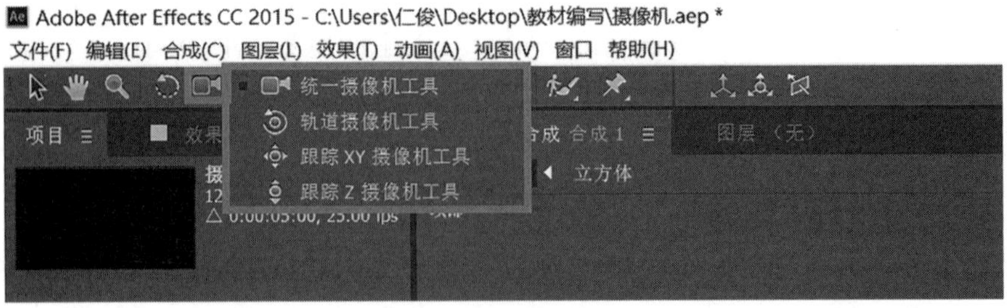

图 7.2–8　摄像机快捷工具

另一种是快捷键“C”。可以在任意状态按下键盘上的 C 键，激活摄像机的快捷工具，包括“统一摄像机工具”“轨道摄像机工具”“跟踪 XY 摄像机工具”“跟踪 Z 摄像机工具”。

统一摄像机工具：任意改变摄像机的位置和角度。

轨道摄像机工具：旋转摄像机，产生类似于“摇”镜头的效果。

跟踪 XY 摄像机工具：在 XY 平面内移动摄像机，产生类似于“平移”镜头效果。

跟踪 Z 摄像机工具：在 Z 轴方向移动摄像机，产生类似于“推”“拉”的效果。

2. 调整景深与清晰点

景深效果是指画面内在聚焦点前后一段距离内的对象呈现清晰状态，而这个范围以外的对象则模糊。景深是 AE 模拟真实场景的重要特征。在 AE 中使用 Camera 摄像机时，有两个难点，一个是如何调整景深，另一个是如何调整清晰点。

下面以白色背景画面上在 Z 轴上前后分布的五单词 Digital、Movie、Make、After、Effects 的显示效果为例对景深加以说明（见图 7.2-9）。

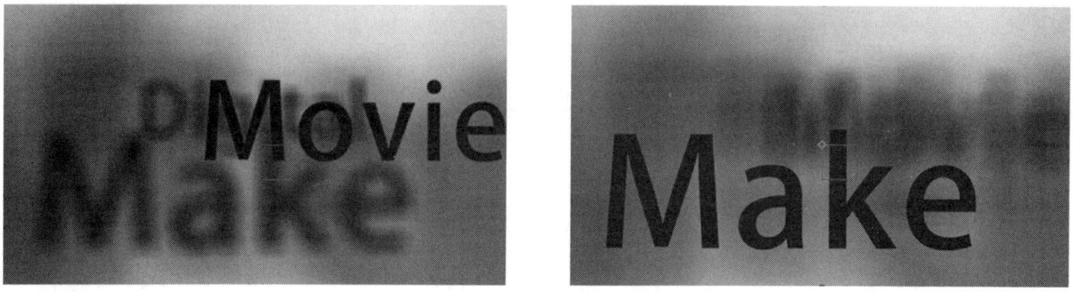

图 7.2-9 景深示意图

调整景深首先要打开景深功能（见图 7.2-10），然后调整摄像机选项中缩放（即变焦或物距）、焦距、光圈和模糊层次的参数，调整时可以借助于特殊视图，如左视图、右视图或顶视图等辅助调整（见图 7.2-11）。

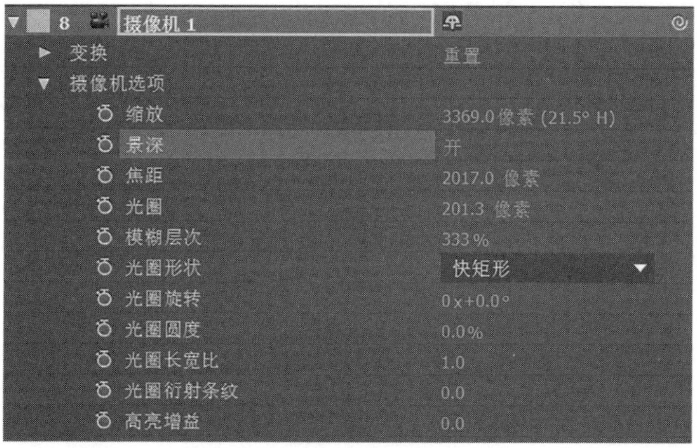

图 7.2-10 摄像机图层的景深开关

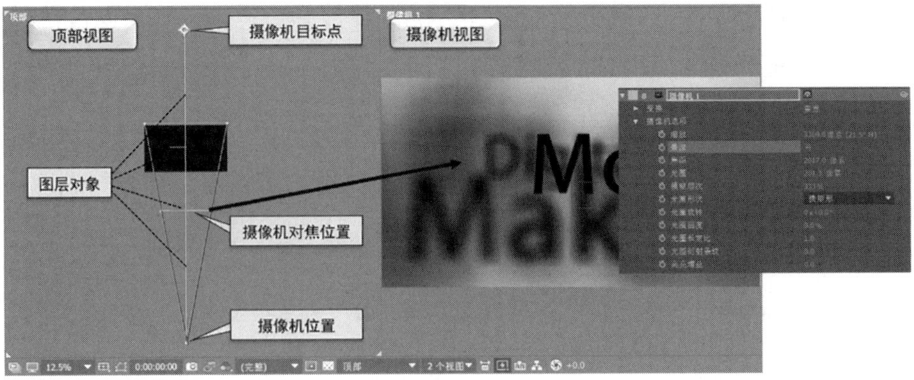

图 7.2-11　结合视图调整三维空间的景深

调整清晰点其实也是辅助调整景深的方法。如要使画面的五个单词只有“Make”清晰，即调整摄像机使“Make”单词清晰，有两种方式可以达到：一个方式是保持摄像机机位不动，调整摄像机的对焦距离；另一方式是调整摄像机机位位置，如图 7.2-12 所示。

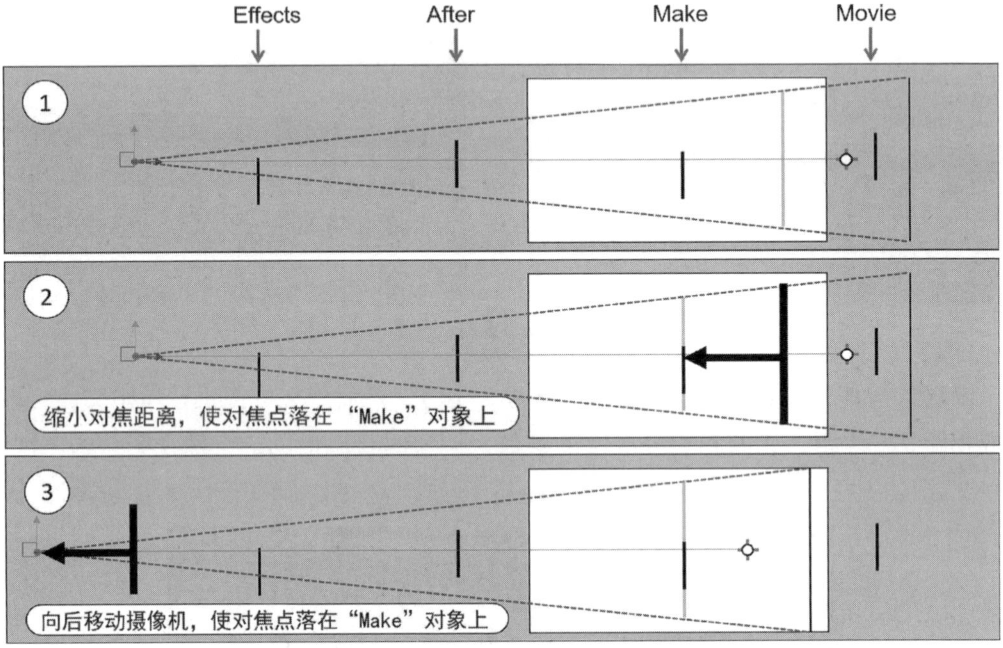

图 7.2-12　两个调整摄像机使清晰度保持不变的方法

上图中三个图形均为右侧视图，其中，①是摄像机和文字初始位置和状态，②和③分别代表调整“对焦距离”和“位置”两种方式。这两种调整清晰点的方式在基本原理和视觉效果上有什么不同点？

（1）②图中，摄像机位置没有发生变化，但对焦距离（即拍摄距离）由大变小，且保持焦距和视角不变。

图 7.2-13 调整摄像机的对焦距离使对象清晰

（2）③图中，调整摄像机的位置，机位向后移动。

图 7.2-14 调整摄像机的机位使对象清晰

比较这两种方式，我们可以发现，第一种方式的摄像机没有移动机位，第二种方式的摄像机机位发生了变化，即两种方式的拍摄距离不一样。从透视的原理来看，在焦距不变的情况下，当观看者的视点（机位）发生变化后，得到的画面的透视感也会发生变化。第二种方式的拍摄距离变大了，所以画面的景别和透视均发生了变化，从画面中我们可以看出第二种方式获得的画面中的“Make”比第一种方式获得的画面中的“Make”小，但画面范围变大了（见图 7.2-14）。

3. 摄像机关联

在实际 AE 摄像机应用中，一般不会直接调整摄像机参数，而是借助于空物体进行关联操作，通过操作空物体的大小、缩放和旋转等参数控制摄像机的推拉摇移跟等效果。

图 7.2-15 设置摄像机关联

7.3 粒子特效

AE 中的特效有很多种，有的是对源素材做相应变换，有的与源素材内容无关，仅仅是利用源素材的像素点来生成特殊素材；有的是二维效果，有的是三维效果。在所有默认特效中，与三维相关的特效主要有模拟仿真中的粒子特效和爆炸效果等，本讲主要以粒子特效来介绍相关设置方法。

在模拟仿真特效中包含了三个与粒子相关的特效，分别是 CC 仿真粒子系统Ⅱ、CC 粒子仿真世界、粒子运动，最初的 AE 软件中只有粒子运动，后来增加了 CC 仿真粒子系统Ⅱ、CC 粒子仿真世界 。

7.3.1 粒子特效的共性参数

不管是哪一种粒子特效，它们都存在一些相同的属性，这是由粒子产生的原理决定的，甚至于在所有的媒体软件中，只要是与粒子相关的设置，其基本的参数内涵都差不多。粒子特效主要有如何产生、如何在空中运动、如何消失等设置。

粒子特效的参数设置中，关键要点包括重力、数量、速度、类型、消失时间等物理属性（见图 7.3–1）。

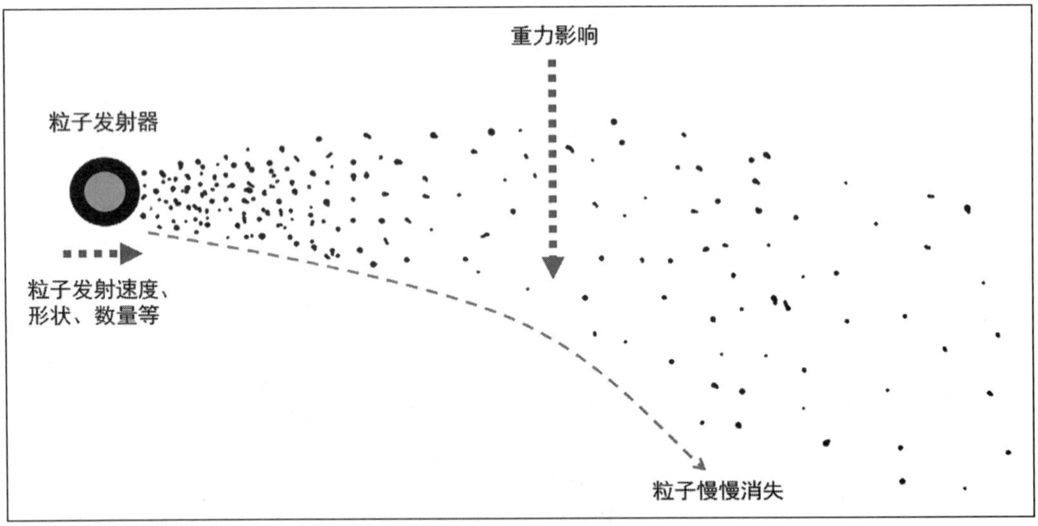

图 7.3–1　粒子特效作用过程示意图

1. 重力

重力是物理学概念。在传统概念里，物体由于地球的吸引而受到的力叫重力。重力的施力物体是地心，重力的方向总是竖直向下的，物体受到的重力大小跟物体的质量成正比。

在 AE 中，重力的含义是设置粒子运动的偏移方向，重力的大小和方向可以被定义（见图 7.3–2）。如果重力是正数，则粒子会受到重力影响，运动方向会朝向下；如果重力是负数，则粒子的运动方向向上。重力的数值大小还可以被定义，重力数值越大，粒子偏移运动的速度越快，粒子越集中；重力数值越小，则粒子偏移运动的速度越慢，粒子越松散。

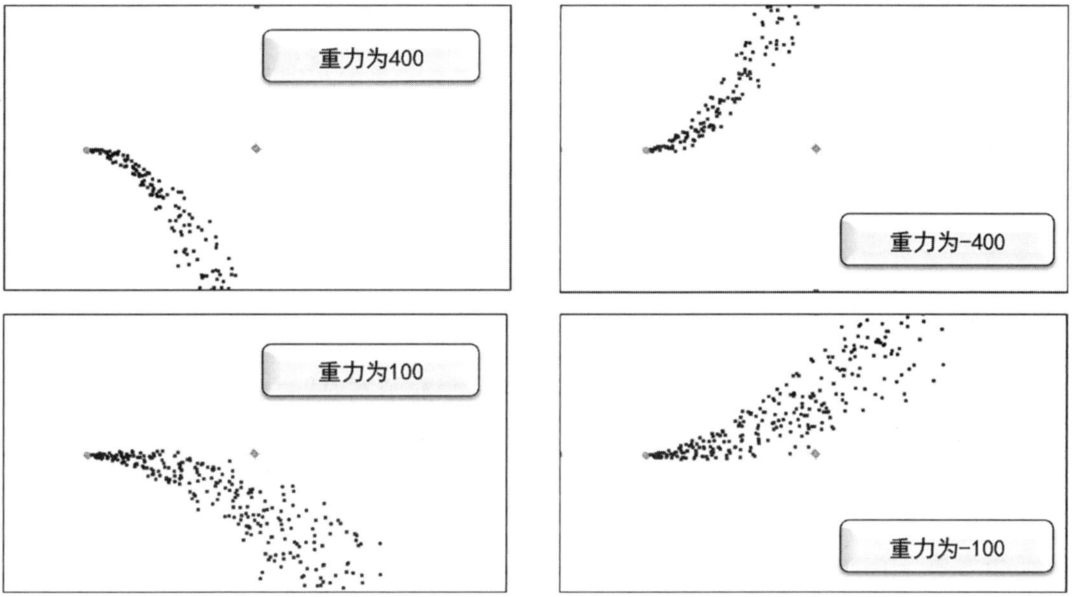

图 7.3–2　不同重力的例子效果示意图

2. 数量

数量指粒子生成的多少，粒子的数量受到粒子生成速度和消失时间的共同影响。生成速度是指粒子发生器产生粒子的速度，消失时间是指粒子自发生器产生之后，在屏幕内持续的时间，用“生命周期”数值来标记。显然，如果粒子的生命周期较短，则粒子在空中即屏幕内停留的时间较短，粒子在屏幕内积聚的量会相应变少。

3. 速度

指粒子在屏幕内的运动速度，速度可以是负数也可以是正数，正数表示粒子向屏幕外运动，负数表示粒子向屏幕内运动；如果速度为 0，则粒子不运动。

4. 类型

指粒子的形状，默认状态下粒子为点状粒子，用户可以选择系统自带的其他粒子形状，如星星、立方体、三角形等，也可以定制粒子类型（见图 7.3–3）。

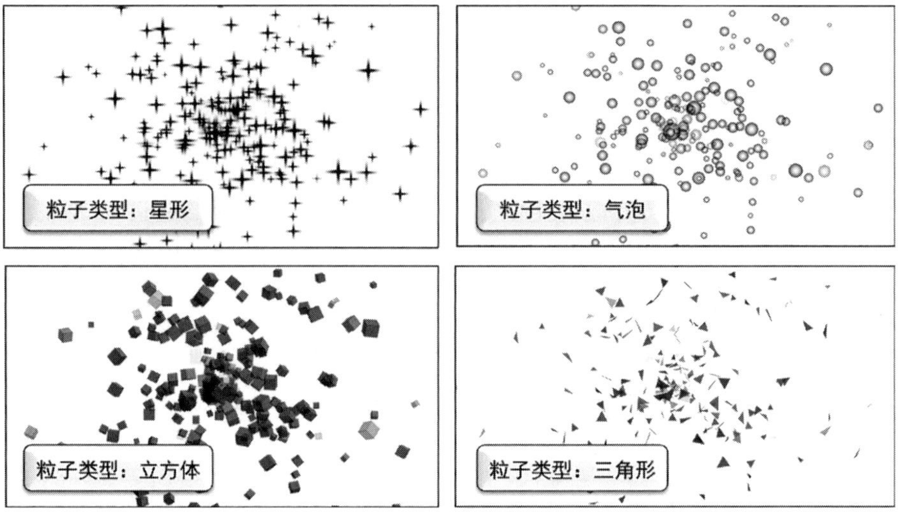

图 7.3–3　粒子类型示意图

5. 消失时间

即粒子的生命周期，也就是粒子在空中连续运动直至消失的时间。

根据以上五个基本物理参数我们可知，当某个粒子发射器发射的粒子单位时间内数量越多、发射速度越快、生命周期越长，那么在画面内积聚的粒子数就会越多。

6. 生成效果

当为某一个图层添加粒子特效后，该图层本身的内容消失，仅粒子可见。

阅读与思考

调整哪些参数可以减少画面内粒子的数量？

7.3.2 粒子运动场

1. 概述

（1）“粒子运动场”特效添加方法

选择希望添加粒子效果的图层，或创建新的纯色图层。选择“效果＞模拟＞粒子运动场”。此时添加了粒子特效的图层的内容将变为不可见，在此图层中，仅粒子可见。在“时间线”面板中为此图层设置动画会将整个图层的粒子动态化。

对于粒子或其他模拟类特效而言，承载这些特效的图层内容与模拟类特效之间没有直接关系，图层提供的仅仅是一个个像素，因为模拟类特效原理是利用图层的像素按照其运算方法来模拟形成各种特技效果。

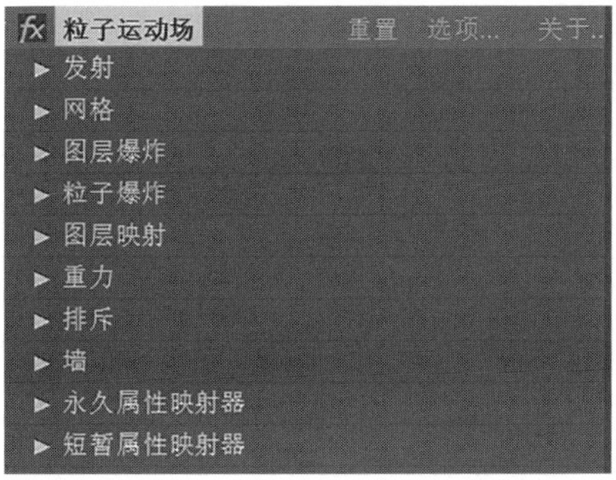

图 7.3-4“粒子运动场”效果参数示意图

（2）“粒子运动场”特效生成原理

“粒子运动场”特效通过“发射”控件生成一连串粒子，通过“网格”控件生成一个完整的粒子面，也可以使用“图层爆炸”在现有图层中创建粒子。如果已创建粒子，则可应用“粒子爆炸”将它们爆炸为更多新粒子。

“粒子运动场”特效可生成三种类型的粒子：点、图层或文本字符（见图 7.3-5、7.3-6、7.3-7）。一个“粒子运动场”特效只能指定一种类型的粒子。如果要生成多种类型的粒子效果，则需要添加多个“粒子运动场”特效。

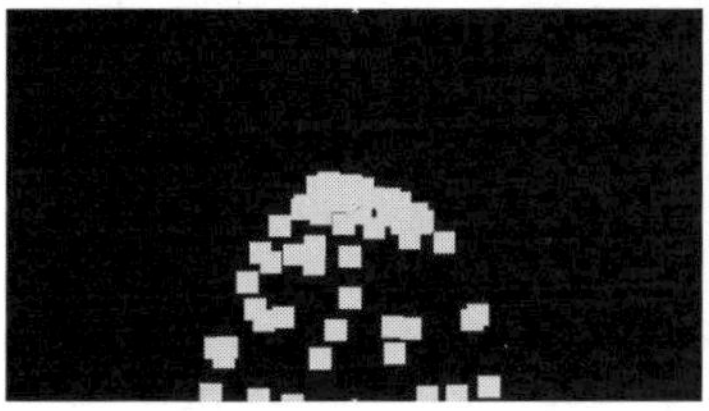

图 7.3-5 点状粒子的“粒子运动场”

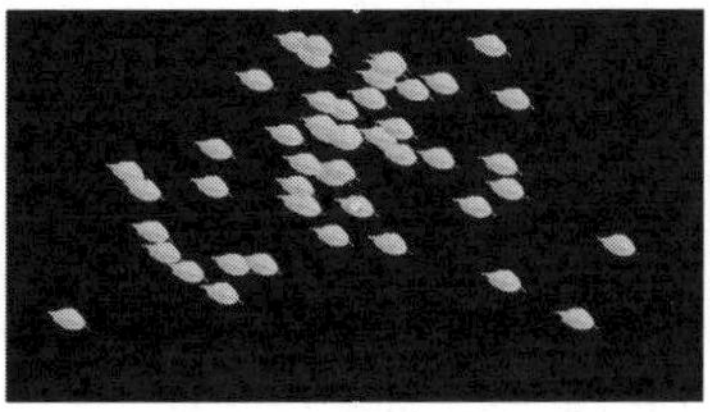

图 7.3-6 图层类型粒子的“粒子运动场”

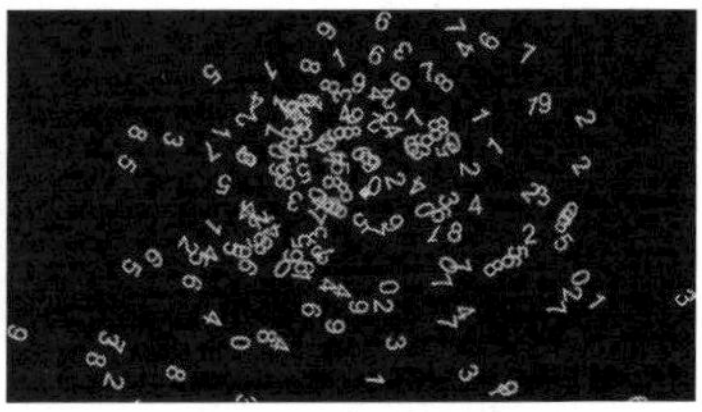

图 7.3-7 文字类型粒子的“粒子运动场”

“粒子运动场”特效可以使用“发射”“网格”“图层爆炸”“粒子爆炸”创建粒子。“网格”用于以具有整齐的行和列的有序网格格式创建粒子，各爆炸参数用于随机创建粒子，如爆竹火花。

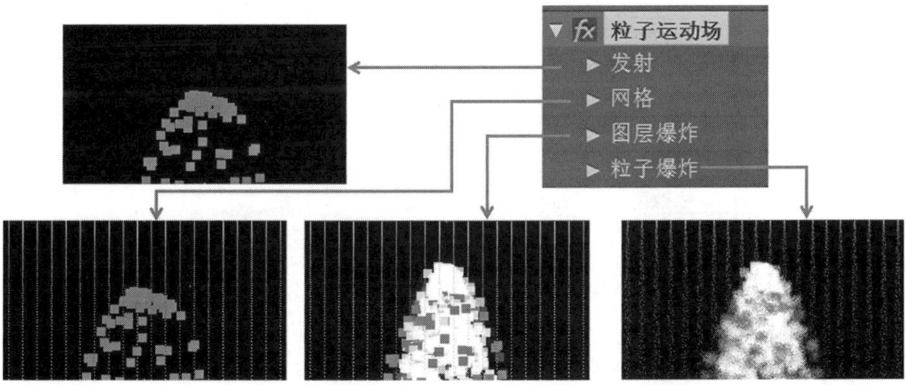

图 7.3-8 “粒子运动场”创建粒子的方法示意图

粒子生成器在创建粒子时需设置粒子的属性，调整“图层映射”“重力”“排斥”“墙”“爆炸”“属性映射器”参数均影响到粒子效果特性。

默认情况下，粒子运动场效果的类型为点状粒子，如果要创建特殊图形的粒子，可先在某一个图层内创建需要的形状粒子，或插入一个图像层，然后设置“粒子运动场”的“图层映射＞使用图层”参数；当使用图层作为粒子源时，粒子运动场效果会忽略在该合成内对该图层做出的“缩放”“透明度”“旋转”等任何属性更改，只使用图层的原始状态。要在使用图层作为粒子源时保留对图层做出的更改，可预合成此图层，然后使用预合成图层作为控件图层。

如果要创建文本字符类型的粒子可以在“粒子运动场”的选项参数中设置文字字符内容。

调整“重力”参数可对粒子的运动方向进行设置；调整“排斥”参数可将一个粒子推向另一个粒子，或将一个粒子推离另一个粒子；调整“墙”参数可设置粒子在空间内运动遇到的障碍，粒子遇到设定的障碍会产生反弹效果，障碍物可以用钢笔工具绘制。

需要说明的是，对包含粒子特效的图层设置品质也会影响到粒子效果，如运动模糊、消除锯齿等。

2.“粒子运动场”效果参数说明

（1）【发射】控件

位置：设置粒子产生的中心点位置的（x，y）坐标。

圆筒半径：设置粒子发射圆筒半径的大小，如果数字为正值，表示创建正方形圆筒发射源；如果数值为负值，表示创建圆形圆筒发射源，与正值产生的粒子略有差异。对于狭小的发射源（如射线枪），可指定较低的值；对于宽大的发射源（如鱼群），请指定较高的值。

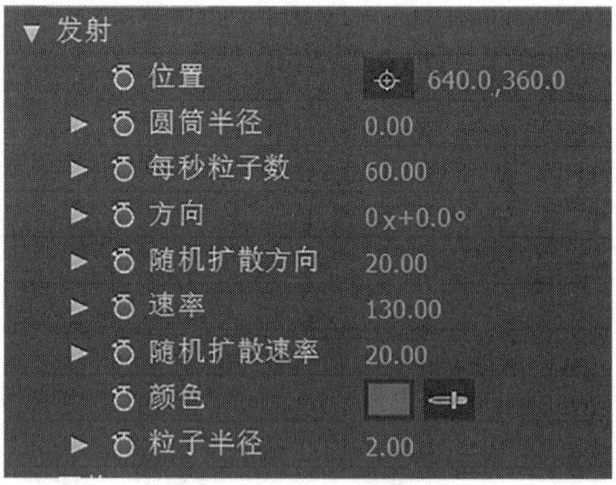

图 7.3-9 【发射】控件

每秒粒子数：设置离开发射源的粒子数量。如果数值为 0，表示不创建任何粒子，也就是关闭粒子效果，较高的数值会增加粒子流的密度，同时也会增加计算机内存资源。如果设置粒子数关键帧则可以产生粒子不连续发射效果。

方向：设置粒子发射角度，默认为 0 度，0 度表示向上发射，如果要向下发射粒子，可设置为 180 度。

随机扩散方向：设置每个粒子的方向随机偏离发射方向的程度。例如，指定 10 度扩散，可使粒子在发射方向 +/－5° 以内的随机方向喷射。对于高聚焦流（如射线枪），请指定较低的值；对于快速加宽的粒子流，请指定较高的值。最多可以指定 360° 。

速率：设置粒子初始速度，以像素 / 秒为单位。

随机扩散速率：设置粒子的随机速率数量。数值越高，粒子速率变化越明显。如果将“速率”设置为 20、“随机扩散速率”设置为 10，则粒子发射速率保持在 15 –25 像素 / 秒范围内。

颜色：设置粒子点或文本字符的颜色，如果使用图层作为粒子源，则此设置无效。

粒子半径：设置粒子点的半径（以像素为单位）或文本字符的大小（以磅为单位）。如果使用图层作为粒子源，则此设置无效。

（2）【网格】控件

用于根据一组网格交叉点创建连续的粒子面。“网格”粒子的移动完全通过“重力”“排斥”“墙”“属性映射器”等设置来确定具体内容。默认情况下，“重力”的数值为 120，因此“网格”粒子会向底部落下。

使用“网格”时，新的粒子会出现在每一帧的每个网格交叉点上，网格粒子不能调整粒子的发射频率。如果要关闭“网格”，或使“网格”在特定时间停止生成粒子，可将“粒子半径”/“字体大小”数值设置为 0，或使用关键帧为“粒子交叉”和“粒子下降”的值设置动画。要使更多的粒子显示在每一帧中，可增加“粒子交叉”和“粒子下降”的值。

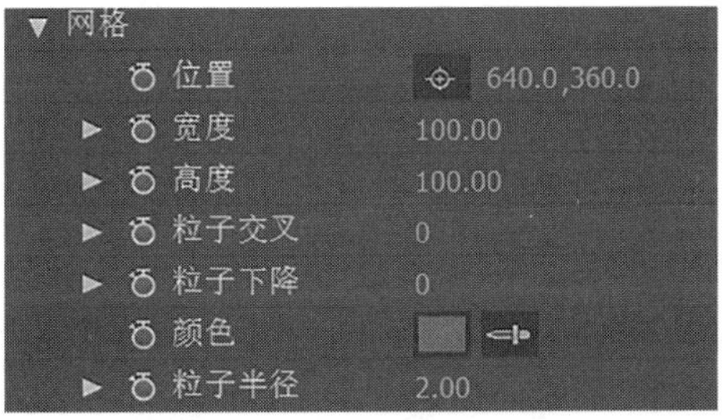

图 7.3–10 【网格】控件

注意：默认情况下，“发射”控件处于开启状态，而“网格”处于关闭状态。如果使用“网格”产生粒子，并希望停止“发射”生成粒子，只要将发射控件中的“每秒粒子数”值设置为 0。

“位置”指定网格中心的（x，y）坐标。在创建网格粒子时，不管粒子是点、图层还是文本字符，都分布在网格交叉点上。如果使用文本字符作为粒子，则“编辑网格文字”对话框中的“使用网格”选项在默认情况下已开启，以便将每个字符放在自己的网格交叉点上，因此标准字符间距、字间距和字偶间距均不适用。如果希望文本字符显示在具有标准间距的网格位置，则使用除“使用网格”选项以外的文本对齐方式。

“宽度”“高度”用来设置网格的尺寸，以像素为单位。

“粒子交叉”“粒子下降”用来设置在整个网格区域水平和竖直分发的粒子的数量。仅当值等于或大于1时，才生成粒子。

注意：如果“宽度”“高度”“粒子交叉”“粒子下降”控件都不可用，原因是“编辑网格文字”对话框中的“使用网格”选项已关闭。

“颜色”用来设置点或文本字符的颜色。如果使用图层作为粒子源，则此控件无效。

“粒子半径”“字体大小”用来设置粒子点的半径（以像素为单位）或文本字符的大小（以磅为单位）。如果使用图层作为粒子源，则此控件无效。

（3）【图层爆炸】和【粒子爆炸】控件

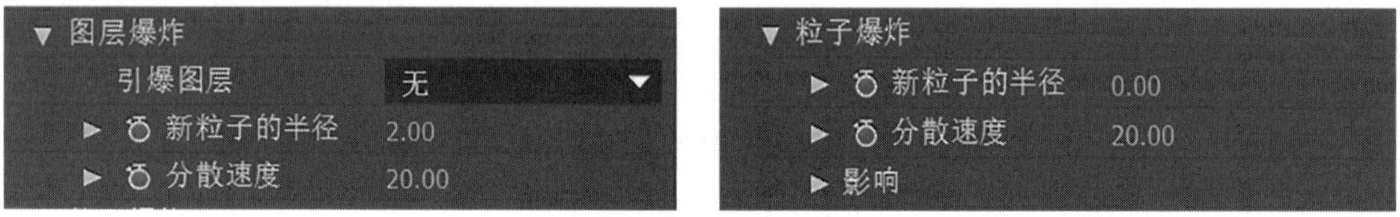

图 7.3–11 【图层爆炸】和【粒子爆炸】控件

【图层爆炸】用于将图层爆炸为新粒子，而【粒子爆炸】用于将粒子爆炸为更多新的粒子。粒子爆炸效果与其他效果共同作用可模拟焰火或烟雾效果。使用【粒子爆炸】时，新的粒子会继承原始粒子的位置、速率、不透明度、缩放和旋转情况。在图层或粒子爆炸之后，“重力”“排斥”“墙”“属性映射器”的参数会影响粒子的移动情况。

注意：某些“永久属性映射器”和“短暂属性映射器”选项可使爆炸更逼真。例如，更改“不透明度”，可使生成的粒子淡出；或更改“红色”“绿色”“蓝色”颜色通道，可使生成的粒子改变颜色，就像粒子冷却了一样。

引爆图层：设置要爆炸的图层，要使粒子一出现视频就消失，可将图层关闭视频，或修剪图层的出点。

新粒子的半径：设置通过爆炸生成的粒子的半径，此值必须小于原始图层长度或粒子的半径。

分散速度：设置粒子运动场效果改变生成粒子的速率使用的范围的最大速度，以像素 / 秒为单位。较高的值可创建更分散的或云雾状的爆炸，较低的值可使新粒子更紧密，并使爆炸的粒子像光环或激波。

影响：设置“图层爆炸”和“粒子爆炸”效果影响的粒子类型，包括发射源粒子、图层爆炸粒子等。

（4）【图层映射】控件

默认情况下，“发射”“网格”“图层爆炸”“粒子爆炸”控件只能创建点状粒子，如果要将点状粒子替换为某个对象或合成中的图层，须使用“图层映射”。粒子源图层可以是静止图像、纯色图像，也可以是嵌套的合成。

图 7.3–12 【图层映射】控件

例如，如果使用单只鸟拍打翅膀的影片作为粒子源图层，通过图层映射会将所有点状粒子替换为拍打翅膀的鸟，从而创建一群鸟的效果；也可以将粒子替换为树叶，从而创建树叶随机掉落的效果（见图 7.3–13）。

图 7.3–13　图层作为粒子产生树叶落下的效果

使用图层：通过下拉选择方式指定用作粒子的图层。

时间偏移类型：用来设置映射图层在各粒子内的同步方式。有些时候各粒子之间需要同步，有些时候各粒子之间不需要同步，大多数情况下不需要同步。例如，如果使用一只鸟拍打其翅膀的图层，并选择“相对”作为“时间偏移类型”，同时将“时间偏移”设置为 0。那么，“相对”则根据指定的“时间偏移”和相对于效果图层的当前时间从某帧播放图层，然后与“粒子运动场”图层的当前时间同步。如果指定 0 作为“时间偏移”，则所有粒子都会显示与效果图层当前时间对应的帧。如果“时间偏移”值设置为 0.2 秒，则每个新粒子都会显示映射图层中上一个粒子对应映射图层 0.2 秒之后内容。因此，“时间偏移”的值不能设置得过大。不管指定的“时间偏移”为何，第一个粒子始终会显示源图层中与效果图层当前时间对应的帧，如果要使映射图层在各粒子之间随机播放，可设置“相对随机”，并设置一定的“时间偏移”值。

绝对：从映射图层中随机获取某一帧作为映射内容。如果希望每个粒子都表示映射图层的不同单帧，则选择“绝对随机”。

时间偏移：开始播放图层中的连续帧时的起始帧。

影响：“图层映射”参数影响的粒子。

注意：在为“图层映射”选择图层后，粒子运动场效果会忽略在该图层上的任何特效、蒙版效果，仅仅使用图层原始状态。如果要使用图层内包含的变换、蒙版、栅格化选项、表达式或关键帧动画等效果，必须将该图层转换为“预合成”。

（5）【重力】控件

重力的作用是设置粒子的运动偏移方向，类似于地球引力，粒子会在重力方向加速。在垂直方向中应用此参数，可创建下降的粒子（如雨或雪）或上升的粒子（如香槟酒气泡）。在水平方向中应用此参数可模拟风。

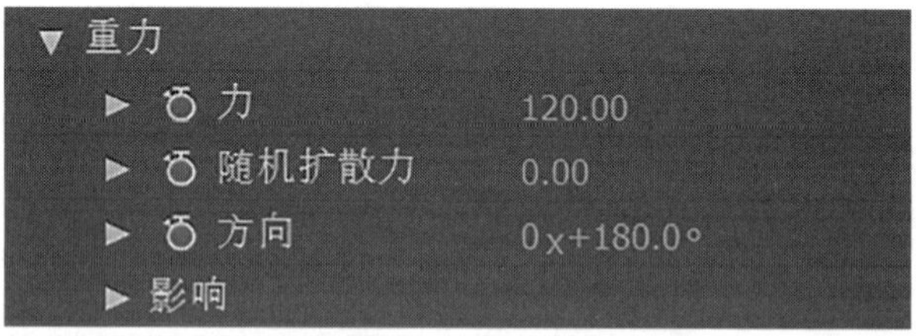

图 7.3–14 【重力】控件

“随机扩散力”为“力”指定一系列随机性。默认值为零，表示所有粒子均以同一速率落下。如果数值不等于 0，粒子则以不同的速率落下。虽然纯重力会使所有对象等量加速，但增加“随机扩散力”的值会使主体（如空中落叶）产生更实际的结果，其中存在足够大的空气阻力来改变叶落下的速率。

“方向”指定重力拉粒子使用的角度，默认值是 180°。此值用于通过朝帧的底部拉粒子来模拟实际环境。

“影响”指定图层粒子中应用有“重力”的子集。

（6）【排斥】控件

用于指定附近粒子相互排斥或吸引的方式，可模拟将正负磁荷添加到每个粒子上。如果要排斥整个图层的粒子使其远离特定区域，则使用“属性映射器”参数、“墙”或“梯度力”。

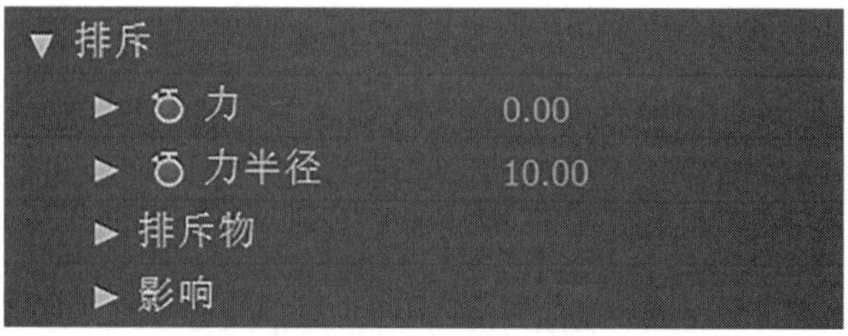

图 7.3–15 【排斥】控件

“力半径”指定在多大半径（以像素为单位）内排斥粒子，其他粒子必须在此半径之内才能进行相互排斥。

“排斥物”指定充当使用参数指定的其他子集的排斥物或吸引物的粒子。

“影响”指定图层粒子中应用有排斥或吸引的子集。

（7）【永久属性映射器】或【短暂属性映射器】控件

使用图层以及【永久属性映射器】或【短暂属性映射器】可以控制单个粒子的特定属性。特定粒子不能被直接改变，但可以使用图层来指定通过图层中特定像素的任何粒子发生的变化。“粒子运动场”可将每个图层像素的亮度转换为特定值。“属性映射器”可将特定图层图通道（“红色”“绿色”“蓝色”）与特定属性相关联，以便在某粒子通过特定像素时，该像素的亮度值修改此属性。

图 7.3-16 “永久”和“短暂”【属性映射器】

对粒子属性的永久更改会保留图层图为粒子剩余寿命设置的最新值，除非粒子已被其他参数（如“排斥”“重力”“墙”）修改。例如，如果使用图层图来修改粒子大小，并为此图层图设置动画以使其退出帧，则在图层图退出帧后，这些粒子会保留图层图设置的最新大小值。

对粒子属性的短暂更改会使属性在每个帧后恢复其原始值。例如，如果使用图层图来修改粒子大小，并为此图层图设置动画以使其退出帧，则在没有与每个粒子对应的图层图像素时，该粒子会立即恢复为其原始大小值。同样，如果应用运算符（如“相加”），则粒子每次通过其他图层图像素时，此图层图像素的值都会添加到粒子的原始值中。

在永久和短暂属性映射器中，通过使用单个 RGB 图像作为图层图，最多可独立控制三个粒子属性。粒子运动场可实现此独立的三组件控制，具体方法是从图像的红色、绿色和蓝色通道中单独提取亮度值。如果希望仅修改一个属性，则不必同时使用这三个通道。要仅更改一个属性，或使用同一值最多更改三个属性，请使用灰度图像作为图层图，这是因为 RGB 通道是相同的。

与关键帧或表达式结合使用时，属性映射器可完全控制单个粒子的空间和时间属性。使用图层图，可以在帧中的任何位置更改粒子属性。通过将关键帧或表达式应用到“属性映射器”选项，并为图层图设置动画，可以控制粒子属性的更改方式。

如设置“使用图层作为映射”，可选择一个图层图，以用作修改粒子值的来源。图层图必须是合成的一部分。

要将效果应用到粒子的子集，可指定“影响”参数。

为每个“将红色映射为”“将绿色映射为”“将蓝色映射为”参数选择属性。不必将属性映射到所有颜色通道。例如，如果要在图像图上更改比例，则可将红色映射到相应的比例，而不用设置其他属性。

如果是使用“短暂属性映射器”，则可将运算符应用到粒子属性值和相应图层图像素的值。

注意：由于粒子属性使用多种类型的单位（如像素、度和秒），因此可能需要压缩或扩展图层图中的值的范围，以使所有生成结果均可用于特定粒子属性的度量系统。首先，使用“最小值”和“最大值”参数，以定义要从图层图中使用的值的范围。如果有必要进一步调整，并且正在使用“短暂属性映射器”，则使用“运算符”参数，并选择一个数学运算符来扩大、削减或限制图层图的效果。

在永久和短暂属性映射器中，可以使用图层图的 Alpha 通道对粒子属性值做出更精细的更改。例如，Alpha 通道值为 255 的图层图像素上的粒子全部会受到影响，而较低的值将影响较少的粒子。完全透明的图层图像素对粒子属性没有任何影响。

3. 提高“粒子运动场”的性能

在使用粒子运动场效果时，为了增强“粒子运动场”的效果，请记住以下内容：

（1）正在生成粒子运动场效果时，请注意“信息”面板，以查看产生的粒子数量。如果效果包含 10，000 多个粒子，则会显著减慢渲染速度。如果发现性能问题，请将“每秒粒子数”和 / 或“粒子下降”设置为相对较低的值（在 1—100 范围中）。

（2）“网格”和“图层爆炸”会在每一帧上生成粒子，这样可能会为正在创建的效果生成过多的粒子，并减慢渲染速度。要避免连续生成粒子，请为以下参数设置动画，以使粒子生成数量随着时间的推移下降到零：“图层爆炸”“新粒子的半径”“网格宽度和高度”“粒子半径”“字体大小”，之后，粒子运动场将仅在序列的开头生成新粒子。

（3）在将粒子运动场效果应用到图层时，粒子位置不会限于该图层的边界。要控制看不到的粒子，或显示在图像边缘附近的粒子，请使用大于粒子运动场图层区域的选区或属性图。此外，请注意，After Effects 会考虑图像图的 Alpha 通道。如果希望图的透明区域影响粒子，则在其后面使用黑色纯色预合成底图图层。

4. 将“发射”粒子替换为文本粒子

如果要生成文字字符粒子，可以在“粒子运动场”特效的初始参数中指定相关文本字符，然后适当调整“发射”中的“圆筒半径”“随机方向”“字体大小”。

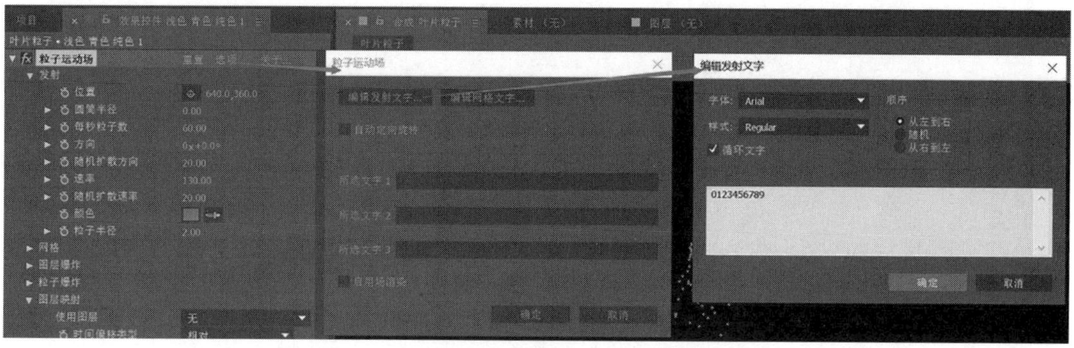

图 7.3–17“粒子运动场”特效中设置文字的方法

（1）在“效果参数”面板中，单击“粒子运动场”右侧的“选项”，在弹出的窗口中选择“编辑发射文字”，在弹出的输入框中键入文本，然后设置以下选项：

通过“字体”/“样式”，给字符选择字体和样式。“顺序”选项设置文本的显示顺序，此顺序与在框中键入的字符顺序相关。例如，如果粒子的“发射方向”设置为 90°（即使粒子向右侧发射），则文本必须按最后一个字母优先的顺序从“发射”源发射出来，才能遵循可读顺序。因此，选择“从右到左”。

勾选“循环文字”，可以连续生成文本粒子。取消选择此选项，则仅生成字符的一个实例。

单击“确定”以关闭“编辑发射文字”对话框，然后单击“确定”以关闭“粒子运动场”的“选项”对话框。

（2）此时，在“发射”子项中的“粒子大小”变成了“字体大小”值，为了能看清文字粒子效果，可适当增加文字大小的值，如键入 10 或更大的值。

（3）如果要停止使用文本粒子，可在选项中删除“编辑发射文字”对话框中的所有文本。

“粒子运动场”属于 AE 经典的粒子特效，它既有特色优势，也有缺陷，它的设置参数相对烦琐，不够简便。

5.“粒子运动场”案例——烟雾效果

本案例首先利用粒子运动场的粒子效果模拟烟雾形状，然后利用扭曲特效对粒子进行扭曲变形模拟烟雾的流线效果，最后再利用模拟效果使烟雾更加逼真。

（1）首先新建 1280 × 720 像素、时长为 8 秒的合成。

（2）创建烟雾效果背景，新建纯色图层，将图层颜色设置为 #242A2C。

（3）新建任意颜色的纯色层，为其添加“粒子运动场”特效，调整“粒子运动场”

的重力为 0，增加粒子圆筒半径为“20”，设置“随机扩散方向”为 40，将粒子发射位置移动到合成下方，将粒子颜色设置为“#88A1AA”，粒子半径设置为“8”。

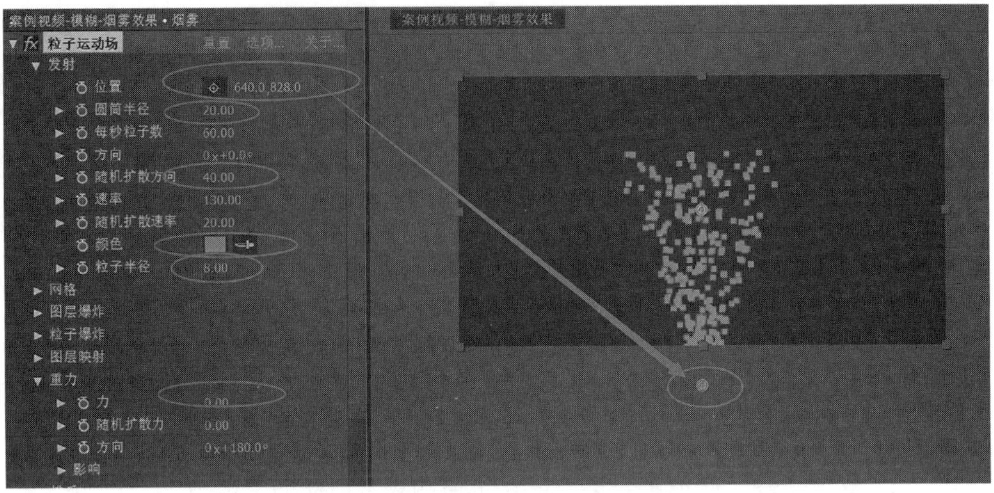

图 7.3-18　初步调整粒子运动场特效

（4）设置“粒子运动场”的“粒子爆炸”控件参数，将“新粒子的半径”设置为 1，“分散速度”设置为“30”，形成的效果如图 7.3-19 所示。

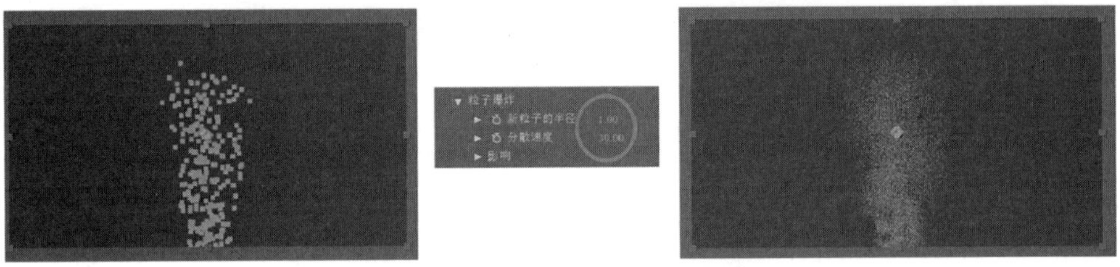

图 7.3-19　设置“粒子爆炸”参数

为了增加预览速度，可以先把“发射”控件中“每秒粒子数”的数值降低。

（5）继续添加“湍流置换”扭曲特效，设置其中的置换类型、数量、大小、偏移、复杂度等参数。

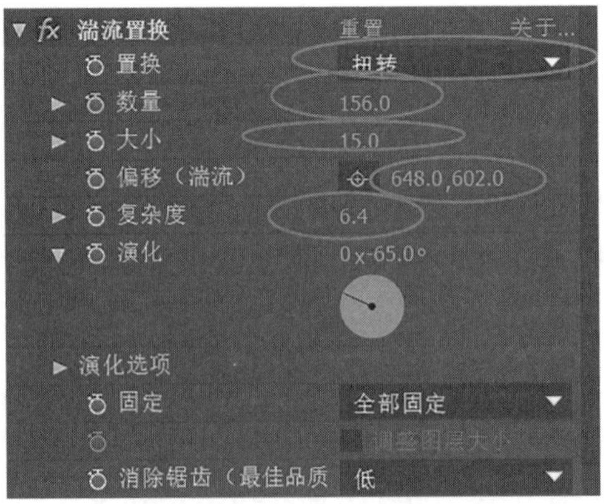

图 7.3-20　添加“湍流置换”扭曲特效并调整参数

（6）继续添加“复合模糊”特效，适当调整“最大模糊”值。

（7）反复调整这些特效参数，使效果更加符合实际。

7.3.3 粒子世界

与 AE 默认的“粒子运动场”特效相比，CC Particles World 粒子世界特效则相对简便，在实际应用中比较广泛。

“CC Particles World”粒子世界特效（见图 7.3-21）中主要包含网格与辅助线、出生率、生命周期、粒子发生器、物理、粒子和附加功能等参数。

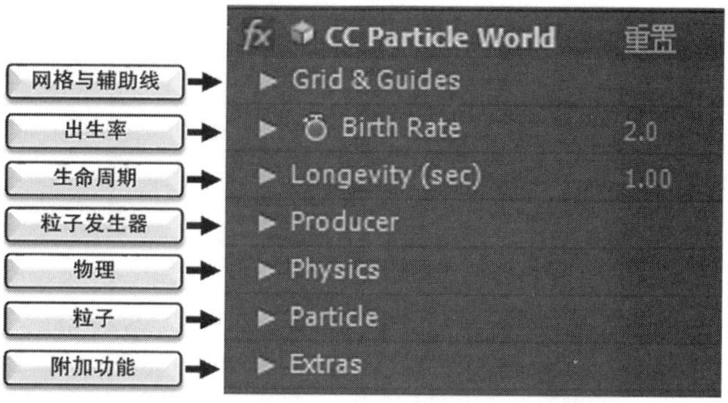

图 7.3-21 “CC Particles World”粒子世界参数

（1）网格与辅助线主要用来辅助显示效果，不影响最终输出效果，大多数情况下可以全部取消其中的显示信息。

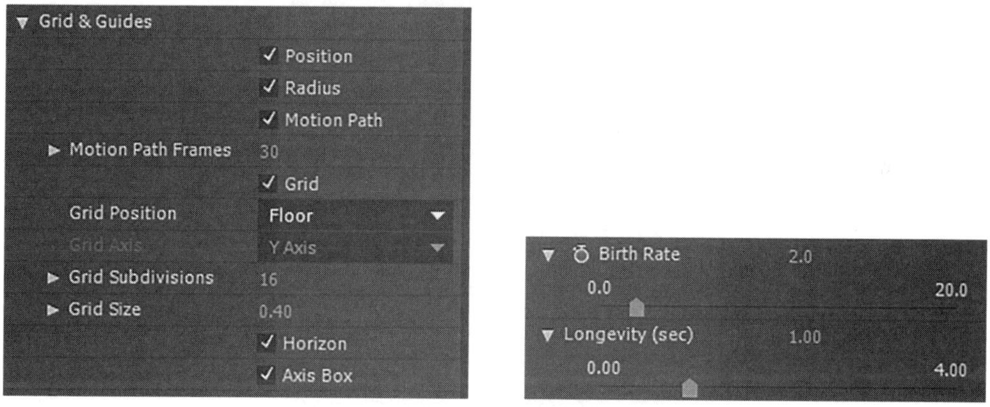

图 7.3-22 网格与辅助线参数

（2）出生率：设置每秒产生的粒子数量，数值越大，从发生器产生的粒子越多。

（3）生命周期：设置粒子从产生到消失的时间，数值越大，在屏幕内停留的粒子就会聚集得越多，也就是在相同时间内产生的粒子数越大。

（4）粒子发生器：设置粒子发生器的位置、大小等参数。

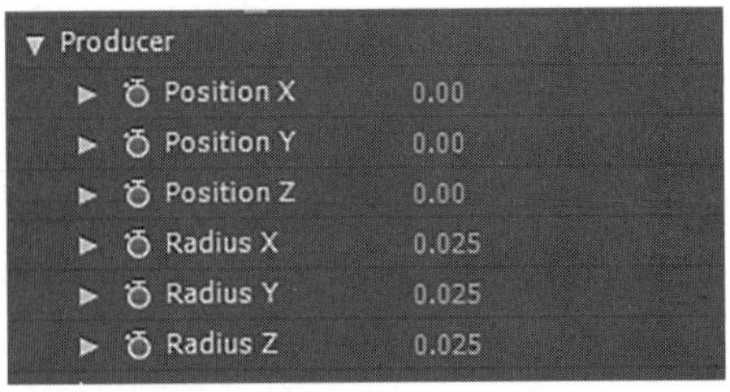

图 7.3-23　粒子发生器参数

（5）物理：设置粒子的动画方式、速度、重力、黏性等。

图 7.3-24　粒子的物理属性参数

（6）粒子：设置粒子的形状和颜色等参数。

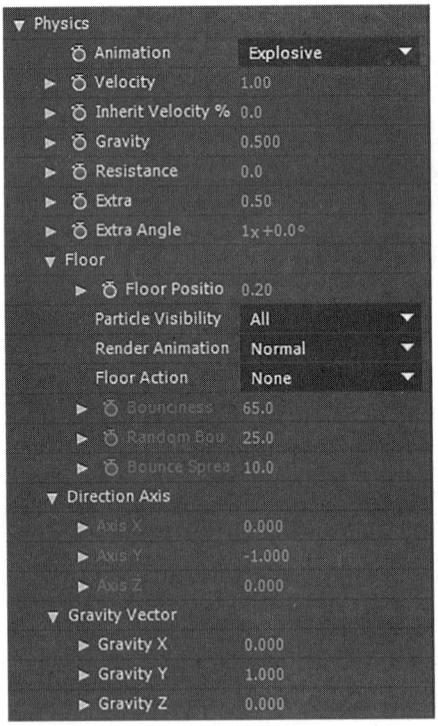

图 7.3-25　粒子的形状与颜色等参数

粒子的类型包括线性、星形、球星、圆形、方形、三角形（多边形）、立方体、椎体、透镜等各类材质。

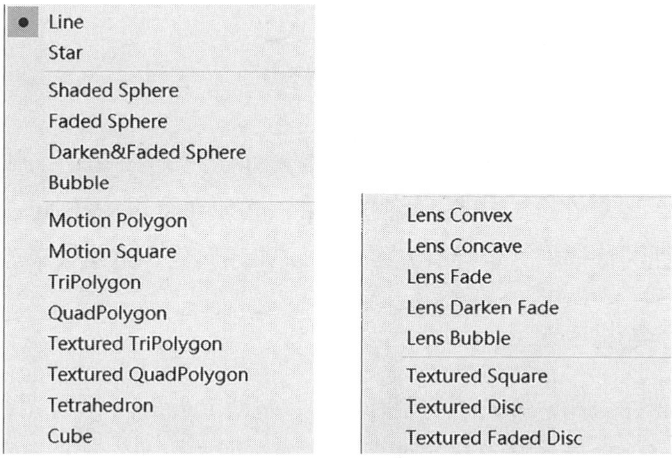

图 7.3–26　材质类型

（7）附加功能：设置粒子所在空间的摄像机和灯光等参数。

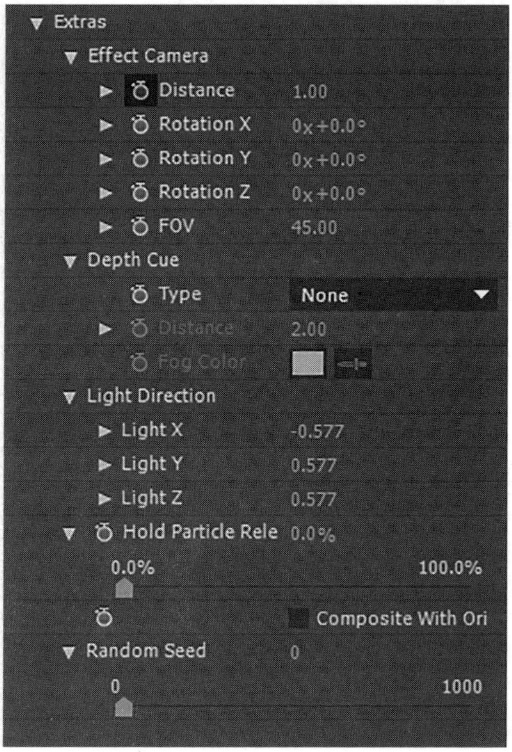

图 7.3–27　粒子的附加功能参数

在实际应用过程中，“粒子世界”特效的应用比较广泛，主要用于模拟转场效果、制作各种酷炫效果，等等。

7.4 灯光

灯光与摄像机一样，都属于一个特殊的层，灯光只对三维图层或具有三维属性的特效有效。因此，要想在合成中看到灯光效果，必须在合成中添加三维对象，同时在部分具有三维属性的特效中，也会有光线设置，如球形化、爆炸效果等。

7.4.1 灯光类型

与其他三维软件一样，灯光的类型有四种，包括 Parallel（平行光）、Spot（聚光灯）、Point（点光源）、Ambient（环境光）四个选项。

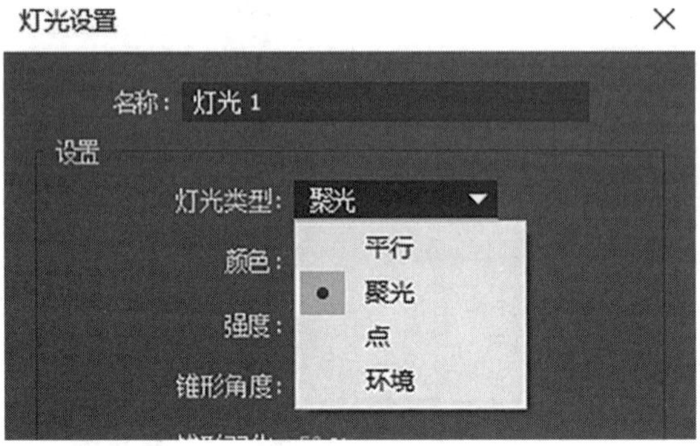

图 7.4-1　灯光类型

【Parallel（平行光）】平行光可以理解为太阳光，光照范围无限，可照亮场景中的任何地方，可产生阴影，但阴影没有方向性。光照强度可以无衰减，也可以产生衰减。

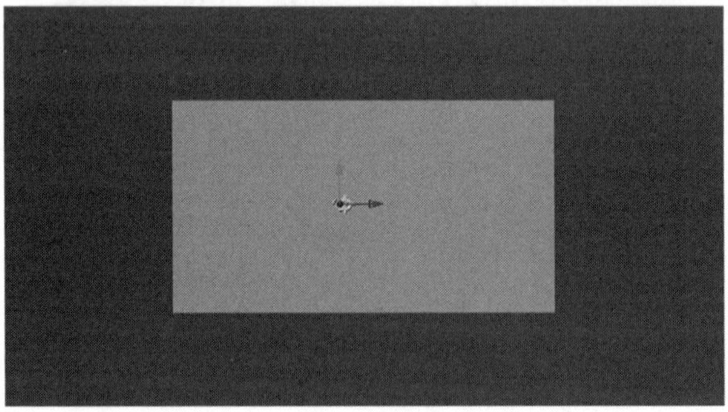

图 7.4-2　Parallel（平行光）

【Spot（聚光灯）】发射圆锥形光线，根据圆锥的角度确定照射范围，可通过 Cone Angle（圆锥角度）调整范围，这种光容易生成有光区域和无光区域，具有阴影和方向性。

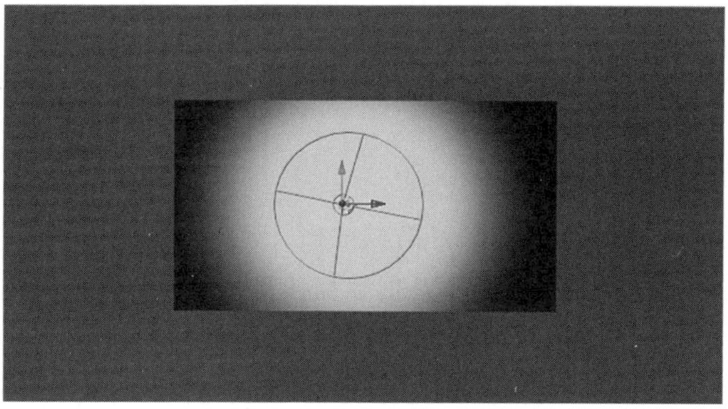

图 7.4–3 Spot（聚光灯）

【Point（点光源）】点光源从一个点向四周 360° 发射光线，对象与光源距离不同，受到的照射程度也不同，这种灯光也会产生阴影。

图 7.4–4 Point（点光源）

【Ambient（环境光）】环境光没有发射点，没有方向性，也不会产生阴影。通过它可以调整整个画面的亮度，通常和其他灯光配合使用。

图 7.4–5 Ambient（环境光）

平行光与环境光都照射整个环境，但平行光有方向，而环境光没有方向，聚光灯和点光源基本属于一类光源，它们具有一个共同的属性，亮度会随着距离的变化而减弱，不同的是聚光灯有照射范围，点光源没有照射范围。除了环境光，其他光源都可以产生阴影。

7.4.2 灯光参数

灯光参数中，除了灯光类型外，还有其他相关参数，包括：

【强度（Intensity）】用百分比表示，值越高，光照越强，设置为负值可产生吸光效果，当场景里有其他灯光时可通过此功能降低光照强度。

【锥形角度（Cone Angle）】当灯光为聚光灯时此项被激活，相当于设置聚光灯的灯罩，可以控制光照范围和方向。

【锥形羽化（Cone Feather）】，与上一个参数配合使用，为聚光灯照射区域和不照射的区域的边界设置柔和的过渡效果，设置的值越大，边缘越柔和。

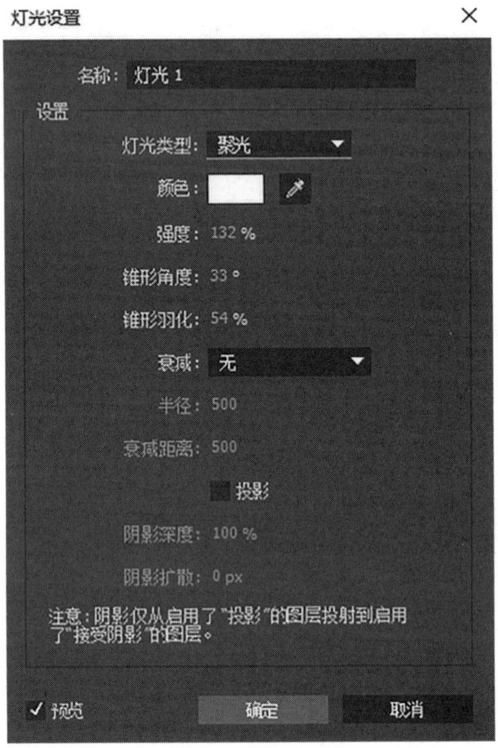

图 7.4–6　灯光参数

【颜色（Color）】设置灯光的颜色，点击色块可以在颜色框里选择所需颜色。

【投影（Casts Shadows）】设置灯光是否产生投影。需要注意的是，只有被灯光照射的三维层的材质属性中的 Cast Shadows 选项同时被打开时才可以产生投影，一般此项默认为关闭状态。

【阴影深度（Shadow Darkness）】调节阴影的黑暗程度。

【阴影扩散（Shadow Diffusion）】设置阴影边缘的羽化程度，值越高，边缘越柔和。

7.4.3 灯光案例

1. 案例一：立方体

首先，我们来看第一个案例，案例中表现了一个立方体先展开后合上，再整体后移，最后消失，之后屏幕上出现字幕。这个案例中包含了三维图层在制作过程中的关键方法，具有一定的代表性。

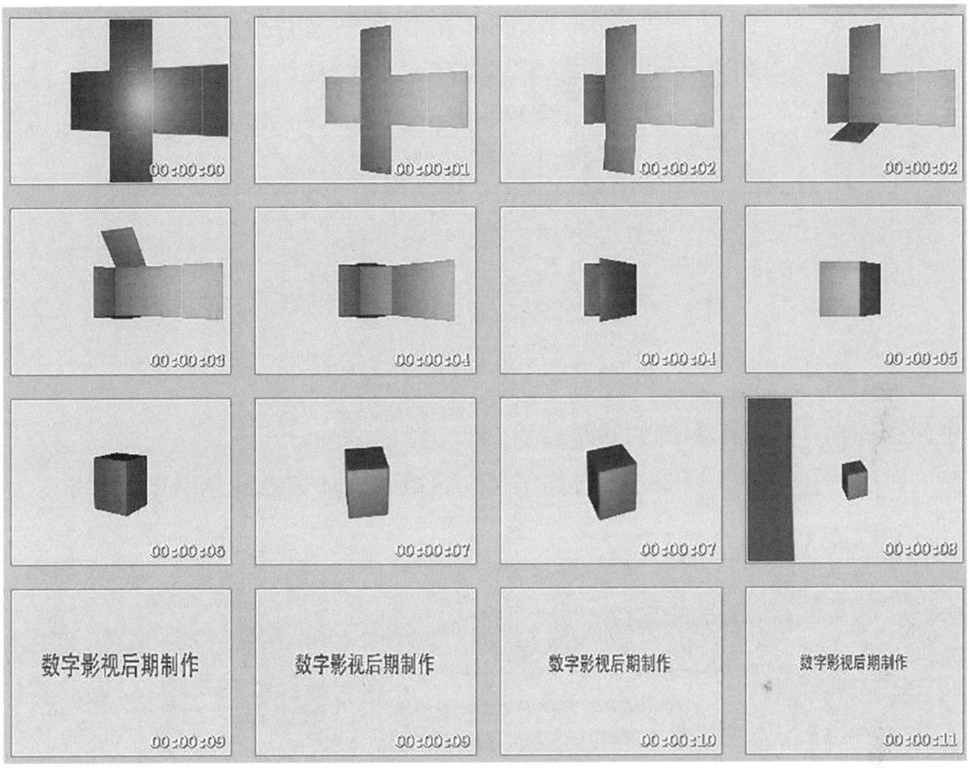

图 7.4–7 立方体案例示意图

首先，我们来分析立方体的特性，它由六个面组成，每个面分别打开后，可以分为左右、前后、上下共六个面，每个面都是正方形。

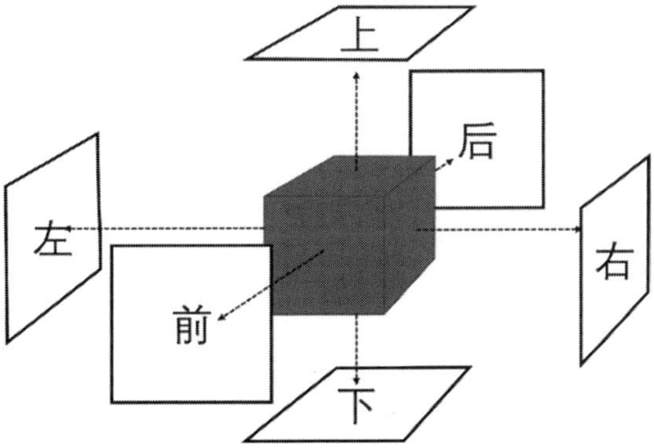

图 7.4–8 立方体每个面的展开图

这六个面分别可以用 6 个正方形平面纯色层来表示。要把这个六个面合成一个立方体，只要把“后”面沿下边沿旋转 90 度，“前”面沿上边沿旋转 –90 度，“左”面沿右边沿旋转 –90 度，“右”和“上”两个面共同旋转 90 度后，“上”面再旋转 90 度；在这个旋转过程中，“右”和“上”两个面不能单独旋转，须将这两个面合并后一同旋转。

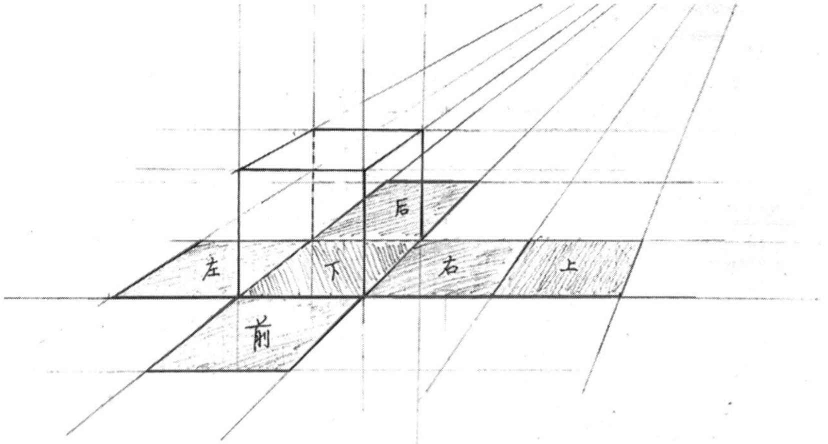

图 7.4–9　立方体每个面关系示意图

下面，详细介绍这个案例的制作过程。

第一步，新建文件，创建“立方体案例”合成，添加白色纯色层作为背景。

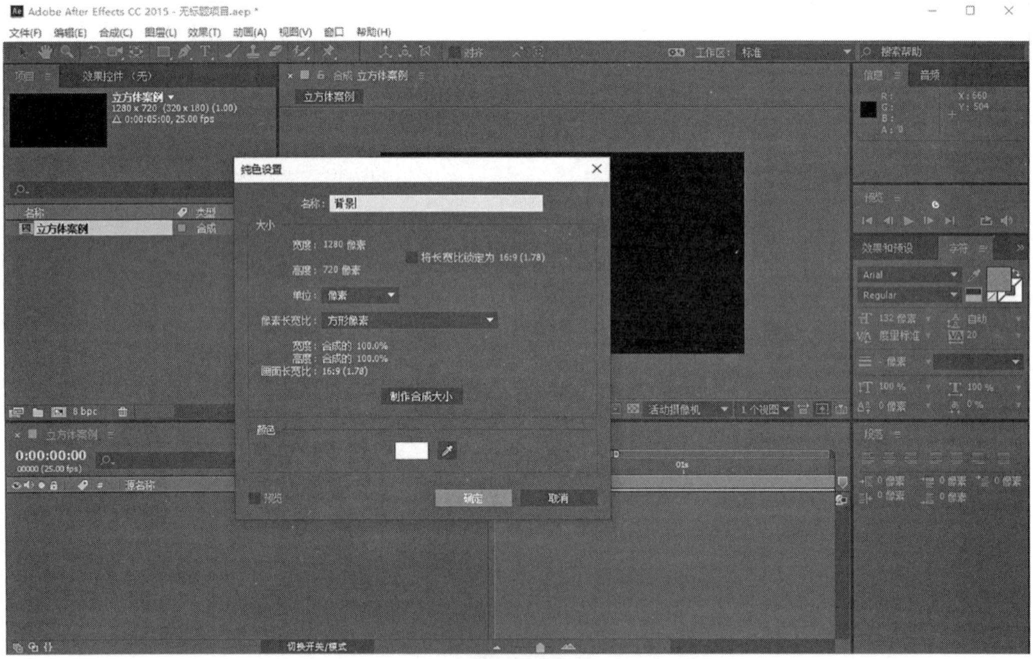

图 7.4–10　创建“立方体案例”合成

第二步，创建立方体的六个面。新建一个 300 × 300 像素的青蓝色纯色层，命名为“下”。按下 Ctrl+D 复制“下”层生成新的层，重命名为“后”，调整“后”的锚点和位置参数，使“上”层位于上方，中心位于下边沿。以此类推，继续调整“前”“左”“右”“上”四个面，为每个面设置三维效果。

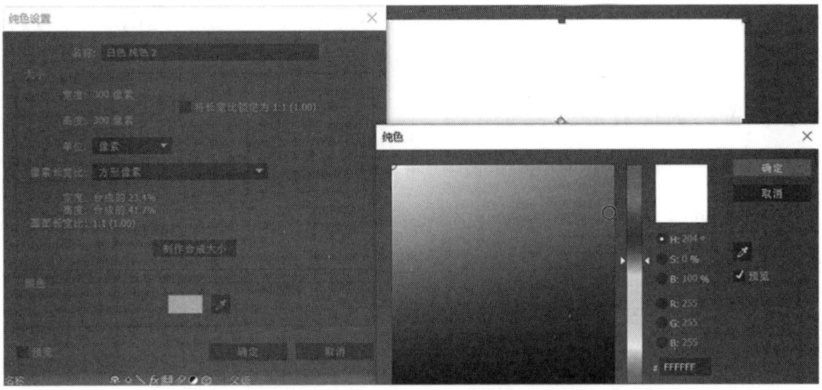

图 7.4-11　新建一个 300×300 像素的青蓝色纯色层

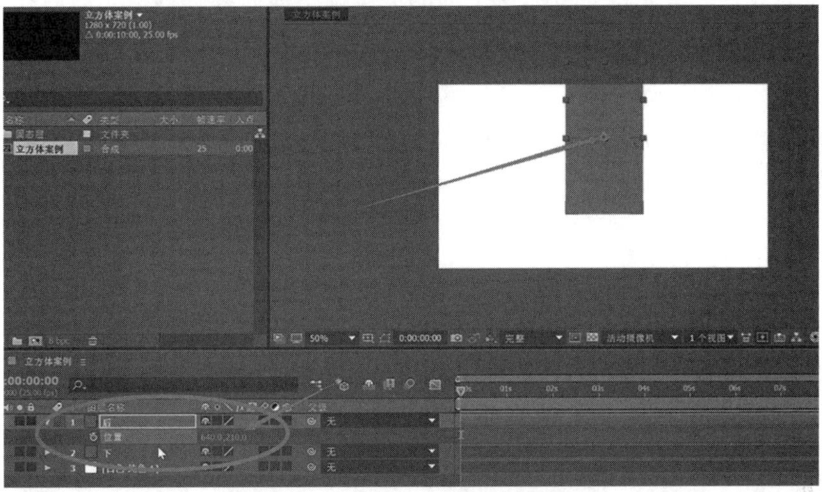

图 7.4-12　调整“后”面的锚点

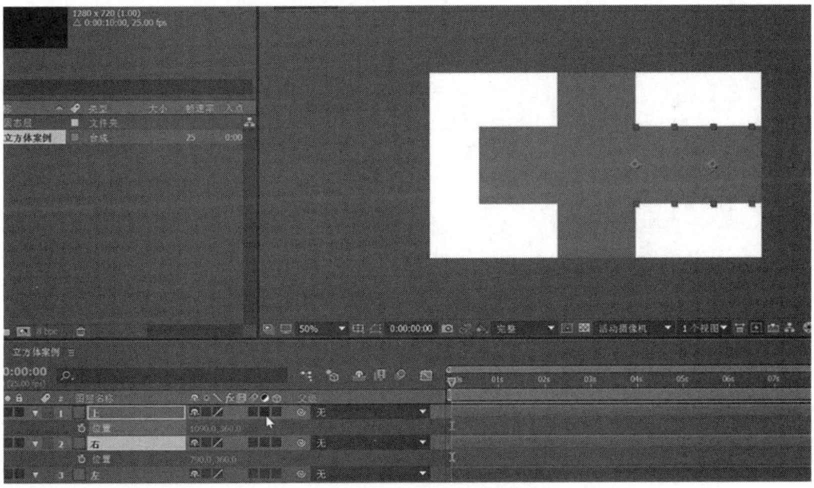

图 7.4-13　复制形成其他面

第三步，创建立方体合上的效果动画，选择“左”面，设置Y轴旋转动画，动画时间为0—1秒，以同样的方法设置“前”面的动画效果，时间为1—2秒，再设置“后”面的动画效果，时间为2—3秒。然后把“右”面和“上”面一起选中，点击鼠标右键选择“预合成”，将“右”和“上”两层合并为一个“右－上”合成。调整“右－上”合成的锚点和位置参数使其左边界位于“下”面的右侧，中心点在“右－上”合成的左边沿。为“右－上”合成建立Y轴旋转动画，时间为3—4秒。双击“右－上”合成进入“右－上”合成编辑状态，在“右－上”合成的4—5秒内设置“上”面的动画效果。

第四步，回到“立方体案例”合成，查看效果，将“右－上”合成层上的小太阳标志打开，同时选中“下”“前”“后”“左”“右－上”图层，点击鼠标右键选择“预合成”，将六个面合并为“立方体”合成，将“立方体”合成层上的小太阳标志也打开。

第五步，设置“立方体”动画效果。为了将作品一开始时呈现蓝色背景收缩形成立方体的面的效果，首先将立方体每个面的关键帧整体后移一秒钟，然后在第0—1秒内，设置Y轴旋转和Z轴位置动画，使立方体展开图形成的蓝色平面充满画框，再收缩并旋转；然后依据设计要求，在合适的位置设置立方体旋转、缩小效果。

第六步，添加文字效果，让文字从画面外与立方体同步收缩到画面内，并慢速缩小为合适大小。

2. 案例二：旋转光线

该案例中没有设置灯光，而是借助分形噪波模拟出一种特殊的光线效果，加上粒子特效让光线的视觉效果更加具有可视性。

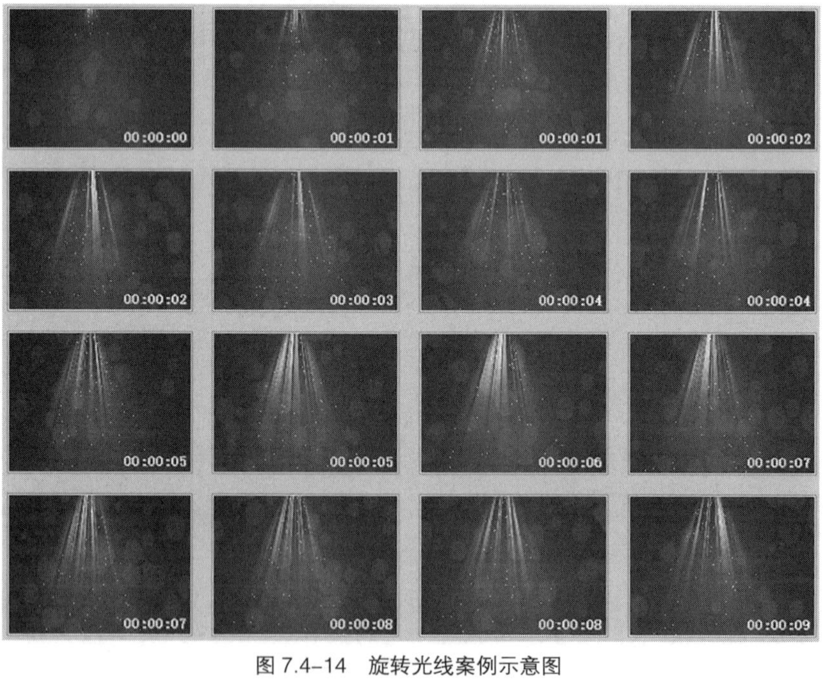

图7.4-14 旋转光线案例示意图

下面，详细介绍这个案例的制作过程。

第一步，新建文件和合成，利用两个纯色层 + 蒙版创建渐变背景，并设置蒙版羽化值，渐变的区域模拟光线效果——上窄下宽。

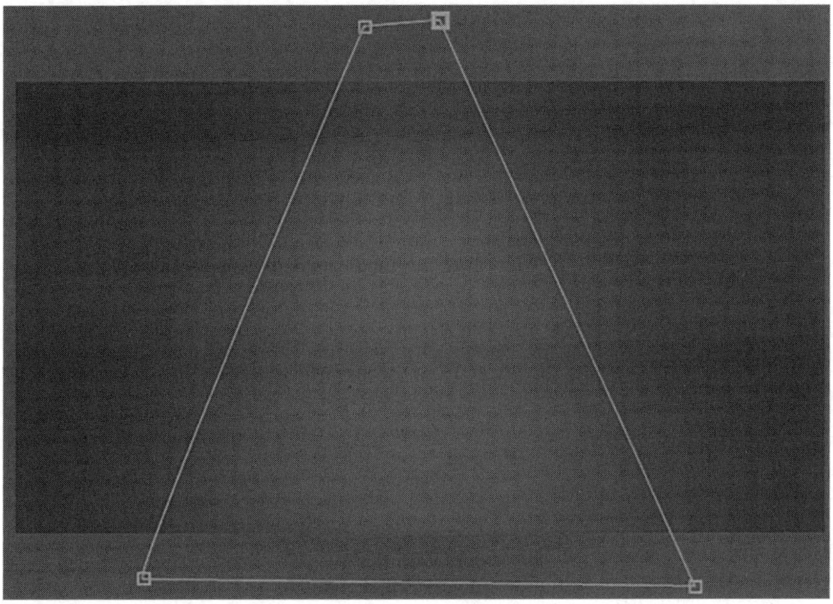

图 7.4–15　制作背景

第二步，创建旋转光线。新建纯色层，命名为“光线”，颜色任意。添加“分形杂色”特效，调整其中的对比度、亮度，调整“变换”下的缩放高度为“10 000”，使分形杂色变成类似光线的效果，微调对比度和亮度参数使光线效果更加明显。继续为该层新建“扭曲＞ CC Power Pin”变形特效，将光线变成上小下大的放射状效果，并将该“光线”的显示模式调整为“屏幕”。继续为本层添加蒙版，并调整蒙版羽化值，使光线边缘柔化。之后，在“效果控件”面板中选中“分形杂色”，添加“演化”关键帧动画，使光线产生旋转移动效果，增强光线的真实性。

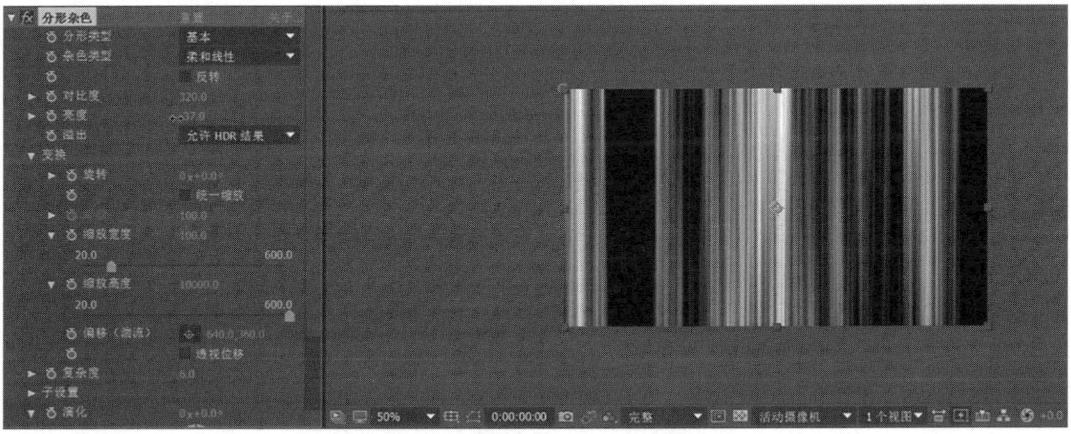

图 7.4–16　设置“分形杂色”特效

图 7.4-17　设置“扭曲 > CC Power Pin”变形特效

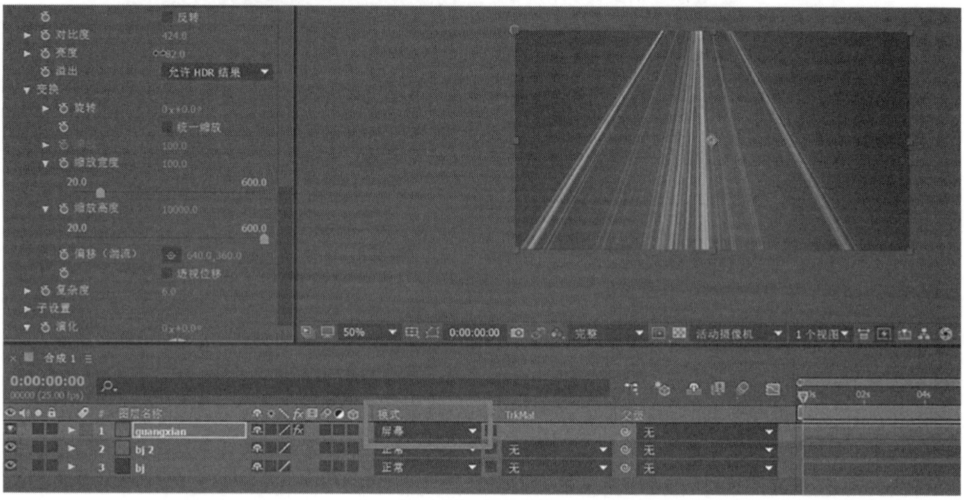

图 7.4-18　调整“光线”图层的显示模式为“屏幕”

图 7.4-19　为“光线”图层添加蒙版，并调整蒙版羽化值

第三步，创建光斑效果。新建纯色层，命名为“光斑”，颜色任意。添加“模

拟> CC Particle World”特效，清除所有网格和标记线，设置重力为 0，速度为 0，调整发射源的 X 和 Y 半径。设置粒子类型为“Textured Disc”，即圆形材质。在时间线上新建一个白色纯色层作为材质源，回到“光斑”层，设置材质源为刚才新建的白色纯色层，适当调整粒子参数中的最大不透明度、生成大小和消失大小等参数，再微调“出生率”和“生命周期”参数，调整该层的整体不透明度使之在画面内产生氛围烘托效果。

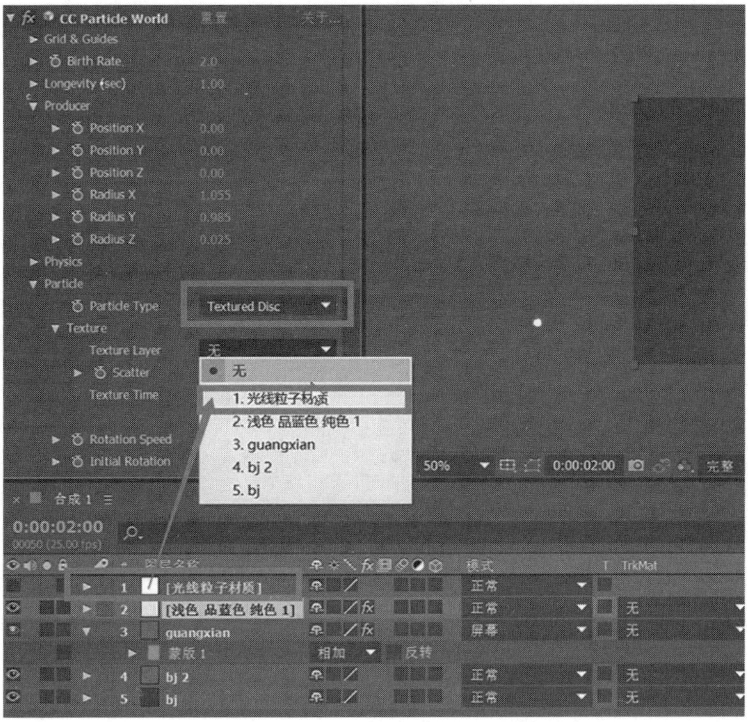

图 7.4-20　在粒子世界特效中设置光线材质

图 7.4-21　调整粒子世界特效参数使粒子数量适中

第四步，创建粒子洒落效果。新建纯色层，命名为“洒落粒子”，颜色任意。添加“模拟>粒子运动场”特效，这个特效是 AE 中经典的粒子特效，调整粒子重力为 0，在“发射”中调整粒子颜色为白色，方向为“180”度，使粒子产生向下洒落的效果，微调例子数、扩散方向、速率等参数，使之效果符合要求。

第五步，让洒落粒子与旋转光线同步。在时间线内从开始位置播放，查看粒子的洒落时间；打开“光线”层的蒙版，为蒙版路径设置关键帧动画，使光线产生自上而下逐步与洒落粒子同步出现的效果。

3. 案例三：立体空间图片

在这个案例中，首先是三张图片从镜头上方掉落到网格地面，然后每张图片做旋转并立起来，镜头向前推进，逐一定格展示每张图片的具体内容。图片展示结束后，镜头再拉回三张图片的全景状态，最后镜头虚化，在画面内显示字幕文字。

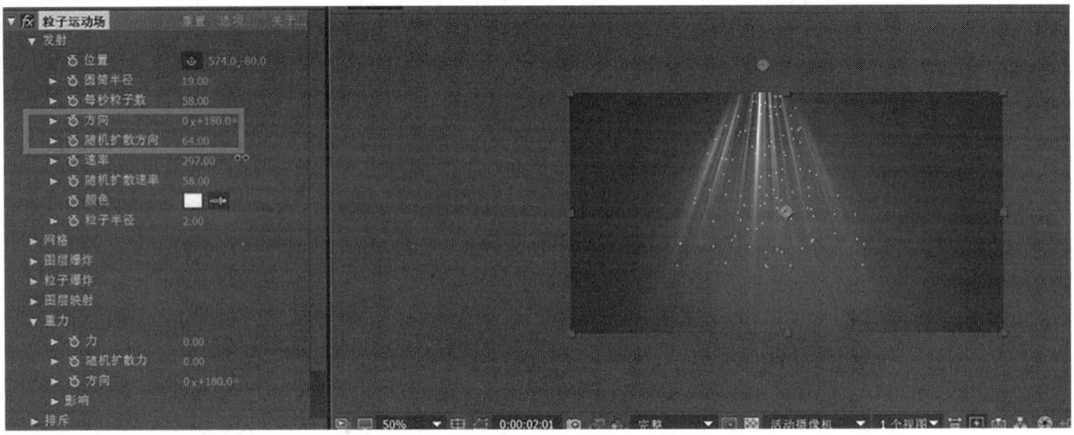

图 7.4-22 “立体空间图片”效果示意图

这个案例中，既有摄像机的运动，又有图层对象的运动；既有摄像机运动，又有空物体关联运动。

下面，详细介绍一下这个案例的制作过程。

第一步，新建文件和合成，创建深蓝色背景。

第二步，创建三维空间对象，新建一个 4 000 × 4 000 像素的浅蓝色纯色层，点击鼠标右键选择“预合成”，将其命名为“三维空间”。进入“三维空间”合成，修改纯色层名称为 bj2，在 bj2 上添加网格特效，网格大小为 80 × 80 像素，混合模式为“相加”，从而显现网格地面效果。插入三张图片素材，调整三张图片素材的大小、位置和排列关系，使它们基本位于网格地面的中间位置，注意三张图片不可太大，将三张图片和地面图层全部设置为三维层。

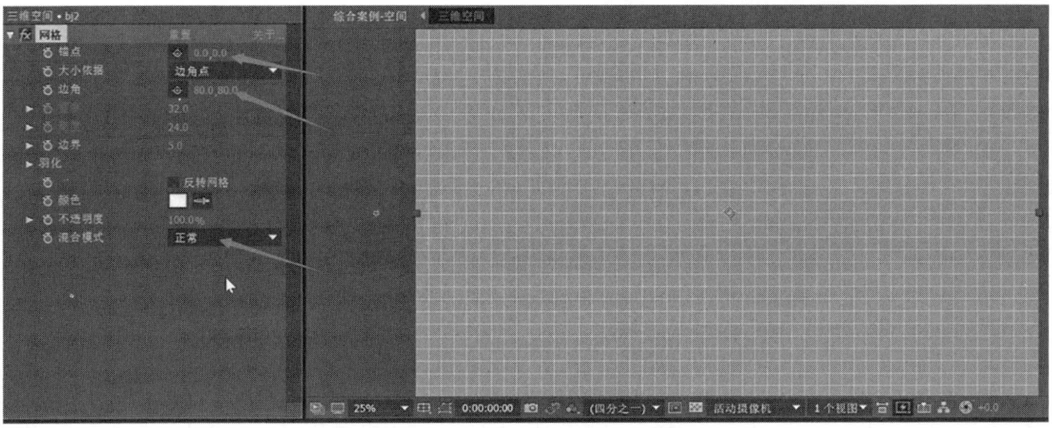

图 7.4–23　制作三维空间网格效果

图 7.4–24　添加三张图片

第三步，设置素材图片的动画效果。首先在第 3 秒位置为三张图片分别添加位置关键帧，再回到第 1 秒位置，将其 Z 轴位置缩小到 3 000 左右。同时选择三个图片图层，完成以下操作：回到第 3 秒位置，设置三张图片的 Z 轴旋转动画，在第 1 秒位置分别设置三个不同的 Z 轴旋转参数，使它们不完全统一，从而形成三张图片从上空旋转着自然掉落到地面上的效果；在第 4 秒位置添加 X 轴旋转关键帧，修改第 5 秒位置的 X

轴旋转角度为 90 度；在第 6 秒位置添加 Y 轴旋转关键帧，修改第 7 秒位置的 Y 轴参数为 –35 度。

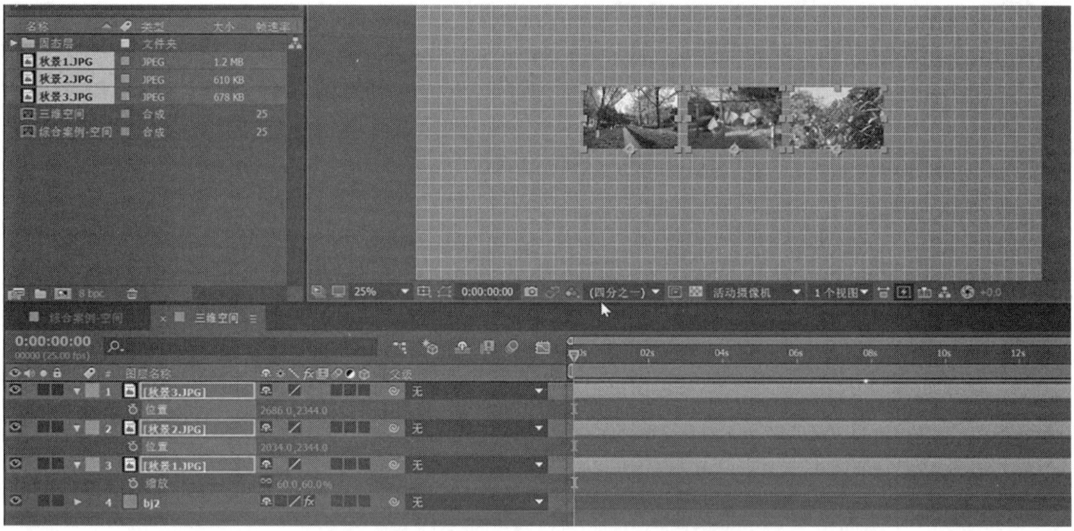

图 7.4–25　设置素材图片的旋转动画效果

第四步，返回到上层合成，设置“三维空间”图层为三维图层，打开“小太阳”开关，将合成内的三维效果带出合成外。在第 1 秒位置设置“三维空间”图层的位置关键帧，返回 0 秒位置，减小 Z 轴参数为 1 400 左右；在第 3 秒位置添加“位置”和“X 轴旋转”关键帧，调整第 4 秒位置参数使三维空间在水平位置更具有可视性；在第 6 秒和第 7 秒设置 Z 轴旋转动画。

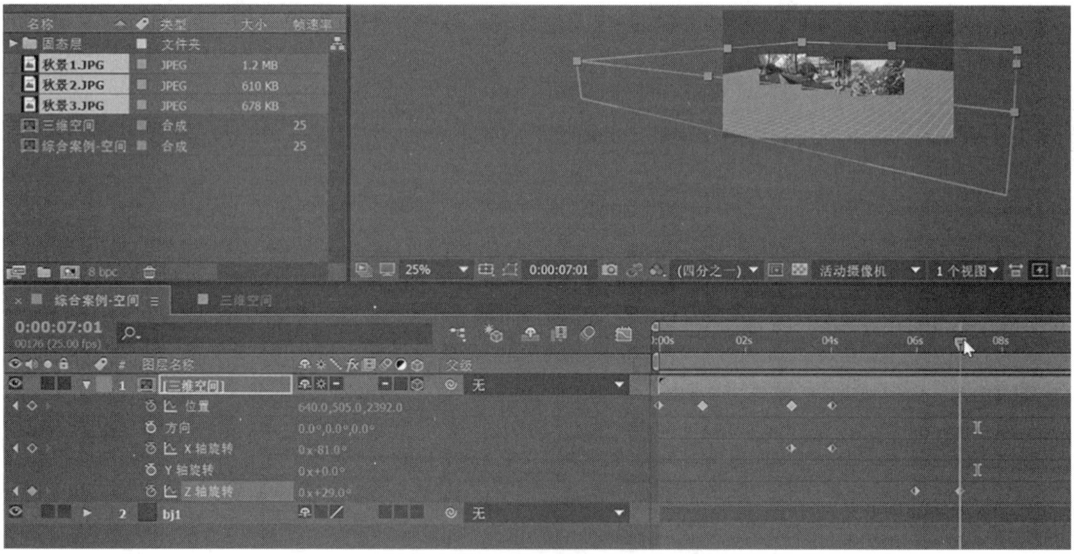

图 7.4–26　设置“三维空间”图层的动画效果

第五步，添加 28MM 摄像机，同时添加空对象，设置空对象为三维对象，将摄像机关联到空对象。从第 8 秒开始设置空对象的位置动画，让观众首先看到三张图片的全景，然后定格观看逐个图片，最后再回到全景状态。

图 7.4-27 利用空对象控制摄像机的运动

第六步，添加文字效果。在合成内添加调整图层，为调整图层添加“高斯模糊”特效，并设置模式关键帧，同时添加文字“秋之韵”，添加不透明度动画，使之与模糊动画同步。

图 7.4-28 通过调整图层的“高斯模糊”控制画面的虚实效果

本章作业

1. 摄像机中广角镜头与长焦镜头的表现特征分别是什么?
2. 影响景深的因素有哪些?
3. 粒子的共有特性有哪些? 分别是什么?
4. 灯光的类型有几个? 各自特征是什么?
5. 模仿完成本章中相关演示案例的文字效果。
6. 完成中国大学 MOOC 中本书对应课程的本章测验，参与学习讨论。